1000MW超超临界火电机组技术丛书

DIANCHANG HUAXUE

电厂化学

广东电网公司电力科学研究院 ● 编

中国电力出版社
CHINA ELECTRIC POWER PRESS

内 容 提 要

为促进我国电源建设的快速发展，帮助广大工程技术人员、现场生产人员了解、掌握超超临界发电技术，积累超超临界火电机组建设、运行、管理经验，满足广大新建电厂、改扩建电厂培训、考核需要，特组织专家编写了《1000MW超超临界火电机组技术丛书》。

本套丛书包括《汽轮机设备及系统》、《锅炉设备及系统》、《电气设备及系统》、《热工自动化》、《电厂化学》与《环境保护》六个分册。本套丛书由广东电网公司电力科学研究院组织编写。本套丛书力求反映我国1000MW等级超超临界火电机组的发展状况和最新技术，重点突出1000MW超超临界火电机组的工作原理、结构、启动、正常运行、异常运行、运行中的监视与调整、机组停运、事故处理等方面内容。

本书为《电厂化学》分册，全书共十二章，主要内容有超超临界火电机组的概述、原水预处理、离子交换除盐、膜处理技术、循环冷却水处理、凝结水精处理、发电机冷却水处理、氢气的制备与置换、汽水取样与加药、热力设备化学清洗、热力设备的腐蚀与防止、超超临界火电机组的化学监督。

本书可作为从事1000MW等级超超临界火电机组电厂化学专业安装调试、运行维护和检修技术等岗位生产人员、工人、技术人员和管理干部工作的重要参考，是上岗培训、在岗培训、转岗培训、技能鉴定和继续教育等的理想培训教材，也可作为大专院校相关专业师生的参考教材。

图书在版编目(CIP)数据

电厂化学/广东电网公司电力科学研究院编. —北京：中国电力出版社，2011.1(2020.6重印)
（1000MW超超临界火电机组技术丛书）
ISBN 978-7-5123-1037-7

Ⅰ.①电… Ⅱ.①广… Ⅲ.①电厂化学 Ⅳ.①TM621.8

中国版本图书馆CIP数据核字(2010)第214922号

中国电力出版社出版、发行
（北京市东城区北京站西街19号 100005 http://www.cepp.sgcc.com.cn）
北京雁林吉兆印刷有限公司印刷
各地新华书店经售

*

2011年1月第一版 2020年6月北京第三次印刷
787毫米×1092毫米 16开本 17印张 412千字
印数4501—5500册 定价 **58.00**元

序

　　电力工业是关系国民经济全局的重要基础产业，电力的发展和国民经济的整体发展息息相关。电力行业贯彻落实科学发展观，就要依靠技术进步和科技创新，满足国民经济发展及人民生活水平提高对电力的需求。

　　回顾我国火电建设发展历程，我们走过了一条不平凡的道路，在设计、制造、施工、调试、运行和建设管理等方面，都留下了令人难忘的篇章。这些年来，我国火电建设坚持走科技含量高、经济效益好、资源消耗低、环境污染小的可持续发展道路。从我国国情出发，从满足国民生产对电力的需求出发，发展大容量、高参数、高效率的机组，是我国电力工业发展水平跻身世界前列的重要保证，是推动经济社会发展、促进能源优化利用、提高资源利用效率的重要保证。

　　超超临界发电技术是一项先进、成熟、高效和洁净环保的发电技术，已经在许多国家得到了广泛应用，并取得了显著成效。目前，我国火电机组已进入大容量、高参数、系列化发展阶段，自主研制、开发的超超临界机组取得了可喜成绩并成为主要发展机型。因此，掌握世界一流发电技术，为筹建、在建和投运机组提供建设、管理、优化运行和检修经验，对于实现设计制造国产化、创建高水平节能环保火电厂、保证电力工业可持续健康发展，意义重大。

　　广东电网公司电力科学研究院是我国一所综合性的科研研究机构，一直秉承"科技兴院"的战略方针，多年来取得了丰硕的科研成果，出版过多部优秀科技著作。这次他们组织专家编写的《1000MW超超临界火电机组技术丛书》，能把他们掌握的百万机组的第一手资料和经验系统总结，有利于提高1000MW超超临界机组的设备制造、建设与调试、运行与管理水平，有利于促进引进技术的消化与吸收，有利于推进超超临界机组的国产化进程并为更高温度等级的先进超超临界机组研发提供经验。而他们丰富的理论和实际经验，是完成这个任务的保证。

《1000MW 超超临界火电机组技术丛书》不仅总结了国外超超临界技术的先进成果和经验，还反映了我国在这方面的研究成果和特点；不仅有理论上的论述，还有实际经验的阐述和总结。我相信，本套丛书的出版，对提高我国电力技术发展水平、积累超超临界机组的发展经验、加速发电设备的国产化、实现电源结构调整、实现能源利用率的持续提高，具有重要意义。祝本套丛书出版成功！

中国工程院院士

2010 年 8 月

前　言

　　超超临界发电技术的发展至今已有近半个世纪的历史。经过几十年的不断发展和完善，超临界和超超临界火电机组目前已经在世界上许多国家得到了广泛的商业化规模应用，并在高效、节能和环保等方面取得了显著成效。与此同时，在环保及节约能源方面的需要以及在材料技术不断发展的支持下，国际上超超临界发电技术正在向着更高参数的方向进一步发展。

　　进入 21 世纪以来，我国经济飞速发展，电力需求急速增长，促使电力工业进入了快速发展的新时期。我国电力工业的电源建设和技术装备水平有了较大提高，大型火力发电机组有了较快增长，超临界和超超临界火电机组未来将成为我国电厂的主力机组。但是，超超临界发电技术在我国尚处于起步和迅速发展阶段，在设计、制造、安装、运行维护、检修等方面的经验还不足，国内现在只有少量机组投运，运行时间也较短。根据电力需求和发展的需要，在近几年内，我国还将有许多台大容量、高参数的超超临界火电机组相继投入生产运行。因此，有关工程技术人员、现场生产人员对技术上的需求都很大，迫切需要超超临界发电技术方面的图书作为技术上的支持，并对电力生产和技术发展提供帮助和指导，为此，我们组织专家编写了《1000MW 超超临界火电机组技术丛书》。

　　本套丛书包括《汽轮机设备及系统》、《锅炉设备及系统》、《电气设备及系统》、《热工自动化》、《电厂化学》与《环境保护》六个分册。本套丛书由广东电网公司电力科学研究院组织编写。本套丛书力求反映我国 1000MW 等级超超临界火电机组的发展状况和最新技术，重点突出 1000MW 超超临界火电机组的工作原理、结构、启动、正常运行、异常运行、运行中的监视与调整、机组停运、事故处理等方面内容。

　　本套丛书的出版，对提高我国电力装备制造水平，积累超超临界火电机组的建设、运行、管理经验，加速发电设备的国产化，降低机组造价，实现火电结构调整，实现能源效率的持续提高具有重要意义。

　　本套丛书可作为从事 1000MW 等级超超临界火电机组安装调试、运行维护和检修技术等岗位生产人员、工人、技术人员和管理干部工作的重要参考，是上岗培训、在岗培训、转岗培训、技能鉴定和继续教育等的理想培训教材，也可作为大专院校相关专业师生的参考教材。

　　本书为《电厂化学》分册，全书由卢国华主编，其中，第一、十二章由刘世念编写，第二、三章由卢国华编写，第四、七章由魏增福编写，第五、六章由马存仁编写，第八、十一章由付强编写，第九、十章由范圣平编写；全书由卢国华和李智统稿。

　　本书在编写过程中，得到了很多电厂、科研院所及相关技术人员的支持和帮助，在此表示感谢。

　　受编者水平和所收集的资料所限，书中疏漏之处在所难免，恳请读者批评指正。

编　者

2010 年 8 月

目 录

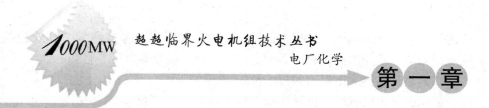

概　　述

为了提高火电机组的经济性，机组朝高参数、大容量方向发展已成为必然趋势。大容量、超临界火电机组因其能量利用率高、经济性好而得到迅速发展，已经在世界发达国家广泛应用，并向超超临界火电机组发展。随着我国国民经济的快速发展，超超临界火电机组在国内也开始大量应用。

超超临界火电机组与超临界、亚临界火电机组相比，不仅具有更高的热效率，而且具有良好的运行灵活性和负荷适应性，显示出显著节能和改善环境的双重功效，作为世界上先进的洁净煤发电技术主导着电力的发展方向。

我国的超超临界火电机组的设计和制造，尚在起步阶段，目前已有一批国产化超超临界火电机组相继投产或正在兴建。随着电力事业的发展，1000MW 超超临界火电机组将在我国迅速发展。高效、环保、节能的超超临界火电机组将成为我国燃煤火力发电的主力机组。国外在发展超超临界发电技术方面已经走过了近半个世纪的历程，积累了很多成功和失败的经验。国外超超临界火电机组运行经验证明，解决好材料和化学两个专业方面的问题，是保证超超临界火电机组设计和运行成功的关键。

第一节　超超临界火电机组的基本特性

一、超超临界的定义

锅炉按照蒸汽参数分为低压锅炉（出口蒸汽压力≤2.45MPa）、中压锅炉（2.94∼4.90MPa）、高压锅炉（7.8∼10.8MPa）、超高压锅炉（11.8∼14.7MPa）、亚临界压力锅炉（15.7∼19.6MPa）、超临界压力锅炉（≥22.1MPa）和超超临界压力锅炉（≥24.2∼27MPa）。

汽轮机的参数传统上都是以压力高低来分划的，如低压（1.27MPa）、中压（3.43MPa）、高压（8.83MPa）、亚临界压力（16.67MPa）。如果是非再热机组，初温与初压要求匹配，使排汽湿度控制在允许的范围内，如 535℃对应 8.83MPa。再热机组则无此要求，只要材料性能允许，初温越高越好。

进入超临界压力（≥22.12MPa）之后，水蒸气变成了热力学意义上的"气体"，在等压加热下，液体达到饱和温度后，直接变为蒸汽，不存在汽液两相区。

进入超临界（SuperCritical，SC）之后，蒸汽参数如何分档，目前还没有定论，但多数国家把常规超临界参数的技术平台定在 24.2MPa/566℃/566℃（3500psig/1050℉/1050℉）上，而把高于此参数（不论压力升高还是温度升高，或者两者都升高）的超临界参数定义为超超临界（Ultra-Supercritical，USC）参数。我国将此参数称为"高效超临界"参数，但从术语规范化及与国际接轨方面而言，宜采用"超超临界"。

二、超超临界火电机组的技术参数

超超临界火电机组是指过热器出口主蒸汽压力超过 22.129MPa 的机组。目前运行的超超临界火电机组运行压力均为 24～25MPa，理论上，在水的状态参数达到临界点时的压力（22.129MPa）和温度（374.15℃）时，水完全汽化会在一瞬间完成，即在临界点时，饱和水和饱和蒸汽之间不再有汽、水共存的两相区存在，两者的参数不再有区别。由于在临界参数下，汽、水密度相等，因此在超超临界压力下无法维持自然循环，即不能采用汽包锅炉，而直流锅炉成为唯一形式。

提高蒸汽参数与发展大容量机组相结合是提高常规火电厂效率及降低单位容量造价最有效的途径。与同容量亚临界火电机组的热效率相比，理论上采用超临界参数，效率可提高 2%～2.5%；采用超超临界参数，效率可提高 4%～5%。目前，世界上先进的超临界火电机组效率已达 47%～49%。

三、超超临界火电机组的运行可靠性

目前，先进的大容量超临界火电机组具有良好的启动、运行和调峰性能，能够满足电网负荷的调峰要求，并可在较大的负荷范围（30%～100%额定负荷）内变压运行，变负荷速率多为 5%/min。美国《发电可用率数据系统》1980 年的分析报告中公布了 71 台超临界火电机组和 27 台亚临界火电机组的运行统计数据，统计数据表明，这两类机组的年均运行可用率、等效可用率和强迫停运率已无差别。据美国 EPRI 统计，容量为 600～835MW、只有二次中间再热的超临界火电机组整机可用率已达 90%，1300MW 二次中间再热的燃煤超临界火电机组可用率为 92.3%，有的还要高一些；有 1 台 ABB 公司制造的 1300MW 超临界火电机组甚至创造过安全运行 605 天的纪录。同时，从国外引进的几台超临界火电机组和引进技术生产的超（超）临界火电机组的运行情况看，也说明这一点，即目前投运的超临界火电机组的运行可靠性指标已经不低于亚临界火电机组，有的甚至更高。

四、超超临界火电机组的投资造价比较

提高蒸汽参数将使机组的初投资有所增加，这是因为压力提高使很多设备和主蒸汽管道的壁厚要相应增加，或者说要选用性能和价格更高一些的材料；而温度提高后，则要使用更多价格昂贵的合金钢材。一般认为，超临界火电机组的造价比亚临界火电机组增加 3%～10%；但由于世界各国的具体情况不同，且每个电站的设计和辅机配套方案等也有所不同，因此，造价增加的幅度也不同。

因为电厂的运行成本主要取决于燃料成本，而超临界火电机组的效率高，可抵偿一些造价略高的影响，所以运行成本有可能比亚临界压力电厂低。许多专家认为，若煤价超过 30 美元/t，就应当采用超临界火电机组，但煤价较低的地区仍采用亚临界火电机组较为合适。此外，在进行不同方案的综合技术经济比较和分析时，可能还有其他一些因素值得考虑，如污染排放收费的情况、电站所处地理位置、电网的负荷率、上网电价以及环保因素等。

五、超超临界火电机组锅炉水冷壁管圈形式

传统观念认为，只有螺旋管圈水冷壁才能满足超超临界火电机组锅炉全炉膛变压运行的要求，但是目前欧洲的超超临界火电机组锅炉仍然采用下炉膛螺旋管圈、上炉膛垂直管圈的

传统设计。这种水冷壁系统的优点是，可以采用较大口径内光管水冷壁管；可以有效地补偿沿炉膛断面上的热偏差；不需要根据热负荷分布进行平行管系统复杂的流量分配；在低负荷下仍能保持平行管系统流动的稳定性。

螺旋管圈水冷壁的缺点是结构复杂、流动阻力大和现场安装工作量大。因此，日本三菱公司在亚临界压力控制循环锅炉设计制造经验基础上，开发出了一次上升垂直管圈水冷壁变压运行超临界压力锅炉，其特点是，采用内螺纹管来防止变压运行至亚临界区域时，水冷壁系统中发生膜态沸腾和在水冷壁管入口处设置节流圈使管内流量与吸热量相适应。截至2000年，日本已有 7 台垂直管圈水冷壁高效超临界压力锅炉在运行。

六、超超临界火电机组锅炉承压部件材质的选择

超超临界火电机组锅炉承压部件用钢主要有奥氏体钢和铁素体钢两类。奥氏体钢热强性高，但导热性差、膨胀系数大、抗应力腐蚀能力低、工艺性能差，且成本高。因此，设计时应少用奥氏体钢，多用新开发的铁素体钢和改进的奥氏体钢。根据制造特别是安装的要求，锅炉水冷壁必须由无需焊后热处理的材料制成，现代超临界压力锅炉水冷壁通常采用的钢种为 T22/MCrMo44。采用这种材料制作水冷壁，其最高许用温度为 460～470℃；对于高效超临界压力锅炉，当主蒸汽参数为 28MPa/580℃/580℃ 时，水冷壁采用这种材料还是可行的。

低合金 Cr-Mo 钢的不足之处是高温蠕变断裂强度低，用这种材料制作管道，随着参数的提高，管壁厚度相应增加，从而提高了成本和工艺复杂性，同时降低了运行灵活性。日本新研制的 $H^\circ CM12A$ 钢不仅具有优于常规低铬铁素体钢的高温蠕变强度，而且具有优于 2.25Cr-Mo 钢的可焊性，同时不需要焊前预热和焊后热处理。

$H^\circ CM12A$ 钢已获得 ASME 规范的认可，列为 SA213-T23Ⅱ钢，可替代 T22 钢，适用于更高的蒸汽参数。当前，过热器、再热器出口联箱及其连接管道，采用 P22/20Cr-1MoV121 钢制作，在合理的壁厚和管径范围内，其极限许用温度略高于 550℃。若采用改良的 9%Cr 钢 P91 制作联箱，其极限许用温度可超过 580℃。用 P91 替代 P22，尽管其焊接性能不如 P22，但壁厚可减薄 50% 以上，经济效益十分可观。对 P91 进一步改进，新一代 9%～12%Cr 钢高温蠕变断裂强度已经进入奥氏体钢的温度范围，在 600℃ 的蒸汽温度条件下，用此钢制作联箱壁厚可比用 P91 制作的联箱壁厚减薄 40%，如 E91、ⅡF616 和 $H^\circ CM12A$ 等。过热器、再热器管束，在 600℃/600℃ 的蒸汽温度条件下，最高壁温达 650～670℃，因此选用奥氏体钢是十分必要的，如 TP347TH、TP347HFG、Super 340H 等；部分高温段采用 20-25Cr 系的奥氏体钢，如 HR3C、ⅡF709、Tempa10yA-3。这种材料有足够的高温蠕变断裂强度，且由于含 Cr 量高，能很好地抗高温腐蚀。

七、超临界火电机组的启动特点

超临界压力锅炉与亚临界压力自然循环锅炉的结构和工作原理不同，启动方法也有较大差异。超临界压力锅炉与亚临界压力自然循环锅炉相比，有以下启动特点：

1. 设置专门的启动旁路系统

超临界压力锅炉的启动特点是在锅炉点火前就必须不间断地向锅炉进水，建立足够的启动流量，以保证给水连续不断地强制流经受热面，使其得到冷却。

一般高参数大容量的超临界压力锅炉采用单元制系统。在单元制系统启动中，汽轮机要求暖机、冲转的蒸汽在相应的蒸汽压力下具有 50℃ 以上的过热度，目的是防止低温蒸汽送入汽轮机后造成汽轮机的水冲击。因此，超临界压力锅炉需要设置专门的启动旁路系统来排

除这些不合格的工质。

2. 配置汽水分离器和疏水回收系统

超临界火电机组运行在正常范围内，锅炉给水靠给水泵压头直接流过省煤器、水冷壁和过热器。锅炉给水直流运行状态的负荷范围：锅炉满负荷到直流量小负荷，直流量小负荷一般为25％～45％。低于该直流量小负荷，为了保持给水流量稳定，应配置汽水分离器和疏水回收系统。例如，在20％负荷时，最小流量为30％，意味着在水冷壁出口有20％的饱和蒸汽和10％的饱和水，这种汽水混合物必须在水冷壁出口处分离，干饱和蒸汽被送入过热器。因此在低负荷时，超超临界压力锅炉需要汽水分离器和疏水回收系统。疏水回收系统是超超临界压力锅炉在低负荷时必须具备的系统，其作用是使锅炉安全可靠地启动及使其热损失最小。

3. 启动前锅炉要建立启动压力和启动流量

启动压力是指直流锅炉在启动过程中水冷壁中工质具有的压力。启动压力升高，汽水体积差减小，锅炉水动力特性稳定，工质膨胀小，并且易于控制膨胀过程；但启动压力越高，对屏式过热器和再热过热器的保护能力越低。启动流量是指直流锅炉启动过程中锅炉的给水流量。

八、超超临界火电机组汽水分离器的控制方式

超超临界火电机组具有外置式汽水分离器和内置式汽水分离器。我国很少采用外置式汽水分离器。内置式汽水分离器在湿态和干态的控制作用是不同的，而且随着压力的升高，湿、干态的转换是内置式汽水分离器的一个显著特点。

1. 内置式汽水分离器的湿态运行

如前所述，锅炉负荷小于35％时，超超临界压力锅炉处于最小水冷壁流量状态，所产生的蒸汽要小于最小水冷壁流量，此时汽水分离器为湿态运行，汽水分离器中多余的饱和水通过汽水分离器液位控制系统排出。

2. 内置式汽水分离器的干态运行

当锅炉负荷大于35％以上时，锅炉产生的蒸汽等于或大于最小水冷壁流量，过热蒸汽通过汽水分离器，此时汽水分离器为干态运行，汽水分离器出口温度由水煤比控制，即由汽水分离器湿态时的液位控制转为温度控制。

3. 汽水分离器湿、干态运行转换

在湿态运行过程中，锅炉的控制参数是汽水分离器的水位维持启动给水流量。在干态运行过程中，锅炉的控制参数是温度和水煤比。在湿、干态转换过程中，锅炉可能会发生蒸汽温度的变化，因此在此转换过程中必须保证蒸汽温度的控制。

第二节　超超临界火电机组的汽水品质特性

一、超超临界条件下蒸汽的物理特性

在超超临界参数下，汽水工质在管子内壁面附近的流体黏度、比热容、热导率和比体积等参数发生了显著变化，可能引起水冷壁管内发生类膜态沸腾，水中的盐类等杂质在受热面浓缩。工质的黏度、密度、热导率等物理参数随压力和温度而变化，但受压力的影响较小，而受温度的影响较大。在250～550℃的范围内，工质密度和动力黏度随温度变化最大；当工质温度在 300～400℃ 范围内时，管内壁面处的工质黏度约为管中心工质黏度的 1/3，由此产生黏度梯度，引起流体边界层的层流化。因此，在管子热负荷较大时就可能导致传热恶化，同时由于盐类等杂质的浓缩，受热面结垢，进一步加剧传热恶化。

水冷壁中工质大比热容特性将随压力的升高而减弱，对应压力的大比热容值减小，也可能发生类膜态沸腾引起的传热恶化。

二、在超超临界条件下蒸汽中的溶解与沉积特性

在超超临界条件下，蒸汽已具备和水一样的溶解特性。各种盐、酸、碱和金属腐蚀产物等物质在蒸汽中的溶解度随蒸汽压力的不同，可以从微克升级变化到毫克升级。压力越高，蒸汽的溶解携带能力越强。过热蒸汽的溶解度随压力降低或比体积的增加而迅速地降低，随着蒸汽做功膨胀，蒸汽的溶解能力下降，在高参数下蒸汽溶解携带的物质就会随着蒸汽的转移而不断析出，沉积在后续设备的不同部位，由此会加剧机组蒸汽通流部分潜在的金属腐蚀问题。因此，超超临界火电机组的水质控制应该比超临界火电机组更为严格。

三、超超临界条件下蒸汽的高温氧化特性

超超临界火电机组的温度参数提高到 580～600℃，甚至提高到 650℃，对金属材料提出了更高的要求，除了高温强度指标外，还应充分考虑材料的抗水蒸气氧化能力和抗氧化层剥落能力。众所周知，高温水汽氧化是金属腐蚀的一种特殊形式。在高温条件下，因为氢质子的影响，水蒸气对不锈钢材料表现为较强的氧化作用。在温度超过 570℃ 的条件下，不锈钢氧化的速度逐渐加快，在 600～620℃ 之间，金属的氧化速度有一个突变点。不锈钢在氧化过程中随着温度的升高，其氧化层会迅速增厚。当氧化层达到一定厚度时，就会在运行条件变化时剥落，成为氧化皮，造成管路堵塞，从而引起管路短期过热甚至爆管事故。

第三节 超超临界火电机组的汽水控制及汽水质量标准

一、超超临界火电机组的汽水控制

1. 机组汽水品质控制

水临界状态的压力为 22.129MPa，温度为 374.15℃。超超临界压力工况时，汽、水的密度差消失，无法进行汽水分离。超超临界工况下，汽、水的理化特性决定了超超临界压力锅炉必须采用直流锅炉。直流锅炉的工作过程是依靠给水泵的压头将给水一次通过预热、蒸发、过热而变成过热蒸汽。在直流锅炉蒸发受热面中，工质的流动不是依靠汽、水密度差来推动的，而是通过给水泵压头来实现的。

1000MW 超超临界压力锅炉的典型汽水流程是：给水→省煤器→螺旋水冷壁→垂直水冷壁→汽水分离器→顶棚和包覆过热器→低温过热器→屏式过热器→高温过热器→集汽联箱。因为水一次通过受热面变成蒸汽，所以直流锅炉的蒸发量等于给水流量。

直流锅炉的特点决定了由给水带入的杂质在机组的热力系统中只有如下三个去处：

（1）部分溶解于过热蒸汽中，其中绝大部分随蒸汽带入汽轮机而沉积在汽轮机上。

（2）不能溶解于过热蒸汽中的那部分杂质将沉积在锅炉的炉管中。

（3）极少量的杂质溶解于凝结水中而进入下一个汽水循环。

无论杂质沉积在锅炉热负荷很高的锅炉的水冷壁管内，还是随蒸汽带入汽轮机沉积在汽轮机上，都将对机组的安全性和经济性运行造成很大危害。因此，尽量纯化水质、减少水中盐类杂质、降低给水中的含铁量、控制腐蚀产物的沉积量是超超临界火电机组水处理和水质控制的主要目标。

2. 超超临界工况下的水化学特点

通常由给水带入锅炉内的杂质主要是钙离子、镁离子、钠离子、硅酸化合物、强酸阴离子和金属腐蚀产物等，各种杂质离子在过热蒸汽中的溶解度是有很大差别的，且随蒸汽压力的增加，变化的情况也不同。给水中的钙、镁离子在过热蒸汽中的溶解度较低，随压力的增加，溶解度变化不大；钠化合物在过热蒸汽中的溶解度较大，随压力的增加，溶解度稳步增加；硅化合物在亚临界以上工况下的溶解度已接近同压力下的水中的溶解度，随压力的增加，溶解度也渐渐增加；强酸阴离子（如氯离子）在过热蒸汽中的溶解度较低，随压力的增加变化较大；硫酸根离子在过热蒸汽中的溶解度较低，随压力的增加，溶解度变化不大；铁氧化物在蒸汽中的溶解度随压力的升高也呈不断升高趋势，而铜氧化物在过热蒸汽中的溶解度随着压力的增加而不断增加，当过热蒸汽压力大于 17MPa 以上时，铜在过热蒸汽中的溶解度发生突跃性增加。铜会在汽轮机通流部分沉积，使通流面积减少，影响汽轮机的出力，所以应对超超临界火电机组凝结水和给水中铜的含量充分重视。建议最好采用无铜系统，并严格控制凝结水、给水系统运行中的 pH 值，减少腐蚀产物的产生。

3. 超临界和超超临界火电机组的结垢、结盐特点

超超临界工况下，当锅炉给水水质不纯时，由给水带入的钙离子、镁离子、部分铁氧化物将沉积在水冷壁管上而影响锅炉的安全运行。绝大部分的钠化合物、硅化合物、强酸阴离子、铜氧化物和部分铁氧化物将溶解于过热蒸汽中被带入汽轮机。随着过热蒸汽在汽轮机中做功后蒸汽压力和温度的下降，杂质在蒸汽中的溶解度也会不断下降，原溶解于过热蒸汽中的铜氧化物和铁氧化物及部分钠化合物就会沉积在汽轮机高压缸的通流部位，硅化合物和部分钠化合物就会沉积在汽轮机低压缸的通流部位而影响汽轮机的效率。部分强酸阴离子可能会随阳离子沉积在汽轮机叶片上，而不沉积在汽轮机叶片上的部分强酸阴离子就有可能溶解在汽轮机低压缸的初凝结区的液滴内，对该部位的叶片及金属部件产生应力腐蚀、点蚀或产生腐蚀疲劳裂纹。在上述沉积物中，最常见的是 Na_2SO_4 和 $NaOH$。这类物质溶解在蒸汽中后，会对后续的过热器、再热器及汽轮机产生腐蚀影响。

二、超超临界火电机组的汽水质量标准

根据各种离子在汽水中的溶解度的变化情况和在不同部位沉积的可能性，由于超临界和超超临界工况下过热蒸汽中的铜、铁氧化物的溶解度与亚临界工况相比，有较大的提高，尤其是铜氧化物的溶解度从亚临界工况到超临界、超超临界工况有一个急剧的提高，如锅炉给水水质不加以严格控制，将会造成大量铜铁氧化物沉积在汽轮机高压缸的通流部位。为了保证机组的安全运行，在对锅炉给水水质的要求上，铜、铁氧化物的标准将比亚临界、超临界压力直流锅炉有更高的要求。另外，由于超超临界火电机组中奥氏体钢的使用量比亚临界火电机组有较大的提高，且与相同再热蒸汽温度的亚临界火电机组相比，低压缸末几级叶片的湿度增加，因此，为了防止发生奥氏体钢的晶间腐蚀和汽轮机末几级叶片的腐蚀，对阴离子的含量也提出了较高的要求。

此外，为了消除钠盐的沉积、腐蚀对过热器、再热器及汽轮机产生的影响，必须控制蒸汽中的钠含量小于 $1\mu g/kg$，控制二级再热器中形成的氢氧化钠浓缩液对奥氏体钢的腐蚀和锅炉停用时存在干状态的 Na_2SO_4 引起再热器的腐蚀。要想控制蒸汽中的钠含量小于 $1\mu g/$

kg，必须控制凝结水精处理出水水质的钠含量小于 1μg/kg。因此，超超临界火电机组的水质控制对凝结水精处理系统也提出了更高的要求。同时，如何确保凝汽器微泄漏的情况下系统仍能达到相应的水质应是考虑的主要因素。

目前，我国对超超临界火电机组的水质控制指标参考 GB/T 12145—2008《火力发电机组及蒸汽动力设备水汽质量》或设备生产厂家对水汽（蒸汽）品质的建议值。

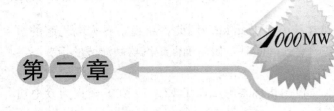
第二章

原 水 预 处 理

火电机组用水取自海洋、冰川、湖泊、江河以及地下水等天然水。这些水中往往含有大量悬浮物、胶体和溶解物质等杂质。通过对天然水进行预处理和除盐处理去除各种杂质，是保证良好汽水品质的必要条件。如果缺乏良好的水处理，水中杂质进入热力循环中，则会导致设备腐蚀结垢、汽水品质劣化、机组耗能增多、设备维护费用提高、锅炉酸洗间隔缩短等问题。因此，需要采取混凝、沉淀、过滤、澄清等预处理技术去除原水中的胶体及悬浮物，达到电厂后续除盐设备所要求的水质。

第一节 混 凝 处 理 技 术

一、混凝的机理及过程

混凝处理技术是投加混凝剂破坏原水中的胶体的稳定性，使胶体和细小悬浮物相互凝聚生成大的絮凝体，再加以沉降分离去除。混凝包括凝聚和絮凝两个过程。胶体失去稳定性的过程称为凝聚，胶体脱稳相互聚集称为絮凝。

（一）混凝的机理

1. 水中胶体的稳定性

原水中胶体具有稳定性，是胶体粒子在水中长期保持分散悬浮状态的特性。胶体稳定性分为动力学稳定性和聚集稳定性两种。动力学稳定性是胶体颗粒在水中做无规则的布朗运动，在水溶液中不会发生明显的沉降现象；聚集稳定性包括胶体带电相斥（憎水性胶体）和水化膜的阻碍（亲水性胶体），胶体颗粒表面带负电，相同的颗粒之间由于排斥作用不能互相聚合，所以可长期在水中稳定。胶体颗粒表面有水化层及其表面吸附有某些促使胶体稳定的物质，致使胶体粒子在水中不至于相互结合成大的颗粒而沉降。

2. 胶体脱稳的途径

水中胶体颗粒由于其稳定性，所以不会自己沉降，也不能用过滤的方法去除。要使水中胶体颗粒相互聚集，则需使水中胶体颗粒脱稳，为此常采用混凝处理技术。

在动力学稳定性和聚集稳定性两者之中，聚集稳定性对胶体稳定性的影响起关键作用。滑动面上的电位称为 ζ 电位，它决定了憎水性胶体的聚集稳定性，也决定了亲水性胶体的水化膜的阻碍。为了产生絮凝沉降使胶体脱稳，则需中和胶体颗粒表面电荷，使 ζ 电位降低。当 ζ 电位为零时，凝聚效果最佳，称为等电点。要有效地形成凝聚反应，则需降低 ζ 电位，可通过降低决定电位的粒子浓度、投加相反电荷的离子、增加溶液中离子浓度压缩双电层中的扩散层来实现。因为电厂用水中的胶体物质颗粒大多数都带有负电荷，所以常加入含高价阳离子的混凝剂。阳离子与带有负电荷的胶体颗粒中和，减小了颗粒电荷和双电层的有效距离，使ζ电位降至小于范德华引力的程度，发生异向凝聚，形成无数细小的絮状胶体。伴随水力搅拌过程，这些絮凝体吸附H^+带有正电荷，使其中和并包裹胶体颗粒，不断絮凝形成可见的矾花，经沉淀分离去除胶体物质。

（二）混凝过程

自药剂与水均匀混合起直至大颗粒絮凝体形成为止，工艺上总称为混凝过程，包括混合凝聚、反应絮凝等阶段，相应设备有混合设备和絮凝设备。

1. 混合凝聚阶段

混合凝聚阶段通过剧烈的水力搅拌使药剂快速均匀地分散到被处理水的各个部位。该阶段杂质颗粒微小，颗粒间产生异向絮凝，以压缩水中胶体颗粒的双电层，降低或消除胶体颗粒的稳定性，有利于混凝剂快速水解、聚合及颗粒脱稳。

2. 反应絮凝阶段

在反应絮凝阶段以同向絮凝为主，主要是促使混合凝聚阶段失去稳定性的胶体粒子碰撞、吸附、黏着、架桥生成较大的矾花。此阶段需要较长的时间，只需缓慢地搅拌。

二、混凝的影响因素

因为混凝过程包括混凝剂的水解、电离、吸附、絮凝、架桥、沉降等过程，所以影响因素也很多，主要包括原水性质（包括水温、水的化学特性、杂质性质和浓度等）、投加的凝聚剂种类与数量、使用的絮凝设备及相关水力参数。

（一）水温

水温对混凝效果影响明显，当混凝剂不同时，这种影响的程度也不同。一般来说，水温高，水的黏度小，颗粒扩散速度快，有利于混凝反应和絮凝体沉降；水温低，水的黏度大，颗粒迁移速度小，黏附力降低，而且胶体颗粒溶剂化作用增强，形成絮凝体时间增长，沉降速度也慢，不利于混凝反应和絮凝体沉降。一般铝盐的适宜水温为25～30℃，铁盐可适当放宽。低温水使用铝盐混凝很困难，往往出水浊度偏高，矾花小，密度小，易上浮。为改变这种状况，可增加混凝剂剂量，或投加高分子絮凝剂，或改用铁盐类混凝剂。

（二）水的pH值

水的pH值对混凝效果的影响程度与混凝剂种类有关。混凝时，最佳pH值范围与原水水质、去除对象等密切相关。投加金属盐类凝聚剂时，其水解生成H^+，但水中碱度有缓冲作用，如碱度不够则需要投加石灰。

混凝反应的产物是氢氧化物，而且铝的氢氧化物（或铁的氢氧化物）是两性氢氧化物，它除了在酸性条件下会以金属离子形式存在不形成氢氧化物外，而且在高pH值下又会形成含氧酸盐溶解，所以混凝都需要一个恰当的pH值范围。由于铁盐的两性比铝的弱，所以它的pH值适应范围比铝盐宽得多，铁盐混凝的最优pH值为6.0～8.4，而铝盐混凝的最优pH值为6.0～7.5。

（三）混凝剂的加药量

混凝剂的加药量也是影响混凝效果的重要因素，一般有如下关系：

（1）加药量不足，尚未起到脱稳作用，残余浊度大。

（2）加药量适当，能起到良好的脱稳作用，产生快速凝聚，出水剩余浊度急剧下降。

（3）加药量再增加，胶体颗粒吸附了过量的混凝剂，引起胶体颗粒电性变号，产生了再稳现象，剩余浊度重新增加；如果再进一步提高加药量，则生成大量氢氧化物沉淀，在吸附和网捕作用下，再次凝聚。

混凝剂剂量一般是通过试验确定的。

（四）原水水质

原水水质主要指原水浊度和水中某些离子含量。如原水浊度小，则只有在很高的加药量时，才能发生凝聚作用。这是因为胶体颗粒虽然脱稳，但碰撞机会太少，仍不能进行凝聚。当原水浊度太高时，混凝剂用量应相应增加。水中溶解离子对混凝效果也有一定影响。试验表明，阴离子（如 HCO_3^-、SO_4^{2-}、Cl^-）含量高对混凝有利；但水中有机物含量高，对混凝效果不好。杂质浓度低，颗粒间碰撞几率下降，混凝效果差，可采取的措施有：①加高分子助凝剂；②加黏土；③投加混凝剂后直接过滤。

原水悬浮物含量过高时，为减少混凝剂的用量，通常投加高分子助凝剂。例如，黄河高浊度水常需投加有机高分子絮凝剂作为助凝剂。

（五）水力条件

水力条件对混凝效果有重要影响，其控制参数是搅拌强度和搅拌时间。在混合凝聚阶段，要求混凝剂与被处理水迅速均匀地混合，搅拌强度大，搅拌时间短；到了反应絮凝阶段，既要创造足够的碰撞机会和良好的吸附条件，使絮凝体有足够的成长机会，又需防止小絮凝体被打碎，因此搅拌强度要逐渐减小，反应时间要长。一般情况下，为确定最佳的工艺条件，可采用烧杯搅拌法进行混凝模拟试验，在单因素试验的基础上，采用正交设计等数理统计法进行多因素重复试验。

（六）接触介质

进行混凝处理时，如果在水中保持一定数量的泥渣层，则可提高混凝处理效果。这是因为泥渣在这里起到吸附、催化以及作为结晶核的作用。澄清设备中都设计有泥渣层。

三、混凝剂和助凝剂

水处理工艺中使用的混凝剂种类很多，可归纳为两类：一类为无机盐类混凝剂，应用最广的是铝盐（其中有硫酸铝、硫酸钾铝和铝酸钠等）和铁盐（如三氯化铁、硫酸亚铁和硫酸铁等）；另一类为高分子混凝剂，又可分为无机和有机两类。无机类中聚合氯化铝目前使用比较广泛，有机类中聚丙烯酰胺使用较普遍。当使用混凝剂不能取得良好效果时，需投加助凝剂。

（一）混凝剂

混凝剂应符合以下要求：①混凝效果好；②对人体无危害；③使用方便；④货源充足，价格低廉。常用的混凝剂见表2-1。

表 2-1　　　　　　　　　　　　常 用 的 混 凝 剂

无机系列	铝系		硫酸铝、明矾、聚合氯化铝、聚合硫酸铝
	铁系		三氯化铁、硫酸亚铁、硫酸铁、聚合硫酸铁、聚合氯化铁
有机系列	人工合成	阳离子型	含氨基、亚氨基的聚合物
		阴离子型	水解聚丙烯酰胺
		非离子型	聚丙烯酰胺、聚氧化乙烯
		两性型	明胶、蛋白素、干乳酪等蛋白质、改性聚丙烯酰胺
	天然		淀粉、动物胶、树胶、甲壳素等
			微生物絮凝剂

1. 硫酸铝类化合物

硫酸铝类化合物包括硫酸铝（分粗制与精制两种）、硫酸铝钾、硫酸铝铵。这一类混凝剂使用历史悠久，混凝效果很好，目前还在大量使用。硫酸铝类混凝剂用于不同处理过程时，其最优的 pH 值应有所不同。例如，当主要用于去除水中的有机物时，应使水的 pH 值为 4.0～7.0；当主要用于去除水中的悬浮物时，应使水的 pH 值为 5.7～7.8；当处理浊度高、色度低的水时，应使水的 pH 值为 6.0～7.8。

2. 聚合氯化铝

聚合氯化铝是一类无机高分子混凝剂，它不是一种单一分子的化合物，而是同一类有不同形态的化合物。聚合氯化铝又称为碱式氯化铝或羟基氯化铝，性能优于硫酸铝，是由 $AlCl_3$ 溶液进行适量碱化而制成的。实际上，它可以看成 $AlCl_3$ 水解形成 $Al(OH)_3$ 过程的中间产物。由于混凝过程是混凝剂水解形成 $Al(OH)_3$ 的过程，因此把它的中间产物当作混凝剂投加，就可以缩短混凝过程，混凝效果良好。与硫酸铝相比，用聚合氯化铝作为混凝剂有下列好处：

（1）加药量少。由于聚合氯化铝含 Al_2O_3 的成分高，因此可节省加药量，降低制水成本，其用量一般只有硫酸铝的 1/3 左右。

（2）混凝效果好。聚合氯化铝形成絮状物的速度快，比硫酸铝致密而且大，易于沉降，从而可以减少澄清沉淀设备的体积。

（3）既能适应低温、低浊度水，也能适应高浊度水，其混凝效果比硫酸铝好。

（4）药品腐蚀性少，加药设备简单。

3. 硫酸亚铁

硫酸亚铁是绿色半透明晶体，易溶于水，水溶液呈酸性，但在空气中，有一些 Fe^{2+} 氧化成 Fe^{3+} 而带有棕色。硫酸亚铁加入水中后的混凝反应为

$$FeSO_4 + H_2O \longrightarrow Fe(OH)_2 + H_2SO_4$$
$$Fe(OH)_2 + H_2O + O_2 \longrightarrow Fe(OH)_3 \downarrow$$

为了使 Fe^{2+} 氧化成 Fe^{3+}，必须使水的 pH 值在 8.5 以上，Fe^{2+} 能利用水中的溶解氧加速氧化过程；但实际上，天然水的 pH 值一般只有 7～8，所以硫酸亚铁用作混凝剂时，多是与石灰处理联合使用，借石灰来提高水的 pH 值；也有采用向水中投加氯气和漂白粉的办法使 Fe^{2+} 氧化成 Fe^{3+}，此时就不需提高水的 pH 值。

4. 三氯化铁

与硫酸铝相比，三氯化铁具有以下特点：①适用的 pH 值范围较宽；②形成的絮凝体比铝盐絮凝体密实；③处理低温、低浊度水的效果优于硫酸铝；④三氯化铁腐蚀性较强。硫酸亚铁一般与氧化剂（如氯气）同时使用，以便将 Fe^{2+} 氧化成 Fe^{3+}。目前市售的三价铁有无水三氯化铁、结晶三氯化铁和液体三氯化铁三种。三氯化铁吸水性较强，易溶于水，具有很强的腐蚀性，所以对加药设备防腐要求较高。三氯化铁的混凝反应为

$$FeCl_3 + H_2O \longrightarrow Fe(OH)_3 \downarrow + HCl$$

三氯化铁和其他铁盐混凝剂一样，形成的 $Fe(OH)_3$ 絮状物密度大、沉淀性好，对低温、低浊度水的混凝效果比铝盐要好，适应的 pH 值范围广。

5. 聚合硫酸铁

聚合硫酸铁是一种无机高分子混凝剂，对废水中有机成分去除率较高，除了具有铁盐混

凝剂的优点之外，对 COD 的去除率也较高。

（二）助凝剂

能提高或改善混凝剂作用效果的化学药剂称为助凝剂。助凝剂的作用有两个：①离子性作用，即利用离子性基团的电荷进行中和起凝聚作用；②利用高分子聚合物的链状结构，借助吸附、架桥起凝聚作用。常用的助凝剂如下：

（1）酸碱类。调整水的 pH 值，如石灰、硫酸等。

（2）加大矾花的粒度和结实性。如活化硅酸（$SiO_2 \cdot nH_2O$）、骨胶、高分子絮凝剂等。

（3）氧化剂类。破坏干扰混凝的物质（如有机物），如投加 Cl_2、O_3 等。

四、混凝工艺流程

混凝工艺流程包括混凝剂的选择、配制、投加、混合、反应、加药量的确定等，相应的混凝设备为溶液箱、加药泵、混合器和反应池等。

（一）混凝药剂的投加

1. 混凝药剂的选择

通过试验确定适合原水水质的混凝剂和助凝剂的种类，然后考虑该种药剂操作是否方便、药剂是否可靠且经济合理。选择混凝药剂要选择就近产品。

2. 混凝药剂的配制

将混凝药剂倒入溶液箱中，稀释成规定的浓度，搅拌均匀后备用。所配制的溶液浓度应根据处理水量和加药泵的出力计算，如溶液浓度太高，则药液在溶液箱和管道中发生结晶或沉淀；如溶液浓度太低，则配制次数多，运行工作量大。

3. 混凝药剂的混合

混凝药剂投加方式取决于所采用的混合方式。混凝剂投加设备包括计量设备、药液提升设备、投药箱、必要的水封箱以及注入设备等。

（1）水泵混合。药剂投加在水泵吸水口或管上，混合效果好，节省动力，可用于各种水厂，常用于取水泵房靠近水厂处理构筑物的场合，两者间距不大于 150m。

（2）管式混合。管式静态混合器流速不宜小于 1m/s，水头损失不小于 $0.3\sim0.4$m，简单易行；扩散混合器是在管式孔板混合器前加一个锥形帽，锥形帽夹角为 90°。顺流方向投影面积为进水管总截面面积的 1/4，开孔面积为进水管总截面面积的 3/4，流速为 $1.0\sim1.5$m/s，混合时间为 $2\sim3$s。节管长度不小于 500mm，水头损失为 $0.3\sim0.4$，直径为 DN200～DN1200。

（3）机械混合。在池内安装搅拌装置，搅拌器可以采用桨板式、螺旋桨式或透平式等形式，速度梯度为 $700\sim1000\text{s}^{-1}$，时间在 $10\sim30$s 以内。搅拌器的优点是混合效果好，不受水质影响；缺点是增加机械设备，增加维修工作。

（二）混凝剂加药量的确定

混凝剂的加药量要保证混凝剂电离、水解生成的带正电荷胶体的正电荷量能完全中和原水中胶体的负电荷量；同时生成的胶体能足够吸附原水中的悬浮物和胶体，达到去除原水中悬浮物和胶体物的目的。混凝剂加药量偏少，不足以中和原水中带负电荷的胶体，此时水中的胶体仍有较高的负电性，阻碍它们进一步凝聚，混凝处理效果不好；混凝剂加药量过多，能使絮状聚合体带正电荷，妨碍凝聚过程的进行，混凝效果同样不好，同时，增加了处理后的水中含盐量和水处理成本。

混凝处理是一种复杂的物理化学过程，投加量除与水中微粒种类、性质、浓度有关外，还与混凝剂品种、投加方式及介质条件有关。混凝剂的加药量不能根据计算来确定，只能采用模拟生产过程进行小型试验，以求得最佳加药量（有效剂量）。在有条件的情况下，一般还应对初步确定的结果进行扩大的动态连续试验，以求取得可靠的设计数据。常用混凝剂的一般投药范围：普通铁盐为 10～30mg/L；聚合盐为普通盐的 1/3～1/2；有机高分子混凝剂通常只需 1～5mg/L。

（三）混凝药剂的反应

根据确定的混凝剂药量投加后，原水与混凝药剂混合，产生细小絮体，再经过反应设备使其具有一定的停留时间并具有适当的搅拌强度，使这些细小絮体能互相碰撞，逐渐絮凝成大絮体而便于沉淀。反应池可分为有隔板反应池、旋流反应池和涡流反应池。

（1）隔板反应池。又分为平流式、竖流式和回转式三种形式，适用于水量变化不大的场合。

（2）旋流反应池。旋流反应池容积小，水头损失较小，制作简单，管理方便，适用于 200～3000m³/d 的处理水量；缺点是池子较深，地下水位高的场所施工困难，反应效果一般。

（3）涡流反应池。池子下半部为圆锥形，水从锥底部流入，形成涡流扩散后缓慢上升，随锥体截面面积变大，水流速由大变小；流速变化的结果，有利于絮凝体形成。该池的优点是反应时间短、容积小、布置容易和造价低；缺点是池子较深，锥底施工困难。

第二节　沉淀处理技术

沉淀是水中悬浮物在重力作用下下沉，从而与水分离，使水质得到澄清的过程。这种方法简单易行，分离效果良好，是水处理的重要工艺。沉淀包含加入化学凝结剂或 pH 值调节剂以反应生成絮状物，絮状物由于重力作用而在沉淀桶中沉淀下来，或当水通过高差滤池时滤掉。

一、沉降理论

悬浮体（原有的悬浮体或者混凝后产生的悬浮体）在水中的沉降，主要分为自由沉降和拥挤沉降两种。

（一）悬浮物在水中的自由沉降

自由沉降指的是悬浮物颗粒在静水中沉降时，只受到颗粒本身在水中的重力和水的阻力作用，而不受容器壁和周围环境的影响。在这样的沉淀过程中，悬浮物颗粒之间不发生聚合，也不改变自己的大小和形状。这种沉降的沉降速度，用斯托克斯公式表示为

$$v = \frac{1}{18} \frac{\rho_2 - \rho_1}{\mu} g d^2 \tag{2-1}$$

式中　　v——沉降速度；

ρ_2、ρ_1——悬浮体和水的相对密度；

μ——水的黏度；

g——重力加速度；

d——悬浮体颗粒直径。

由式（2-1）可知，水中悬浮体的沉降速度随着悬浮体颗粒的相对密度、粒径的增加而

增加，随着水黏度的减小（水温上升）而增加。自由沉降是一种非常理想的情况，实际水处理工艺中的悬浮物沉降远比它复杂得多，所以实际的沉降速度不可能使用式（2-1）求得。但是，斯托克斯公式中的基本关系都是适用的，可以用来分析许多因素对沉淀过程的影响。经常遇到的一个影响因素就是悬浮颗粒在流动水中的沉降。因为实际工业设备都是连续运行的，所以悬浮体是在流动的水中进行沉降的，其沉淀情况与静止水中互不干扰的沉淀有很大不同。此时，悬浮颗粒除了受重力垂直沉降外，还有水平方向的运动。垂直方向的沉降可以近似地用斯托克斯公式描述，水平方向的运动速度则可看作水流的流速，所以悬浮颗粒实际沉降轨迹是一条斜线，它的沉降速度也是两个速度的合速度。

（二）悬浮物的拥挤沉降

当天然水中悬浮物浓度大于5000mg/L，且在混凝处理过程中形成的絮凝物浓度很高时，颗粒之间的相互碰撞以及由于相互作用所产生的作用力影响很大。这时颗粒的沉降就不是简单的自由沉降，而是拥挤沉降。颗粒沉降时，下面的水也一起移位，移位的水流向上以填补空间。

这种向上的水流直接阻碍着颗粒沉降，颗粒群体浓度越大，这种影响越大，因此拥挤沉淀的速度要小于自由沉降速度。这种拥挤沉降有一个非常特殊的现象，就是在沉淀过程中出现一个浑水和清水的交界面，沉淀过程实际上就是交界面沉降的过程，交界面下的悬浮体浓度一般认为是均匀的。

利用拥挤沉降来去除水中颗粒的设备就是各种类型的澄清池。澄清池目前共分两类：一类是泥渣悬浮型澄清池，如脉冲澄清池；另一类是泥渣循环型澄清池，如机械搅拌澄清池、水力加速澄清池。

二、沉淀处理设备

（一）斜板（管）沉淀池

1. 斜板沉淀池沉淀原理

斜板沉淀池又称浅层沉淀池，其工作原理是建立在浅层沉降理论基础上的，即在沉淀池有效容积一定的条件下，池身越浅，沉淀面积越大，去除效率也越高。

斜板沉淀池的作用原理如下：

（1）增加了沉淀面积，缩短了沉降距离，提高了沉淀效率。

（2）泥渣会在斜板或斜管上堆积，继续进行接触混凝作用，使悬浮体变大，便于沉降。

（3）加装斜板或斜管后，水紊流状态减少，层流状态增加，雷诺数有所下降，有利于沉降。

2. 斜板沉淀池的结构

斜板沉淀池是在沉淀池的沉淀区加斜板或斜管构成。斜板材料要求轻质、壁薄、坚固、无毒而价廉。斜板沉淀池由斜板（管）沉淀区、配水区、清水区、缓冲区和污泥区组成，如图2-1所示。

3. 斜板沉淀池的技术特点

斜板沉淀池的优点是澄清效率高，单

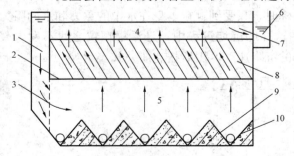

图 2-1　斜板沉淀池的结构

1—配水槽；2—阻流板；3—穿孔墙；4—清水区；
5—配水区；6—出水槽；7—出流孔口；8—斜板
（管）沉淀区；9—污泥斗；10—排泥管

位面积产水量较大，池子容积小、占地面积小，对低温、低浊度水的处理有一定的适应性；缺点是水质、水量变化的适应性较差，维修较麻烦。

（二）机械搅拌澄清池

机械搅拌澄清池属于泥渣循环型澄清池，是利用池中积聚的泥渣与原水中杂质颗粒相互接触、吸附，以达到泥水快速分离的净水构筑物，可充分发挥混凝剂的作用和提高澄清效率。

1. 机械搅拌澄清池的结构

机械搅拌澄清池的结构如图 2-2 所示，池体主要由第一反应室、第二反应室、分离室三部分组成，并设置有相应的进出水系统、排泥系统、搅拌器、刮泥机及调速系统等。另外，还有加药管、排气管和取样管等。它的特点是利用机械搅拌的提升作用来完成泥渣回流和接触絮凝作用。

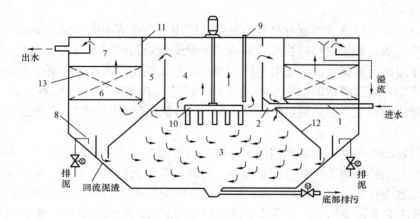

图 2-2 机械搅拌澄清池的结构

1—进水管；2—进水槽；3—第一反应室；4—第二反应室；5—导流室；
6—分离室；7—清水室；8—泥渣浓缩室；9—加药管；10—机械搅拌器；
11—导流板；12—伞形板；13—蜂窝斜管

2. 机械搅拌澄清池的流程

机械搅拌澄清池的流程：原水由进水管进入环形配水槽，均匀地流入第一反应室，在搅拌器的搅拌下与大量回流污泥混合均匀；第一反应室中夹有泥渣的水被涡轮提升到第二反应室，进行絮凝长大的过程；然后，水流经设在第二反应室上部四周的导流室进入分离室，分离室的截面较大，水流较慢，有利于泥渣和水的分离，分离出的水流入集水槽；分离出的泥渣大部分回流到第一反应室，部分进入泥渣浓缩室。进入第一反应室的泥渣随进水流动，参与新泥渣的形成；进入浓缩室的泥渣定期排走。澄清池底部设有排污管，供排空用。凝聚剂可直接加入进水母管中，助凝剂可直接加入澄清池内部。

机械搅拌器下部为叶片，叶片的作用是搅拌，转速一般为每分钟一至数转，可根据需要调节；澄清池通过提升搅拌器的高度来改变水的提升量。机械搅拌器的最下部为刮泥装置，目的是防止泥渣在底部沉积。

3. 机械搅拌澄清池的技术特点

（1）机械搅拌澄清池的优点。澄清效率高，单位面积产水量较大；适应性较强，澄清效果稳定；对低温、低浊度水的处理有一定的适应性。

（2）机械搅拌澄清池的缺点。需要机械搅拌设备，维修较麻烦。

（3）机械搅拌澄清池的适应条件。进水悬浮物含量小于 1000mg/L，较短时间内也不超过 3000mg/L；水温波动幅度不大于 1℃/h；适于一般澄清处理和石灰处理。

4. 运行管理及注意事项

澄清池的运行效果受多方面因素的影响，有化学条件、物理条件、水力条件及运行工况等。化学条件主要是混凝剂种类及最佳剂量，物理条件主要是水温及水温变化，水力条件是指流量及流量的变化。因此，澄清池的运行应注意以下方面：

（1）正确选取所用的混凝剂，确定最佳剂量，并根据原水水质和澄清池出力的变动情况及时改变加药量。在空池投运时，为了加快形成所需的泥渣浓度，除了降低负荷（1/3～1/2）外，尚需加大投药量（约为正常时的 2 倍），或引入活性泥渣。正常运行期间应根据进出水浊度增减加药量。

（2）提高水温可以改善处理效果和降低药品的用量。澄清池中水温的波动，对出水水质有较大的影响，水温如果变动过快或者澄清池半壁受到强烈的阳光照射，则可能因高温和低温之间的密度差而引起异重流，此时会因局部水流过快而使出水水流中夹带絮凝体。

（3）泥渣循环式澄清池的泥渣循环量或悬浮泥渣层厚度是影响澄清效果的一个重要因素。但是，最优循环量不能估算，在不同条件下，最优循环量不一样，应通过调试或运行经验来确定。

（4）为保证出水水质，澄清池内的泥渣浓度应控制在一个合适的水平上。泥渣浓度可通过连续排泥和定期排泥调节。如排泥量不够，出现的现象为泥渣层升高、第二反应室中泥渣浓度增大、出水变浑等；如排泥量过多，则反应室中泥渣浓度过低，影响澄清效果。

（5）澄清池的出力应稳定，当需要变动时应逐渐进行。如出力剧增，则会破坏悬浮泥渣层和排泥系统的动态平衡，以致影响出水水质。

（6）由运行经验得知，澄清池在 3h 以内的短期停运，无需采取任何措施或只是经常搅动一下，以免泥渣被压实。如停运时间稍长，则会发生泥渣被压实和腐败现象，在这种情况下投运时，应该先将池底泥渣排出一些，然后采用增大混凝剂加入量和小进水量的方式运行，等出水水质稳定后，逐渐调整至正常状态；如停运时间很长，则应将池内泥渣排空。

澄清池在运行中需要监督其出水水质和各部分的运行工况。监督的项目有清水层高度及反应室、泥渣浓缩室和池底的悬浮泥渣量。此外，还应记录好进水流量、加药量、排泥时间、排泥门开度等必要参数。出水水质的监督项目，除悬浮物含量或浊度以外，其他项目应根据澄清池的用途拟定。

第三节 过滤处理技术

经混凝、沉淀、澄清处理之后，水中大部分悬浮物和胶体已被去除，但仍残留有少量细小的悬浮颗粒，需经过滤处理进一步去除水中悬浮物，使出水浊度降低，以满足后续除盐设备的水质要求。

一、过滤原理

电厂水处理广泛采用的过滤工艺是使水通过砂、无烟煤、活性炭等多孔滤料层截留水中杂质。过滤主要取决于水中悬浮颗粒和所用滤料的表面特性及过水断面的水流状态，是杂质颗粒脱离流线达到滤料表面的迁移和在滤料表面吸附，以及颗粒从滤料表面反洗脱落去除的过程。

过滤的机理是机械筛分作用，即悬浮颗粒因不能通过滤层中的微小孔眼而被机械地阻挡下来。在滤池中，机械筛分作用主要发生在滤料层的表面，这是因为在用水反洗以去除滤层中的污物时，滤料必定按其颗粒大小的不同，起水力筛分作用，结果是小颗粒在上、大颗粒在下，依次排列，所以上层滤料形成的孔隙最小，易于将悬浮物截留下来。不仅如此，而且由于截留下来的或吸附着的悬浮物之间彼此重叠和架桥过程，以致在表层形成一层附加的滤膜，也可以起到机械筛分作用。在过滤的过程中，除了有机械筛分作用外，还有以下一些作用：

（1）吸附。滤料颗粒表面吸附了水中的颗粒。

（2）架桥。截留下来的悬浮物在滤料颗粒表面发生彼此重叠和架桥的过程，因此形成了一层附加的滤膜。

（3）混凝。在凝絮、悬浮物和砂粒表面之间发生了与混凝作用相同的颗粒凝聚过程。

二、过滤滤料

滤料是过滤装置的基本组成之一。根据具体条件选取滤料，确定滤料颗粒的级配和滤料层高，对保证过滤效果有很重要的意义。滤料应满足一定的工艺要求，这些要求是要有足够的机械强度、良好的化学稳定性、适当的粒度组成。

（一）粒度

滤料由许多大小不一的颗粒组成，常用粒径和不均匀系数这两个指标表示其组成情况。粒径表示滤料颗粒大小的概况，不均匀系数表示滤料中不同粒径滤料的分布情况。粒径是指把滤料包围在内的一个假想的球体直径，通常范围是 0.5～1.2mm。滤料粒度通常用筛分的方法求得，具体方法是：首先称取一定量在 105℃下烘干恒重的滤料，用不同筛号的筛子进行筛分；然后对通过筛子的样品质量进行称重，做筛分曲线，利用筛分曲线可以求滤料的粒径和不均匀系数。

1. 粒径

粒径有两种表示方法：平均粒径 d_{so} 和有效粒径 d_{io}。平均粒径是指有 50%（按质量计）的滤料能通过的筛孔直径；有效粒径表示有 10% 的滤料能通过的筛孔直径，它反映滤料中较细颗粒的尺寸。

滤料粒径的选择不宜太大也不宜太小。粒径过大，由于滤料孔隙增大，在过滤过程中细小的悬浮颗粒会穿过过滤层，影响出水水质，而在反洗时，一般反洗强度不易使滤层松动，从而影响反洗效果。不彻底的反洗会使沉淀残留物留在滤层中，严重时沉淀物和滤料会结成硬块，使运行中滤层水流不均匀，以致使水头损失很快上升或出水水质很快恶化。粒径过小，会使通过滤层的水流阻力加大，过滤时水头损失上升过快。

2. 不均匀系数

不均匀系数越大，表示滤料中颗粒尺寸的大小相差越大，滤料不均匀性越大，这样反洗不易控制。若反洗强度大，细小的滤料会被反洗水带走；若反洗强度小，则不能松动滤层底部的大颗粒滤料，致使反洗不彻底。反洗后，滤料颗料是按上小下大的顺序排列，若滤料不均匀系数大，则加剧了这种上小下大的状况，致使在运行过程中，表层滤料颗粒太细，水头损失上升快，过滤周期缩短。

（二）机械强度

滤料应有足够的机械强度，是因为在反洗过程中，滤料处于流化状态，滤料颗粒间不断碰撞和摩擦，若其机械强度低，会造成大量滤料破损，破碎的颗粒变小，又会使运行周期缩短，水头损失上升快。

在水处理过程中，常用磨损率和破碎率两个指标来判断滤料机械强度。磨损率是指反洗时滤料颗粒间相互摩擦所造成的滤料磨损程度。破碎率是指反洗时颗粒碰撞引起的破裂程度。磨损率的估算方法是：用筛孔孔径为 0.5mm 和 1mm 的筛子来筛分 100g 滤料，然后将通过 1mm 筛子的滤料和残留在 0.5mm 筛子上的滤料放入装有 150mL 水的容器内，置于实验室振荡 24h，取出振荡后的滤料用 0.5mm 和 0.25mm 的筛子进行筛分，通过 0.25mm 筛子的总量占样品质量的百分数称为磨损率；由通过 0.5mm 筛子的残留在 0.25mm 筛子上的滤料质量与样品质量之比称为破碎率。根据水处理的工艺要求，有的国家规定滤料的磨损率不得大于 0.5%，破碎率不得大于 4%。

（三）化学稳定性

在水的过滤过程中，水与滤料的化学反应是造成水质恶化的原因之一。例如，当水的pH 值大于 9 时，若使用石英砂过滤，它会使石英砂溶解，水中 SiO_2 增加。为了验证滤料的化学稳定性，可在一定条件下用中性、酸性和碱性水来浸泡已预处理（洗涤和 60℃ 干燥）的样品，浸泡 24h，观察水被污染的情况，一般认为溶解固形物增加不超过 20mg/L，耗氧增加不超过 10mg/L，硅酸增加不超过 10mg/L，这时化学稳定性是可以被接受的。

（四）颗粒形状

过滤设备常用的滤料不是球形的，粒径相同而形状不同的颗粒具有不同的表面积。颗粒表面积对过滤效果和水头损失是有一定影响的，因此在选择滤料时一定要估计到颗粒形状的影响。但目前还难以估计到不规则形状颗粒的表面积，所以在计算和实际使用中，有时引入球状度的概念。球状度表示与颗粒具有相同体积的球体表面积与颗粒实际表面积之比，其值一般小于或等于 1。

（五）滤层孔隙率

滤层孔隙率是指滤层中颗粒与颗粒之间的空间体积占滤层总体积的百分数。运行表明，滤层孔隙率大，滤层所能截留的悬浮颗粒量也大。孔隙率的大小与颗粒大小、形状及排列状态有关。不规则形状滤料的孔隙率大于球形颗粒的孔隙率，带有棱角的滤料孔隙率最大可达0.6 以上。均一球形滤料按排列状态的不同，孔隙率在 0.26～0.48 之间。

三、过滤影响因素

（一）滤速

通常所谓的滤速并非水通过滤料孔隙时的速度，而是假定滤料不占有空间时水通过滤池的速度，即空塔流速。

滤速可按式（2-2）计算，即

$$v = \frac{Q}{F} \ (\text{m/h}) \tag{2-2}$$

式中　Q——滤池出力，m^3/h；

　　　F——滤池过滤截面面积，m^2。

滤池的滤速不宜过慢或过快，滤速慢意味着单位过滤面积出力小，为了达到一定的出力，必须增大过滤面积，这不仅要增加投资，而且使设备变得庞大。滤速太快会使出水水质下降，而且运行时会因水头损失的加大，缩短过滤周期。对经过混凝和澄清处理的水，滤速一般为 10～12m/h，可参照表 2-2 选用。

表 2-2 不同滤料的滤速要求

类 别	滤料组成			滤 速 (m/h)	强制滤速 (m/h)
	粒 径 (mm)	不均匀系数 K_{80}	厚 度 (mm)		
石英砂滤料过滤	$d_{min}=0.5$ $d_{max}=1.5$	<2.0	800	5～7	7～10
双层滤料过滤	无烟煤 $d_{min}=0.8$ $d_{max}=1.8$	<2.0	400	6～8	8～12
	石英砂 $d_{min}=0.5$ $d_{max}=1.2$	<2.0	450		
三层滤料过滤	无烟煤 $d_{min}=0.8$ $d_{max}=1.6$	<1.7	500	8～12	12～14
	石英砂 $d_{min}=0.5$ $d_{max}=0.8$	<1.5	270		
	重质矿石 $d_{min}=0.25$ $d_{max}=0.5$	<1.7	80		

注 滤料的相对密度：无烟煤为 1.4～1.6；石英砂为 2.6～2.65；重质矿石为 4.7～5.0。滤速和强制滤速，根据滤前水水质区别对待。

（二）反洗

反洗主要是去除滤料截留的泥渣，恢复滤料的过滤能力，是依靠反洗时滤料颗粒间相互碰撞、摩擦和水流的冲刷作用把污泥去除。在反洗时，水是向上流动的，滤料颗粒被水冲起而变得松动，即滤料膨胀。滤料膨胀后所增加的高度与膨胀前高度之比称为滤层膨胀率，它是用来衡量反洗强度的指标。

为了达到清除污物的目的，反洗水上升流速和反洗时间要足够。上升流速的大小可用反洗强度表示，即在每秒钟内每平方米滤池面积上需要多少升的反洗水量。选用反洗强度的大小，与许多因素有关，若滤料越粗，水温越高（此时水的黏度小），滤料的相对密度越大，则要用的反洗强度也越大，否则达不到一定的膨胀率。例如，石英砂的反洗强度通常为 15～18L/(m^2·s)，而相对密度较轻的无烟煤的反洗强度为 10～12L/(m^2·s)。反洗时，滤层的膨胀率一般取 20%～50%，反洗时间一般取 5～6min。反洗时间实际上决定反洗水量的大小。若反洗水量不足，则反洗时间必然会短，达不到反洗的要求。每次反洗时应将滤层中的污泥清除干净，否则，积累在滤层中的污泥会使滤料颗粒黏在一起，发生滤料结块现象，从而影响了滤池的正常工作。一般在水反洗 5～10 个周期之后，滤池通入压缩空气进行擦洗，搅动滤层，使滤料颗粒间发生摩擦，以提高清洗效果。空气擦洗时，滤池中水位一般仅在滤层之上 200mm 的地方，这样可以增加擦洗效果。滤池用压缩空气擦洗完毕，就可以进行水反洗，用水反冲掉擦洗下来的污物。空气擦洗强度与滤料的种类和粒径有关，一般为 $10\sim20L/(m^2 \cdot s)$，时间为 $3\sim5min$。

（三）水流均匀性

滤池在过滤或反洗过程中，要求通过过滤截面各部分的水流分布均匀，否则滤池就很难发挥其最大效能。在滤池中，对水流均匀性影响最大的是配水系统。配水系统（或称为排水系统）是指安置在滤层下面，过滤时收集过滤后的水，反洗时用来送入反洗水的装置。为了使水流均匀，配水系统可分为两类：一类称为小阻力配水系统；另一类称为大阻力配水系统。一般的重力式滤池都是小阻力配水系统，配水的不均匀性要求不大于 5%。

（四）滤池滤料的结块

由于滤池反洗不彻底，经过较长一段时间运行，会发生滤池过滤效果恶化、过滤周期缩短的现象，在滤料中积累了一定数量的污泥，甚至发生污泥与滤料结成块状，反冲洗时冲洗不动，因此，运行情况更加恶化。

根据滤层中滤料结块的原因，滤料结块可以分为污泥结块、油泥结块和微生物及其排泄的黏泥结块。针对不同的结块类型有不同的处理方法，一般常用的消除结块方法有如下几种：

（1）加强反洗。可以增加反洗强度和延长反洗时间，也可以辅以压缩空气清洗，这对轻度污泥结块很有效。

（2）卸出滤料人工清洗。在结块严重时，将滤料卸出人工清洗，消除结块。

（3）碱洗。适用于油泥结块，常用的药品有 $NaOH$、Na_2CO_3 等，可以将药品配成一定浓度的溶液注入滤池静置或进行循环冲洗。

（4）酸洗。适用于在滤料上积有的重金属沉淀，一般使用盐酸，使用时要注意设备的防腐和滤料对盐酸的稳定性。

（5）氯清洗。对滤料中有机物生长形成大量黏泥而引起的结块，可向滤层中加入漂白粉或次氯酸钠，使水中活性氯含量达到 $40\sim50mg/L$，通过滤层，待排水中有氯臭味时，停止排水并静泡 $1\sim2$ 天，可将生物杀死，再由反洗洗去。

上述几处消除结块的方法，可以单独使用，也可以互相结合使用，以提高清洗效果。

（五）单层滤料和多层滤料

单一品种的滤料通常称为单层滤料。单层滤料由于颗粒的相对密度一致，在反洗之后其沉降速度仅与颗粒大小有关，颗粒大的，沉降速度快，沉在下部；颗粒小的，沉降速度慢，落在滤层上部。这样就形成上细下粗的分层，这种排列方式使滤料表面形成一层滤膜，使水流阻力迅速增大，而下部滤层的泥渣容量却没有被充分利用，所以运行周期短，泥渣容量低。

为了改变运行状况，通常的办法是采用多层滤料——双层滤料或三层滤料。双层滤料通常由两种相对密度不同的滤料组成：一种相对密度大，但颗粒小；另一种相对密度小，但颗粒大。例如，双层滤料可以选用无烟煤和石英砂，无烟煤的相对密度为 $1.5\sim1.8$，而石英砂的相对密度为 2.65 左右，无烟煤颗粒要比石英砂大一些，这样当滤池冲洗后，颗粒较大而相对密度较小的无烟煤在上层，颗粒较小而相对密度较大的石英砂在下层，于是滤料形成上大下小的状态。

由于滤层上部颗粒较大，因此在滤层表面形成滤膜的可能性减小，底部滤料较细，仍可以发挥对水中悬浮物的截留作用，所以这种滤池的出水质量得以保证，而且水头损失增长较慢，截污能力较大，工作周期可延长，滤速也可适当提高。

双层滤料滤池的关键是选择滤料，主要是指两种滤料的相对密度和粒度，因为这是决定两者分层的关键指标。如果两者分层不好，小颗粒石英砂混入大颗粒无烟煤颗粒中，有可能使滤料孔隙率比单层滤料还小，不利于过滤。但是要它们完全不混合也是不可能的，因为这些颗粒是不规则的，一般认为混杂层厚度为 5～10cm 就可以了。研究表明，当无烟煤相对密度为 1.5 时，为了使滤料不混合，最大无烟煤粒径与最小砂粒径之比不应大于 3.2。在实际应用中，滤料的粒度和反洗强度可通过试验确定，双层滤料滤池的反冲洗强度一般为 13～15L/(m²·s)。三层滤料滤池的原理和双层滤料滤池相同，它只是在双层滤料下面再加上一层相对密度更大的滤料，当然其颗粒也更小。常用的三层滤料滤池是石榴石和磁铁矿石，这种滤池的滤速可以更高一些，达 30m/h。

不论是双层滤料滤池还是三层滤料滤池，由于它们截污能力大，运行周期长，因此运行终点时水头损失一般为 3m 左右，不宜太大。若运行控制水头损失太大，运行周期太长，易使滤层反洗不彻底，造成滤料结块。

四、过滤设备

（一）重力式空气擦洗滤池

1. 设备结构

重力式空气擦洗滤池，如图 2-3 所示，池体为钢制垂直圆形桶，内设过滤室和集水室。上部进水管口装设有进水布水装置（淋水盘式），底部出水装置（反洗进水装置）采用大阻力配水系统并装有不锈钢滤水帽。滤料为石英砂（厚 700mm，粒径为 0.5～1.0mm），垫层为石英砂（厚 200mm，粒径为 2～8mm）。下层滤料垫层中设置有空气擦洗装置，并装有不锈钢滤水帽，反洗时先从底部通入空气擦洗后再用水进行反洗。澄清池出水经配水装置进入过滤室，经滤层过滤后汇入集水室，经出水漏斗溢出至清水消防水池。

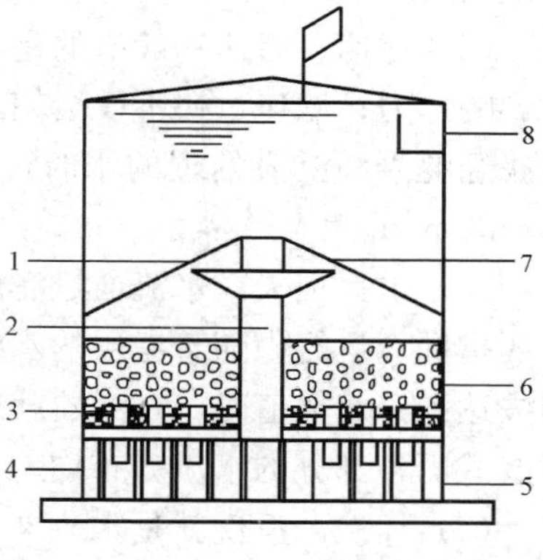

图 2-3 重力式空气擦洗滤池
1—进水；2—连通管；3—进气；
4—反洗进水；5—底部排水；
6—滤层；7—反洗出水；
8—出水

2. 过滤原理

用过滤法去除水中悬浮物是滤料的机械阻留和表面吸附的综合结果，也就是过滤过程中有两个作用：机械筛分和接触凝聚。

机械筛分作用主要发生在滤料层的表面。滤层在反洗后，由于水的筛分作用，小颗粒的滤料在上，大颗粒的滤料在下，依次排列，因此上层滤料间形成的孔眼最小。当含有悬浮物的水进入滤层时，滤层表面易将悬浮物截留下来。不仅如此，截留下来的或吸附着的悬浮物之间发生彼此重叠和架桥等作用，结果在滤层表面形成了一层附加的滤膜，这层滤膜也可起机械筛分作用。这种滤膜的过滤作用，又称为薄膜过滤。

过滤过程中，当带有悬浮物的水进入滤层内部时，事实上也在发生过滤作用。这与混凝过程中用泥渣作为接触介质相类似。由于滤层中的滤料比澄清池中悬浮泥渣的颗粒排列得更紧密，水中的微粒在流经滤层中弯弯曲曲的孔隙时，与滤料颗粒有更多的碰撞机会，在滤料表面起到有效的接触凝聚作用，使水中的颗粒易于凝聚在滤料表面，因此称为接触凝聚作用，有些资料也称为渗透过滤。

3. 影响过滤运行的因素

影响过滤运行的因素有很多，其中主要因素有滤料、滤速、水头损失、水流均匀性和反洗等。

（1）滤料。滤料是过滤装置的基本部件，正确地选择滤料、确定滤料颗粒大小的级配以及滤料层的高度，对过滤装置的正常运行影响很大。常用的滤料有石英砂、无烟煤、大理石等。作为滤料应具备的条件如下：

1）良好的化学稳定性。以免在过滤过程中滤料发生溶解现象，影响出水水质。

2）足够的机械强度。以免滤料在反洗过程中因颗粒间互相摩擦和碰撞而发生破碎。

3）适当的粒度组成和适当的形状均匀度。粒径过大时，细小的悬浮物会穿过滤层；粒径过小时，水流阻力增大，则过滤时滤层中的水头损失也增大。粒径不均匀，会造成反洗不易控制，过滤周期缩短。用石英砂作为滤料时，粒径一般为 $0.5\sim1.0mm$；用无烟煤作为滤料时，粒径一般为 $1.0\sim2.0mm$。

4）合适的滤层高度。滤层高度应根据计算求出，小于规定高度时，出水水质将达不到规定的要求值。

（2）滤速。滤速一般指的是水流流过过滤截面的速度（一般是指空罐流速）。滤速过慢会影响出力；滤速过快不仅会使出水水质下降，而且使水头损失加大，使过滤周期缩短。在过滤经混凝和澄清处理的水时，重力式滤池滤速一般为 $8\sim12m/h$；压力式过滤器滤速为 $15\sim30m/h$。

（3）水头损失。水流通过滤层的压力降称为水头损失。它是用来判断过滤器是否失效的重要指标。运行中随着滤层的水流阻力逐渐增大，过滤时的水头损失也就随之增大。当水头损失达到一定数值时，过滤器就应停用，进行反洗。在过滤器过滤或反洗的过程中，要求过滤层截面各部分的水流分布均匀，对水流均匀性影响最大的是配水系统。

（4）反洗。反洗就是水流自下而上通过滤层，以去除滤层上黏着的悬浮物颗粒，恢复滤层的过滤能力。反洗时，滤层处于悬浮状态并膨胀到一定的高度。滤层膨胀后所增加的高度和膨胀前的高度之比，称为滤层膨胀度。它是用来衡量反洗强度的指标。

反洗时，由于水冲刷和颗粒间互相碰撞、摩擦的作用，黏在滤料上的污染物就被冲洗下来，并被反洗水带出过滤器。当反洗出水变清时，反洗停止。要使反洗效果好，就必须有足够的反洗强度和反洗时间。石英砂的反洗强度一般为 $15\sim18L/(m^2\cdot s)$，无烟煤的反洗强度一般为 $12\sim15L/(m^2\cdot s)$。反洗时间实际上反映了反洗水量的大小。若反洗水量不足，就达不到冲洗干净滤料的要求。

每次反洗过滤器都应将滤层中黏着的悬浮物颗粒清除干净，否则会使滤料相互黏结而结块，破坏过滤器的正常运行。

（二）多介质过滤器

多介质过滤器用于滤除原水带来的细小颗粒、悬浮物、胶体、有机物等杂质，使出水浊度小于1NTU。多介质过滤器采用进口双速水帽（具有均匀的布水方式）和反洗装置（带空气擦洗功能）；上层滤料采用相对密度小、粒径大的无烟煤，中层滤料为相对密度大、粒径小的细石英砂，下层滤料为相对密度更大、粒径较大的粗石英砂，滤层总高度为1200mm。

过滤器滤层滤料呈上大下小分成三级，对过滤过程较为有利，因为进水由上部送入时，首先遇到的是上层颗粒较大的无烟煤滤料，过滤作用可以深入到滤层中，发生接触凝聚过滤作用；中层粒径小的细石英砂也能截取一部分泥渣，起保证出水水质的作用；下层粒径较大的粗石英砂可以去除水中残存的悬浮物。这种布置不会有小颗粒混入上层的问题，因为中层滤料可以起减小大颗粒和小颗粒相混的作用。

多介质过滤器技术特点如下：

（1）能够有效地去除原水中的胶体、悬浮物及有机物等。

（2）具有独特的均匀布水方式，使过滤效果达到最佳，出水浊度小于1NTU。

（3）带空气擦洗的反洗功能，反洗能力强、时间短、水耗低（气源来自罗茨风机）。

（4）采用较低的运行流速，以适应水质变化的可能性。

（5）正常情况下单台过滤器的反洗周期达12h以上。

（6）采用进口双速水帽，专门用于反渗预处理系统，填料选用优质滤料，以保证良好的过滤效果，且不会出现反洗乱层现象。

1. 安装调试和使用操作

（1）按设计文件指定的施工安装验收规范进行设备吊装、找正、定位、紧固，管口方位误差保证符合规范要求，并仔细检查进水装置是否紧固，出水装置水帽是否有松动现象，水帽是否有损坏，内部空气管连接螺栓是否紧固。

（2）滤料装填。装填滤料前，应仔细检查滤料的品种、规格、数量是否符合设计要求。当滤料采用石英砂或无烟煤时，应有足够的机械强度，实际磨损率不应超过3%。石英砂的粒径通常为0.5～1.2mm，无烟煤的粒径为0.8～1.8mm（双层）或0.5～1.2mm（单层），并按设计要求的滤料高度和滤料视密度估算装填数量。对于多层滤料过滤器，应先装入相对密度较大的滤料，后装入相对密度较小的滤料。装填滤料前，设备内应充水至水帽上方500～800mm处，以免滤料下落时损坏水帽。应尽量采用水力装填滤料，以减轻劳动强度，装填完滤料，观察滤层表面是否平整，如不平整，应打开上人孔盖板，人工整平，后紧固人孔盖板。

（3）滤料清洗。过滤器在装填滤料后应按流速为5～8m/h的水流由下向上冲洗，脏水由上部排污口排出的方式进行反冲洗，以去除滤料中的脏物和形成滤层合理分布，至出水澄清即清洗合格。

（4）过滤。正洗排水，察看排水是否澄清。如已澄清，即可投入正常过滤，每小时观察出水一次。若发现水质达不到要求，应立即停止进行反洗，或根据进出口压差决定是否进行反洗（一般压差不超过0.15MPa）。

（5）反洗。

1）先关闭进水阀，打开排水阀，将水面降至视镜中心位置后，关闭排水阀，打开压缩空气阀及排空阀，然后使压缩空气从滤层底部进入，将滤层松动3～5min后，使气体从排空阀排出。

2）缓慢地打开反洗进水阀，水从底部进入，当空气阀向外溢水时，应立刻关闭空气阀，打开排水阀，水从上部排出，流量逐渐增加，最后保持一定的反洗强度[双层滤料为13～16L/(m² · s)，单层石英砂为12～15 L/(m² · s)，单层无烟煤为10～12L/(m² · s)]，以出水中不含有正常颗粒的过滤介质为宜，直至反洗出水水质完全无色透明为止，一般反洗需5～10min，然后关闭反洗进水阀及上排水阀。

3）反洗时也可同时采用水和压缩空气进行空气擦洗，即先打开反洗进水阀，保持水洗强度为 8～10L/($m^2 \cdot s$)，再缓慢地打开压缩空气阀[对双滤料过滤器，压力是 0.1MPa，其反洗强度 10～15L/($m^2 \cdot s$)]，密切注意排水，不得将正常颗粒的过滤介质随水排出，否则应关小压缩空气阀，一般空气擦洗需 5～10min。

4）反洗时不应有跑滤料现象，遇到反洗超时而出水仍然不清的异常现象时，应停止反洗，找出原因。必要时，打开人孔，检查设备内部是否损坏，而不应加大反洗强度，以免损坏设备及多孔板上的排水帽。

（6）正洗。正洗时先打开进水阀及下排水阀，水由上往下清洗，正洗流速为 5m/h，正洗至出水透明时即关闭排水阀，打开出水阀，投入正常运行。

2. 故障分析与处理

过滤设备故障分析与处理见表 2-3。

表 2-3　　　　　　　　　　　　　过滤设备故障分析与处理

故 障 现 象	故 障 分 析	处 理 方 法
滤料泄漏至出水中	水帽松动或损坏	紧固或更换水帽
	滤料粒径偏小	重新筛分并补充或更换滤料
	内部空气管连接螺栓松动	紧固螺栓
反洗排水跑滤料	反洗水量过大	降低反洗强度
	压缩空气压力过大	调整压缩空气压力

（三）活性炭过滤器

1. 工作原理

活性炭过滤器是内装填粗石英砂垫层及优质活性炭的压力容器。利用活性炭颗粒进一步去除机械过滤器出水中残存的余氯、有机物、悬浮物的杂质，为后续的反渗透处理提供良好条件。

活性炭过滤器主要是利用含碳量高、分子质量大、比表面积大的活性炭有机絮凝体对水中杂质进行物理吸附，达到水质要求。活性炭和木炭、炭黑、焦炭一样，属于无定形碳，其结构与石墨有些相似。活性炭内有非常多的孔隙，由于其孔隙壁的比表面积一般为 500～1700m^2/g，因此其吸附容量很大。在水处理过程中，常常采用粒状活性炭，将其装载于容器或塔体中，可达到连续通液、连续吸附运行，而对环境无污染的目的。活性炭主要吸附水中的有机物，对以 COD 或 TOD 表示的有机物的去除率可达 80% 左右，还可去除水中的臭气、有色物质、游离氯、油污、表面活性剂等。

当水流通过活性炭的孔隙时，各种悬浮颗粒、有机物等在范德华力的作用下被吸附在活性炭孔隙中；同时，吸附于活性炭表面的氯（次氯酸）在炭表面发生化学反应，被还原成氯离子，从而有效地去除氯，确保出水余氯量小于 0.1ppm。随着时间的推移，活性炭的孔隙内和颗粒之间的截留物逐渐增加，使过滤器的前后压差随之升高，直至失效。在通常情况下，根据过滤器的前后压差，利用逆向水流反洗滤料，使大部分吸附于活性炭孔隙中的截留物剥离并被水流带走，恢复吸附功能；当活性炭达到饱和吸附容量彻底失效时，应对活性炭再生或更换活性炭，以满足工程要求。

当活性炭过滤器因截留过量的机械杂质而影响其正常工作时，则可用反冲洗的方法来进行清洗。利用逆向进水，使过滤器内砂滤层松动，可使黏附于滤料表面的截留物剥离并被反冲水流带走，有利于排除滤层中的沉渣、悬浮物等，并防止滤料板结，使其充分恢复截污、除氯能力，从而达到清洗的目的。反洗以进出口压差参数设置来控制反冲洗周期，一般为3～4天，具体需视原水浊度而定。

活性炭过滤器采用不锈钢操作阀组，过滤器的启运、正洗、反洗、停机等工序均有手动控制操作。当活性炭过滤器运行至进出口压差为0.05～0.07MPa时，必须进行反洗。活性炭更换期为半年至一年。

2. 结构特点

活性炭过滤器本体是带上下椭圆封头的圆柱形钢结构，过滤器材质为Q235-A或304不锈钢，内衬硫化橡胶防腐，内部在进水口设有布水器，下部设有集水装置，集水装置上装填1200mm厚的活性炭和200mm厚的石英砂。成套设备的本体外部装置有各种控制阀门和流量计、压力表。

活性炭过滤器所填活性炭为果壳炭，具有相对密度小、孔隙率大、耐磨性强、吸附容量大的优点。

3. 安装调试和使用操作

（1）按设计文件指定的施工安装验收规范进行设备吊装、找正、定位、紧固，管口方位误差保证符合规范要求，并仔细检查进水装置是否紧固，出水装置水帽是否有松动现象，水帽是否有损坏，内部空气管连接螺栓是否紧固。

（2）活性炭的性能应符合有关标准或设计文件的要求，应仔细阅读产品使用说明书，并检查其品种、规格、数量是否符合设计要求。如有异议，应通知供货单位或更换合格的活性炭。

（3）装料及预处理。按设计要求的层高和到货活性炭的视密度，估算装填数量。装填滤料前设备应充水至水帽上方500～800mm，以免活性炭下落时损坏水帽。应尽量采用水力装料，以减轻劳动强度。若人工装料，将滤料分三次加入，每次加入1/3滤料并进行清洗，装填完滤料，观察滤层表面是否平整。如不平整，应打开人孔盖板，人工整平滤层后，紧固人孔盖板。活性炭的预处理方法：先用清水浸泡搅动，去除漂浮物，再用3～5倍活性炭体积的5%HCl溶液进行动态处理，以低流速淋洗活性炭，后用水清洗。同样用3～5倍活性炭体积的4%NaOH溶液进行动态处理，以低流速淋洗活性炭，最后用水清洗到中性为止。

（4）清洗。过滤器在装填滤料后应按流速为5～8m/h的水流由下向上冲洗，脏水由上部排污口排出的方式进行反冲洗，以去除滤料中的脏物和形成滤层合理分布，至出水澄清即清洗合格。

（5）过滤。装填滤料后正洗，察看排水是否澄清。如已澄清，即可投入正常过滤，每小时观察出水一次。若发现水质达不到要求，应立即停止进行反洗，或根据进出口压差决定是否进行反洗（一般压差不超过0.098MPa）。

（6）反洗。

1）先关闭进水阀，打开排水阀，将水面降至视镜中心位置后，关闭排水阀，打开压缩空气阀及排空阀，然后使压缩空气从滤层底部进入，将滤层松动3～5min，使气体从排空阀排出。

2) 缓慢地打开反洗进水阀，水从底部进入，当空气阀向外溢水时，应立刻关闭空气阀，打开排水阀，水从上部排出，流量逐渐增加，最后保持一定的反洗强度[$7\sim14L/(m^2\cdot s)$]，以出水中不含有正常颗粒的滤料为宜，直至反洗出水水质完全无色透明为止，一般反洗需$20\sim30min$，然后关闭反洗进水阀及上排水阀。

3) 反洗时可同时采用水和压缩空气进行空气擦洗，即先打开反洗进水阀，再缓慢地打开压缩空气阀[压力为$0.1MPa$，其反洗强度不大于$20L/(m^2\cdot s)$]，密切注意出水中不含有正常颗粒的滤料，否则应关小压缩空气阀，一般空气擦洗需$15\sim20min$。

4) 反洗时不应有跑滤料现象，遇到反洗时间长而出水仍然不清的异常现象时，应停止反洗，找出原因。必要时，打开人孔，检查设备内部是否损坏，而不应加大反洗强度，以免损坏设备及多孔扳上的排水帽。

(7) 正洗。正洗时先打开进水阀及下排水阀，水由上往下冲洗，正洗强度为$1\sim1.5L/(m^2\cdot s)$，时间通常为$120min$，原则上出水透明时即关闭排水阀，打开出水阀，投入正常运行。

(8) 活性炭再生。活性炭床运行一段时间后（一般为$2\sim3$年），便逐渐饱和而失去吸附能力，这时应对它进行再生处理。

4. 活性炭过滤器注意事项

(1) 如水中有悬浮物时，应先去除悬浮物、胶体等杂质，否则易造成活性炭网孔及颗粒层间的堵塞。

(2) 当水中溶解性的有机物浓度过高时，不宜直接用活性炭吸附处理，因为这样做不经济，而且在技术上也难以取得良好的效果。

(3) 当净水通过活性炭时，接触时间最好是$20\sim40min$、流速以$5\sim10m/h$为宜。

(4) 如失效后的活性炭不能再生，则采用活性炭是不经济的。

(5) 活性炭吸附一般设在水混凝、机械过滤处理之后，离子交换除盐之前。

(6) 如原水凝聚过滤不充分，则造成大量悬浮物堆积在活性炭床内，会繁殖滋生出大量的微生物，使活性炭结块，增加了水流的阻力。因此，对床内的活性炭要定期进行充分地反洗或通空气擦洗，以保持床内清洁。

(7) 影响活性炭吸附效果的还有水温和进水pH值。

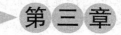

离 子 交 换 除 盐

水中所含各种离子与离子交换树脂进行化学反应而被去除的过程称为水的离子交换除盐。当水中的各种阳离子和阳离子树脂反应后，水中阳离子就交换到阳树脂上，阳树脂上的 H^+ 被交换下来；水中的阴离子和阴离子树脂反应后，阴离子就交换到阴树脂上，阴树脂上的 OH^- 离子被交换下来，H^+ 和 OH^- 相互结合生成水，则实现了水的化学除盐。离子交换除盐技术是借助于离子交换剂上的离子和水中的离子进行交换反应而去除水中杂质离子，获取合格除盐水的过程，最简单的化学除盐流程如原水—阳离子交换—除二氧化碳—阴离子交换—除盐水。原水连续一次通过上述流程而进行一次阴、阳离子交换反应的过程称为一级离子交换除盐，其出水再次经过阴、阳离子交换反应的过程则称为二级离子交换除盐。

为实现水的深度除盐，除需多级阴、阳离子交换反应外，还可采用一级除盐加混床的处理方式。因为水在混合离子交换器内，实现了无穷多级的阴、阳离子交换反应，由于反离子作用极小，这种反应相当彻底，出水质量很高。

第一节 离 子 交 换 树 脂

凡具有离子交换能力的物质，统称为离子交换剂，离子交换剂是由固定的"骨架"成分和可交换的离子基团构成的。目前，普遍应用于水处理中的离子交换剂是合成的离子交换树脂。

一、离子交换树脂的分类

（1）按活性基团的性质分类，离子交换树脂可分为阳离子交换树脂和阴离子交换树脂。

带有酸性活性基团、能与水中阳离子进行交换的树脂称为阳离子交换树脂；带有碱性活性基团、能与水中阴离子进行交换的树脂称为阴离子交换树脂。按活性基团上 H^+ 或 OH^- 电离的强弱程度，离子交换树脂又可分为强酸性阳离子交换树脂和弱酸性阳离子交换树脂及强碱性阴离子交换树脂和弱碱性阴离子交换树脂。此外，离子交换树脂还可分为螯合性、两性以及氧化还原性树脂。

（2）按离子交换树脂的孔型分类，离子交换树脂可分为凝胶型树脂和大孔型树脂。

凝胶型树脂是由苯乙烯和二乙烯苯混合物在引发剂存在下进行悬浮聚合得到的具有交联网状的聚合物，因为这种聚合物是呈透明或半透明状态的凝胶型结构，所以称为凝胶型树脂。因为凝胶型树脂孔径小，不利于离子运动，直径较大的分子通过时，容易堵塞网孔，再生时也不容易洗脱下来，所以凝胶型树脂易受到有机物污染。

大孔型树脂的制备方法和凝胶型树脂的不同主要是高分子聚合物骨架的制备。制备大孔结构高分子聚合物骨架时，要在单体混合物中加入致孔剂，待聚合物反应完成后，再将致孔剂抽提出来，这样便留下了永久性网孔（称为物理网孔）。由于大孔型树脂孔隙占据一定的空间，因此其交联度较大，抗氧化能力较强，机械强度较高；但其离子交换基团相应减少，交换容量较低。

（3）按单体种类分类，离子交换树脂可分为苯乙烯系、丙烯酸系树脂等。

二、离子交换树脂的命名

离子交换树脂的全名称由分类名称、骨架（或基因）名称、基本名称组成。孔隙结构分凝胶型和大孔型两种，凡具有物理孔结构的称为大孔型树脂，在全名称前加"大孔"；分类属酸性的应在名称前加"阳"，分类属碱性的，在名称前加"阴"。

为了区别离子交换树脂同一类型的不同品种，离子交换产品的型号以三位阿拉伯数字组成，第一位数字代表产品的分类，第二位数字代表骨架的差异，第三位数字为顺序号，用以区别基因、交联剂等的差异，见表 3-1。

表 3-1　　　　　　　　　　以阿拉伯数字表示离子交换树脂的分类

代　号	第一位名称	第二位名称
0	强酸性	苯乙烯系
1	弱酸性	丙烯酸系
2	强碱性	酚醛系
3	弱碱性	环氧系
4	螯合性	乙烯吡啶系
5	两性	脲醛系
6	氧化还原性	氯乙烯系

凡属大孔型树脂，在型号前加"大"字的汉语拼音首位字母"D"；凡属凝胶型树脂，在型号前不加任何字母，交联度值可在型号后用"×"符号连接阿拉伯数字表示。离子交换树脂型号图解如图 3-1 所示。

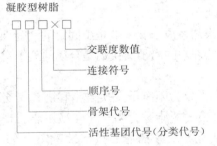
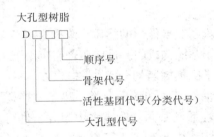

图 3-1　离子交换树脂型号图解

根据以上原则，水处理常用的四种离子交换树脂全名称及型号分别为：强酸性苯乙烯系阳离子交换树脂，型号为 001×7；强碱性苯乙烯系阴离子交换树脂，型号为 201×7；大孔型弱酸性丙烯酸系阳离子交换树脂，型号为 D111、D113；大孔型弱碱性苯乙烯系阴离子交换树脂，型号为 D301、D302。

三、离子交换树脂的性能

（一）物理性能

1. 外观

常用凝胶型树脂是一种透明或半透明的球体，大孔型树脂则不透明或呈乳浊色。树脂的颜色有白、黄以至棕黄色，这取决于它的本质，与其性能的关系不大，凝胶型苯乙烯系树脂大都呈淡黄色；大孔型苯乙烯系阳树脂一般呈淡灰褐色；大孔型苯乙烯系阴树脂为白色或淡黄褐色；丙烯酸系树脂呈白色或乳白色。优良的树脂圆球率高，无裂纹，颜色均匀，无杂质。

2. 颗粒度

树脂的颗粒度关系到离子交换速度、树脂床中的液流分布均匀性和液流压降，以及反洗时树脂流失等。因此树脂颗粒大小要适当，分布要合理。离子交换树脂的颗粒大小不可能完全一样，所以不能简单地用一个粒径指标来表示，除树脂粒度范围外，还用有效粒径和均一系数两个指标来表示树脂颗粒的总体情况。

有效粒径是指筛上保留 90％（体积）树脂样品的相应试验筛筛孔孔径（mm），用 d_{90} 表示。均一系数是指筛上保留 40％（体积）树脂样品的相应试验筛筛孔孔径 d_{40} 与有效粒径 d_{90} 的比值，用 K_{40} 表示，即

$$K_{40} = \frac{d_{40}}{d_{90}} \tag{3-1}$$

均一系数越趋于 1，组分越狭窄，树脂的颗粒也越均匀。

3. 密度

树脂密度是设计交换柱、确定反冲洗强度的重要指标，也是影响树脂分层的主要因素。离子交换树脂的密度是指单位体积树脂所具有的质量，单位常用 g/mL 表示。因为离子交换树脂是多孔的粒状物质，所以有干真密度、湿真密度和湿视密度之分。

（1）干真密度。表示树脂在干燥情况下的真实密度，即

$$\text{干真密度} = \text{干树脂质量／树脂颗粒的真体积（g/mL）} \tag{3-2}$$

树脂颗粒的真体积是指树脂颗粒本身所占的体积，颗粒内的孔眼和颗粒间孔隙的体积不应计入。

（2）湿真密度（ρ_z）。指树脂在水中经过充分膨胀后的密度，即

$$\text{湿真密度}(\rho_z) = \text{湿树脂质量／湿树脂颗粒的体积}(g/mL) \tag{3-3}$$

湿树脂颗粒的体积是指树脂颗粒在湿状态下的体积，即包括颗粒中的间隙及含水量，但颗粒间的间隙不应计算在内。湿真密度直接影响到树脂在水中的沉降速度和反洗膨胀率，是树脂的一项重要实用性能，其值一般在 1.04～1.30g/mL 之间，阳树脂的湿真密度常比阴树脂的大。树脂的湿真密度随交换基团的离子型不同而改变，但对于同一批树脂，其湿真密度与树脂粒径的大小无关，这说明在同一批树脂中，不同粒径树脂的内在结构是相同的。

（3）湿视密度（ρ_s）。指树脂在水中充分膨胀时的堆积密度，即

$$\text{湿视密度}(\rho_s) = \text{湿树脂质量／湿树脂的堆积体积}(g/mL) \tag{3-4}$$

湿视密度是指树脂在水中充分溶胀后的堆积密度。湿视密度可用来计算交换器中装载的湿树脂质量，此值一般在 0.60～0.85g/mL 之间。树脂的湿视密度不仅与离子型有关，还与树脂的堆积状态有关，即与树脂大小颗粒混合的程度以及堆积密实程度有关。

湿视密度（ρ_s）和湿真密度（ρ_z）有如下关系，即

$$\rho_s = (1 - \rho)\rho_z \tag{3-5}$$

式中 ρ 表示树脂层空隙率。在已知 ρ_z 和 ρ_s 的情况下，也可根据式（3-5）求相应条件下树脂层的空隙率。空隙率越大，说明树脂颗粒均匀性越好。

树脂的密度与其交联度有关，交联度越高，由于树脂的结构紧密，因此密度也越大。

4. 含水率

含水率是离子交换树脂固有的性质。为了使交换离子在树脂颗粒内部能自由运动，树脂颗粒内需含有一定的水分。离子交换树脂中的水分一部分是与活性基团相结合的化合水，另一部分是吸附在树脂表面或滞留在网孔中的游离水。树脂的含水率是指单位质量的湿树脂（除去表面水分后）所含水量的百分数，一般在 50% 左右。

对于含有一定活性基团的离子交换树脂，因为它们的化合水大致相同，所以含水率可以反映树脂的交联度和孔隙率的大小。树脂的含水率大，则表示树脂的孔隙率大和交联度低。

5. 溶胀性

溶胀性指干树脂浸入水中，由于活性基团的水合作用使交联网孔增大、体积膨胀的现象。溶胀程度常用溶胀率（溶胀前后的体积差/溶胀前的体积）表示。树脂的交联度越小，活性基团数量越多，越易离解，可交换离子的水合半径越大，则溶胀率越大。水中电解质浓度越高，由于渗透压增大，因此其溶胀率越小。

因离子的水合半径不同，在树脂使用和转型时常伴随着体积变化。一般强酸性阳树脂由 Na 型变为 H 型，强磁性阴树脂由 Cl 型变为 OH 型，其体积均增大约 5%。

6. 机械强度

机械强度反映树脂保持颗粒完整性的能力。树脂在使用中由于受到冲击、碰撞、摩擦以及胀缩作用，会发生破碎，因此，树脂应具有足够的机械强度，以保证每年树脂的损耗量不超过 3%～7%。树脂的机械强度主要取决于交联度和溶胀率，交联度越大，溶胀率越小，则机械强度越高。

7. 耐热性

各种树脂均有一定的工作温度范围，操作温度过高，易使活性基团分解，从而影响交换容量和使用寿命。例如，温度低至 0℃，树脂内水分冻结，使颗粒破裂。通常控制树脂的储藏和使用温度为 5～40℃。

8. 交联度

将树脂的骨架用交联法形成一个巨大且可与热固性塑料相比拟的分子网，这种交联的程度称为交联度。树脂的交联度是按合成时所用单体中含有交联剂的质量分数来表示的。离子交换树脂的交联度与许多性质（溶解度、交换容量、膨胀性、选择性、稳定性等）有关系。一般，交联度大的树脂有如下特点：

（1）孔隙率小，相对密度大，含水率高。

（2）交联网孔直径小，因而离子交换选择性大。

（3）导入活性基团较困难，故交换容量较小。

（4）树脂机械强度较大。

（5）稳定性好。

（二）化学性能

1. 再生

离子交换反应的可逆性交换的逆反应即为再生。

2. 酸碱性

H 型阳树脂和 OH 型阴树脂在水中电离出 H^+ 和 OH^-，表现出酸碱性。根据活性基团在水中离解能力的大小，树脂的酸碱性也有强弱之分。强酸或强碱性树脂在水中离解度大，受 pH 值影响小；弱酸或弱碱性树脂离解度小，受 pH 值影响大。因此弱酸或弱碱性树脂在使用时对 pH 值要求很严格，各种树脂在使用时都有适当的 pH 值范围。

3. 选择性

树脂对水中某种离子能优先交换的性能称为选择性，它是决定离子交换法处理效率的一个重要因素，本质上取决于交换离子与活性基团中固定离子的亲和力。选择性大小用选择性系数来表征。选择性系数与化学平衡常数不同，除了与温度有关以外，还与离子性质、溶液组成及树脂的结构等因素有关，在常温和稀溶液中，大致具有如下规律：

（1）离子价数越高，选择性越好。

（2）原子序数越大，即离子水合半径越小，选择性越好。

根据以上规律，排列出离子交换的选择性顺序为：

阳离子：$Th^{4+} > La^{3+} > Ni^{3+} > Co^{3+} > Fe^{3+} > Al^{3+} > Ra^{2+} > Hg^{2+} > Ba^{2+} > Pb^{2+} > Sr^{2+} > Ca^{2+} > Ni^{2+} > Cd^{2+} > Cu^{2+} > Co^{2+} > Zn^{2+} > Mg^{2+} > Ba^{2+} > Tl^+ > Ag^+ > Cs^+ > Rb^+ > K^+ > NH_4^+ > Na^+ > Li^+$

注：当采用 RSO_3H 树脂时，Tl^+ 和 Ag^+ 的选择性顺序将分别提前至 Pb^{2+} 左右。

阴离子：$C_6H_5O_7^{3-} > Cr_2O_7^{2-} > SO_4^{2-} > C_2O_4^{2-} > C_4H_4O_5^{2-} > AsO_4^{3-} > PO_4^{3-} > MoO_4^{2-} > ClO_4^- > I^- > NO_3^- > CrO_4^{2-} > Br^- > SCN^- > CN^- > HSO_4^- > NO_2^- > Cl^- > HCOO^- > CH_3COO^- > F^- > HCO_3^- > HSiO_3^-$

应当指出，由于实验条件不同，各研究者所得出的选择性顺序就不完全相同。

（3）H^+ 和 OH^- 的选择性取决于树脂活性基团的酸碱性强弱。对强酸性阳树脂，H^+ 的选择性介于 Na^+ 和 Li^+ 之间；但对弱酸性阳树脂，H^+ 的选择性最强。同样，对强碱性阴树脂，OH^- 的选择性介于 CH_3COO^- 与 F^- 之间；但对弱碱性阴树脂，OH^- 的选择性最强。

4. 交换容量

交换容量是离子交换树脂的最重要性能，是设计离子交换过程和装置时所必需的数据。它说明树脂的交换能力，通常用每克干树脂所能交换的离子的毫摩尔数表示。在工业上，常用单位体积树脂所能交换的物质的量（摩尔）表示。

交换容量的表示法有以下几种：

（1）全交换容量。它是指树脂活性基团中所有可交换离子全部被交换的交换容量，也即交换基的总数，其数值一般可用滴定法测定，单位常用 mol/kg 或 mol/m^3 表示。

（2）工作交换容量。它是指动态工作状态下的交换容量，其值因使用条件的不同而不同。工作交换容量的影响因素较多，主要有进液的离子浓度、交换操作的控制指标、树脂层的高度、交换速度、树脂粒度以及活性基团的形式等。工作交换容量的单位常用 $mmol/cm^3$ 表示。

（3）有效交换容量。它是指工作交换容量减去因正洗损失的交换容量，单位常用 $mmol/cm^3$ 表示。

市售商品树脂所标的交换容量是总交换容量，即活性基团的总数。树脂在给定的工作条件下实际所发挥的交换能力称为工作交换容量。因受再生程度、进水中离子的种类和浓度、树脂层高度、水流速度、交换终点的控制指标等许多因素影响，一般工作交换容量只有总交换容量的 60%～70%。

四、离子交换树脂的使用

（一）新树脂的预处理

工业产品中的离子交换树脂，常含有少量低聚合物和未参与聚合或缩合反应的单体。当树脂与水、酸、碱或其他溶液接触时，上述物质就会转入溶液中，影响出水水质。除了这些有机物外，树脂中还含有铁、铅、铜等无机杂质。因此，在对水质要求较高时，新树脂在使用前必须进行处理，以除去树脂中的可溶性杂质。

新树脂在用药剂处理前，必须先用水使树脂充分膨胀。然后对其中的无机杂质（主要为铁的化合物）用稀盐酸除去；有机杂质用稀氢氧化钠溶液除去。但如果树脂在运输或储存过程中脱水了，则不能将其直接放入水中，以防止树脂因急剧膨胀而破裂，应先把树脂放在10%NaCl溶液中浸泡一定时间后，再用水稀释，使树脂缓慢膨胀到最大体积。

1. 脱水树脂的处理

将树脂装入交换器中，用大于树脂体积的 10% NaCl 溶液浸泡树脂 1～2h，浸泡后放掉 NaCl 溶液，用水冲洗树脂，直至排出的水不呈黄色为止。然后再进行反洗，以除去混在树脂中的机械杂质和细碎树脂粉末。

2. 阳树脂的预处理

将阳树脂浸泡在 2%～4%NaOH 溶液中，经 4～8h 后进行小流量反洗，至排水澄清、耗氧量稳定为止。然后再浸泡在 5%HCl 溶液中，经 4～8h 后进行正洗，至排水 Cl$^-$ 含量与进水相接近为止。

3. 阴树脂的预处理

将阴树脂浸泡在 5%HCl 溶液中，经 4～8h 后，用氢离子交换器出水进行小流量反洗，至排水 Cl$^-$ 含量与进水相接近为止。然后再用 4%NaOH 溶液浸泡，经 4～8h 后进行正洗，至排水接近中性为止。

（二）树脂的储存

树脂应存放在温度为 5～40℃ 的场所，并定期检查，保持密封状态。经过使用后停止运行时，应将树脂充水，以免树脂脱水；如需长期储存树脂，最好把树脂转变成盐型，并浸泡在水中，还应定期检查，定期换水，防止细菌繁殖。如果树脂存放时失水，应该先用饱和 NaCl 溶液浸泡，然后逐渐稀释，以免树脂急剧膨胀而破碎。最后以 1～2 倍的正常再生剂对树脂进行再生后，才可投入使用。

（三）树脂的鉴别

在实际工作中，往往需要判别树脂的种类，其鉴别方法如下：

1. 区分阳树脂和阴树脂

（1）取树脂样品 2mL，置于 30mL 的试管中，用吸管吸去树脂层上部的水。

（2）加入 1mol/L HCl 溶液 5mL，摇动 1～2min，将上部清液吸去，这样重复操作 2～3 次。

（3）加入纯水清洗，摇动后，将上部清液吸去，重复操作 2～3 次，以除去过剩的 HCl 溶液。

经上述操作后，阳树脂转变为 H 型，阴树脂转变为 Cl 型。

（4）加入已酸化的 10% CuSO$_4$（其中含 1% H$_2$SO$_4$）溶液 5mL，摇动 1min，放置 5min。如树脂呈浅绿色，即为阳树脂，如树脂不变色则为阴树脂。

H 型强酸性阳树脂与 Cu^{2+} 交换转变成 Cu 型树脂而呈浅绿色。H 型弱酸性阳树脂由于

羧基和 Cu^{2+} 能形成牢固的共价键，即使在酸性溶液中也能转变为 Cu 型树脂，因此也呈浅绿色。强碱性阴树脂与 Cu^{2+} 无作用，因此不变色；弱碱性阴树脂可以和 Cu^{2+} 络合，也呈浅绿色，但在酸性溶液中不能和 Cu^{2+} 络合，而是将 $CuSO_4$ 溶液酸化，为了防止弱碱性阴树脂与 Cu^{2+} 络合，干扰对阳树脂的鉴别。

由于弱酸性阳树脂的交换速度较慢，因此加入 $CuSO_4$ 后，需放置一段时间再进行观察。

2. 区分强酸性阳树脂和弱酸性阳树脂

经第一步处理后的树脂如呈浅绿色，则用纯水充分清洗后，加 5mol/L $NH_3 \cdot H_2O$ 溶液 2mL，摇动 1min，再用纯水充分清洗。如树脂转为深蓝色，则为强酸性阳树脂；如树脂颜色不变，则为弱酸性阳树脂。

转为深蓝色的树脂认为是强酸性树脂，这是因为加入 $NH_3 \cdot H_2O$ 后，强酸性阳树脂颗粒中的 Cu^{2+} 成为铜氨络离子 $\left[Cu(NH_3)_4^{2+}\right]$，并仍被强酸性阳树脂吸着，因而使树脂呈深蓝色 $\left[Cu(NH_3)_4^{2+}$ 为深蓝色$\right]$。弱酸性阳树脂中的 Cu^{2+} 不能转成 $Cu(NH_3)_4^{2+}$，所以树脂仍为浅绿色。

3. 区分强碱性阴树脂和弱碱性阴树脂

经第一步处理后，不变色的树脂即为阴树脂，再进行如下操作：

（1）加入 1mol/L NaOH 溶液 5mL，摇动 1min 后，用倾泻法充分清洗。加入 NaOH 溶液是使阴树脂转成 OH 型，并清洗除去过剩的 NaOH 溶液。

（2）加入酚酞 5 滴，摇动 1min，用纯水充分清洗，如树脂呈红色，则为强碱性阴树脂。这是由于强碱性 OH 型阴树脂能电离出 OH^-，充填在树脂颗粒的网孔中，因而呈强碱性，当酚酞渗入网孔中时，遇碱即呈红色。弱碱性树脂由于电离的 OH^- 少，碱性弱，所以酚酞渗入网孔时不变色。

4. 确定弱碱性树脂

加入酚酞后，树脂不变色，应为弱碱性阴树脂，为了进一步加以确定，操作如下：

（1）加入 1mol/L HCl 溶液 5mL，摇动 1min，然后用纯水清洗 2～3 次。加入 HCl 溶液是使阴树脂转变为 Cl 型，并洗去过剩的 HCl 溶液。

（2）加入 5 滴甲基红（或甲基橙），摇动 1min，并用纯水充分清洗，如树脂呈桃红色，则可确定为弱碱性阴树脂；如树脂不变色，则表示无离子交换能力，这是由于弱碱性 Cl 型阴树脂有水解作用，其反应如下

$$RCl + H_2O \longrightarrow ROH + HCl \tag{3-6}$$

水解后，RCl 树脂网孔中的水呈酸性，因此当甲基红渗入树脂颗粒网孔中后即呈桃红色（甲基橙在酸性溶液中呈桃红色）。

必须注意，上述操作是连续性的，不能只取其中一步就确定是某种树脂。例如，不能只做第四步就确定它是弱碱性阴树脂，这是因为 H 型的强酸或弱酸树脂网孔中的水都呈酸性，因此加甲基红都呈桃红色。

（四）树脂的分离

树脂的分离常利用它们密度的不同，用自下而上的水流将它们分开；或者将它们浸泡在一种具有一定密度的溶液中，利用它们浮、沉性能的不同而分开。如用饱和食盐水和碱液浸泡，则强碱性阴树脂会浮在上面，而强酸性阳树脂沉于底部；如果混合的两种树脂密度差甚小，那么分离起来就比较困难。

（五）树脂的再生

树脂再生是离子交换水处理中很重要的一环。影响再生效果的因素很多，如再生方式，再生剂的种类、纯度、用量，再生液的浓度、流速、温度等。要取得较好的树脂再生效果，必须进行调整试验，确定最优的再生条件。

1. 再生方式

再生方式按再生液流向与运行时水流方向分为顺流、对流和分流三种。顺流再生是指再生液流向与运行时水流方向一致的再生方式，通常是自上而下流动。对流再生指再生液流向与运行时水流方向是相对的。习惯上将运行时水流向下流动、再生液向上流动的水处理工艺称为逆流再生工艺；将运行时水向上流、床层浮动，再生时再生液向下流动的水处理工艺称为浮动床工艺。对流再生可使出水端树脂层再生度最高，出水水质好。分流再生是指再生液自交换器的上端和下端同时进入，由树脂层中间的排水装置排出，运行时水自上而下流过床层。这种交换器上部床层采用顺流再生工艺，下部床层采用对流再生工艺。

由于逆流再生超过一定流速，因此会引起树脂层上浮松动而乱层，影响出水水质，再生度下降，再生剂耗量大。防止逆流再生过程中树脂乱层是再生质量好坏的关键问题，常采用空气顶压、水顶压、无顶压、低流速等方式来克服乱层问题，见表3-2。

表 3-2　　　　　　　　　　　　　不同再生方法的技术要点

再生方法	原　　理	操作要点	工艺条件
空气顶压	水和空气不能同时逆向通过同一树脂或压脂层时，当有足够量的空气通过压脂层时，可抑制再生液进入，而保持压脂层呈干态，不发生流动，起到压实树脂层的作用	(1) 要有一定高度（如200～250mm）的干态压脂层，中间排液装置排水畅通。(2) 先进空气预先稳压后再进再生液。(3) 顶压用空气要有稳压措施	再生液流速为5m/h时，空气流量为 $0.2 \sim 0.3 m^3/(m^3 \cdot min)$，空气压力为29～49kPa
水顶压	利用压脂层上部进水对压脂层产生的压力压住树脂层	(1) 要有一定高度（如200mm）的压脂层。(2) 顶压用水要有稳定措施	顶压水流量为再生液流量的0.4～1.0倍
无顶压	适当增大中间排液装置开孔面积，使再生液畅通排出，保证压脂层呈干态而不流动	(1) 中间排液装置开孔面积适当，开孔面积过大会引起再生液偏流。(2) 应缓慢增加流速，避免冲击	再生液流速为3～5m/h时，中间排液装置小孔流速为0.2～0.3m/s
低流速	降低再生液流速，使再生液对树脂的浮力小于树脂重力	(1) 再生液流速要稳定，不得大于2m/h。(2) 应缓慢增加流速，避免冲击	再生液流速不大于2m/h

2. 再生剂的品种与纯度

一般认为盐酸的再生效果优于硫酸，硫酸再生成本低于盐酸。再生剂的纯度高，杂质含量少，树脂的再生程度就高。

3. 再生剂用量

再生剂用量是影响树脂再生的重要因素，它是指单位体积树脂所用的再生剂的量，单位为 kg/m³（树脂）或 g/L（树脂）。另外，常用的一个指标是再生剂比耗，它是指投入的再生剂的量与所获得树脂的工作交换容量的比值；还有一种表示法即再生剂耗量，是预计取得单位工作交换容量所需的纯再生剂量，单位为 g/mol。

从理论上讲，1mol 的再生剂应使交换树脂恢复 1mol 的交换容量，但实际上再生反应最多只能进行到离子交换化学反应的平衡状态，只用理论量的再生剂再生树脂，并不能完全恢复其交换容量，所以用量必须超过理论量。

提高再生剂的用量，可以提高树脂的再生程度，但再生剂比耗增加到一定程度之后，树脂再生程度的提高则不明显。再生剂用量与离子交换树脂的性质有关，一般强型树脂所需的再生剂用量高于弱型树脂。不同的再生方式，再生剂用量也有所不同，一般顺流再生的再生剂用量要高于逆流再生的再生剂用量。

采用顺流再生方式时，因为再生液首先接触到的是上部完全失效的树脂，所以这部分树脂得到了很好的再生。当再生液再往下流动与交换器底部树脂接触时，再生液中已经积累了大量被置换出来的离子，严重影响了交换树脂的再生程度，使这部分树脂没有得到充分的再生，影响了出水水质。如果要提高这部分树脂的再生程度，就应增加再生剂的用量。

采用逆流再生方式时，因为交换器底部树脂总是和新鲜的再生剂相接触，所以可以达到很高的再生程度，运行时水最后和这部分再生程度高的树脂接触，保证了出水水质。这种再生方式比较优越，被广泛使用。

4. 再生液的浓度

再生液的浓度与再生方式有关，一般顺流再生的再生液浓度应高于逆流再生的再生液浓度。通常，HCl 溶液的深度以 3%～5% 为宜，NaOH 溶液的浓度以 2%～4% 为宜。

5. 再生液的温度与流速

提高再生液的温度能提高树脂的再生程度，但再生温度不能超过树脂允许的最高使用温度，一般强酸性阳树脂用盐酸再生时不需加热。强碱性 I 型阴树脂的再生液温度为 35～50℃；强碱性 II 型阴树脂适宜的再生液温度为（35±3）℃。

再生液流速影响着再生液与树脂的接触时间，一般以 4～8m/h 为宜。逆流再生的再生液流速应保证不使树脂乱层。再生液的温度很低时，不宜提高流速。

五、离子交换树脂问题及处理

在离子交换水处理系统的运行过程中，各种离子交换树脂会渐渐改变其性能，原因有两个：①树脂的本质改变了，即其化学结构受到破坏；②受到外来杂质的污染。由前一种情况造成树脂性能的改变，是无法恢复的；由后一种情况造成树脂性能的改变，则可以采取适当的措施，清除这些污物，从而使树脂性能复原或有所改进。

（一）离子交换树脂的变质

1. 阳树脂变质

阳树脂在应用中变质的主要原因是由于水中有氧化剂，如游离氯、硝酸根等。当温度高时，树脂受氧化剂的侵蚀更为严重，若水中有重金属离子，因其能起催化作用，致使树脂加速变质。

阳树脂氧化后发生的现象为颜色变浅，树脂体积变大，因此，阳树脂易碎和体积交换容量降低，但质量交换容量变化不大。由于设备中树脂上下层与进水接触先后顺序不同，受侵害的程度也不同，当水向下流动时，上层树脂首先与含氧化剂的水接触，所以遭受侵害的程度最大。

实践证明，强酸性 H 型树脂受侵害的程度最为强烈，如当进水中含有 0.5mg/L 的 Cl_2 时，只要运行 4~6 个月，树脂就有显著的变质，而且由于树脂颗粒变小，使水通过树脂层的压力损失明显增大。磺酸基阳树脂的碳链氧化断裂产物（有些是含磺酸基的苯乙烯聚合物），由树脂上脱落下来以后，变为可溶性物质。这些可溶性物质中还会有弱酸基，因此当这些可溶性物质随水流入阴离子交换器时，首先被阴树脂吸着，吸着不完全时，就留在阴离子交换器的出水中，使水质降低。除去水中游离氯常用两种方法：一种是用活性炭过滤；另一种是投加亚硫酸钠。

大孔型强酸性阳离子交换树脂在抗氧化性和机械强度方面都比较好，而交换容量、再生效率、漏钠量均与凝胶型树脂相差不多。

2. 阴树脂变质

总的来说，阴树脂的化学稳定性比阳树脂要差，所以它对氧化剂和高温的抵抗力也较差；但阴离子交换器在除盐系统中一般都布置在阳离子交换器之后，进入除盐装置的水中的强氧化剂都消耗在氧化阳树脂上了，无形中对阴树脂起了保护作用，一般只是溶于水中的氧对阴树脂起破坏作用。

强碱性阴树脂在氧化变质的过程中，表现出来的是交换基团的总量和强碱性交换基团的数量逐渐减少，且后者的速度大于前者。这是因为在阴树脂被氧化初期，季铵基团在大多数情况下变成能进行阴离子交换的弱碱性基团。阴树脂氧化变质的速度，开始时最大，随后逐渐降低，约两年后氧化速度几乎为恒定。这是因为，各种季铵基团的稳定性不同，在新树脂中含有加快树脂降解速度的杂质，这些杂质在作用过程中渐渐被除掉。阴树脂颗粒表面或接近表面处最易受侵害。

强碱性 II 型阴树脂比 I 型易受氧化，运行时提高水温会使树脂的氧化速度加快。防止阴树脂氧化可采用真空除气，这对应用强碱性 II 型阴树脂时更有必要。

（二）离子交换树脂的污染

1. 阳树脂受污染

阳树脂会受到进水中的悬浮物、铁、铝、硫酸钙、油脂类等物质的污染。在除盐系统中用的阳树脂受铁、铝污染的可能性很小，是因为以酸作再生剂能很好地溶解和清除掉铁、铝的沉积物。但在软化水系统中的阳树脂，会在相当时间内被这类物质所污染，因为用食盐作再生剂不能从树脂表面有效地清除铁、铝沉积物，而只能除掉小部分已经交换到阳树脂上的铁和铝离子。采用硫酸作再生剂时，可能会有硫酸钙沉积在树脂表面上。

运行中应尽量采取措施防止上述物质对阳树脂的污染。树脂一旦受到污染，可针对污染物种类用下述方法处理：

（1）空气擦洗法。从显微镜下能看出树脂表面有沉积物时，可采用空气擦洗法除去。由于交换器树脂层底部通常都没有设置压缩空气分配系统，因此采用压缩空气擦洗时可用内径为 20~45mm 的塑料硬管做成空气枪，以软管连接到压缩空气气源上进行。具体做法是：先将交换器的水位降到树脂层表面上 300~400mm 处，将空气枪插到树脂层底部，控制一定的空气压力和气量，使树脂强烈搅动；10~15min 后停气用水反洗，以除去擦下来的污染杂质。这样反复进行擦洗和反洗，直到反洗排水清晰为止。

（2）酸洗法。对不能用空气擦洗法除去的物质，如 Fe^{3+}、Al^{3+}、$CaCO_3$、$Mg(OH)_2$、

可用盐酸进行清洗。酸洗前应通过试验，确定酸液浓度（常用 2％、5％、10％、20％的浓度）和酸洗时间。对除盐系统中所用的阳树脂，可用原有的再生系统配制所需浓度的酸液进行酸洗；对于软化系统中所用的树脂，必须将树脂转移到能耐盐酸的设备中进行酸洗。为防止酸液被稀释而影响酸洗效果，酸洗前应先将交换器或设备中的水位降到树脂层表面上 200～300mm 处，然后进酸浸泡或低流速循环，也可以两者交替进行。

采用酸液浸泡方式酸洗被污染的阳树脂时，可以通入压缩空气搅拌。受硫酸钙沉淀污染的阳树脂可用 EDTA 稀溶液清洗。

（3）碱洗法。润滑油、脂类及蛋白质等有机质，经常存在于地面水中，当这些有机质进入阳离子交换树脂层时，在树脂表面形成一层油膜，严重影响树脂的工艺性能，出现树脂层结块、树脂密度减小等不正常现象。这类受污染树脂的特征主要是树脂颜色变黑，极易与阳树脂受铁污染后变黑相混淆，此时可将少量受污染的树脂放入小试管中加入少量水摇动，在水面上会看到"彩虹"现象。受此类污染的阳树脂，可用加热到 50～60℃ 的 5％NaOH 溶液进行碱洗。碱洗可分为 3～4 次进行，每次持续时间为 4～6h，中间用水冲洗。

2. 阴树脂受污染

强碱性阴树脂在使用中，常常会受到有机物、胶体硅酸、铁的化合物等杂质的污染，使交换容量降低。

（1）有机物污染。离子交换除盐装置中的强碱性阴树脂污染来源可能性最大的是原水中的有机物。有机物虽以植物和动物腐烂后分解生成的腐殖酸和富维酸为主，但种类很多，至今已发现有 6000 多种。腐殖酸和富维酸都属于高分子聚羧酸，前者相对分子质量大、含羧酸基团较少，在酸中不溶解；后者则相反。

强碱性阴树脂被污染的特征是交换容量下降、再生后正洗所需时间延长、树脂颜色常变深、除盐系统的出水水质变坏、pH 值降低。凝胶型强碱性阴树脂之所以易受腐殖酸或富维酸污染，是由于其高分子骨架属于苯乙烯系，是憎水性的，而腐殖酸或富维酸也是憎水性的，因此两者之间的分子吸引力很强，难以在用强碱液再生树脂时解吸出来；而且腐殖酸或富维酸的分子很大，移动缓慢，一旦进入树脂中后，易被卡在里面。随着时间的延长，被卡在树脂中的有机物越来越多，为预防强碱性阴树脂的有机物污染，应合理地采用加氯、混凝、澄清、过滤、活性炭吸附等各种水处理方法，尽量降低强碱性 OH 型交换器入口水中有机物的含量。

阴树脂被有机物污染的程度，可用下述简易方法判断：将 50mL 被污染的树脂装入锥形瓶中，用纯水摇动洗涤 3～4 次，以除去树脂表面污物，然后加入浓度为 10％的 NaCl 溶液，剧烈摇动 5～10min 后观察 NaCl 溶液的颜色，按溶液色泽判别污染程度。

一般在树脂受到中度污染时即需进行复苏处理，经用多种钠盐和碱配成复苏液对污染树脂进行的试验发现，复苏液使树脂收缩程度大者复苏效果好。对于不同水质污染的阴树脂，复苏液的配比应有所变化，需做具体的筛选试验。常用两倍以上树脂体积的含 10％NaCl 和 1％NaOH 的溶液浸泡 16～48h，复苏污染树脂。将复苏液加热到 40～50℃（强碱性 Ⅱ 型阴树脂只能加热到 40℃），采用动态循环法复苏效果更好。丙烯酸系强碱性阴树脂，其高分子骨架是亲水性的，这样使它和有机物之间的分子吸引力就比较弱，进入树脂中的有机物在用碱再生时，能较顺利地被解吸出来。丙烯酸系强碱性阴树脂能更有效地克服有机物被树脂吸着的不可逆倾向，提高了有机物在树脂中的扩散性，因此具有良好的抗有机物污染能力。

（2）胶体硅酸污染。强碱性阴树脂一般不能交换天然水中的胶体硅酸，但当天然水通过强碱性阴离子交换器后，胶体硅酸仍有相当数量地减少，这与树脂的机械过滤及吸附作用有关。在正常情况下，胶体硅酸通常不会污染强碱性阴树脂，但当再生条件不适当时，如再生剂量少、再生液温度及再生液流速过低，就存在强碱性阴树脂被胶体硅酸污染的可能性。

（3）铁的化合物污染。运行中的树脂也经常被重金属离子及其氧化物污染，其中最常遇到的是铁的化合物。阴树脂被污染的可能性更大，这主要是因为再生阴树脂的碱不纯，特别是由于液体碱中含有铁的化合物比较多而引起的。铁与大分子有机物生成络合物进入阴树脂网络，也会导致阴树脂受到污染。

阴树脂受铁的化合物污染颜色变黑，性能变坏，再生效率降低，再生剂用量与清洗水耗增加。受铁的化合物污染后的阴树脂一般也采用与阳树脂相同的酸洗办法进行处理。

值得说明的是，由于工业盐酸含铁量较高，当酸洗被铁的化合物污染的阴树脂时，不仅不能清洗出树脂中的铁，相反还会交换到该树脂上去。因此，被铁的化合物污染的阴树脂宜用化学纯的盐酸酸洗。

如果阴树脂既被有机物污染，又被铁离子及其氧化物污染，则应首先除去铁离子及其氧化物，而后再除去有机物。利用超声波清洗被污染的阴、阳离子交换树脂是近年来应用的一项新技术。它是利用高频率的超声振动所起的空化作用，使树脂的各种污染受到松动、破坏，进而转入到水中被反洗水冲走。

第二节　离子交换理论

一、离子交换原理

水的离子交换除盐就是顺序用 H 型阳离子交换树脂将水中各种阳离子交换成 H^+，用 OH 型阴离子交换树脂将水中各种阴离子交换成 OH^-，进入水中的 H^+ 和 OH^- 离子组成水分子 H_2O；或者让水经过阴、阳混合离子交换树脂层，水中阴、阳离子几乎同时被 H^+ 和 OH^- 离子所取代。这样，当水经过离子交换处理后，就可除尽水中的各种无机盐类。该工艺中发生的 H^+ 交换反应和 OH^- 交换反应以及树脂再生过程中发生的反应如下：

（1）H^+ 交换反应式为

$$2RH+\begin{Bmatrix}Ca\\Mg\\Na_2\end{Bmatrix}\begin{Bmatrix}(HCO_3)_2\\SO_4\\Cl_2\\(HSiO_3)_2\end{Bmatrix}\longrightarrow R_2\begin{Bmatrix}Ca\\Mg\\Na_2\end{Bmatrix}+\begin{Bmatrix}2H_2O+2CO_2\\H_2SO_4\\2HCl\\2H_2SiO_3\end{Bmatrix} \tag{3-7}$$

再生反应式为

$$R_2Ca(Mg,Na_2)+\begin{Bmatrix}2HCl\\H_2SO_4\end{Bmatrix}\longrightarrow 2RH+Ca(Mg,Na_2)\begin{Bmatrix}Cl_2\\SO_4\end{Bmatrix} \tag{3-8}$$

（2）OH^- 交换反应式为

$$2ROH+H_2\begin{Bmatrix}SO_4\\Cl_2\\CO_3\\SiO_3\end{Bmatrix}\longrightarrow R_2\begin{Bmatrix}SO_4\\Cl_2\\(HCO_3)_2\\(HSiO_3)_2\end{Bmatrix}+2H_2O \tag{3-9}$$

再生反应式为

$$R_2\begin{cases} SO_4 \\ Cl_2 \\ (HCO_3)_2 \\ (HSiO_3)_2 \end{cases} +2NaOH \longrightarrow 2ROH+Na_2\begin{cases} SO_4 \\ Cl_2 \\ CO_3 \\ SiO_3 \end{cases} \qquad (3-10)$$

二、离子交换过程

（一）阳床离子交换过程

阳床的作用是除去水中 H^+ 以外的所有阳离子，当其运行中出水 Na^+ 浓度升高时，树脂失效，需进行再生。

阳床运行时，水由上而下通过强酸性 H 型树脂层，因树脂层对各种阳离子的选择性不同，被吸着的离子在树脂层中产生分层，其分布状况如图 3-2 所示。在运行过程中，Ca^{2+}、Mg^{2+}、Na^+ 三层树脂层的高度均会不断向下扩展，直到树脂失效。实际上，各层界面并不是很明显，有程度不同的混层现象发生。

图 3-3 所示为阳床经再生投入运行后的出水特性。当阳床再生后冲洗时，出水中各种杂质的含量迅速下降，待出水水质达到一定标准（如含钠量小于或等于 $100\mu g/L$）时，就可投入运行，此后水质基本保持稳定。当运行一定程度时，如图 3-3 中 b 点，漏钠量增大，酸度降低，树脂进入失效状态。

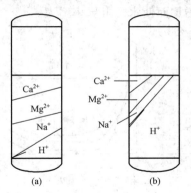

图 3-2 逆流再生阳床树脂层态分布状况
（a）运行至失效时；（b）再生后

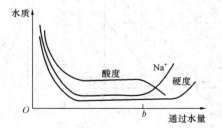

图 3-3 阳床经再生投入运行后的出水特性

最好采用钠度计（pNa 计）监督阳床失效的情况，当阳床出水含钠量大于 $500\mu g/L$ 时，说明阳床已经失效。

（二）除碳器

在水通过阳离子交换设备后，不论其中是强酸性树脂还是弱酸性树脂，均可将水中的 HCO_3^- 转换为 CO_2，水中碳酸化合物有下列平衡关系，即

$$H^+ + HCO_3^- \rightleftharpoons H_2CO_3 \rightleftharpoons CO_2 + H_2O \qquad (3-11)$$

由式（3-11）可知，水中 H^+ 浓度越大，平衡越易向右移动。经 H^+ 交换后的水呈酸性，因此，水中碳酸化合物几乎全部以游离 CO_2 形式存在。为了减轻阴离子交换器负担，除去水中的 CO_2，因此在除盐系统中设置除碳器。无论采用何种形式的除碳器，都应设置在强碱阴离子交换器之前。

CO_2 在水中的溶解度遵循亨利定律，即在一定温度下气体在溶液中的溶解度与液面上

该气体的分压成正比。因此，只要降低与水相接触的气体中CO_2的分压，溶解于水中的游离CO_2便会从水中解吸出来，从而将水中游离的CO_2除去。除碳器就是根据这一原理设计的。降低CO_2气体分压的办法有两个：①在除碳器中鼓入空气，即大气式（鼓风式）除碳；②从除碳器上部抽真空，即为真空式除碳。

阳离子交换器出水经过除碳器后，水中的CO_2含量大大降低，从而减少了进入阴离子交换器的离子量，延长了阴离子交换器的运行周期，降低了制水成本。

（三）阴床离子交换过程

阴床中强碱性 OH 型树脂可以和水中除 OH^- 外的各种阴离子进行交换，把它们从水中除去。由于树脂对离子的选择性不同，因此阴床在运行中被吸着的离子也会发生分层，其分布状况如图 3-4 所示。

阴床运行时，一般出水 pH 值为 7～9，SiO_2 含量小于 $100\mu g/L$，电导率小于 $10\mu S/cm$。因为阴床设在阳床的后面，所以阴床的出水水质受阳床出水水质的影响很大。阳床未失效时，阴床的出水特性如图 3-5（a）所示。当阴床运行通过水量到 b 点时，SiO_2 含量上升，pH 值下降，电导率先微降后再上升。电导率的变化是因为 H^+ 和 OH^- 要比其他离子易导电，当出水中这两种离子的总含量很小时，有一电导率最低点。在 b 点前由于 OH^- 含量较大，从而使水的电导率增大；在 b 点之后由于 H^+ 含量增加而使水的电导率增大。

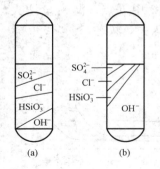

图 3-4　逆流再生阴床
树脂层态分布状况
（a）运行至失效时；（b）再生后

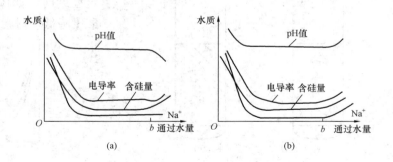

图 3-5　阴床的出水特性
（a）阳床未失效时；（b）阳床失效时

阳床失效时，阴床的出水特性如图 3-5（b）所示。阳床失效时，漏钠量增大，这些 Na^+ 通过阴床后转化成 NaOH，使阴床出水 pH 值迅速上升，连续测定阴床出水 pH 值，可以区分是阳床失效还是阴床失效。阴床失效的情况最好根据含硅量和电导率判断，当然用出水 pH 值也可以进行分析判断。

（四）混床离子交换处理

所谓混床就是将阴、阳树脂按一定比例均匀混合在同一个交换器中，水通过混床就能完成许多级阴、阳离子交换过程。在混床离子交换器中，阳离子交换树脂交换后所产生的 H^+，随即与阴离子交换树脂交换后所产生的 OH^- 结合成水，且混床内交换反应进行得相当完全。混床离子交换过程中几乎没有逆反应，出水水质很好，其交换反应可用式（3-12）表示。为了区分阳树脂和阴树脂的骨架，式（3-12）中将阴树脂的骨架用 R' 表示，即

$$2RH+2R'OH+\begin{matrix}Ca\\Mg\\Na_2\end{matrix}\right\}\left\{\begin{matrix}SO_4\\Cl_2\\(HCO_3)_2\\(HSiO_3)_2\end{matrix}\right. \longrightarrow R_2\left\{\begin{matrix}Ca\\Mg\\Na_2\end{matrix}\right.+R_2'\left\{\begin{matrix}SO_4\\Cl_2\\(HCO_3)_2\\(HSiO_3)_2\end{matrix}\right\}+2H_2O \qquad (3-12)$$

混床树脂失效后，应先将两种树脂分离，然后分别进行再生和清洗。再生和清洗后，再将两种树脂混合均匀，投入运行。

第三节　离子交换除盐设备

离子交换除盐设备是根据原水水质和机组对水质的要求且经过技术经济比较确定的。常见的离子交换一级除盐系统是由阳离子交换单元、脱碳单元、阴离子交换单元三部分组成。每个单元可由一种或两种设备组成，设备按床型分为固定床、流动床、移动床、浮动床；按再生方式分为顺流再生、逆流再生、对流再生、分流再生等。阳离子交换单元有强酸性阳离子交换器、弱酸性阳离子交换器、阳双层床、阳双室床、阳浮床、阳双室浮床。脱碳单元有真空式脱碳器和大气式脱碳器。阴离子交换单元有强碱性阴离子交换器、弱碱性阴离子交换器、阴双层床、阴双室床、阴浮床、阴双室浮床。阴阳离子混合交换器有无惰性树脂混床和有惰性树脂混床（即三层混床）。由于每个工程水源和水质不同，所采用的除盐组合方式不一样，但总的基本原理是一致的，或选用不同床型或采用不同的级数。例如，水量不大，出水水质较好，床型一般选固定床、逆流再生方式；如果除盐水量大，可能选浮动床更为经济；生水水质为苦咸水时，还可选用膜法预脱盐后再用固定床进一步除盐等，其组合形式多样。

一、顺流再生离子交换器

（一）工作原理

树脂再生时再生液的流动方向与运行时的流动方向一致（一般从上至下）的离子交换器，称为顺流再生离子交换器。这类交换器再生不彻底，再生剂耗量大，制水周期短，目前国内已较少生产和使用；但由于其结构简单，操作方便，便于自动控制，大多数进口的自动控制软水器都采用顺流再生式。

（二）设备结构

顺流再生离子交换器的主体是一个密封的圆柱形压力容器，设有人孔、树脂装卸孔和用以观察树脂状态的窥视孔。体内设有进水装置、排水装置和再生液分配装置。交换器中装有一定高度的树脂，树脂层上面留有一定的反洗空间，如图3-6所示。

（三）技术特点

（1）设备简单，操作方便，工作可靠。

（2）再生剂用量多，再生效率低，出水水质较差。

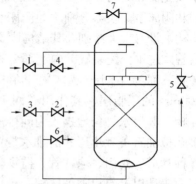

图 3-6　顺流再生阴阳离子交换器

1—运行进水；2—运行出水；3—反洗进水；4—反洗排水；5—再生液进口；6—正洗排水、再生排水；7—放空气

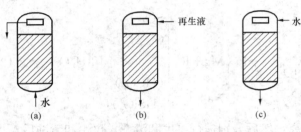

图 3-7 顺流再生离子交换器操作过程及液流流向

(a) 反洗；(b) 进再生液；(c) 正洗（包括慢洗和快洗）

（四）工艺步序

顺流再生离子交换器操作过程及液流流向如图 3-7 所示。

（1）反洗。从底部进水，将树脂进行清洗。

（2）放水。将交换器内的水放到树脂层之上 100~150mm 为止。

（3）再生。分别用 HCl（或 H_2SO_4）和 NaOH 溶液对失效的阴、阳树脂进行再生。

（4）置换。充分利用再生液，按进再生液的方式，用水将树脂层内的 HCl（或 H_2SO_4）和 NaOH 溶液与树脂充分接触后置换出来。

（5）正洗。对交换器内树脂进行清洗。

（6）运行。正洗合格后，就可投入运行，生产合格水。

（7）失效。阴、阳树脂失去交换能力，出水水质不合格。

二、逆流再生离子交换器

（一）工作原理

树脂再生时再生液的流动方向与运行时的流动方向相反的离子交换器，称为逆流再生离子交换器。目前，国内常用的逆流再生工艺有两种：一种是运行时水流方向从上至下流动，而树脂再生时再生液从下往上流动，习惯上称为固定床逆流再生工艺；另一种是运行时水流方向从下往上流动，利用水流的动能，使树脂以密实的状态浮动在交换器上部，而再生时，树脂往下回落，再生液从上往下流动，习惯上称为浮动床工艺。逆流再生离子交换器与顺流再生离子交换器相比，具有出水质量好、再生剂耗量低、工作交换容量大等优点。因此，目前离子交换器大多采用逆流再生工艺。

（二）设备结构

逆流再生离子交换器按其用途的不同，可分为阳离子交换器（包括 H 型）和阴离子交换器（OH 型等）。用于软化工艺的阳离子交换器称为钠离子软化器和氢离子软化器。用于除盐工艺的阳离子交换器和阴离子交换器分别称为阳床和阴床。这些交换器在结构上没有太大区别，其结构为交换器内顶部装有十字支管式进水分配装置。中上部装有母支管式再生液分配装置，称为中间排液装置，在其上面有一层厚150~200mm 的压脂层，其作用有两个：①过滤掉水中的悬浮物；②使水均匀地进入中间排液装置。底部装有穹形多孔板加石英砂垫层式的排水装置。交换器的外部设有各种管道、阀门、取样管、监视管、排空气管、流量和压力表计以及有机玻璃窥视孔等，如图 3-8 所示。

（三）技术特点

（1）再生剂比耗低，比顺流再生工艺节省再生剂。

（2）出水质量提高。

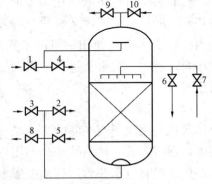

图 3-8 逆流再生离子交换器

1—运行进水；2—运行出水；3—定期反洗进水；4—定期反洗表层反洗排水；5—再生液进口；6—再生液出口；7—表层进行小反洗；8—正洗排水；9—放空气；10—顶压用空气进口（采用无顶压再生时，无此阀门）

（3）周期制水量大。

（4）节约用水。

（5）排出的废再生液浓度降低，废液量减少，并减小对天然水的污染。

（6）工作交换容量增加。树脂的工作交换容量取决于树脂的再生度和失效度，所以在相同的再生水平条件下，其工作交换容量比顺流再生床高。

（7）设备复杂，增加了设备制造费用。

（8）结构设计和操作条件要求严格。

（9）对置换用水要求高，否则将使出水水质变坏。

（10）设备检修工作量大。

（四）工艺步序

无顶压逆流再生离子交换器操作过程及液流流向如图3-9所示。

（1）小反洗。交换器运行到失效时，停止交换运行，将反洗水从中间排水管引进，对中间排水管上面的压脂层进行反洗，以冲去运行时积聚在表面层和中间排液装置上的污物，然后由上部排走。冲洗流速应使压脂层能充分松动，但又不致将正常的颗粒冲走。反洗一直进行到出水澄清。

（2）大反洗。从交换器底部进水将树脂层内截留的悬浮物及碎树脂除去，同时对树脂层进行松动。大反洗

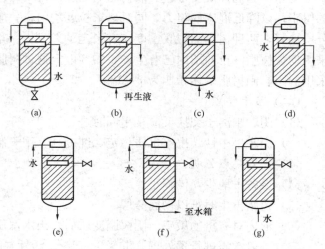

图3-9 无顶压逆流再生离子交换器操作过程及液流流向

(a) 小反洗；(b) 进再生液；(c) 置换反洗；

(d) 小正洗；(e) 正洗；(f) 交换运行；(g) 大反洗

间隔时间与进水浊度、周期制水量有关，一般10～20周期进行一次。大反洗后再生剂量应增加50%～100%。

（3）放水。将交换器内的水放到树脂层之上为止，即压脂层顶面。

（4）顶压。从交换器顶部空气管进压缩空气，将树脂层压住。

（5）再生。分别用HCl（或H_2SO_4）和NaOH溶液对阴、阳离子交换器内失效的阴、阳树脂进行再生。

（6）置换。充分利用再生液，按进再生液的方式，用水将树脂层内残余的HCl（或H_2SO_4）和NaOH溶液与树脂充分接触后置换出来。

（7）小正洗。对压脂层进行正洗，将废酸、碱液洗掉。

（8）正洗。对交换器内树脂进行清洗。

（9）投入运行。正洗合格后，就可投入运行。

（10）失效。阴、阳树脂失去交换能力，出水水质不合格。

三、混合离子交换器

（一）工作原理

在同一个交换器中，将阴、阳离子交换树脂按照一定的体积比进行填装，在均匀混合状态下，进行阴、阳离子交换，从而除去水中的盐分。混床的阴、阳离子交换树脂在交换过程

中，由于处于均匀混合状态，交错排列，互相接触，因此可以看作是由许许多多的阴、阳离子交换树脂组成的多级式复床。因为阴、阳离子交换树脂均匀混合，所以阴、阳离子的交换反应几乎是同时进行的，所产的 H^+ 和 OH^- 随即合成 H_2O，交换反应进行得很彻底，出水水质好，其反应式为

$$RH + ROH + NaCl \longrightarrow RNa + RCl + H_2O \qquad (3-13)$$

体内再生混床内的主要装置有上部进水装置、下部配水装置、中间排液装置、进酸/碱装置及压缩空气装置。

混床树脂选择既要考虑失效树脂的分层，也要考虑再生树脂的混合。混床选用粒径稍大的树脂，以降低混床的阻力，同时要求粒度均匀，一般控制在 $0.45 \sim 0.65$mm。为保证树脂分层良好，两种树脂的湿真密度应有一定的差别，一般应大于 0.15g/mL。当然，混床最好采用均粒树脂（目前国内已有生产，90% 以上这种树脂的粒度范围在 ± 0.1mm 以内），通常采用的阴、阳树脂的体积比为 $2:1$。

（二）技术特点

（1）阴、阳离子交换反应几乎同时进行。

（2）出水呈中性，出水水质稳定，纯度高（用于制纯水和超纯水）。

（3）失效终点分明。

（4）设备占地少，体积小。

（5）树脂再生时难以彻底分层。

（6）混床对有机物敏感，阴树脂变质后，出水水质恶化、下降。

（7）一般常需进行预处理（混凝、沉淀、活性炭吸附）。

（8）再生操作复杂。

（9）交叉污染。部分阳树脂混合在阴树脂层时，经碱液再生，这部分阳树脂转为 Na 型，造成运行后 Na^+ 泄漏。

（三）工艺步序

混床体内酸、碱分别再生示意图如图 3-10 所示。

（1）反洗分层。借助反洗的水力，使树脂悬浮起来，并使树脂层达到一定的膨胀率，从而使阴、阳树脂达到分层的目的。阴、阳树脂分层以后，密度较大的阳树脂在下部，密度较小的阴树脂在上部。如果阴、阳树脂分层良好，可在两层树脂之间观察到明显的分界面，反洗分层时，反洗流速一般为 $10 \sim 12$m/h，反洗时间为 $15 \sim 20$min，树脂层的反洗膨胀率应达

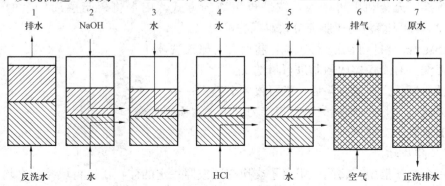

图 3-10　混床体内酸、碱分别再生示意图

到80％～100％。反洗完毕，缓慢地关闭进水阀，使树脂平稳沉降。新投入运行的混床，阴、阳新树脂有互相抱团的现象，造成分层困难。混床中新树脂抱团，是因为阳树脂表面的阳电荷与阴树脂表面的阴电荷间发生静电吸引的缘故。为了消除新树脂抱团现象，在阴、阳树脂分层前，先用碱液通过树脂层，即可消除此现象。用含一定电解质的水（如阳床出水）作为反洗分层水，也可消除新树脂抱团现象。

（2）静置。为了使悬浮状态的树脂颗粒沉降下来，反洗后需静置5～10min。

（3）再生。混床的再生方式可分为体内再生和体外再生两种，一般用于锅炉补给水处理的混床，都采用体内再生。对于体内混床的再生，按进酸、碱和清洗步骤的不同，可分为两种再生方法：两步法和同时再生法。

1）两步法。阴、阳树脂反洗分层后，将交换器中的水放至树脂层表面以上约100mm处，从上部进入碱液，再生阴树脂，废液从中间排液装置排出口排出。碱液进完后，按同样的流程和流速，用除盐水对阴树脂进行置换和清洗，清洗至排水的碱度在0.5mmol/L以下。对阴树脂进行再生和清洗时，由交换器下部进水，通过阳树脂层，从中间排液装置排出，以阻止碱液向下渗透而污染阳树脂。阴树脂再生后，接着对阳树脂进行再生，酸由底部进入，废液从中间排液装置排出。同时，为了防止酸洗进入已再生好的阴树脂层，需继续自交换器上部通以小流量的水清洗阴树脂。酸液进完后，按同样的流程和流速，对阳树脂进行置换和清洗，清洗至出水的酸度降至0.5mmol/L为止。

2）同时再生法。同时从交换器上部进碱液和下部进酸液进行再生，再同时进行置换、清洗，废液均从中间排液装置排出。

同时再生法比两步法再生时间短，但操作更应精心。

（4）置换。充分利用再生液，按进再生液方式，用水将树脂层内的酸碱液与树脂充分接触后置换出来。

（5）树脂混合。首先将交换器内的水位放至树脂层上约100mm处，用经过净化的压缩空气进行树脂的混合，压缩空气的压力为0.1～0.15MPa，流量为2.5～3.0m³/(m²·s)，混合时间为3～5min。

（6）快速排水落床。

（7）正洗。混床满水后，用一级除盐水进行正洗，清洗流速为10～30m/s，直至出水合格为止。

（8）投入运行。正洗合格后，就可投入运行。

（9）失效。出水水质不合格或者超过制水量。

四、浮动床离子交换器

（一）工作原理

所谓浮动床，就是运行时水流方向是自下而上，再生时再生液的流动方向是自上而下，正好与逆流再生的流向相反，是对流再生的另一种形式。目前的浮动床工艺又可分为交换器内充满树脂和不充满树脂两种。我国使用的浮动床多为前者，实质上它是一个满室床，并无法浮动。

对于充满树脂的浮动床设备，在投运时，树脂（再生态）基本充满交换器。因此，在运行初期和中期交换器停止运行，由于树脂层不可能发生扰动，也就不会对出水水质和树脂的工作交换容量产生影响。但在运行后期，由于树脂转为失效型，树脂体积会收缩，这时会出现一个小的水垫层，同时保护层也已很薄，此时停运后再次起床，对出水水质和工作交换容量会产生一定的影响。装满树脂的浮动床，因为去掉了反洗空间，运行的稳定性得到了提高，但却带来了无法反洗的缺点。为此，浮动床设备要求进水浊度严格，而且必须设有体外清洗装置。未充满的浮动床保留了交换器内的反洗空间，可以进行反洗。由于这一空间的存在，运行中将出现部分树脂的浮动现象。浮动树脂的多少取决于交换器内上部空间的大小和起床时的流速，但至少应有 40% 的树脂在运行中呈压实状态，以保证出水的质量。对于此种浮动床，在运行初期，交换器下部会出现了水垫层，所以为了防止乱层，此时不能停止运行。

（二）设备结构

（1）底部进水装置。有多孔板水帽和穹形孔板石英砂垫层等。大、中型设备采用最多的是穹形孔板石英砂垫层。石英砂层在流速 80m/s 以下不会乱层。但当进水浊度较高时，会因截污较多，造成清洗困难。

（2）顶部出水装置。有多孔板夹滤网、多孔板加水帽和弧形母管支管等。前两种装置多用于小直径设备，后者多用于大直径设备。弧形支管上开孔，外包塑料窗纱和 40～50 目涤纶滤网套。将支管制成弧形，是为了减小树脂层向上移动时对支管的冲击，防止支管在运行中弯曲或断裂。另外，还可减少水流死区，有利于清洗。多数浮动床出水装置兼作再生液分配装置，但由于再生液流量比进水流量小得多，很难使再生液分配均匀。因此，有的设备还增设了环形多孔管再生液分配装置。

（3）倒 U 形排液管。浮动床再生时，由于交换器内树脂层以上空间很小，水垫层很薄，操作上稍不注意，就会造成再生液排干、空气进入，影响再生效果。为了解决此问题，常在再生排液管上加装倒 U 形管。倒 U 形管的顶部应高于交换器的最高点 50～100mm，并在倒 U 形管的最高点开孔通大气，防止发生虹吸现象。

（4）在交换器顶部设塑料白球层。为了防止破碎或细小的树脂堵塞顶部出水装置，在交换器顶部加装塑料白球，塑料白球的粒径为 1.0～1.5mm，密度小于 1g/mL（一般为 0.2～0.4g/mL），装填高度为 200～300mm。塑料白球应有一定的刚度，不能太软，还应有良好的化学稳定性，这样不会恶化出水水质。同时，对再生液没有吸附能力，否则会延长清洗时间。应该指出的是，加装的塑料白球层还可以改善再生液分配的均匀性。

（三）技术特点

浮动床具有和逆流再生工艺相同的优点，出水水质好，再生比耗低。此外，它还具备以下一些自身的特点：

（1）再生时，再生液自上而下，比逆流再生更能保证树脂层处于稳定压实状态，不会出现乱层现象，且操作简单。另外，由于省去了容易损坏的中间排液装置，因此提高了运行的可靠性。

（2）浮动床由于其水流方向和重力方向相反，在相同流速条件下，与水流从上而下的流向相比，树脂层的压实程度较小，因而降低了水流阻力。

（3）由于树脂充满交换器，所以，浮动床设备空间利用率可达 95% 以上，而顺流再生设备和逆流再生设备空间利用率只有 60%。

（4）浮动床由于节省了反洗用水，再加上水垫层空间很小，清洗水耗也可降至树脂体积的 2 倍，因而总的自用水耗可降至 5% 以下。

浮动床工艺虽然有很多优点，但也存在以下不足：

（1）需要增设专门的体外清洗罐，因而增加了投资和体外清洗操作的复杂性。

（2）浮动床运行周期的最后阶段，如果中断运行，有可能造成树脂乱层，影响出水水质和周期制水量。

（3）由于浮动床无法反洗，因此对进水浊度要求严格，一般应小于 2mg/L，否则会使树脂层阻力升高，影响设备正常运行。

（4）浮动床内的碎、细树脂集中在树脂层的顶部，运行时，水流自下而上容易将其带出，阳树脂带入阴床，会引起出水电导率上升，阴树脂带入热力系统，会造成热力设备腐蚀，为此，浮动床出水管道上应装设树脂捕捉器。

（四）工艺步序

浮动床的运行过程为：制水→落床→再生→置换→成床→清洗→制水。上述过程构成一个运行周期，在整个运行过程中，将定期进行体外清洗。由于浮动床内树脂是基本装满的，无法进行体内清洗，因此当树脂需要清洗时，应将其转移至专门设置的清洗罐中进行清洗。清洗罐的容积应能满足一台浮动床全部树脂反洗的需要，还应允许树脂在罐中具有反洗展开率 60% 的空间。阴、阳清洗罐应各设一台，以免造成混脂。清洗罐中最好设有压缩空气装置，以便运用空气擦洗技术，提高清洗效果。

（1）落床。将运行的阴、阳树脂层平整地降落到浮动床底部。

（2）再生。分别用 HCl（或 H_2SO_4）和 NaOH 溶液对失效的阴、阳树脂进行再生。

（3）置换。充分利用再生液，按进再生液的方式，用水将树脂层内的 HCl（或 H_2SO_4）和 NaOH 溶液与树脂充分接触后，再置换出来。

（4）正洗。对再生后的树脂用较大流速进行清洗。

（5）成床运行。从浮动床底部进水将树脂全部托起成床，生产合格水。

（6）体外清洗。浮动床运行若干周期后，根据入口水浊度、浑浊物的性质、树脂特性等因素来确定是否清洗，浮动床的树脂输送到体外的清洗罐中进行清洗。

五、弱型—强型树脂联合离子交换器

（一）工作原理

弱型—强型树脂联合离子交换器是采用同时使用强、弱两种树脂来除去水中离子的除盐装置。原水首先经弱型树脂，除去水中大部分离子，然后再经强型树脂，彻底除去水中的离子，从而保证出水水质。再生时，则相反，再生液先再生强型树脂，然后再再生弱型树脂，从而使排出废液中的再生剂量降至最低水平。同时再生液先通过强型树脂，后通过弱型树脂，这样可以使强型树脂的再生水平大大提高。如此既提高了强型树脂的工作交换容量，也保证了出水水质。

弱型—强型树脂联合离子交换器有以下三种应用形式：

（1）弱型树脂交换器与强型树脂交换器串联运行的复床。

（2）用中间隔板将交换器分隔成两室，分别装填弱型、强型树脂的双室床。

（3）离子交换器内同时装填弱型、强型树脂，依靠树脂颗粒的不同密度进行分层的双层床。

（二）技术特点

强型树脂具有交换的彻底性，它能除去水中的全部离子。因此，当原水含盐量不太高时，只用强酸、强碱性树脂进行水的化学除盐，也可获得合格的除盐水。但强型树脂也存在以下缺点：

（1）交换容量低。在经济比耗下，强酸性树脂的交换容量仅为 $800\sim1000mol/m^3$。强碱性树脂交换容量更低，用一般工业碱再生时，只有 $250\sim300mol/m^3$。

（2）酸、碱比耗大，制水成本高。排放的废酸、碱量大，对环境的污染较严重。

（3）不适用于含盐量较高的原水。当原水含盐量较高时，运行周期短，再生频繁，影响安全供水。

弱型树脂虽然不能除去水中的全部离子，但它具有工作交换容量高和再生剂比耗低的优点。因此将强、弱型两种树脂联合应用于水的化学除盐，可以发挥这两种树脂的优点，又可相互弥补其缺点。

（三）工艺步序

（1）小反洗。清洗压脂层。

（2）放水。将床内的水放至树脂面上 $100\sim150mm$ 为止。

（3）顶压。进压缩空气，维持床内压力为 $29\sim49kPa$。

（4）逆流再生。分别进 HCl（或 H_2SO_4）和 NaOH 溶液对失效的阴、阳树脂进行再生。

（5）置换。按进再生液的方式，用水将树脂层内的 HCl（或 H_2SO_4）和 NaOH 溶液与树脂充分接触后，再置换出来。

（6）小正洗。清洗压脂层的树脂。

（7）大正洗。用大流量水清洗整个树脂。

（8）运行。正洗合格后，投入运行，生产合格水。

（9）大反洗。运行若干周期后，对树脂进行一次大清洗。

六、离子交换除盐设备问题及处理

（一）离子交换除盐设备故障

1. 中间排液装置损坏

由于压脂层过厚或过薄；进再生液过快、压力高；顶压过猛，压力超过规定范围；反洗开始流量过大，造成树脂活塞式上升，产生巨大推力等原因而造成中间排液装置弯曲或断裂。

处理措施：①压脂层一般为 $200\sim250mm$；②进再生液先预喷射，稳定后进再生液，控制流速；③顶压要先调试好，一定要控制压力为 $29\sim49kPa$；④反洗时，先用小流量水流充满树脂层，待气泡排除、树脂浮动后，再加大水流量；⑤加强操作人员培训。

2. 顶部装置的损坏

对于浮床等向上流的交换器，运行时顶部装置容易损坏，损坏的主要原因是树脂层顶部干层，底部进水流速高时，树脂层活塞式移动，压向顶部装置，从而造成损坏。改进措施：使用弧形支母管式顶部装置；底部进水时，先用小流量水流充满树脂层，然后再逐渐增大水的流量。

对采用弱型树脂的浮动床，如果在装填新树脂时，而未考虑足够的树脂可逆或不可逆的转型膨胀空间，树脂失效膨胀时，也会损坏交换器的顶部装置。

3. 多孔板弯曲变形

在双室双层浮床中，水流自下而上流动，树脂层上部的小颗粒和破碎树脂容易堵塞多孔板上水帽缝隙，造成多孔板两边压差增加，严重时会造成多孔板弯曲变形。另一个造成多孔板变形的原因是，在装填树脂时，未考虑足够的树脂可逆或不可逆的转型膨胀空间。

处理措施：及时进行体外清洗，及时去除细小和破碎的树脂。装填树脂时，应按实际测量的树脂转型膨胀率，留有适当的空间。

4. 水帽的损坏和脱落

处理措施：选择质量好、强度高的水帽。

5. 石英砂垫层乱层

当反洗操作不当或反洗水从局部冲出时，都会造成石英砂垫层乱层。当未定期进行大反洗，石英砂垫层积污而使石英砂垫层结块，在反洗时水从局部冲出造成石英砂垫层乱层；底部穹形多孔板上开孔不当，造成反洗时局部水量过大，将石英砂垫层冲乱层；在装填石英砂时未严格按石英砂颗粒大小级配填装，每层不均匀，造成反洗时乱层。

处理措施：石英砂垫层应严格按照级配逐层铺垫，每层的厚度必须符合要求，铺垫完成后、装入树脂前，可进行反洗试验，要求在流速达 40~60m/h 时，石英砂垫层不乱层、不移动。石英砂垫层下面的穹形多孔板的中心不应开孔，以避免底部进水流速过高冲乱石英砂垫层。如果穹形多孔板是全部开孔的，可在穹形多孔板下面加装挡板，以分散水流。进水浊度应符合除盐设备进水水质要求，以防石英砂垫层结块。在进行反洗操作时，开始应缓慢地进水，然后逐渐加大水流量。

6. 防腐层脱落

原因分析：①衬胶水平差，衬胶或涂层不牢固；②胶板有针眼，涂层未按规范施工，设备除锈不彻底。

处理措施：①认真检查衬胶层，修补后用电火花检验；②按衬里施工规范作业，彻底除锈。

（二）运行及再生操作中的问题

1. 再生液漏入除盐水中

再生液漏入除盐水中会造成出水水质严重恶化，威胁锅炉设备的安全运行。为防止此类事故的发生，应先检查再生液入口阀门是否关严，有无泄漏等情况，并及时消除。

2. 离子交换器过度失效

离子交换器运行中，未能及时捕捉到失效点，以致造成出水水质恶化。阳床过度失效，会使出水含钠量明显增大，严重时还可能造成硬度漏过。阴床过度失效主要是硅酸漏过，严重时会发生强酸漏过，造成热力设备腐蚀。

处理措施：加强出水水质的监督，特别是当交换器接近失效时，要缩短检测间隔，增加检测次数。采用在线分析仪表监督出水水质，阳床可使用差值电导式失效监督仪，阴床最好使用微量硅酸根自动分析仪。

3. 阳床出水含钠量高

原因分析：①钠表未校验；②阳床再生系统故障；③阳树脂流失；④阳树脂混入阴树脂中；⑤阳床设备故障。

处理措施：①校验钠表；②检查再生系统，用足再生剂；③补充阳树脂；④将阴树脂从阳树脂中分离出来；⑤检查阳床设备，消除故障。

4. 阳床出水酸度突然升高

原因分析：①运行床进酸阀未关严或再生床出水阀未关严造成再生时跑酸；②清水水质

发生变化，含盐量增大。

处理措施：①关严运行床进酸阀、再生床手动及气动出水阀，暂时将该床退出运行进行正洗，中间水箱进行排水处理；同时加强监测反渗透装置、混床出水、反渗透水箱和除盐水箱的水质。②查明清水水质变化的原因。

5. 阴床出水电导率值高

原因分析：①电导仪表未校验；②阴床再生系统故障；③阴树脂流失；④阴树脂被污染；⑤除碳水漏入除盐水系统中；⑥阴床设备故障。

处理措施：①校验电导仪表；②检查再生系统，用足再生剂；③补充阴树脂；④清洗阴树脂；⑤检查相关管路及阀门的严密性；⑥检查阴床设备，消除故障。

6. 阴床出水不合格

原因分析：①阴床设备石英砂垫层不合格；②阴床再生系统故障；③碱液质量恶化；④碱液再生温度低。

处理措施：①化验石英砂垫层，清洗或更换石英砂垫层；②检查再生系统；③购买合格碱液；④提高碱液温度。

7. 混床出水水质不合格

原因分析：①混床失效；②内部装置有缺陷，发生偏流；③混床反洗阀关不严；④运行混床进酸阀或进碱阀关不严；⑤再生混床出水阀关不严。

处理措施：关严再生床的有关阀门。当发生跑酸、碱时，即退出该混床运行转正洗，必要时投备用混床。如影响到除盐水箱水质不合格，即投备用除盐水箱，同时排除不合格的除盐水；如影响到给水及炉水水质时，应加强锅炉排污及监督汽水品质的变化。

8. 运行周期短

原因分析：①离子交换器过度失效，使出水水质不合格，为下次再生带来困难；②再生剂质量差，影响再生度，造成运行周期短；③再生操作不当，造成出水水质波动、恶化，周期制水量降低。

处理措施：①控制周期制水量，留有足够安全系数；②加强监督出水水质，特别在接近失效时，更要连续检测；③采用在线化学分析仪表进行自动监测；④对入库进储存槽的再生剂，每次要检验质量，不符合质量要求的禁止使用；⑤定时检测再生剂的杂质含量；⑥再生时要检测再生效率；⑦未经批准，不宜随便修改再生操作程序；⑧严格执行运行规程。

9. 跑树脂

原因分析：①中间排液装置管尼龙网破裂；②反洗流量大或控制不稳；③阳床底部石英砂垫层乱层，混床出水帽破裂。

处理措施：①迅速停运检修；②适当关小反洗进水阀，调节流量稳定。

膜 处 理 技 术

　　膜处理技术作为一项新型的高效分离技术，因其工艺简单、操作方便、设备紧凑、分离效果好、经济性高，近年来在水处理、环保、医药、食品、化工等领域得到快速应用。在解决水资源缺乏的问题上，膜处理技术起到了非常重要的作用。在水与废水循环回用方面，膜的特殊作用显得十分重要，尤其在水供应缺乏的地区，更引起了人们的极大关注。

　　微滤、超滤、纳滤、反渗透均属于外力驱动型膜处理技术，图 4-1 所示为几种不同的膜分离方法能够分离的组分直径。

　　目前，在几种主要的膜分离技术中，以超滤和反渗透的应用最为广泛。本章重点阐述超滤和反渗透的原理及应用。

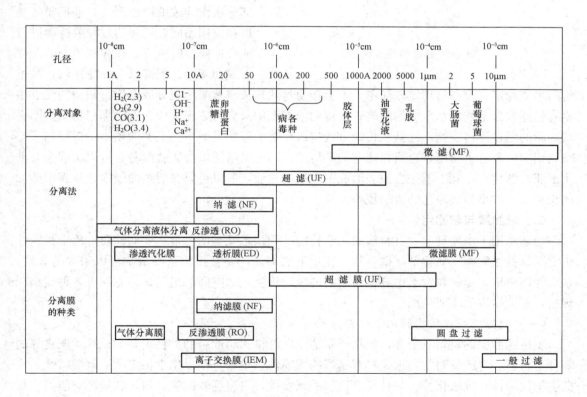

图 4-1　几种不同的膜分离方法能够分离的组分直径

<h1 style="text-align:center">第一节 超 滤</h1>

一、基本原理

超滤过程是以膜两侧压差为驱动力、以机械筛分为基础的溶液分离过程。超滤膜的孔径为 $0.005\sim1.0\mu m$。比超滤膜孔径小的物质和溶解在水中的物质能作为透过液透过滤膜，不能透过滤膜的物质将被截留下来浓缩在排放液中。因此，产水（透过液）含有水、离子和小分子物质，而胶体物质、颗粒、细菌、病毒和原生动物将被膜去除。膜分离过程为动态过滤过程，大分子溶质被膜阻隔，随浓缩液流出膜组件。膜不易被堵塞，可连续长期使用。超滤过程可在常温、低压下运行，无相态变化，高效节能。图 4-2 所示为超滤的基本原理。

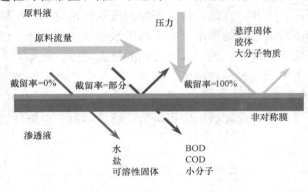

图 4-2 超滤的基本原理

要过滤的水由超滤给水泵加压后输送到膜组件中，由于膜内外的压差作用，水渗过滤膜，而水中的杂质则被截留，无法透过滤膜。如果分离的杂质在膜上过多沉积，会导致难溶性盐聚集在膜表面形成覆盖层进而结垢。为了避免这一点，往往在分离过程中让杂质随一部分水作为浓缩液流出去。根据膜的类型和应用不同，这样的过程要持续进行或者在回流时进行。超滤同传统的净化方式如絮凝、沉淀以及砂滤比较，其过滤的水质稳定、设备管理比较简单，不会产生过滤残渣或絮凝污泥等废弃物。超滤的优点主要有过滤效果不受原水水质的影响；超滤的浓缩液中只含有原来水中含有的那些物质，不会增加新的颗粒等污染物，比其他传统方式中沉淀物的量明显减少；支架的紧凑结构提高了空间利用率，节省了费用，也可在现有的厂房中，高度灵活地增加装置配备；可以实现全自动化工业连续生产；几乎能完全滤去形成覆盖层的物质，所以可以在后续的膜净化步骤中增加面积负荷，减小后续净化装置的规模。

二、超滤膜与超滤组件

当超滤用于水处理时，其材质的化学稳定性和亲水性是两个最重要的性质。化学稳定性决定了材料在酸碱、氧化剂、微生物等作用下的寿命，还直接关系到清洗可以采取的方法；亲水性则决定了膜材料对水中有机污染物的吸附程度，影响膜的通量。超滤膜有各种类型和规格，可根据实际需要选用。

（一）超滤膜制备所需的化学材料

制造超滤膜的材料有很多，但用于制造中空纤维式超滤膜的材料主要为成纤性能良好的高分子材料。对膜材料的要求是具有良好的成膜性、热稳定性、化学稳定性、耐酸碱性、抗微生物侵蚀性和抗氧化性，并且具有良好的亲水性，以得到较高的水通量和抗污染能力。目前，常用的中空纤维式超滤膜材料有聚偏氟乙烯（PVDF）、聚醚砜（PES）、聚砜（PS）、聚氯乙烯（PVC）、聚乙烯（PE）、聚丙烯腈（PAN）、聚丙烯（PP）等。性能优良的聚偏氟乙烯和聚醚砜是目前最广泛使用的超滤膜材料。

聚偏氟乙烯（PVDF）的化学结构为

$$\left[\begin{array}{c} F \\ | \\ CH_2-C \\ | \\ F \end{array}\right]_n$$

是偏氟乙烯的均聚物，聚合度达几十万，其分子结构中 C—F 键具有较高的键能，作为膜材料具有很好的耐热性和耐腐蚀性。PVDF 作为一种含氟高分子材料，化学稳定性优异，是氟塑料中最强韧的，具有较高的耐热性和不燃性及耐气候老化性，耐腐蚀性能优良，室温下不被酸、碱、强氧化剂、卤素所腐蚀。用 PVDF 生产的中空纤维式超滤膜同样具备优良的耐腐蚀性能。进行化学清洗时，PVDF 对清洗药剂要求不高，便于操作。由于 PVDF 疏水性的膜表面与水无氢键作用，易被污染，所以将 PVDF 膜应用于生化制药、食品饮料及水净化等水相分离体系的领域，需要进行亲水性改性。改性后生产出来的 PVDF 膜丝亲水性能好，表面开孔率高，分布均匀。

聚醚砜（PES）的化学结构为

因 PES 分子中完全没有脂肪族烃基而显示出更高的热稳定性。如果在 PES 分子中引入酚酞侧链，则可得到酚酞型聚醚砜（PES—C），它具有比 PES 更高的耐热性和更好的亲水性。如果在 PES 分子中引入了带负电荷的亲水基团磺酸基，就可得到磺化聚醚砜（SPES）。由于磺酸基的引入，显著改善了 PES 膜的透过通量，因此其抗污染性能有所改善。

（二）超滤膜组件的结构

超滤膜一般可分为板框式（板式）、管式、卷式、中空纤维式等多种结构。

板式超滤膜是最原始的一种膜结构，主要用于大颗粒物质的分离，由于其占地面积大，能耗高，逐步被市场所淘汰。

卷式膜组件，也被称作螺旋卷式膜组件，由于其所用的膜易于大规模工业化生产，制备的组件也易于工业化，所以获得了广泛地应用，涵盖了反渗透、纳滤、超滤、微滤四种膜分离过程，并在反渗透、纳滤领域有着最高的使用率。

管式超滤膜能较大范围地耐悬浮固体和纤维、蛋白等物质，对料液的前处理要求低，对料液可以进行高倍浓缩。但设备的投资费用高，占地面积大。

在众多的膜组件结构形式中，目前以中空纤维式超滤膜为主，组件的结构需要考虑尽量提高膜的填充密度，增加单位体积的产水量；尽量减小浓差极化的影响；便于清洗；制造成本低。

目前中空纤维式超滤膜以其不可比拟的优势成为超滤的最主要形式。根据致密层位置的不同，中空纤维式超滤膜又可分为内压膜、外压膜两种（如图 4-3 所示）。外压中空纤维式超滤膜是将原液经压差沿径向由外向内渗透过中空纤维成为透过液，而其截留的物质则汇集在中空纤维的外部。该膜进水流道在膜丝之间，膜丝存在一定的自由活动空间，因而更适合原水水质较差、悬浮物含量较高的情况。内压中空纤维式超滤膜中的原液进入中空纤维的内部，经压差驱动，沿径向由内向外透过中空纤维成为透过液，浓缩液则留在中空纤维的内部，由另一端流出。该膜进水流道是中空纤维的内腔，为防止堵塞，对进水的颗粒粒径和含量都有较严格的要求，因而适合于原水水质较好的工况。

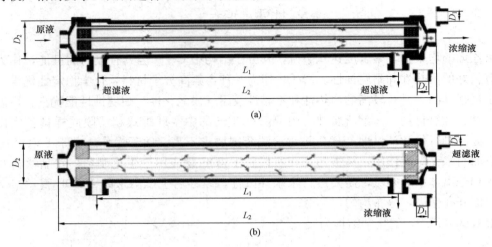

图 4-3 中空纤维式超滤膜
（a）内压膜；（b）外压膜

（三）超滤膜组件的截留性能

1. 对微粒的截留

利用超滤通常可以将滤液的浑浊度降到 0.1NTU 以下。在原水浊度不稳定的情况下，使用超滤比较合适。与传统的净化过程相比，超滤可以非常容易地实现自动化。微粒和大部分胶体能够通过超滤去除。而对真正能溶解的有机质的截留则与分子质量有关。对大多数的水（包括海水），超滤后的污染指数都能降到 1 以下。

2. 对有机质的截留

有机质包括微粒、胶体和能溶于水的有机物质。由于超滤对不同类型的有机质的截留能力不同，因此其净化效率就取决于水中有机质的成分组成。与传统的方式相比，用超滤的方法既不必考虑沉淀作用，也不必注意凝固物的可过滤性，因为超滤的净化效率与凝固物的形状和密度无关。根据是否絮凝与原水的水质不同，超滤对有机质的截留率在 40％～60％之间。

3. 膜的相关性能指数和计算公式

超滤膜的基本性能指标主要有截留率、滤液体积流量、滤液通量、回收率等。

（1）截留率。截留率 R 指留在膜的进水口一边的水中杂质所占的浓度百分率，即

$$R = \left(1 - \frac{c_F}{c_Z}\right) \times 100\% \tag{4-1}$$

式中　c_F——滤液浓度，mg/L 或 mol/L；

　　　c_Z——原水浓度，mg/L 或 mol/L。

（2）滤液体积流量。滤液体积流量指单位时间内过滤出的水的体积，即

$$\dot{V}_F = \frac{V_F}{t_F} \tag{4-2}$$

式中 $\dot{V}_F$——滤液体积流量，L/s 或 m³/h；

V_F——滤液体积，L 或 m³；

t_F——过滤时间，s 或 h。

（3）滤液通量。滤液体积流量与过滤所用的膜面积的比，就是滤液通量。

超滤时常用前期试验确定出滤液通量，一定的水量和一定的膜面积会产生稳定的滤液通量，这是一个非常重要的参数。用该参数可以计算出要净化预定的水量所需的膜面积，即

$$J_F = \frac{\dot{V}_F}{F} \tag{4-3}$$

式中 J_F——滤液通量，L/(m²·h)；

F——膜面积，m²。

（4）回收率。回收率是指过滤出的滤液与原水的体积比。在计算滤液和原水的体积时必须考虑反向冲洗和快速冲洗时所消耗的水，即

$$\phi = \frac{V_F}{V_Z} \times 100\% \tag{4-4}$$

$$\phi = \frac{\dot{V}_F t_F - \dot{V}_R t_R}{\dot{V}_F t_F + \dot{V}_{FF} t_{FF}} \times 100\% \tag{4-5}$$

如果膜净化装置不用正向冲洗，则式（4-5）可简化为

$$\phi = 1 - \frac{\dot{V}_R t_R}{\dot{V}_F t_F} \times 100\% \tag{4-6}$$

式中 ϕ——出水率；

$\dot{V}_F$——滤液体积流量，m³/h；

$\dot{V}_R$——反向冲洗用水体积流量，m³/h；

$\dot{V}_{FF}$——正向冲洗用水体积流量，m³/h；

t_F——过滤时间，h；

t_R——反向冲洗时间，h；

t_{FF}——正向冲洗时间，h。

三、超滤系统的运行与维护

超滤系统的运行有全流过滤和错流过滤两种模式。全流过滤时，进水全部透过膜表面成为产水；而错流过滤时，一部分进水透过膜表面成为产水，另一部分则带杂质排出成为浓水。全流过滤能耗低、操作压力低，因而运行成本更低；错流过滤则能处理悬浮物含量更高的流体。当超滤的滤液通量较低时，超滤膜的过滤负荷低，膜面形成的污染物容易被清除，因而长期滤液通量稳定；当滤液通量较高时，超滤膜发生不可回复的污堵的倾向增大，清洗后的恢复率下降，不利于长期保持滤液通量的稳定。因此，针对每种具体的水质，超滤都存在一个临界滤液通量，运行中应保持滤液通量在临界滤液通量以下。

（一）过滤模式

1. 全流过滤模式

一般当原水中悬浮物和胶体含量较低（如 SS＜5，浊度＜5NTU）时采用。如图 4-4

（a）所示，原水以较低的错流流速进入膜管，浓水则以一定比例从膜管另一端排出。产水在膜管过滤液侧产出，水回收率通常是 90%～99%，这由原水水质决定。和循环模式相比，全流过滤模式的操作成本较低，但水回收率和系统的出水能力可能会受限制。这种模式通常需要定期快冲和反冲来维持系统出力，当污物积累到一定程度时，就需要通过化学清洗来进行处理。

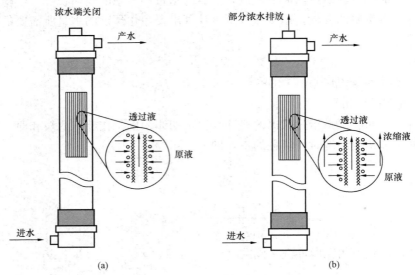

图 4-4　全流过滤和错流过滤
（a）全流过滤；（b）错流过滤

2. 错流过滤模式

原水中悬浮物含量较高及在大多数非水应用领域，需要通过减少回收率来保持膜管内部的高流速，这样就会造成大量的废水。如图 4-4（b）所示，为了避免浪费，排出的浓水就会被重新加压回流到膜管内。这样，虽然降低了膜管的回收率，但对于整个系统，回收率仍然很高。在这种模式下，进水连续地在膜表面循环，高速的循环水阻止了微粒在膜表面的堆积，并增加了滤液通量。因为较少的进水成为产水，为了获得相同的产率，错流过滤模式的能耗就比全流过滤模式的大。

（二）超滤膜的运行

超滤膜运行前应按以下步序进行检查和启动工作：

（1）进水水质检查。重点是检查进水浊度，当浊度在系统限定值范围内时，方可运行超滤设备，其次是检查水中余氯含量及 pH 值。

（2）系统检查。按工艺路线图，检查设备及连接是否正确，同时检查阀门的开启状态是否正确。对于手动操作的系统要特别注意，开机时进水阀不能全开，浓水阀和产水阀应全开，以避免开机时压力过大，造成对超滤膜的冲击，从而损坏设备。

（3）仪表的检查。检验各仪表是否正常，尤其是压力表是否完好。

（4）启动。当做好开机前的准备工作后，可试启动系统，即打开电源，启动泵后，立即停止，检查泵的叶轮转向是否正确，泵的运转有无异常噪声。当确认泵正常后，方可正式启动泵，启动后，应检查接口、管线有无渗漏。在自控程序运转的第一个周期内，应检验阀门的启闭是否正常、各种仪表运转是否正常。

（5）运行。设备运行时，应定时检查仪表是否正常，泵有无异常噪声，产水水质是否符合要求，尤其要注意压力表和产水流量，当出现异常时，应立即停机检查。一般全自动控制设计时，均考虑了系统的自我保护，若出现异常，系统会自动停运并报警。

设备运行过程中，应按设计要求做好设备监控和记录工作；按设计要求定期对设备进行清洗、灭菌和消毒；应定期对设备进行排气或检查自动排气阀的工作状态。

（6）停机。

1）先降低系统压力和跨膜压差，然后停机。

当系统靠增压泵作为过滤动力源时，若准备停机，则先开启浓水阀和超滤水阀，使系统压力和跨膜压差降到最低，然后切断电源，关闭水泵。停泵后，将系统所有阀门关闭，使超滤膜保持湿润状态。

当系统采用管网本身的水压作为阀门过滤动力时，同样应先降压，然后关闭进水阀，再关闭其他阀门，保持膜湿润。

2）当停机时间不超过 7 天时，可每天对设备进行 20～60min（时间以一个过滤、顺冲、反洗、顺冲周期为准）的保护性运行，以使新鲜的水置换出设备内的存水。

3）当设备长期停用时，应先对设备进行彻底的清洗和消毒，然后将膜保护剂和抑菌剂注入设备中，封闭好设备所有接口，以保持膜的湿润，防止设备内滋生细菌和藻类。

（三）超滤膜的污染

膜污染是指料液中的颗粒、胶体或溶质大分子通过物理吸附、化学作用或机械截留等作用在膜的表面吸附、沉积造成膜孔堵塞，使膜发生透过通量与分离特性明显变化的过程。

超滤过程中膜的吸附现象被认为是造成膜污染的关键，吸附污染与膜、溶剂和溶质三者的相互作用有关。由于膜组分的化学性质、结构不同，因此产生吸附作用的机理也不同，一般可分为静电作用、疏水作用等。

（1）静电作用。因静电吸引或排斥作用，膜容易被带异号电荷的杂质污染，而不易被带同号电荷的杂质污染。膜在与溶液相接触时，由于离子吸附、氢键等作用会使膜表面带上电荷，表面电荷能够影响表面附近溶液中的离子分布：带异性电荷的离子受到表面电荷的吸引而趋向膜的表面；带同性电荷的离子被表面电荷所排斥而远离膜的表面，使得膜表面附近溶液中的正负离子发生相互分离的趋势；同时，热运动又使得正负离子有恢复到均匀混合的趋势，在这两种相反趋势的综合作用下，过剩的异号离子以扩散的方式分布在带电膜表面附近的介质中，就形成了双电层。当膜所带电性与溶液电性相同时，污染吸附量较小；反之，污染吸附量较大。膜表面污染吸附量取决于上述两种作用的综合结果。

（2）疏水作用。一般疏水性膜易受疏水性杂质的污染，造成污染的原因是膜与污染物相互吸引，这种吸引作用源于分子间的范德华力。疏水性膜与溶质均会使膜表面更易受污染。当疏水作用的强度超过静电作用时，膜就会被污染，而且疏水作用越强，污染程度越严重。

（四）超滤系统的清洗

在超滤过程中，由于分离物质及其他杂质在膜表面会逐渐积聚，对膜造成污染和堵塞，因此膜的清洗是超滤系统中不可缺少的操作过程，膜的有效清洗是延长膜使用寿命的重要手段。超滤膜常用的清洗方法主要有物理清洗和化学清洗两大类，见表4-1。

表 4-1　　　　　　　　　　　　　　超滤膜常用的清洗方法

清　洗　方　法			备　　　注
物理清洗	等压清洗	关闭超滤产水阀，打开浓水出口阀，增大流速冲洗膜表面。该法对去除膜表面上大量松软的杂质很有效	化学清洗时即利用化学药品与膜表面杂质进行化学反应来达到清洗膜的目的。选择化学药品的原则如下： （1）不能与膜及组件的其他材质发生任何化学反应。 （2）选用的药品避免二次污染
	反向清洗	清洗水从膜的超滤口进入并透过膜，冲向浓缩口一边，采用反向冲洗法可以有效地去除覆盖层，但应特别注意，防止超压，避免把膜冲破或者破坏密封黏结面	
化学清洗	酸性溶液清洗	常用的溶液有盐酸、柠檬酸等，调配溶液的 $pH=2\sim3$，利用水循环清洗或者浸泡 $0.5\sim1h$ 后水循环清洗，对无机杂质去除效果较好	
	碱性溶液清洗	常用的碱溶液主要有 NaOH，调配溶液的 $pH=10\sim12$，利用水循环清洗或浸泡 $0.5\sim1h$ 后水循环清洗，可有效去除杂质及油脂	
	氧化性清洗剂	利用 $1\%\sim3\%H_2O_2$、$500\sim1000mg/L$ NaClO 等水溶液清洗超滤膜，可以去除污垢，杀灭细菌。H_2O_2 和 NaClO 是常用的杀菌剂	

　　超滤系统的清洗包括水的正洗和反洗（如图 4-5 所示）、气洗、化学清洗等。其中，水的正洗和反洗可以清除膜表面的滤饼层；而气洗则利用气的强力湍动，更有效地清除膜表面的污染层；化学清洗则通过化学反应来清除胶体、有机物、无机盐等在超滤膜表面和内部形

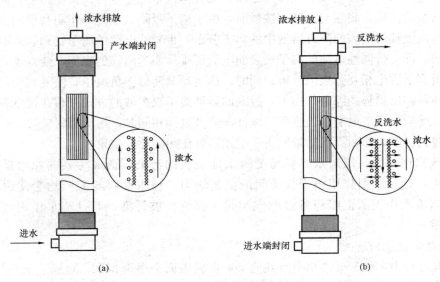

图 4-5　超滤系统的正洗和反洗
(a) 正洗；(b) 反洗

成的污堵。

1. 超滤系统反洗

在海水淡化过程中使用的膜，由于其结构（平板膜等）的限制，通常不能反向冲洗。因为反洗会造成膜脱层或膜分解。因此，在这样的系统中，要不断地将浓缩液抽走。中空纤维式超滤膜则能反洗，在此过程中加压的透过液从产水出口进入膜元件，从原水进口出水，水流方向与生产时正好相反。中空纤维式超滤膜上下两端各有一个原水出口，反洗时可从上下原水出口交错排液。图 4-6 所示为超滤运行和反洗流路。

超滤反洗用水为超滤产水，因为反洗水带进的悬浮物将会集聚在支撑结构内而随后不断释放出颗粒、细菌和 TOC 等，所以原水不适宜作反洗用水。

2. 超滤系统化学清洗

随着超滤膜组件的长期使用，水中的杂质会沉积到膜上，使膜的分离性能逐渐受到影响。因此，超滤装置在使用运行过程中当超滤膜的产水量下降 20% 以上或使用 1~4 个月时，需要对超滤膜进行化学清洗，以便及时去除超滤膜上的污染物，防止超滤膜形成顽固性结垢，恢复膜的性能。

化学清洗分为酸性溶液清洗和碱性溶液清洗。当进水中硬度较高

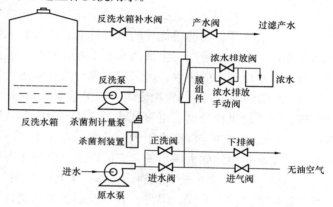

图 4-6 超滤运行和反洗流路

或金属离子（如铁离子）的含量超过设计标准，从而对膜的进水侧造成无机物污染时，需采用酸性溶液对超滤装置进行清洗。对于生物污染的超滤膜，需采用碱性溶液对超滤膜装置进行清洗。清洗时应注意以下几点：

（1）所有清洗剂都必须从超滤系统的进水侧进入组件，以防止清洗剂中可能存在的杂质从致密过滤层的背面进入膜丝壁的内部。

（2）超滤系统进行化学清洗前都先进行彻底的反洗。

（3）超滤系统的整个化学清洗过程需要 2~4h；如果污堵严重，需要浸泡 12h 以上。

（4）清洗后，超滤系统停机时间如果超过三天，则必须按照长时间关闭的要求对超滤系统进行保养维护。

（5）清洗液必须使用超滤产水或者更优质的水配制。

（6）清洗剂在循环进膜组件前必须去除其中可能存在的污染物。

（7）清洗液温度一般可控制在 10~40℃，提高清洗液温度能够提高清洗的效率。

（8）必要时，可采用多种清洗剂清洗，但清洗剂和杀菌剂不能对膜和组件材料造成损伤。每次清洗后，应排尽清洗剂，用超滤或反渗透产水将系统冲洗干净，才可再用另一种清洗剂清洗。

对反渗透膜的化学清洗不能太频繁，以防止膜元件造成不可逆的损伤。

四、超滤分离技术的应用

超滤分离技术被广泛地应用于饮用水制备、食品工业、制药工业、工业废水处理、金属

加工涂料、生物产品加工、石油加工等领域。大规模的水处理通常集中在以下几个方面：

（1）饮用水处理。采用超滤系统，可以非常方便地建成饮用水安全屏障。目前，很多直饮水厂家的生产设备都是应用了小型的超滤装置。

（2）地表水处理。超滤系统非常多地应用在地表水处理上，处理后的水作为反渗透的入水，用来制备工业用水。这种方法简单，设备布局紧凑，自动化程度高。

（3）海水淡化。可以将海水淡化后用作工业用水及饮用水。全球有很多国家淡水资源缺乏，但海水资源丰富，为了解决饮用水的问题，从 19 世纪 60 年代，膜技术被用于解决这些国家的缺水问题。超滤系统可以有效地控制预处理后海水的水质，为反渗透系统提供高质量的入水。目前，很多建设在海边的电厂正通过海水淡化来制备工业用水和生活用水。例如，广东平海发电厂就采用了超滤＋反渗透系统进行海水淡化制取锅炉补给水和生活用水。

（4）污水处理。超滤膜优异的分离性能，使得它无论在生活污水处理中还是在工业废水处理中都得到了广泛应用。生活污水和工业废水经过超滤分离后能将产水进行回用。

城市污水处理厂的废水，可采用超滤分离技术进行处理，处理后的水可用于中水回用。

1）含油废水的处理。含油废水存在的状态有浮油、分散油、乳化油三种。前两种较容易处理，可采用机械分离、凝聚沉淀、活性炭吸附等处理。但乳化油含有表面活性剂和起同样作用的有机物，油分以微米级大小的离子存在于水中，采用重力分离和粗粒化法处理比较困难。而超滤膜能达到去除目的，它能使水和低分子有机物透过膜，从而实现油水分离。

2）食品工业（如牛奶、饮料、淀粉、酵母、豆腐、肉类等）加工过程中形成的废水中含有大量的蛋白质、淀粉、酵母、乳糖及脂肪等物质，这些物质有一定的回收价值。但这类废水中的 BOD 和 COD 较高，会对环境造成污染，用一般生化法较难处理，且无法回收其中的有用物质，因此采用超滤法既可以实现有用物质的回收利用，又达到净化废水的目的。

3）电镀废水的用水量高，其中的氰化物、六价铬、镍、铜、锌、镉等重金属离子具有很强的毒性，对人、动物和农作物等都会造成严重的危害。电镀废水的特点是可生化性小，且其中的金属离子难以被微生物吸收。目前，在国内外治理电镀废水的技术中，利用铁氧化法处理电镀废水，虽然原料方便和价廉，但是出水色感差、污泥量大；利用电解法处理电镀废水，处理效果虽然较好，但是投资较大、耗电较多，处理成本持高不下。而采用超滤膜和反渗透膜可以使镀镍废水中的电导率、镍、硝酸盐和总有机碳的去除率分别达 97％、99.8％、95％和 87％，通过超滤膜作为预处理，反渗透膜的污染明显减少，并且反渗透膜的通量能提高 30％～50％。

4）造纸废水处理中碱的回收应用最多的是燃烧法碱回收，这种方法不仅不经济，而且对有用的物质无法进行回收。超滤应用于造纸废水处理中，主要是对某些成分进行浓缩并回收，而透过的水又重新返回工艺中使用，主要回收的物质是磺化木质素，它可以再返回纸浆中再利用，这样就能创造较大的环境效益和经济效益。

第二节　反渗透膜技术

一、反渗透的基本原理

反渗透是一种施加压力于半透膜相接触的浓溶液所产生的和自然渗透现象相反的过程。图 4-7 所示为反渗透膜的渗透原理。若施加压力超过溶液的天然渗透压，则溶剂会流过半透膜,在相反一侧形成稀溶液,而在加压的一侧形成浓度更高的溶液。若施加的压力等于溶液的天然渗透压,则溶剂的流动不会发生。若施加的压力小于天然渗透压,则溶剂自稀溶液侧流向浓溶液侧。反渗透膜能有效截留所有溶解盐分及分子质量大于 100 的有机物,同时允许水分子通过。反渗透膜广泛应用于海水及苦咸水淡化、锅炉补给水、工业纯水及电子级高纯水制备、饮用纯净水生产、废水处理等过程中。

图 4-7 反渗透膜的渗透原理

反渗透具有脱盐率高、自动化程度强等优点,若与 EDI 配合,可组成反渗透＋电去离子脱盐系统,在电厂锅炉补给水系统中应用越来越广泛。但由于该系统前期投入和运行费用较高,EDI 模块出现问题时更换的周期较长,限制了它在电力行业中的使用。

我国自 20 世纪 70 年代引进反渗透膜脱盐技术,至今已有 30 多年的历史。随着反渗透膜元件性能的不断提高,价格的下降,该技术已广泛用于电力、电子、食品、饮料、环保、海水淡化等多个领域。

反渗透水处理工艺属于物理脱盐方法,它在诸多方面具有传统的水处理方法所没有的优点:

(1)反渗透是在室温条件下,采用无相变的物理方法将含盐给水进行脱盐、纯化。目前,超薄复合膜元件的脱盐率可达 99.5% 以上,并可同时去除水中的胶体、有机物、细菌、病毒等。

(2)水的处理仅靠水的压力作为推动力,其能耗在许多处理方法中最低。

(3)不用大量的化学药剂和酸、碱再生处理,无化学废液及废酸、碱液排放,无环境污染。

(4)反渗透装置可连续运行制水,系统简单,操作方便,产品水水质稳定。

(5)运行维护和设备维护工作量小。

(6)设备占地面积小,需要的空间也小。

(7)适用于较大范围的原水水质,既适用于苦咸水、海水以至污水的处理,又适用于低盐量的淡水处理。

二、反渗透预处理

为了提高反渗透系统效率,保证反渗透系统的安全稳定运行,必须对原水进行预处理。预处理的目的就是去除给水中会对反渗透膜产生污染或导致劣化的物质。一旦预处理系统不能发挥作用,污染物进入反渗透系统,这些物质就会在膜表面堆积,若给水中含有微生物,微生物的繁殖会导致更严重的污染或污堵。针对原水水质,选择合适的预处理工艺,就可以减少污堵、结垢和膜降解,提高系统性能,实现系统产水量、脱盐率、回收率的最优化。

预处理可以分为传统预处理和膜法预处理。传统预处理是在膜法预处理出现前的反渗透预处理工艺的总称,包括絮凝、沉淀、多介质过滤和活性炭过滤等。随着膜分离技术的不断发展，微滤和超滤逐步出现在反渗透的预处理系统中，并在很多工程中替代了传统预处理工艺。

预处理必须考虑系统连续可靠运行的需要，合适的预处理方案取决于原水的水质条件，对地表水、地下水要区别对待。通常情况下，地下水水质稳定，污染可能性低，仅需简单的预处理。而地表水是一种直接受季节影响的水源，有发生微生物和胶体两方面高度污染的可能性，所需的预处理方案应比地下水的复杂，需要其他的预处理步骤包括消毒、絮凝/助凝、澄清、多介质过滤、脱氯、加酸或加阻垢剂等。一旦确定了所选用的进水水源，就需进行全面而准确地原水全分析。原水全分析是确立合适预处理方案和反渗透系统排列设计最关键的依据。

（一）无机物污染及其处理办法

当来水中的难溶盐类在膜元件内不断被浓缩且超过溶解度极限时，它们就会在反渗透膜表面发生沉积结垢，回收率越高，结垢的风险性就越大。在反渗透系统中，常见的难溶盐为钙镁垢和硅垢。若用朗格利尔指数（LSIC）表示 $CaCO_3$ 结垢可能性的指标，即 $LSIC = pHC - pHS$（式中，pHC 为浓水 pH 值；pHS 为 $CaCO_3$ 饱和时的 pH 值），则当 $LSIC \geqslant 0$ 时，就会出现 $CaCO_3$ 结垢。大多数天然水未经处理时，LSIC 是正值，但为了防止 $CaCO_3$ 结垢，需要在反渗透系统进水中投加阻垢剂或采取预防性清洗措施，否则必须确保 LSIC 为负值。

大多数水源溶解性 SiO_2 的含量为 $1 \sim 100mg/L$，但过饱和的 SiO_2 能够自动聚合形成不溶性的胶体硅或胶状硅，从而引起膜的污染。如果水中出现一定量的金属（如 Al^{3+}），可能会通过形成金属硅酸盐而改变 SiO_2 的溶解度。硅结垢的发生大多数是因为水中存在铝或铁。因此，如果水中存在硅，则应保证水中没有铝或铁，并且推荐使用 $1\mu m$ 的保安滤器滤芯，同时采取预防性的酸性清洗措施。

反渗透系统进水中的淤泥和胶体的来源有相当大的差异，通常包括细菌、黏土、胶体硅和铁的腐蚀产物。胶体和颗粒污堵可严重地影响反渗透元件的性能，大幅度降低产水量，有时也会降低系统脱盐率。胶体和颗粒污染的初期症状是系统压差的增加。

对钙镁垢、盐类沉积及其他无机物产生污染的预处理方法主要有下面几种：

1. 介质过滤

介质过滤可以去除水中的颗粒、悬浮物和胶体，这是因为当水流流过过滤介质的床层时，颗粒、悬浮物和胶体会附着在过滤介质的表面。过滤出水水质取决于杂质和过滤介质的大小、表面电荷和形状、原水组成和操作条件等。水处理系统中最常用的过滤介质是石英砂和无烟煤，石英砂颗粒有效直径为 $0.35 \sim 0.5mm$，无烟煤颗粒有效直径为 $0.7 \sim 0.8mm$。采用石英砂上填充无烟煤的双介质过滤器，可使悬浮物等杂质进入过滤层内部，产生更有效的深层过滤而延长清洗间隔。过滤介质的最小设计总床层深度为 0.8m，在双介质过滤器中，通常填充 0.5m 高的石英砂和 0.4m 高的无烟煤。必须避免频繁地开机和停机，因为每次流速的急速变化会使原先已沉积在介质上的物质又释放出来。

2. 微滤或超滤

微滤或超滤膜能去除水中所有的悬浮物，根据有机物分子质量和膜截留分子质量的大小，超滤还能去除一些有机物。如果设计和操作管理得当，SDI 值可以小于 1，此时就将污染问题从反渗透膜转移到微滤膜或超滤膜上了，并由微滤或超滤系统来解决。但是采用微滤或超滤做预处理之后，只是减轻了污染，而反渗透部分仍需考虑很多因素。例如，膜元件选择、排列和运行经济性一般要求微滤或超滤系统回收率和膜通量要高，可采用定期地正向或逆向反洗实现这些目标。如果微滤和超滤膜材料能耐氯，如聚砜膜或陶瓷膜，还应在清洗水中加氯防止生物污染。

3. 滤芯式过滤

每台反渗透系统应配置滤芯式保安过滤器，滤芯孔径的最低要求为小于 $10\mu m$。滤芯式过滤对膜和高压泵起保护作用，防止可能存在的悬浮颗粒的破坏，通常是预处理的最后一道，预处理做得越好，反渗透膜所需的清洗次数就越少。当浓水中的硅浓度超过理论溶解度时，建议滤芯孔径选择 $1\mu m$，以降低硅与铁和铝胶体的相互作用。滤芯式保安过滤器必须在压降超过允许极限前及时更换，但最好不超过 3 个月，由于清洗滤芯的效率较低并存在更高的生物污染的危险性，因此不推荐选用可清洗的滤芯式保安过滤器。滤芯材料必须是非降解的合成材料（如尼龙或聚丙烯），过滤器应装有压力表指示压降，以便表示滤芯上截留污染物的数量。

（二）微生物污染及其处理办法

所有的原水均含有微生物，如细菌、藻类、真菌、病毒和其他高等生物。微生物进入反渗透系统之后，伴随反渗透过程的进行而浓缩富集在膜表面上，形成生物膜。膜元件的生物污染将严重影响反渗透系统的性能，使进水至浓水间的压差迅速增加，导致膜元件发生"望远镜"现象和机械损坏，以及引起膜产水量的下降，有时甚至会在膜元件的产水侧出现生物污染，导致产水受污染。

一旦出现生物污染并产生生物膜，清洗就非常困难。因为生物膜能保护微生物受水力的剪切力影响和化学品的消毒作用。此外，没有被彻底清除掉的生物膜将引起微生物的再次快速滋生。因此，微生物的防治是预处理过程中最主要的任务。以下是针对生物污染应采取的措施。

1. 冲击式杀菌处理

冲击式杀菌处理方式是在有限的时间段内以及水处理系统正常操作期间，向反渗透系统的进水中加入杀菌剂。$NaHSO_3$ 常常被用于这种处理目的，在一般情况下，$500 \sim 1000\mu g/L$ 的 $NaHSO_3$ 加入 30min 即可。冲击式杀菌处理可以按固定的时间间隔周期性地进行，如每隔 24h 进行一次。

2. 周期性消毒

除了连续地向原水加入杀菌剂外，还可以定期对系统消毒，以控制生物污染。这种处理方法用于存在中度生物污染危害的系统上，但在有高度生物污染危害的系统中，消毒仅是进行连续杀菌处理的辅助方法。

三、反渗透膜的产品特点与性能规范

膜片是反渗透膜分离设备的核心，良好的膜分离设备应具备以下条件：①膜面切向速度快，以减少浓差极化；②单位体积所含的膜面积比较大；③容易拆洗和更换新膜；④保留体积小，且无死角；⑤具有可靠的膜支撑装置。

目前，膜分离设备主要有板式、管式、中空纤维式和螺旋卷式四种形式。

1. 板式膜

板式膜的滤膜复合在刚性多孔支撑板上，支撑板材料为不锈钢多孔筛板、微孔玻璃纤维压板或带沟槽的模压酚醛板。料液从膜面上流过时，水及小分子溶质透过膜，透过液从支撑

板的下部孔道中汇集排出。圆形板式反渗透装置过滤板被分成若干组，用不锈钢隔板分开，各组之间液流的流向是串联的，每一组内过滤板间的液流流向是并联的。由于料液经过每一组过滤板透过部分液体，因此液流量不断减小，每组板的数量从进口到出口依次减少，膜板中心带有小孔的透过液管与滤板的沟槽连通，透过液即由此管流出。为了增加液流的湍流程度和降低浓差极化，在膜表面上装有导流板，导流板上带有螺旋流道。导流板常用苯乙烯薄片经真空模压制成。板式膜装置保留体积小，但死角多。

2. 管式膜

管式膜装置的形式很多，管的流通方式有单管及管束，液流的流动方式有管内流式和管外流式。由于单管式和管外流式的湍动性能较差，目前趋向采用管内流管束式装置，其外形类似于列管式换热器。管子是膜的支撑体，有微孔管和钻孔管两种，微孔管采用微孔环氧玻璃钢管、玻璃纤维环氧树脂增强管，钻孔管采用增强塑料管、不锈钢管或铜管（孔径为1.5mm）。管式膜装入管内或直接在管内浇膜。管式膜分离装置结构简单，适应性强，清洗安装方便，单根管子可以更换，耐高压，无死角，适用于处理高黏度及固体含量较高的料液，比其他形式的膜应用更为广泛；但其缺点是体积大，压力降大，单位体积所含的过滤面积小。

3. 中空纤维式膜

为进一步增大膜分离器单位体积的膜面积，可采用中空纤维式膜，并根据需要制成不同直径的纤维膜，内径一般为 $0.5 \sim 1.4$ mm，外径为 $1.1 \sim 2.3$ mm。用环氧树脂将许多中空纤维的两端胶合在一起，形似管板，然后装入一管壳中。料液的流向有两种形式：一种是内压式，即料液从中空纤维管内流过，透过液经纤维管流出管外，这是常用的操作方式；另一种是外压式，料液从一端经分布管在中空纤维管外流动，透过液则从纤维管内流出，水处理时常采用外压方式。中空纤维有细丝型和粗丝型两种。细丝型中空纤维适用于性能低的溶液，粗丝型中空纤维可用于浓度较高和带有固体粒子的溶液。目前，日本开发的中空纤维带电膜是将聚砜空心纤维材料表面经过特殊处理，引入带电基，这样除过滤效果外，还产生一个与溶质静电排斥的效果，从而可以分离某些非带电膜不能分离的溶质，并能抑制溶质的吸附。

中空纤维式膜分离装置单位体积内提供的膜面积大，操作压力低（<0.3MPa），且可反向清洗；但其缺点是单根纤维管损坏时需要更换整个膜件。

4. 螺旋卷式膜

螺旋卷式装置的主要元件是螺旋卷式膜，它是将膜、支撑材料、膜间隔材料依次叠好，围绕一个中心管卷紧即成一个膜组，若干膜组顺次连接装入外壳内。操作时，料液在膜表面通过间隔材料沿轴向流动，而透过液则沿螺旋形流向中心管。中心管可用钢、不锈钢或聚氯乙烯管制成，管上钻小孔；透过液侧的支撑材料采用玻璃微粒层，两面衬以微孔涤纶布；间隔材料的选取应考虑降低浓差极化及压力降。螺旋卷式膜的特点是膜面积大，湍流状况好，换膜容易，适用于反渗透系统；缺点是流体阻力大，清洗困难。不论采用何种形式的膜分离装置，都必须对料液进行预处理，除去其中的颗粒悬浮物、胶体和某些不纯物，必要时还应包括调节 pH 值和温度，这对延长膜的使用寿命和防止膜孔堵塞是非常重要的。

表征反渗透膜性能的参数主要有脱盐率、产水量、回收率等。

膜元件的脱盐率在其制造成形时就已确定，脱盐率的高低取决于膜元件表面超薄脱盐层的致密度。脱盐层越致密，脱盐率越高，同时产水量越低。反渗透膜对不同物质的脱盐率主要由物质的结构和分子质量决定，对高价离子及复杂单价离子的脱盐率可以超过 99%，对单价离子（如钠离子、钾离子、氯离子）的脱盐率稍低，但也超过了 98%；对分子质量大于 100 的有机物脱盐率也可达到 98%，但对分子质量小于 100 的有机物脱盐率较低。

脱盐率是通过反渗透膜从系统进水中去除可溶性杂质浓度的百分率，即脱盐率＝（1－产水含盐量/进水含盐量）×100%。

产水量是指反渗透系统的产能，即单位时间内透过膜的水量，单位为 t/h。

回收率是指膜系统中给水转化成为产水或透过液的百分率。膜系统的回收率在设计时就已经确定，是基于预设的进水水质而定的。回收率通常希望最大化，以便提高经济效益，但是应该以膜系统内不会因盐类等杂质的过饱和发生沉淀为它的极限值，即回收率＝（产水流量/进水流量）×100%。

四、反渗透水处理系统设计

反渗透系统一般由预处理部分、反渗透膜处理部分和后处理部分组成，为了达到最终产水的水质要求，有时除了采用预处理步骤外，还需要采用后处理步骤。在超纯水制备过程中，膜系统的产水后处理通常是采用离子交换或电渗析深度除盐。系统设计包括膜装置本身，即膜元件、膜元件的压力外壳、高压泵、仪表、管道、阀门和装置支架等；还应包括在线清洗系统，对膜进行化学清洗。表征反渗透膜系统的性能参数为产水流量和产水品质，这些参数总是针对给定的进水水质、进水压力和系统回收率而言的。反渗透系统设计者的主要职责是针对所需的产水量，使所设计的系统尽可能降低操作压力和膜元件的成本；但尽可能提高产水量和回收率以及系统的长期稳定性与清洗维护费用（故障率低时，可采用低廉的药品进行有效清洗）。

应根据系统脱盐率的要求选择膜元件，针对所选择的膜元件，达到设计产水量所需的进水压力取决于产水通量值的选择。设计时选择的产水通量值越大，则所需的进水操作压力就越高。为了降低膜元件的成本，设计时总是试图选择高的产水通量值，但是产水通量值的选择是有上限的，规定该上限值的目的是为了减少今后膜设备内的结垢和污染问题。

对膜系统设计影响最大的因素是给水的污堵倾向，膜污堵是由于给水中存在有机物、颗粒物和胶体物质并在膜表面上浓缩造成沉积，污堵物的浓度随着产水通量（单位膜面积上的产水流量）和元件回收率（元件产水流量与其给水流量之比）的增加而增加。因此，高产水通量的系统很容易产生更高的污堵速率和更频繁的化学清洗。预处理后的给水 SDI 值与污堵物的数量紧密相关。

系统设计时，如果低估了给水的污堵倾向，膜系统可能需要频繁地清洗，或者系统因污染或污堵必须降低出力运行。反之，选择保守的设计参数即过高地预估可能出现的污堵倾向，将会使系统无故障地运行，从而延长膜的寿命。

一旦反渗透系统投入运行，还应该对原水定期进行分析，以便能随时掌握原水水质的波动情况，并及时调整预处理运行工艺参数和整个水处理工厂的运行条件。

在设计膜系统时，通常按照下面几个步骤进行：

（1）考虑进水水源的水质。膜系统的设计取决于将要处理的原水和处理后产水的用途，因此必须详细收集系统设计资料及原水分析报告。

（2）选择系统排列和级数。常规的水处理系统排列结构为进水一次通过式，而在较小的系统中常采用浓水循环排列结构；所需元件数量较少的有一定规模的系统，采用进水一次通过式结构难以达到足够的系统回收率时，也可采用浓水循环排列结构；在特殊的应用领域（如工艺物料浓缩和废水处理），通常采用浓水循环排列结构。反渗透系统通常采用连续运行方式，系统中的每一支膜元件的运行条件不随时间变化；但在某些应用情况下，如废水处理或工艺物料的浓缩或当供水量较小且供水不连续时，应选用分批处理操作系统。此时，进水收集在原水箱中，然后进行循环处理，部分批处理操作是分批处理操作的改良，在操作运行过程中，不断向原水箱中注入原水。多级处理（两级）系统是两个传统反渗透系统的组合，第一级的产水作为第二级的进水，每一级既可以是单段式结构也可以是多段式结构，既可以是原水一次通过式结构也可以是浓水再循环式结构。制药和医药用水的生产常选用产水多级处理工艺。

（3）膜元件的选择。根据进水含盐量、进水污染可能、所需系统脱盐率、产水量和能耗要求选择膜元件。

（4）膜平均通量的确定。平均通量设计值 $f[\text{gfd 或 L/(m}^2 \cdot \text{h})]$ 可以基于现场试验数据、以往的经验或参照设计导则所推荐的典型设计通量值选取。

（5）计算所需的膜元件数量。将膜产水量设计值 Q 除以平均通量设计值 f，再除以所选膜元件的膜面积 F，就可以得出所需的膜元件数量 N。

（6）计算所需的压力容器数。将系统所需的膜元件数量除以每支压力容器可安装的膜元件数量，就可以得出圆整到整数的压力容器的数量。对于大型系统，常常选用 $6\sim7$ 芯装的压力容器，对于小型或紧凑型的系统，则选择较短的压力容器。仅含有一支或几支膜元件的小型系统，大多设计成串联排列和部分浓水回流，以确保膜元件进水与盐水流道有最低的流速。

（7）段数的确定。有多少只压力容器串联在一起就决定了有多少段数，而每一段都由一定数量的压力容器并联组成。段的数量是系统设计回收率、每一只压力容器所含膜元件数量和进水水质的函数。系统回收率越高、进水水质越差，系统就应该越长，即串联的膜元件就应该越多。例如，第一段使用 4 支 6 元件外壳、第二段使用 2 支 6 元件外壳的系统，就有 12 支膜元件相串联；对于一个三段式的系统，每段采用 4 元件的压力外壳，若以 $4:3:2$ 排列，则也是 12 支膜元件串联在一起。

（8）确定排列比。相邻段压力容器的数量之比称为排列比。例如，第一段为 4 只压力容器、第二段为 2 只压力容器所组成的系统，排列比为 $2:1$，而一个三段式的系统，第一段、第二段和第三段分别为 4 只、3 只和 2 只压力容器时，其排列比为 $4:3:2$。

五、反渗透膜的安装与操作

反渗透系统启动之前应将膜元件装入压力容器内，不能损伤膜元件并保证无泄漏。对压力容器内部进行清洗，除掉所有外来物，并用海绵或毛巾浸甘油将容器内壁润滑。

1. 安装膜元件

（1）从包装箱内小心取出膜元件，检查膜元件上的浓水密封圈位置和方向是否正确，保持膜元件外部清洁。

（2）检查膜元件的浓水密封，对浓水密封加甘油润滑。

（3）自给水端将膜元件不带浓水密封圈的一端从压力容器进水端平行地推入，直到膜元件露在压力容器进水端外面约 10cm。浓水密封圈必须在暴露端。

（4）记录膜元件的系列号、膜元件在压力容器内的位置和系统中压力容器的位置。

（5）重复步骤（1）～（4）直到所有膜元件都装入压力容器内，转移膜元件到浓水端，在第一支膜元件产水中心管上安装膜元件内接头。膜元件和压力容器的长度决定了单个压力容器内可装膜元件的数量。

（6）在压力容器浓水端安装止推环，定位止推环时应参考压力容器制造商的示意图。不能遗忘止推环的安装，若未在压力容器浓水端安装止推环，将会严重损坏膜元件。

（7）认真检查膜元件适配器上的O形圈，将膜元件适配器插入浓水端板内，为了与外部管路的连接，应仔细定位压力容器浓水端端板，对准膜元件内接头，将浓水端端板组合件平行推入压力容器中。旋转调整浓水端端板组合件，使之与外部连接管对准。按照压力容器制造商的示意图，安装端板卡环。

（8）从进水端将膜元件推向浓水端直到第一支安装的膜元件与浓水端端板牢固地接触。

（9）与步骤（7）相似安装进水端端板。在安装进水端端板前，建议用调整片调节膜元件和端板间的间隙。

（10）重复以上步骤，在每一只压力容器内安装膜元件并连接所有的外部进水、浓水和产水管路。

2. 拆卸膜元件

当从系统压力容器中拆卸膜元件时，应由两人按如下方法执行：

（1）首先拆掉压力容器两端的外接管路，按压力容器制造商的要求拆卸端板，将所有拆下的部件编号并按次序放好。

（2）从压力容器两端拆下容器端板组合件。

（3）必须从压力容器进水端将膜元件依次推出，每次仅允许推出一支膜元件。当膜元件被推出压力容器时，应及时接住该元件，防止造成膜元件损坏或人员受伤。

3. 日常启动

膜系统一旦开始投运，理论上应以稳定的操作条件连续地操作下去，而事实上，必须经常性地启动和停止膜系统的运行，系统每一次启动和停止，都牵涉系统压力与流量的突变，对膜元件产生机械应力。因此，应尽量减少系统设备的启动和停止次数，正常的启动、停止过程也应该越平稳越好，启动的方法原则上应与首次投运的步骤相同，关键在于进水流量和压力的上升要缓慢，尤其是海水淡化系统。膜系统日常启动顺序常常由可编程序控制器和远程控制阀自动实现；但要定期校正仪表，检查报警器和安全保护装置是否失灵，进行防腐和防漏维护。

4. 系统停机

当停运膜系统时，必须用产水或高品质的进水冲洗整个膜系统，以便将高含盐量的浓水从压力容器和膜元件内置换掉，直到浓水出水电导率接近进水电导率。膜系统冲洗应在约0.3MPa低压下进行，虽然高流量有利于提高冲洗效果，但不应使膜元件或压力容器两端的压差超过最高规定值。

低压冲洗进水中不应含有用于预处理的化学药品，尤其不能含有阻垢剂，因此，冲洗前应停止加药（冲洗采用预处理产水时，为了预处理产水合格，仍需投加药剂，以降低SDI值，脱除余氯等氧化剂的化学药品），冲洗结束之后，应完全关闭进水阀。如果浓水排放口低于压力容器，则应在高于压力容器的浓水管线上引入空气，以破坏虹吸作用。

当高压泵停运而进水和浓水又没有采用低压产水冲洗置换时，高盐度的膜处理系统会因自然渗透出现停机产水回吸，从清洗角度分析，一定程度的产水回吸有利于强迫运行时沉积的污染物从膜表面上浮起。但是过量的产水回吸会导致复合膜膜片分层，复合层从多孔支撑层上剥离下来，造成膜的复合结构物理破坏。因此，应将这类产水回吸通量控制在 8.5L/(m²·h) 以下，特别应该限制在系统浓水端的产水回吸速率，限制产水回吸的实用方法是在产水管线上安装高质量的止回阀。如果系统存在停机产水回吸现象，还需提供足够的产水回吸补充量完成产水回吸，以避免膜元件内吸入空气。

如果产水管线在运行和系统停机时带压，膜元件就会遭遇静态的产水背压。为了避免膜元件因背压产生膜片复合层的剥离破坏（在任何情况下，净背压均不得高于 0.03MPa），应在产水管线上设置止回阀或自动排放阀保护膜系统。

膜系统除了正常停机外，还存在各种意外停机，如停电或系统因报警等急停。当系统必须停运 48h 以上时，必须注意防止膜元件干燥，膜元件干燥后会出现产水量的不可逆下降，并采用适宜的保护措施防止微生物滋生或每 24h 进行定期冲洗。同时应避免系统受极端温度的影响。

膜系统不作任何防止微生物生长保护措施的最长停运时间为 24h，如果无法做到每隔 24h 冲洗一次但又必须停运 48h 以上时，必须采用化学药品进行封存。

5. 系统停运后保养

膜系统在停机保存前应进行一次化学清洗，当膜元件已经存在污染时，应先清洗后再保养。典型的膜元件清洗顺序为：用 pH=11 的温和碱性溶液清洗 2h，然后进行杀菌和短时酸洗。如果原水中不含结垢和金属氢氧化物成分，可以不进行酸洗。膜元件在清洗和杀菌之后，按如下步骤在 10h 之内进行保存：

（1）赶走压力容器内的空气，将膜元件完全浸泡在 1%～1.5% 的亚硫酸氢钠保护液中。为使系统内的残留空气最少，应采用循环溢流方式循环亚硫酸氢钠保护液，使最高压力容器开口处产生亚硫酸氢钠保护液的溢流。

（2）关闭所有阀门，使系统隔绝空气。否则，空气将会氧化亚硫酸氢钠保护液，使其失效。

（3）每周检查一次亚硫酸氢钠保护液的 pH 值，当 pH 值低于 3 时，应更换。

（4）至少每月更换一次亚硫酸氢钠保护液。在停机保护期间，系统必须处于不结冰状态，系统环境温度不得超过 45℃，低温条件有利于停机保护。

六、反渗透膜的污染与清洗

在正常操作过程中，反渗透膜元件内的膜片会受到无机盐垢、微生物、胶体颗粒和不溶性的有机物质的污染甚至污堵。操作过程中这些污染物沉积在膜表面，导致标准化的产水量和系统脱盐率分别下降或同时恶化。

当下列情况出现时，需要清洗膜元件：标准化产水量降低 10% 以上；进水和浓水之间的标准化压差上升了 15%；标准化透盐率增加 5% 以上。以上的标准（基准）比较条件取自系统经过最初 48h 运行时的操作性能。

即使系统在没有发生上述几种情况时，为了能够更好地保证系统正常运行，一般可以考虑每 6 个月进行一次化学清洗。

进行全系统膜元件清洗之前，可以从系统中取出一两支膜元件，通过进行清洗试验，确定污染物的种类，选择最佳的清洗药品。

一般无机物结垢的污染，用酸性溶液清洗；有机物及微生物的污染，用碱性溶液清洗。膜系统污染的种类和发生污染时系统运行的变化情况列在表4-2中。

表 4-2　　　　　　　　膜系统污染的种类和发生污染时系统运行的变化情况

污染类型	可能发生的位置	系统压降	进水压力	脱盐率
金属氧化物污染	第一段，最前端膜	迅速增加	迅速增加	迅速降低
胶体污染	第一段，最前端膜	逐渐增加	逐渐增加	轻微降低
无机物结垢	后段，最末段膜	逐步增加	轻微增加	显著降低
二氧化硅污染	后段，最末段膜	通常增加	增加	降低
生物污染	任意位置，通常前段	明显增加	明显增加	降低
有机物污染	所有段	逐渐增加	增加	降低
膜氧化	第一段最严重	通常降低	降低	增加
膜表面磨损	第一段最严重（活性炭颗粒和沙粒等）	通常降低	降低	降低
膜元件泄漏	最末段膜元件	降低	降低	降低

膜表面产生的污垢将加速系统性能的下降，如压差升高、脱盐率降低等。一般只要措施合适及时，就可以很有效地进行系统清洗，最大限度地恢复膜系统的性能。但若拖延太久才进行清洗，则很难完全将污染物从膜表面上清洗掉。针对特定的污染，只有采取相应的清洗方法，才能达到较好的效果，若错误地选择清洗化学药品和方法，有时会使膜系统污染加剧。日常操作时必须测量和记录每一段压力容器间的压差（Δp），随着膜元件内进水通道被堵塞，Δp 将增加。需要注意的是，如果进水温度降低，膜元件产水量也会下降，这是正常现象并非膜的污染所致。

反渗透膜清洗系统流程如图4-8所示，清洗系统应采用耐腐蚀材料制造。用于混合与循环用的清洗水箱必须用耐酸碱的聚丙烯或玻璃钢等材料制作。

清洗水泵的大小应根据流量和压力再加上管路和滤芯的压力损失选择，水泵的材质必须是316不锈钢或非金属聚酯复合材料。清洗系统中应设有必要的阀门、流量计和压力表，以控制清洗流量和清洗压力，清洗管道流速应小于3m/s。

清洗单段系统可以采取如下步骤清洗膜元件：

（1）配制清洗液，用清洗水泵将清洗液混合均匀。

（2）低流量输入清洗液。预热清洗液时应用低流量，然后以尽可能低的清洗液压力置换膜元件内的原水，其压力仅需达到足以补充进水至浓水的压力损失即可，即压力必须低到不会产生明显的渗透产水。低压置换操作应能最大限度地减低污垢再次沉淀到膜表面上，根据系统清洗情况，排放部分浓水，以防止清洗液的稀释。

（3）循环。当原水被置换掉后，浓水管路中就应该出现清洗液，让清洗液循环回清洗水箱并保证清洗液温度恒定。

（4）浸泡。停止清洗水泵的运行，让膜元件完全浸泡在清洗液中。有时膜元件浸泡大约1h就足够了；但对于顽固的污染物，需要延长浸泡时间，如浸泡10～15h或更长时间。

（5）高流量水泵循环。高流量水泵循环30～60min，高流量能冲洗掉被清洗液清洗下来的污染物。

（6）冲洗。手动预冲洗15min，然后排出不合格水。启动反渗透系统运行，观察并记录各运行参数及设备运行情况。如设备运行正常，则恢复系统状态，反渗透系统可投运制水，清洗结束。

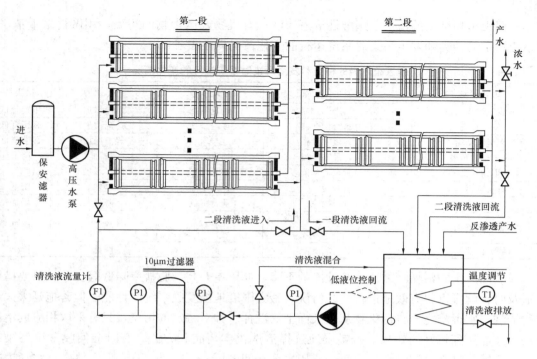

图 4-8　反渗透膜清洗系统流程

膜系统在酸洗或碱洗过程中，应随时检查清洗液 pH 值的变化。当在溶解无机盐类沉淀消耗掉酸时，在对大型系统清洗之前，建议从待清洗的系统内取出一支膜元件，进行单支膜元件清洗效果试验评估。

当清洗多段膜系统时，在多段膜系统的冲洗和浸泡步骤中，可以对整个膜系统的所有段同时进行，也可以分段进行，一般来说，分段清洗效果较好，但是清洗时间较长。对于高流量的循环，必须分段进行清洗，以保证循环流量对第一段不会太低而对最后一段不会太高。

反渗透膜清洗必须选用合适的清洗药剂，适合的清洗药剂能够较快地去除膜表面的污垢，而选用不合适的药剂会加重膜的污染或污堵情况。表 4-3 中酸性和碱性清洗剂是标准的清洗药剂，酸性清洗剂用于清除包括铁污染在内的无机污染物，而碱性清洗剂用于清洗包括微生物在内的有机污染物。最好采用膜系统的产水配制清洗药剂，当然在很多情况下也可以使用合格的预处理出水配制清洗药剂。

表 4-3　　　　　　　　　　　　　清洗膜元件所需的清洗药剂

清洗药剂 污染物	0.1%(W) NaOH 或 1.0%(W) Na_4EDTA	0.1%(W) NaOH 或 0.025% (W) NaDDS	0.2%(W) HCl 盐酸	1.0%(W) $Na_2S_2O_4$	0.5%(W) H_3PO_4 磷酸	1.0%(W) NH_2SO_3H	2.0%(W) 柠檬酸
无机盐垢（如 $CaCO_3$）			最好	可以	可以		可以
硫酸盐垢（$CaSO_4$， $BaSO_4$）	最好	可以					
金属氧化物（如铁）				最好	可以	可以	可以
无机胶体（淤泥）		最好					

续表

清洗药剂 / 污染物	0.1％(W) NaOH 或 1.0％(W) Na₄EDTA	0.1％(W) NaOH 或 0.025％(W) NaDDS	0.2％(W) HCl 盐酸	1.0％(W) Na₂S₂O₄	0.5％(W) H₃PO₄ 磷酸	1.0％(W) NH₂SO₃H	2.0％(W) 柠檬酸
硅	可以	最好					
微生物	可以	最好					
有机物	作第一步 清洗可以	作第一步 清洗最好	作第二步 清洗最好				

注 W 表示有效成分的质量百分含量。

七、反渗透技术在水处理中的应用

反渗透技术由于具有脱盐率高（可达 97％）、设备占地面积小、自控操作强等特点，在海水淡化、苦咸水脱盐、纯水制备等方面得到了广泛的应用，并产生了重大的社会效益和经济效益，特别是近年来，在工业和电力行业锅炉补给水预脱盐方面应用较为广泛。

（一）纯水制备

1. 电力行业中的应用

由于电厂锅炉补给水要求电导率小于 $0.2\mu S/cm$、$SiO_2 < 20\mu g/L$，而二级反渗透出水的电导率一般大于 $1\mu S/cm$，因此反渗透技术在电力行业中一般用于锅炉补给水的预脱盐（一级脱盐）处理。反渗透技术在电力行业中的应用工艺主要有反渗透＋电去离子脱盐系统，这种系统是 20 世纪末发展起来的一种用于水处理的新型脱盐系统。该脱盐系统出水电导率一般为 $0.056 \sim 0.067\mu S/cm$，系统出水水质完全满足电厂锅炉补给水的要求，是一种环保型的脱盐系统。与传统的离子交换系统相比，该系统具有出水水质稳定、连续生产、使用方便、无人值守、不用酸碱、不污染环境、占地面积小、运行经济等优点。

2. 饮用水生产

20 世纪 80 年代，欧美国家已将反渗透技术广泛应用于生活用水的净化处理中，20 世纪 90 年代后期我国也开始大规模使用反渗透技术。

3. 制药用水

反渗透技术作为一种新型的膜分离技术，已广泛应用于制药行业。

（二）海水或苦咸水淡化

随着沿海工业的兴起，海水或苦咸水淡化是解决水资源短缺的有效途径，而反渗透技术是实现海水和苦咸水淡化的有效手段。

1. 海水淡化

目前，实用的海水淡化技术主要有蒸馏法和反渗透法两大技术。其中，反渗透海水淡化技术具有设备体积小、能量消耗低、操作简单、建造周期短、对环境友好等诸多优点，近年来发展相当迅速。典型的海水淡化流程如图 4-9 所示。

2. 苦咸水淡化

苦咸水一般指含盐量大于 $1000mg/L$ 的湖水、河水及地下水。由于苦咸水含盐量高，不能直接用于工农业生产及人们的生活饮用，因此必须进行淡化处理，才能加以利用。若采用超滤膜和反渗透膜处理，可以很方便地得到含盐量很低的淡水。

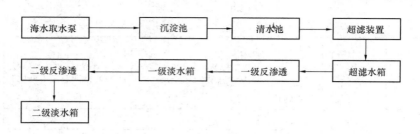

图 4-9   典型的海水淡化流程

（三）废水处理

反渗透技术在废水处理方面主要应用于印染废水处理、重金属废水处理及矿场酸性废水处理、垃圾渗滤液处理及城市污水处理。

1. 印染废水处理

印染废水具有高 COD、高色度、高盐度等特点，传统的处理技术已经较难达到排放要求。印染行业用水量大，随着水资源日益短缺和水费不断上涨，废水回用技术正在逐步推广，反渗透膜不仅可有效去除有机物、降低 COD，且具有很好的脱盐效果，使得脱除 COD、脱色、脱盐能一步完成，其出水品质高，能直接回用于印染环节，同时浓水可回流至常规工序处理，实现废水零排放和清洁生产。

2. 重金属废水处理

铬是皮革工业中最常用和最有效的化学试剂，但是铬是具有高毒性的重金属，因此必须去除。传统的沉淀法虽然能将制革废水中的三价铬含量由 2700～5500mg/L 降至 30mg/L 左右，但是不能满足环境排放标准。而用反渗透技术处理含重金属的废水不需投加药剂，能耗低，设备紧凑，易实现自动化，且不改变溶液的物理化学性质。

3. 矿场酸性废水处理

由于强烈的化学和生物氧化作用，当降水或地下涌水流经采矿场及废石场后，将产生大量含 Cu^{2+}、Fe^{2+}、Fe^{3+} 及其他金属离子的酸性废水，因此必须去除。目前，常用的矿山酸性废水治理方法有中和法、萃取法、人工湿地法、微生物法以及膜处理方法等。但通过反渗透技术处理矿山酸性废水，不仅可以实现废水达标排放，还能有效富集废水中的金属资源。

4. 垃圾渗滤液处理

城市垃圾填埋厂的垃圾渗滤液主要来源于降水和垃圾本身的内含水，是一种成分复杂的高浓度有机废水，对其进行处理十分必要。传统的处理方法主要是生物法，其生化效果差，处理效率低；但利用反渗透技术可以有效去除垃圾渗滤液中的各种有害物质，达到国家排放标准。近年来，由于水资源的日益紧缺、环保要求的不断提高，反渗透技术的应用领域不断扩展。

第三节   EDI 除 盐 技 术

一、EDI 理论

EDI（电渗析）除盐，是利用混合离子交换树脂吸附给水中的阴、阳离子，同时这些被吸附的离子又在直流电压的作用下，分别透过阴、阳离子交换膜而被去除的过程。如图 4-10 所示，这一过程中离子交换树脂是被电连续再生的，因此不需要使用酸和碱再生。这一新技术可以代替传统的离子交换装置,生产出电阻率高达 $18\ M\Omega\cdot cm$ 的超纯水。EDI 是利用阴、阳离子膜,采用对称堆放的形式,在阴、阳离子膜中间夹着阴、阳离子树脂,分别在直流电压的作用下,进行阴、阳离子交换。而同时在电压梯度的作用下,水会发生电解产生大量的 H^+ 和 OH^-,这些 H^+ 和 OH^- 对离子膜中间的阴、阳离子进行不断再生。

EDI 膜堆是由夹在两个电极之间一定对数的单元组成。在每个单元内有两类不同的室:待除盐的淡水室和收集所去除杂质离子的浓水室。淡水室中用混匀的阴、阳离子交换树脂填满,这些树脂位于只允许阳离子透过的阳离子交换膜和只允许阴离子透过的阴离子交换膜之间。

EDI 装置应用于反渗透系统之后,取代了传统的混合离子交换装置,能生产稳定的去离子水。EDI 装置与混合离子交换装置相比有如下优点:

(1)占地空间小,省略了混床和再生装置。

(2)产水连续稳定,出水质量高,而混床在树脂接近失效时水质会变差;EDI 装置是一个连续的净水装置,因此其产水水质稳定,电阻率最高可达 $18M\Omega\cdot cm$,达到超纯水的指标。混床离子交换装置的净水过程是间断式的,在刚刚被再生后,其产水水质较高,而在下次再生之前,其产水水质较差。

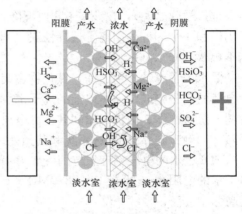

图 4-10 EDI 除盐原理

(3)运行费用低,再生只耗电,不用酸、碱,节省材料费用;EDI 装置运行费用包括电耗、水耗、药剂费及设备折旧等费用,省去了酸碱消耗、再生用水、废水处理和污水排放等费用。

(4)环保效益显著,增加了操作的安全性。

EDI 除盐技术属于环保型技术,离子交换树脂不需酸、碱化学再生,节约了大量酸、碱和清洗用水,大大降低了劳动强度。更重要的是,该除盐过程无废酸、废碱液排放,属于非化学式的水处理过程,同时无需酸、碱的储存、处理及无废水的排放,因而对新用户具有特别的吸引力。

二、EDI 工艺

1. EDI 工艺原理

EDI 的设计包括了两个成熟的水净化技术,即电渗析和离子交换树脂除盐。通过这种技术,用较低的能源成本就能去除溶解盐,而且不需要化学再生;EDI 通过一个电动势迫使离子从进水流中分离出来,进入到浓水中。

EDI 工艺采用一种离子选择性膜和离子交换树脂夹在直流电压下两个电极之间,在两极间的直流电源电场从反渗透预处理过的水中去除离子。

离子选择性膜同离子交换树脂有着相同的工作原理和原材料,它们用于将某种特定的离子进行分离。阴离子选择性膜只允许阴离子透过而不能透过阳离子,阳离子选择性膜只允许阳离子透过而不能透过阴离子。通过在一个层状、框架式的组件中放置不同的阴离子选择性膜和阳离子选择性膜,就建立了并列交替的淡水室和浓水室。离子选择性膜被固定在一个惰性的聚合体框架上,框架内装填混合树脂就形成了淡水室,淡水室之间的层就形成了浓水室。

EDI 模块的膜对放置在两个电极之间，这两个电极提供直流电场给模块。在直流电场的推动下，离子通过膜从淡水室被输送到浓水室。因此，当水通过淡水室流动时，逐步达到无离子状态，这股水流就是产水。

流入 EDI 模块的反渗透水被分成了三股独立的水流：①产水水流（高达 99％的水回收率）。②浓水水流（一般为 5％～10％，可以循环回流到反渗透进水）。③极水水流(0.5％～1％，阳极＋阴极统一排放)。这就形成了两个截然不同的、变换的流体腔体。嵌入高聚材料框架的离子选择性膜和装满的离子交换树脂形成了纯化室。

极水持续不断地流过阳极和阴极，阳极液首先流入阳极室（阳极室位于阳极和邻近的阴离子选择性膜之间），在该室 pH 值下降，产生 Cl_2 和 O_2。极水然后流入阴极室（阴极室位于阴极和一个邻近的阳离子选择性膜之间），在阴极室，产生 H_2（氢气）。因此，极水室排出不想要的 Cl_2、O_2 和 H_2。

原水中含有钠、钙、镁、氯化物、硝酸盐、碳酸氢盐、硅酸盐等溶解盐，这些盐由带正负电荷的离子组成，98％以上的离子都可以通过反渗透技术处理得以去除。原水中还含有有机物、溶解气体、微量金属和其他微电离的无机化合物，这些杂质在工业应用过程当中必须去除（如硼和硅）。反渗透系统和其预处理系统也可以去除这些杂质。

EDI 进水的电导率理想范围一般为 $4～20\mu S/cm$，而根据应用领域的不同，超纯水或去离子水的电阻率一般在 $2～18.2M\Omega \cdot cm$ 之间。通常，EDI 进水离子越少，其产水质量越高。

EDI 工艺从水中去除不想要的离子，依靠在淡水室的树脂吸附离子，然后将它们迁移到浓水室中。离子交换反应在模块的淡水室中进行，在这里阴离子交换树脂释放出 OH^- 而从溶解盐中交换阴离子。同样，阳离子交换树脂释放出 H^+ 而从溶解盐中交换阳离子。

一个直流电场通过放置在组件一端的阳极和阴极实现。电压驱动这些被吸收的离子沿着树脂球的表面移动，然后穿过离子选择性膜进入浓水室。带负电的阴离子被吸引到阳极，同时被阴极排斥。这些离子穿过阴离子选择性膜，进入相邻的浓水室，而不会穿过相邻的阳离子选择性膜，滞留在浓水室，并随浓水流出浓水室。在淡水室中带正电的阳离子被吸引到阴极，并且被阳极排斥。这些离子穿过阳离子选择性膜进入邻近的浓水室，它们在那里被邻近的阴离子选择性膜阻挡，并随浓水流出浓水室。当水流流过两种不同类型的腔体时，淡水室中的离子就会完全被去除，同时被收集到邻近的浓水水流之中，这就可以从 EDI 模块中带走被去除的离子。

2. 各种离子去除特性

在 EDI 除盐过程中，用相同的效率并不能去除所有的离子，这个事实会影响产水的质量和纯度。

首先去除简单离子。离子以电荷最大、质量最小和树脂对其吸附能力最大的去除效率最高。这些典型的离子包括 H^+、OH^-、Na^+、Cl^-、Ca^{2+} 和 SO_4^{2-}（和一些相似的离子）。在 EDI 模块的第一个区域，相比其他离子，这些离子优先被去除。这些离子的数量直接影响到其他离子的去除。EDI 模块的第一个区域被称为工作床。

其次去除中等强度离子和极化离子（如 CO_2）。CO_2 是最常见的 EDI 进水组成。CO_2 有着复杂的化学反应，依据 H^+ 当地区域的浓度，被认为可以适度地离子化，即

$$CO_2 + H_2O \Longrightarrow H_2CO_3 \Longrightarrow H^+ + HCO_3^- \Longrightarrow 2H^+ + CO_3^{2-}$$

当 EDI 进水的 pH 值接近 7.0 时，大部分 CO_2 以重碳酸盐（HCO_3^-）形式存在。重碳酸盐被阴离子树脂微弱地吸附，如此仍然不能与简单离子（如 Cl^- 和 SO_4^{2-}）相抗衡。

在 EDI 模块的第二个区域，CO_2（包括它所有的形式）比强度更加微弱的离子优先被去除。EDI 进水中 CO_2 和 HCO_3^- 的数量直接影响产水最终的电阻率以及二氧化硅和硼的去除效率。

最后去除强度微弱的离子，如溶解的二氧化硅和硼。因为二氧化硅分子的离子化能力相当微弱，并且很难吸附在离子交换树脂上，使用任何反电离过程都很难将之去除。

如果已经去除了所有的简单离子，并且去除了所有的 CO_2，则 EDI 模块就能集中去除电离能力微弱的物质种类。在 EDI 模块的第三个区域，停留时间非常重要，停留时间越长，去除效率就越高。第三个区域较长的停留时间，需要 EDI 进水的电导率达到最小，同时使 EDI 进水中 CO_2 的数量最小化。EDI 进水中不同的离子种类及其浓度，直接影响着 EDI 的工作性能和效率。

三、EDI 系统组成

EDI 系统主要由以下几个部分组成：

1. 电源

直流电源应在运行电压范围内可调，并可以提供再生需要的电压/电流。直流电源的功率应满足 EDI 最大电流（6A）的要求。直流电源的纹波率不能超过 5%，过高的纹波率会使 EDI 组件在瞬间承受高于表观的有效电流/电压，对 EDI 组件造成破坏。当多个 EDI 组件共用一个直流电源时，每个 EDI 组件的电压/电流应实现独立可调，并配有电压表和电流表，同时应当配备低电流报警装置。为保护 EDI 组件，当流经 EDI 组件的水流量低于某一点时，应关闭电源。

2. EDI 组件

可以将 EDI 组件并联运行，取得更大流量。EDI 浓水一部分循环（当给水硬度低、电导率高时，可以不循环），另外一部分可以返回到反渗透给水中，也可回收作为他用或直接排至下水道。EDI 纯水入水压力应比 EDI 浓水压力高，这样可以防止浓水在 EDI 组件内泄漏。使用调节阀和转子式流量计来控制和指示纯水、浓水和极水的流量，同时应将浓水和极水出口压力降到最小。EDI 纯水、浓水和极水的入口和出口均应接地。

3. 控制柜

控制柜提供包括自动和手动运行在内的系统控制，可以直接控制电源，使其达到最佳状态。如果 EDI 给水流量过低，应当关闭电源。在反渗透纯水的电导率上升到高于一定值时，EDI 停机，发出警报，并将 EDI 纯水排放。当 EDI 给水压力过高时，泄流电磁阀启动，将水排放，发出警报。电极废水中包含 Cl_2、H_2 和 O_2，应被安全地排放出去。

4. 仪表

(1) 压力表。测定 EDI 纯水、浓水、极水的入水压力和 EDI 纯水、浓水的出水压力。

(2) 流量计。测量 EDI 纯水出水、浓水入水、极水入水及浓水排放水的流量。

(3) 电导率仪。测量 EDI 给水和浓水的入水电导率。

(4) 流量开关。如果流入 EDI 组件的纯水、浓水、极水流量过低，则流量开关会促使系统关闭。

四、EDI 模块的运行与维护

1. EDI 模块的运行

EDI 模块在运行时首先应注意以下几点：

（1）电压。对于每一种操作条件来说，都有一个最佳电压。对于具体的操作条件，所加电压可能太大，也可能太小。每种 EDI 模块都有一个典型的电压范围，优化最佳电压应该在以下范围之内。

1）如果电压太低，则驱动力太小，这就不能将足够多的离子从淡水室迁移到浓水室中，而且可能不会使足够多的水发生电解，从而使离子交换树脂不能进行有效的再生。

2）如果初始设置的电压值过低，EDI 模块中的离子交换树脂将被离子填充，直到达到一个稳定状态，这样进入 EDI 模块的离子就比离开 EDI 模块的离子要多，主要表现为浓水流中的离子比正常水平低，稳定状态可能要 $8\sim24h$ 才能获得，在此期间，产水水质将会逐渐下降。

3）如果电压太高，就会有过多的水发生电解，驱动力的效率下降，主要表现为在极水中产生多余的气体，而后浓水中也会产生气体。过高的电压会产生浓度反扩散现象，在这种状态下，离子将被迫从浓水室扩散到邻近的淡水室以保持电中性。

4）如果初始设置的电压值过高，EDI 模块中的离子交换树脂就开始释放离子，直至达到稳定状态。在此期间，离开 EDI 模块的离子多于进入 EDI 模块的离子，主要表现为浓水水流电导率的增大，稳定状态可能要 $8\sim24h$ 才能获得，产水水质将会逐渐提高。

（2）电流强度。EDI 模块底部的电流强度非常高，这是由于进水中主要离子的迁移所致。浓水有较高的电阻特性，因为浓水基本上是电导率为 $2\sim20\mu S/cm$ 的反渗透水。EDI 模块上部的浓水流中充满了从工作床中收集的离子，当回收率为 90% 时，浓水水流的电导率在 $20\sim200\mu S/cm$ 之间。因此，淡水室此时将有更高的压降（淡水室几乎没有进水离子），在此区域，水的电导率更高，并且导致 H^+ 和 OH^- 的迁移率更高。只有 EDI 模块处于平衡状态而且没有过高的电流强度时，产水水质才能得以优化。

（3）离子平衡和 pH 值。在一个离子水平上必须维持在电中性状态，对于阳离子就不可能扩散得比阴离子多；即使在分子或原子级别也要保持电中性，这就不可能发生扩散的阳离子比阴离子多的情况。正因为如此，离子平衡显得至关重要。如果进水中的离子流形成了高迁移率的阳离子和低迁移率的阴离子，这时 EDI 模块的驱动力会自动调节迁移率最低的离子。此外，移动的 H^+ 和 OH^- 将在调节离子平衡的过程中扮演重要的角色。如果进水水流中的离子存在较大的不匹配性，则在产水水流和浓水水流之间将发生较大的 pH 值的变换。pH 值因此也极大地影响着产水水质。当 pH 值较低时，多余的 H^+ 将作为反离子扩散到进水水流的阴离子中去，进水水流中的阳离子将不能有效地去除。pH 值较高，H^+ 不再扮演反阳离子的角色，CO_2 带电量（碳酸氢盐）将会增加，迁移率也将增加，此时 SiO_2 的带电量和迁移率也将增加。建议理想的操作条件是 pH 值为 7.0。

2. EDI 模块的维护

EDI 系统的设计应最大限度地减少任何正常和持续的操作过程中模块所需的维护。但是 EDI 系统运行过程中，当不符合进水规范或者所加电压不够时，一定的维护还是必要的。EDI 模块的主要污染物是硬度沉淀、TOC 有机物、颗粒和铁。

（1）硬度沉淀。如果 EDI 进水的中含有较多的溶质，就可能在浓水室中形成盐的沉淀

（如结垢），结果产水水质就会下降。如果进水硬度过大、溶解的 CO_2 较多和较高的 pH 值，将会使沉淀速度大大增加。要去除这些碳酸盐，浓水室必须用酸性溶液进行清洗。

（2）TOC 有机物污染。含有有机污染物的进水会污染阻塞离子交换树脂和离子选择性膜，形成的薄膜层严重影响离子迁移速率，从而影响产水水质。如果发生这种情况，淡水室就必须用有机物去除剂进行清洗。

（3）颗粒污染。粗的杂质颗粒在 EDI 进水时会造成进水水流部分阻塞，引起模块之间水流分配不均匀，从而导致模块性能降低。在 EDI 进水中，细小的颗粒会污染树脂和浓水室。如果 EDI 进水来自反渗透的产水箱而不是直接来自反渗透产水时，进入 EDI 模块之前特别需要一个非常微细的前置过滤器先将水过滤。在 EDI 模块安装之前，最好先用水将管道系统冲洗干净，以防颗粒杂质进入 EDI 模块。

第五章

循 环 冷 却 水 处 理

第一节　发电厂冷却水处理系统概述

一、冷却水系统及设备

（一）冷却水系统的分类

用水作冷却介质的系统称为冷却水系统。冷却水系统可分为直流冷却水系统、开式循环冷却水系统、闭式循环冷却水系统三种，见表5-1。

表 5-1　　　　　　　　　　　**冷 却 水 系 统 的 分 类**

冷却水系统	类型	特　点	备　注
直流冷却 水系统	湿式冷却	冷却水只利用一次	采用人工和天然冷却池时，如果冷却池容积与循环水量之比大于100，则按直流系统对待
开式循环冷却 水系统	湿式冷却	冷却水经冷却设备冷却后重复利用	需建冷却塔
闭式循环 冷却水系统	干式冷却	利用空气冷却	需建冷却塔
	湿式冷却	水—水交换	需建水—水交换器

1. 直流冷却水系统

该系统的冷却水直接从河、湖、海洋中抽取，依次通过凝汽器后，作冷却介质的水在工作后直接排走，即排回天然水体，不循环使用。该系统的特点是：用水量大，水质没有明显的变化。由于该系统必须具备充足的水源，因此在我国长江以南地区及海滨电厂采用较多。

2. 开式循环冷却水系统

在开式循环冷却水系统中，如图 5-1 所示，冷却水经循环水泵送入凝汽器，进行热交换，被加热的冷却水经冷却塔冷却后，流入冷却塔底部水池，再由循环水泵送入凝汽器循环使用。此循环过程中利用的冷却水则称为循环冷却水。

该系统的特点：①有 CO_2 散失和盐类浓缩，易产生结垢和腐蚀问题；②水中有充足的溶解氧，

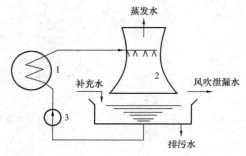

图 5-1　开式循环冷却水系统

1—凝汽器；2—冷却塔；3—凝结水泵

由于光照，再加上温度适宜，因此有利于微生物的滋生；③由于冷却水在冷却塔内洗涤空气，因此会增加黏泥的生成。

该系统比直流冷却水系统节水，例如，对于一台 30MW 的机组，循环水量按 $3.2 \times 10^4 m^3/h$ 计，如果补充水量为 2.5%，则每小时的耗水量仅为 $800m^3$。因此，该系统在水资源短缺的我国北方地区被广泛采用。随着今后水资源短缺现象越来越严重，我国将有更多的火电厂采用开式循环冷却水系统。今后为了防止河流的热污染（德国规范规定，热水排放时，不得使河流水温升高 1K），有些长江以南地区的火电厂，也会采用开式循环冷却水系统。我国使用海水作冷却水的火电厂，均采用直流冷却水系统，由于采用开式循环冷却水系统，可以大大减少海水的取水量，大幅度降低基建投资，因此有些设计院提出了海水循环冷却的设想。

3. 闭式循环冷却水系统

闭式循环冷却水系统在火电厂有三种应用场合：①冷却汽轮机的乏汽，如在严重缺水地区建设的空冷机组，多采用此系统。目前，我国大同第二电厂、丰镇电厂的海勒式间接空冷系统已投入运行，如图 5-2 所示。哈蒙式间接空冷系统也已在太原第二热电厂投入运行，如图 5-3 所示。②有些电厂将轴瓦冷却水等组成一个专门的闭式循环冷却水系统（也称为二次冷却系统）。③装有水内冷发电机的电厂，将内冷水也组成一个闭式循环冷却水系统。该系统的特点是没有蒸发而引起的浓缩，补充水量少，一般都使用除盐水作为补充水。

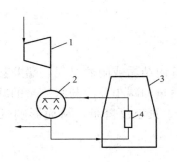

图 5-2 海勒式间接空冷系统

1—汽轮机；2—混合式凝汽器；
3—冷却塔；4—空冷元件

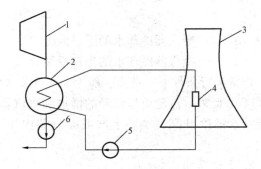

图 5-3 哈蒙式间接空冷系统

1—汽轮机；2—凝汽器；3—冷却塔；
4—空冷元件；5—循环水泵；6—凝结水泵

（二）凝汽器

在火电厂循环冷却水系统中，其换热设备为凝汽器。凝汽器是用水冷却汽轮机排汽的设备，在火电厂中使用的主要是管式表面式凝汽器，如图 5-4 所示。

凝汽器由壳体、管板、管子等组成，冷却水在管内流动，蒸汽在管外被凝结成水。凝汽器的壳体和管板的材质一般为碳钢，管子的材质为黄铜，铜管与管板的连接方式为胀接。

凝汽器传热性能的好坏，可根据凝汽器的真空度和端差判断。

1. 凝汽器的真空度

在正常运行时，凝汽器内会形成一定的真空度，其值一般为 0.005MPa。

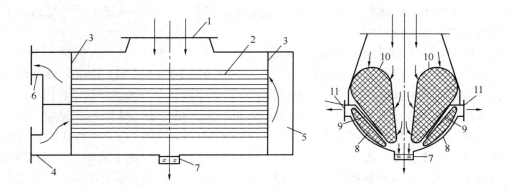

图 5-4　管式表面式凝汽器结构

1—蒸汽入口；2—冷却水管；3—管板；4—冷却水进水管；

5—冷却水回流水室；6—冷却水出水管；7—凝结水集水箱（热井）；

8—空气冷却区；9—空气冷却区挡板；10—主凝结区；11—空气抽出口

2. 凝汽器的端差

汽轮机的排汽温度 t_p 与凝汽器冷却水的出口温度 t_2 之差，称为端差，用 δt 表示。它与汽轮机排汽温度和冷却水温度之间有以下关系，即

$$t_p = t_1 + \Delta t + \delta t \tag{5-1}$$

$$\Delta t = t_2 - t_1$$

式中　t_1——凝汽器冷却水的进口温度，℃；

　　　t_2——凝汽器冷却水的出口温度，℃。

正常运行条件下，端差一般为 3～5℃。如果铜管内结垢或附着黏泥，端差甚至可上升到 20℃。此外，汽轮机排汽量的增加和凝汽器中抽汽量的减小及冷却水流量的减少，都会使凝结水温度升高、端差上升或凝汽器内压力升高、真空度降低，从而影响机组的热经济性。

3. 凝汽器的传热

设凝汽器的排汽温度为 t_p，冷却水温度为 t_w，传热面积为 S，总传热系数为 K，则可用式（5-2）来表示凝汽器的传热过程，即

$$Q = KS(t_p - t_w) = KS\Delta t_m \tag{5-2}$$

式中　Q——传热量，J/h；

　　　S——传热面积，m^2；

　　　K——总传热系数，$W/(m^2 \cdot K)$；

　　Δt_m——流体间温差的平均值，℃。

在式（5-2）中，传热量越大，冷却水的热负荷就越高，凝汽器也越容易发生水垢故障。总传热系数 K 值越高，则凝汽器导热性能越好。总传热系数可按式（5-3）求出，即

$$K = \cfrac{1}{\cfrac{1}{\alpha_1} + \cfrac{\delta_1}{\lambda_1} + \cfrac{1}{\alpha_2} + \cfrac{\delta_2}{\lambda_2}} \tag{5-3}$$

式中　α_1——蒸汽侧界膜传热系数，$W/(m^2 \cdot K)$；

　　　α_2——冷却水侧界膜传热系数，$W/(m^2 \cdot K)$；

　　　λ_1——管材的热导率，$W/(m \cdot K)$；

　　　λ_2——附着物的热导率，$W/(m \cdot K)$；

　　　δ_1——管壁厚度，m；

　　　δ_2——附着物厚度，m。

在凝汽器运行过程中，K 值随结垢、腐蚀产物和黏泥附着量的增加而减小。

总传热系数 K 的倒数称为总污垢热阻，表示某换热器所允许的污垢程度（称为污垢系数），可由式（5-4）计算，即

$$\gamma = \frac{1}{K_S} + \frac{1}{K_0} \tag{5-4}$$

式中　γ——污垢系数，$(m^2 \cdot K)/W$；

　　　K_S——凝汽器运行一定时间后的总传热系数，$W/(m^2 \cdot K)$；

　　　K_0——凝汽器运行初期的设计总传热系数，$W/(m^2 \cdot K)$。

污垢系数还可以根据污垢的热导率和厚度，按照式（5-5）计算，即

$$\gamma = \frac{\delta_2}{\lambda_2} \tag{5-5}$$

式中　δ_2——污垢厚度，m；

　　　λ_2——附着物的热导率，$W/(m \cdot K)$。

对开式循环冷却水系统的年污垢热阻值，我国目前的控制标准是小于 $3.44 \times 10^{-4}(m^2 \cdot K)/W$，相当于现场监测的 $3mg/(cm^2 \cdot 月)$ 污垢附着速度。

（三）冷却设备

冷却设备有喷淋冷却水池、机械通风冷却塔、自然通风冷却塔三种。其中，喷淋冷却水池多用于小容量的火电机组中，机械通风冷却塔多在占地面积小的火电厂中使用。目前应用最多的是自然通风冷却塔。

1. 喷淋冷却水池

喷淋冷却水池由水池和在冷却水池上面加装的喷水设备（喷水管道和喷嘴）组成，增加喷水设备的目的是为了增加水与空气的接触面积，便于散热。喷淋冷却水池的缺点是占地面积大（$0.2 \sim 0.3 m^2/kW$），冷却效果差，水损失大，且增加了水中悬浮物的含量。此外，由于良好的日照，会促进菌类、藻类的繁殖。

2. 机械通风冷却塔

机械通风冷却塔，由于在塔内加装了风扇，进行强力通风，因此可以降低冷却塔的面积和高度；但由于要另外消耗动力，且风扇的维护工作量较大，因此限制了它的使用。

3. 自然通风冷却塔

自然通风冷却塔一般为双曲线型，它主要由通风筒、

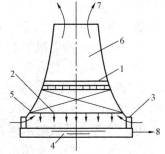

图 5-5　自然通风冷却塔

1—配水系统；2—填料；3—百叶窗；4—集水池；5—空气分配区；6—通风筒；7—热空气和水蒸气；8—冷却水

配水系统、填料、捕水器、集水池组成，如图5-5所示。自然通风冷却塔是依靠塔内外的空气温度差所形成的压差来抽风的，因此通风筒的外形和高度对气流的影响很大，风筒高度可达100m以上，直径可达60~80m。热的循环水送至冷却塔腰部，通过配水系统将水均匀地分布在塔的横截面上，然后进入填料层，以增加水与空气的接触面积和延长接触时间，从而增加水与空气的热交换。以往的填料多为水泥网格板（50mm×50mm×50mm），目前多为PVC制造的点波、斜波等膜式填料。被冷却的水，收集在冷却水池中，经沟道，重新引至循环水泵吸水井。

为了降低吹散损失，目前多数冷却塔都装有捕水器，捕水器设置在配水系统上面，它由弧形除水片组成。当塔内气流夹带细小水滴上升时，撞击到捕水器的弧形片上，在惯性力和重力的作用下，水滴从气流中分离出来而被回收。

4. 水的冷却原理

在冷却塔中，循环水的冷却是通过水和空气接触，由蒸发散热、接触散热和辐射散热三个过程共同作用的结果。借传导和对流散热，称为接触散热，较高温度的水与较低温度的空气接触，由于温差使热水中的热量传到空气中去，水温得到降低。因水的蒸发而消耗的热量，称为蒸发散热，进入冷却塔的空气，湿分含量一般均低于饱和状态，而在汽、水界面上的空气已达饱和状态，这种含湿量的差别，使汽、水不断扩散到空气中去，随着汽、水的扩散，界面上的水分就不断蒸发，把热量传给空气。因此，水的蒸发冷却，可使水温低于空气的温度。假如冷却塔进水温度为35℃，则蒸发1kg水大约要吸收2049J的热量，带走的这些热量大约可以使576g的水降低1℃。除冷却池外，辐射散热对其他各种类型的冷却构筑物影响不大，一般可忽略不计。

上述三种散热过程在水冷却中所起的作用，随空气的物理性质不同而异，春、夏、秋三季，室外气温较高，表面蒸发起主要作用，以蒸发散热为主。夏季的蒸发散热量占总散热量的90%以上。冬季由于气温低，则以接触散热为主，可以从夏季接触散热的10%~20%增加至50%，严寒天气甚至可增至70%。

二、循环冷却水系统的运行操作参数

（一）循环水量

循环冷却水系统的运行操作参数包括循环水量、系统水体积、水的滞留时间、凝汽器出水最高水温、冷却塔进出口水温差、蒸发损失、吹散及泄漏损失、排污损失、补充水量及凝汽器铜管中水的流速等。

一般冷却1kg蒸汽用50~80g水是经济的。通常用50g水冷却1kg蒸汽来估算循环水量，但实际上一些发电机组的循环水量小于此值。如果年平均气温偏低，循环水量的设计值还可以降低。例如，北方某电厂2×600MW机组，锅炉蒸发量为2008t/h，凝结水流量为1548t/h，而机组的循环水量为72 000t/h，即冷却1kg蒸汽用46.5g冷却水。

（二）系统水体积

火电厂冷却水系统的水体积比其他工业的大。GB 50050—2007《工业循环冷却水处理设计规范》规定，循环冷却水系统的水体积（V）与循环水量（q）的比为1/5~1/3；而我国火电厂因为多数采用大直径的自然通风冷却塔，塔底集水池的容积较大，所以多数电厂的该比值在1/1.5~1之间。如果V/q值越小，系统浓缩得越快，则说明达到某一浓缩倍率的时间就比越短，见表5-2。此外，冷却水系统的水体积对冷却水系统中水的滞留时间（算术

平均时间）及药剂在冷却系统中的停留时间有影响。

表 5-2　　　　　　　　V/q 对达到某一浓缩倍率 φ 时所需时间的影响

φ	V/q			
	1	1/2	1/3	1/5
	时间（h）			
1.1	11.9	5.95	3.97	2.38
1.2	23.8	11.9	7.93	4.76
1.5	59.5	29.8	19.8	11.9
2.0	119	59.5	39.7	23.8
2.5	179	89.3	59.5	35.7
3.0	238	119	79.3	47.6
4.0	357	179	119	71.4
5.0	476	238	159	95.2

注　计算条件为 $P_Z=0.84\%$，$P_F+P_P=0.2\%$，冷却塔温差 $\Delta t=7℃$。

（三）水的滞留时间

水的滞留时间表示水在冷却水系统中的停留时间，也可表示冷却水系统中水的轮换程度，滞留时间可用式（5-6）计算，即

$$t_R = \frac{V}{P_F + P_P} \tag{5-6}$$

式中　t_R——滞留时间，h；

　　　V——系统水体积，m^3；

　　　P_F——吹散及泄漏损失率，m^3/h；

　　　P_P——排污损失率，m^3/h。

显然，系统水容积越大，排污量越少，水的滞留时间就越长。

（四）凝汽器出口最高水温

当冷却塔和凝汽器正常工作时，凝汽器出口最高水温一般均小于 45℃。以往只有一些采用机械通风冷却塔的电厂，凝汽器出口最高水温曾达到 51℃。

（五）冷却塔进出口水温差

此温差一般为 6～12℃，多数为 8～10℃。

（六）蒸发损失

蒸发损失是指因蒸发而损失的水量。蒸发损失量以每小时损失的水量表示（m^3/h）。蒸发损失率用蒸发损失量占循环水量的百分数表示。此值一般为 1.0%～1.5%。

蒸发损失率 P_Z 可根据式（5-7）估算，即

$$P_Z = k\Delta t \tag{5-7}$$

式中　k——系数，夏季采用 0.16，春、秋季采用 0.12，冬季采用 0.08；

　　　Δt——冷却塔进出口水温差，℃。

P_Z 还可按表 5-3 选取。

表 5-3 冷却设备的蒸发损失率 P_Z

冷却设备名称	每 5℃温差的蒸发损失率（%）		
	夏季	春、秋季	冬季
喷水池	1.3	0.9	0.6
机械通风冷却塔	0.8	0.6	0.4
自然通风冷却塔	0.8	0.6	0.4

（七）吹散及泄漏损失

吹散及泄漏损失是指由冷却塔吹散出去和系统泄漏而损失的水量。吹散及泄漏损失率 P_F 因冷却设备的不同而异，见表 5-4。

表 5-4 冷却设备的吹散及泄漏损失率 P_F

冷却设备名称	P_F（%）	冷却设备名称	P_F（%）
小型喷水池	1.5～3.5	自然通风冷却塔（有捕水器）	0.1
大型和中型喷水池	1～2.5	自然通风冷却塔（无捕水器）	0.3～0.5
机械通风冷却塔（有捕水器）	0.2～0.3		

（八）排污损失

排污损失是指从防止结垢和腐蚀的角度出发，控制系统的浓缩倍率而强制排污的水量。浓缩倍率是指循环冷却水中的含盐量（或某种离子的浓度）与补充水中含盐量（或某种离子的浓度）的比值，因为水中的氯离子不会与阳离子生成难溶性化合物，所以经常用式（5-8）表示，即

$$\varphi = \frac{\lambda_{Cl^-,x}}{\lambda_{Cl^-,B}} \tag{5-8}$$

式中　　φ ——冷却水系统的浓缩倍率；

$\lambda_{Cl^-,x}$ ——循环水中氯离子的质量浓度，mg/L；

$\lambda_{Cl^-,B}$ ——补充水中氯离子的质量浓度，mg/L。

如果知道 P_Z、P_F 和 φ 值，就可求出排污损失率 P_P。

（九）补充水量

补充水量是指补入循环冷却水系统中的水量。当冷却水系统中的总水量保持一定时，补充水量则相当于单位时间内因蒸发、吹散、排污损失的总和。对于一定的冷却水系统，蒸发、吹散损失是一定的，即排污损失的大小决定了补充水量的多少。

（十）凝汽器铜管中水的流速

凝汽器铜管中水的流速一般为 1～2m/s，但有些电厂，为了节省厂用电，在冬季很少开循环水泵，此时铜管中实际水流速可小于 1m/s，应注意黏泥的沉积。

三、开式循环冷却水系统中水量和盐量的平衡

（一）水量平衡

在开式循环冷却水系统中，水的损失包括蒸发损失、吹散及泄漏损失、排污损失。要使冷却水系统维持正常运行，对这些损失量必须进行补充，因此，水量平衡的方程式为

$$P_B = P_Z + P_F + P_P \tag{5-9}$$

$$P_B = \frac{补充水量}{循环水量} \times 100 \tag{5-10}$$

式中　P_B——补充水率，%；

　　　P_Z——蒸发损失率，%；

　　　P_F——吹散及泄漏损失率，%；

　　　P_P——排污损失率，%。

（二）盐量平衡

由于蒸发损失不会带走水中的盐分，而吹散、泄漏、排污损失会带走水中的盐分，假如补充水中的盐分在循环冷却水系统中不析出，则循环冷却水系统将建立如下的盐量平衡，即

$$(P_Z + P_F + P_P)\lambda_B = (P_F + P_P)\lambda_X \tag{5-11}$$

式中　λ_B——补充水中的含盐量，mg/L；

　　　λ_X——循环水中的含盐量，mg/L。

将式（5-11）移项得

$$\varphi = \frac{(P_Z + P_F + P_P)}{(P_F + P_P)} = \frac{\lambda_X}{\lambda_B} \tag{5-12}$$

$$P_P = \frac{P_Z + P_F - \varphi P_F}{\varphi - 1} \tag{5-13}$$

式中　φ——开式循环冷却水系统的浓缩倍率。

如果冷却水系统的运行条件一定，那么蒸发损失量和吹散损失量就是定值，通过调整排污量就可以控制循环冷却水系统的浓缩倍率。

开式循环冷却水系统中浓缩倍率与补充水量和排污水量的关系，如图 5-6 所示。由图5-6可知，提高冷却水的浓缩倍率，可大幅度减少排污水量（同时也是减少药剂用量）和补充水量；随着浓缩倍率的提高，补充水量明显降低，但当浓缩倍率超过 5 时，补充水量的减少已不明显。此外，过高的浓缩倍率将严重恶化循环水质，会引起各种故障，从而增加了处理费用。各种水质稳定药剂的效果与持续时间有关，过高的浓缩倍率，使药剂在冷却水系统中的停留时间超过其药龄，将降低处理效果。

上述情况说明，需要选定合适的浓缩倍率。一般火电厂开式循环冷却水系统的浓缩倍率应控制在 5 左右，多数采用 4～6。

减少循环冷却水系统排污，提高了浓缩倍率，可取得良好的节水效果。例如，某火电厂总装机容量为 1000MW，设 $P_Z = 1.4\%$，$P_F = 0.1\%$（$P_F = 0.5\%$，加捕水器后可节水 80%），循环水量为 126 000m³/h。根据 $P_P = \dfrac{P_Z + P_F - \varphi P_F}{\varphi - 1}$，将浓缩倍率与节水量的计算结果列于表 5-5 中。

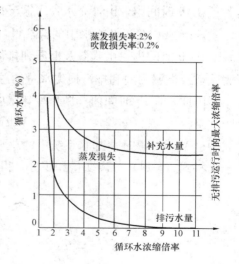

图 5-6　开式循环冷却水系统中浓缩倍率
与补充水量和排污水量的关系

表 5-5			浓缩倍率与节水量的关系					
浓缩倍率 φ	1.5	2	2.5	3	4	5	6	10
排污损失率 P_P（%）	2.7	1.3	0.83	0.6	0.37	0.25	0.18	0.056
排污水量（m³/h）	3402	1638	1046	756	466	315	227	71
以 φ=1.5 为基数的节水量（m³/h）	0	1746	2356	2646	2936	3087	3175	3331

由表 5-5 可知，浓缩倍率为 5 时比浓缩倍率为 1.5 时节水 3087m³/h，而浓缩倍率为 6 时比浓缩倍率为 5 时节水 88m³/h。

由于补充水率 P_B 与浓缩倍率 φ 的关系为 $P_B = \dfrac{\varphi}{\varphi-1}P_Z$，药剂耗量 $D = \dfrac{1}{\varphi-1}P_Z d$（$d$ 为循环水中药剂浓度，mg/L），又因为 $P_F + P_P = \dfrac{1}{\varphi-1}P_Z$，因此，不同的浓缩倍率可从表 5-6 中得出：随着浓缩倍率的提高，药剂的耗量也显著降低。

表 5-6		浓缩倍率 φ 对 P_B、（$P_F + P_P$）和药剂耗量 D 的影响						
φ	1.1	1.2	1.5	2.0	2.5	3.0	4.0	5.0
P_B	$11P_Z$	$6P_Z$	$3P_Z$	$2P_Z$	$1.67P_Z$	$1.5P_Z$	$1.33P_Z$	$1.25P_Z$
$P_F + P_P$	$10P_Z$	$5P_Z$	$2P_Z$	P_Z	$0.67P_Z$	$0.5P_Z$	$0.33P_Z$	$0.25P_Z$
D	$10P_Z$	$5P_Z$	$2P_Z$	P_Z	$0.67P_Z$	$0.5P_Z$	$0.33P_Z$	$0.25P_Z$

（三）盐量变化

循环冷却水系统中的盐量存在以下关系：循环冷却水中盐的增量等于补充水带进的盐量减去吹散及泄漏损失和排污损失带走的盐量。

在 dt 时间内，由补充水带入循环冷却水系统中的盐量为 $q_{v,B}\lambda_B dt$。其中，$q_{v,B}$ 为补充水流量，m³/h；λ_B 为补充水中的含盐量，mg/L。

在 dt 时间内，由吹散及泄漏和排污带出循环冷却水系统中的盐量为 $q_{v,C}\lambda dt$。其中，$q_{v,C}$ 为吹散及泄漏损失和排污损失水量的总和，m³/h，λ 为 t 时刻循环水中的含盐量，mg/L。

因此，在 dt 时间内，循环冷却水中盐的增量为

$$V dt = q_{v,B}\lambda_B dt - q_{v,C}\lambda dt \tag{5-14}$$

式中　V ——循环冷却水系统中的总水体积，m³。

将式（5-14）分离变量和积分，得

$$\int_{t_0}^{t} dt = \int_{\lambda_0}^{\lambda} \dfrac{d\lambda}{\dfrac{q_{v,B}}{V} - \dfrac{q_{v,C}\lambda}{V}}$$

$$\lambda = \dfrac{q_{v,B}\lambda_B}{q_{v,C}} + \left(\lambda_0 - \dfrac{q_{v,B}\lambda_B}{q_{v,C}}\right)\exp\left[-\dfrac{q_{v,C}}{V}(t - t_0)\right] \tag{5-15}$$

式中　λ、λ_0 ——t 和 t_0 时刻循环冷却水系统中的含盐量，mg/L。

当 $t = \infty$ 时，$\lambda = \dfrac{q_{v,B}}{q_{v,C}}\lambda_B$，表明在循环冷却水系统开始投运阶段，水中盐量随运行时间的延长而增大；当达到某一时刻，由补充水带进的盐量与由吹散及泄漏、排污带出的盐量相等时，循环水系统中的盐量趋向一个稳定值，浓缩倍率也达到一个最大值或预想值。

第二节　循环冷却水中水垢形成的机理

一、循环冷却水中主要水垢成分

（一）碳酸钙

在开式循环冷却水系统中，水中的重碳酸钙由于受热分解及二氧化碳在冷却塔中的散失，使下列平衡破坏而析出碳酸钙，即

$$Ca(HCO_3)_2 \rightleftharpoons CaCO_3\downarrow + CO_2\uparrow + H_2O \qquad (5\text{-}16)$$

循环水在冷却塔中冷却时，由于水是以水滴及水膜的形式与大量空气接触的，因此水中的二氧化碳会散失，从而造成碳酸钙析出。水中残留的 CO_2 含量取定于水温，如图 5-7 所示。

碳酸钙为难溶盐类，它在蒸馏水中的溶解度如图 5-8 所示。

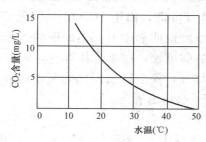

图 5-7　水中残留的 CO_2
含量与水温的关系

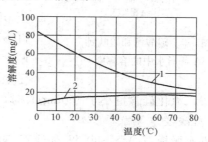

图 5-8　蒸馏水中碳酸钙的溶解度
1—大气压下；2—完全除去 CO_2 后

随着水在开式循环冷却水系统中的浓缩，各种离子的浓度不断升高，碳酸钙因达到其溶度积而成为过饱和溶液。不同温度下的碳酸钙溶度积见表 5-7。

表 5-7　　　　　　　　　　　　　不同温度下的碳酸钙溶度积

温度（℃）	碳酸钙的溶度积 K_{sp}	温度（℃）	碳酸钙的溶度积 K_{sp}
0	9.55×10^{-9}	25	4.57×10^{-9}
5	8.13×10^{-9}	30	3.98×10^{-9}
10	7.08×10^{-9}	40	3.02×10^{-9}
15	6.03×10^{-9}	50	2.34×10^{-9}
20	5.25×10^{-9}		

（二）硫酸钙

当温度升高、pH 值降低时，硫酸钙的溶解度将降低。硫酸钙和碳酸钙在普通水中的溶解度如图 5-9 所示。由图 5-9 可知，硫酸钙的溶解度约为碳酸钙溶解度的 40 倍以上。因此，凝汽器很少产生硫酸钙水垢。只有在高浓缩倍率下运行的换热设备，硫酸钙才可能在水温较高的部位析出。

（三）磷酸钙和磷酸锌

为了缓蚀、阻垢，往往向冷却水系统中加入聚磷酸盐和有机磷，随着温度的升高及药剂在冷却系统中停留时间的增长，它们会部分水解为正磷酸盐，正磷酸盐与钙离子反应，生成

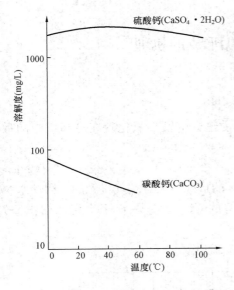

图 5-9　硫酸钙和碳酸钙
在普通水中的溶解度

非晶体的磷酸钙。目前在很多复合配方中，为了缓蚀，都添加了锌，而一般复合配方中都含有机磷，因此有可能形成磷酸锌的沉积。

（四）二氧化硅

水中所含硅酸浓度与地质环境有关，如火山地区，水中硅酸浓度就高。硅酸的离解按式（5-17）和式（5-18）进行，即

$$H_2SiO_3 \rightleftharpoons HSiO_3^- + H^+ \qquad (5-17)$$

$$HSiO_3^- \rightleftharpoons SiO_3^{2-} + H^+ \qquad (5-18)$$

硅酸的第一电离常数 $K_1 = 7.9 \times 10^{-10}$；硅酸的第二电离常数 $K_2 = 1.7 \times 10^{-2}$。

当 pH 值小于 8.0 时，此时几乎无 $HSiO_3^-$ 存在。当 pH 值大于 9 时，由于 $HSiO_3^-$ 量明显增加，因而硅酸的溶解度也明显上升。当硅酸的含量超过其溶解度时，硅酸缩聚，以聚合体存在，随着聚合体分子质量的增加，就会析出而成为坚硬的硅垢。当循环冷却水中二氧化硅含量小于 150mg/L 时，一般不会析出沉淀。

（五）硅酸镁

硅酸镁有橄榄石（Mg_2SiO_4）、蛇纹石[$Mg_3Si_2O_5(OH)_4$]和滑石[$Mg_3Si_4O_{10}(OH)_2$]等存在于循环冷却水系统中，一般常见的硅酸镁垢是滑石。温度对硅酸镁的沉淀影响很大，例如在 20℃时，放置一个月，硅酸镁也不会产生沉淀；而在 70℃时，则很快会产生沉淀。

关于硅酸镁指数，GB 50050—2007 的规定为

$$I_{MgSiO_3} = Mg^{2+}（以 CaCO_3 计，mg/L）\times SiO_2(mg/L) < 15\ 000 \qquad (5-19)$$

硅酸镁的形成可分为两步，镁应先以氢氧化镁沉淀，而后氢氧化物与溶硅和胶硅反应形成硅酸镁。

二、循环冷却水水质稳定性的判断方法

当水中碳酸钙含量超过饱和值时，就会引起结垢现象。当低于饱和值时，原先析出的 $CaCO_3$ 又会溶于水中，水对金属管壁产生腐蚀。当水中碳酸钙含量正好处于饱和状态时，无结垢也无腐蚀现象，则称为稳定型水。下面介绍一些常用的判断水质稳定性的方法。

开式循环冷却水系统运行时，过一段时间，就会达到盐量平衡，即循环冷却水中的盐量在某个数值上稳定下来，不再继续上升，此值即为循环冷却水盐量浓度的最大值。实际上，往往没有达到此最大值前，碳酸盐硬度便开始下降，此开始下降的碳酸盐硬度值，称为水的极限碳酸盐硬度，也可以说，极限碳酸盐硬度是开式循环冷却水系统中不结碳酸盐垢时，循环冷却水的最大碳酸盐硬度值。

用此值的判断方法为

$$\varphi H_{B,T} < H_{TJ}，不结垢 \qquad (5-20)$$

$$\varphi H_{B,T} > H_{TJ}，结垢 \qquad (5-21)$$

式中　H_{TJ}——水的极限碳酸盐硬度，mmol/L；

$H_{B,T}$——补充水碳酸盐硬度，mmol/L；

φ——浓缩倍率。

水的极限碳酸盐硬度值，通常由模拟试验求得，也可用经验公式估算。

1. 经验公式的计算

在循环冷却水未进行任何处理的情况下，苏联学者曾提出了很多计算极限碳酸盐硬度的公式，常用的有阿贝尔金公式，即

$$H_{TJ}=k(CO_2)+b-0.1H_F \tag{5-22}$$

式中 H_{TJ}——水的极限碳酸盐硬度，mmol/L；

k——与水温有关的系数，见表5-8；

b——水中基本无 CO_2 的极限碳酸盐硬度值，mmol/L，见表5-8；

H_F——循环冷却水的非碳酸盐硬度（永久硬度），mmol/L。

表 5-8 计算极限碳酸盐硬度的 k、b 值

水温(℃)	k 值	b 值			
		循环水的耗氧量(mg/L)			
		5	10	20	30
30	0.26	3.2	3.8	4.3	4.6
40	0.17	2.5	3.0	3.4	3.8
50	0.10	2.1	2.6	3.0	3.3

2. 饱和指数 I_B（Langelier 指数）

饱和指数是根据碳酸钙的溶度积的各种碳酸化合物之间的平衡关系导出来的一种指数概念，用以判断某种水质在一定的运行条件下是否有碳酸钙水垢析出。计算公式为

$$I_B=pH_Y-pH_B \tag{5-23}$$

式中 I_B——碳酸钙饱和指数；

pH_Y——水的实测 pH 值；

pH_B——饱和碳酸钙的 pH 值。

当 $I_B=0$ 时，水质是稳定的。当 $I_B>0$ 时，水中碳酸钙呈过饱和状态，有碳酸钙析出的倾向。当 $I_B<0$ 时，水中碳酸钙呈未饱和状态，有溶解碳酸钙固体的倾向，对钢材有腐蚀性。

一般情况下，I_B 值在 $\pm(0.25\sim0.30)$ 范围内，可以认为水质是稳定的。

3. 稳定指数 I_W（Ryznar 指数）

在朗格里尔（Langelier）所做工作的基础上，雷兹纳（Ryznar）通过试验，提出了雷兹纳稳定指数 I_W，即

$$I_W=2pH_B-pH_Y \tag{5-24}$$

$$pH_Y=1.465\lg A+7.03 \tag{5-25}$$

式中 A——水的全碱度，mmol/L。

饱和指数（I_B）和稳定指数（I_W）与结垢程度的关系见表5-9。

表 5-9 饱和指数（I_B）和稳定指数（I_W）与结垢程度的关系

I_B	I_W	结垢程度	I_B	I_W	结垢程度
3.0	3.0	非常严重	−0.2	6.5	无垢
2.0	4.0	很严重	−0.5	7.0	无垢，垢稍有溶解倾向
1.0	5.0	严重	−1.0	8.0	无垢，垢有中等溶解倾向
0.5	5.5	中等	−2.0	9.0	无垢，垢有明显溶解倾向
0.2	5.8	稍许	−3.0	10.0	无垢，垢有非常明显的溶解倾向
0	6.0	稳定水			

在用稳定剂处理的开式循环冷却水系统中，由于腐蚀和结垢问题不能只由碳酸钙的溶解平衡来决定，更加上出现了一个很宽的介质稳定区，同时冷却水的腐蚀和结垢倾向已被其中的缓蚀剂和阻垢剂所抑制，因此难以用单一的饱和指数来判定水的结垢性。实际应用结果说明，在火电厂，对于未处理的直流冷却水系统及用酸和炉烟处理的开式循环冷却水系统，通常可用饱和指数来判定水的结垢性。

三、黏泥附着的影响因素

以微生物（细菌、霉菌、藻类等微生物群）和其黏在一起的黏质物（多糖类、蛋白质等）为主体，混有泥沙、无机物等，形成软泥性的污物，称为黏泥。黏泥可分为附着型黏泥和堆积型淤泥两种。一般来说，附着型黏泥，其灼烧减量超过 25%，含有大量的有机物（以微生物为主体）。堆积型淤泥，其灼烧减量在 25% 以下，相对微生物含量较低，泥沙等无机成分较多。当然，在灼烧减量中，还包括微生物以外的有机物量，因此要准确判别，应测定蛋白质量（仅微生物含有）。开式循环冷却水系统各部位黏泥的类型见表 5-10。

表 5-10 开式循环冷却水系统各部位黏泥的类型

发 生 部 位		黏泥类型
热交换器管内		黏泥附着型
冷却塔	水池底部	淤泥堆积型
	池壁	黏泥附着型
	填料	黏泥附着型

在确定黏泥的处理方法时，必须了解构成黏泥的微生物种类、性质和特点，见表 5-11。

表 5-11 开式循环冷却水系统中组成黏泥成分的微生物

微生物种类		特 点
藻类	蓝藻类	细胞内含有叶绿素，利用光能进行碳酸同化作用，在冷却塔下部接触光的场所常见
	绿藻类	
	硅藻类	
细菌类	菌胶团状细菌	是块状琼脂，细菌分散于其中，在有机物污染的水系中常见
	丝状细菌	称作水棉，在有机物污染的水系中呈棉絮状集聚
	铁细菌	氧化水中的亚铁离子，使高铁化合物沉积在细胞周围
	硫细菌	在污水中常见，一般在体内含有硫黄颗粒，使水中的硫化氢等氧化
	硝化细菌	将氨氧化成亚硝酸盐的细菌和使亚硝酸盐氧化成硝酸盐的细菌，在循环冷却水系统中有氨的地区繁殖
	硫酸盐还原菌	使硫酸盐还原生成硫化氢
真菌类	藻菌类（水霉菌）	在菌丝中没有隔膜，全部菌丝成为一个细胞
	不完全菌类（绿菌类）	在菌丝中有隔膜

在开式循环冷却水系统中，由菌胶团状细菌引起的故障最多，其次是丝状真菌、丝状细菌、藻类引起的故障。

（一）影响黏泥生成的因素

微生物的营养源内流速小于 0.3m/h 时，淤泥容易堆积。

（二）黏泥附着和淤泥堆积的机理

1. 黏泥附着机理

通常认为，水中的微生物附着在某个固体表面上，对利用其营养成分是有利的，因此微生物有附着固体表面生长的倾向。热交换器上黏泥附着模式如图 5-10 所示。这种附着形态也在水中的悬浮物表面进行，生成微生物絮凝物，这种絮凝物附着在金属表面，并使黏泥附着加速进行。

黏泥附着过程分为三个时期，即附着初期、对数附着期和稳定附着期。稳定附着期是指黏泥附着速度与水流引起的黏泥剥离速度处于平衡状态。

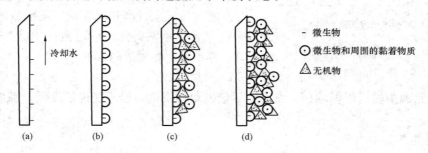

图 5-10　热交换器上黏泥附着模式

（a）微生物在固体表面附着；（b）微生物周围生成黏着性物质；
（c）黏着性物质发生黏结作用；（d）附着无机悬浊物质

2. 淤泥堆积机理

冷却水中的悬浮物，由于微生物生成的黏性物质的作用，而使其絮凝化，生成絮凝物，在低流速部位，它会沉降而形成淤泥。人们把有微生物参与的絮凝现象称为生物絮凝。此外，无机物相互间的絮凝作用也是淤泥堆积的原因。但在冷却水系统中，通常以生物絮凝为主。

（三）影响污垢沉积的因素

1. 水质

水质是影响污垢沉积的最主要因素之一。循环冷却水水质的各项控制指标，绝大部分是根据污垢控制的要求制定的。除了成垢离子和浊度等外，水的 pH 值对污垢沉积也有较大影响。因为钙、镁垢和铁的氧化物在 pH 值大于 8 时几乎完全不溶解。有机胶体在碱性溶液中比在酸性溶液中更易混凝析出。微生物黏泥在碱性溶液中也更难以清除，并且氯的杀菌作用在碱性溶液中会明显下降。

2. 流动状态

流动状态包括流体的流速、流体的湍流或层流程度和水流分布等几个方面。

流动状态对污垢的沉积与剥离有重要作用。在流动体系中，如果有高流速突变为低流速的突变区域，则容易产生污垢的沉积。

3. pH 值

一般来说，细菌宜在中性或碱性环境中繁殖。丝状菌（霉菌类）宜在酸性环境中繁殖。多数细菌群最佳繁殖的 pH 值在 6～9 之间。一般循环冷却水的 pH 值就在此范围内。

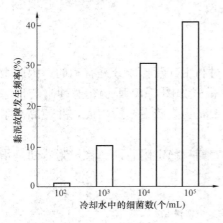

图 5-11　黏泥故障发生频率
和冷却水中细菌数的关系

4. 溶解氧

好气性细菌和丝状菌（霉菌类）利用溶解氧，氧化分解有机物，吸收细菌繁殖所需的能量。在开式循环冷却水系统中，冷却塔为微生物繁殖提供了充分的溶解氧。

5. 光

在冷却水系统中，藻类的繁殖需利用光能，而其他微生物的繁殖无需光能。

6. 细菌数

黏泥故障发生频率和冷却水中细菌数的关系，如图 5-11 所示。由图可知，细菌数在 10 000 个/mL 以上时，容易发生黏泥故障。

7. 浊度

为防止黏泥附着、淤泥堆积，浊度应尽量控制得很低，但不能说浊度低，黏泥故障就一定不会发生。

8. 黏泥体积

黏泥体积是指 $1m^3$ 的冷却水通过浮游生物网所得到的取样量(mL)。黏泥体积在 10mL/m^3 以上的冷却水系统中，黏泥故障的发生率高。GB 50050—2007 规定，黏泥量应小于 4mL/m^3（生物过滤网法）。

9. 黏泥附着度

黏泥附着度是衡量冷却水中黏泥附着性的有效指标。把玻璃片浸渍在冷却水中一定时间，然后干燥，对附着在玻璃表面上的黏泥进行微生物染色，测定玻璃片的吸光度，通过换算可得出黏泥附着度。

10. 流速

流速对淤泥堆积有很大影响，当管内流速大于 0.5m/s 时，几乎不发生淤泥堆积；但当管子污堵后或流速极慢时，此区域内污垢最易沉积。例如，热交换器冷却水进口端花板，淤泥等污垢最容易积聚。再如，热交换器管内流动的水往往是处于湍流状态的，但在管壁附近总有一层滞流层，在滞流层内水的流速较低，而水的温度将高于水的总体温度，因此，水垢将易于在管壁上生成。

11. 温度

在冷却水系统中，有两种温度影响，即主体水温和热交换管的壁温。火电厂冷却水的主体温度为 30～40℃时，最适宜于微生物繁殖。热交换器管壁温度高，会明显加快污垢的沉积。这是因为：①温度高会使微溶盐类的溶解度下降，导致水垢析出；②温度高有利于促进解析过程，促使胶体脱稳（如絮凝）；③温度高加快了传质速度和粒子的碰撞，使沉降作用增加。

12. 表面状态

粗糙表面比光滑表面更容易造成污垢沉积：这是因为粗糙表面比光滑表面的面积要大很

多倍，表面积的增大，会增加金属表面和污垢接触的机会和黏着力。此外，一个粗糙的表面如同有许多空腔，表面越粗糙，空腔的密度也越大。在这些空腔内的溶液处于滞流区，如果这个表面是传热面，则还是高温滞流区。浓缩、结晶、沉降、聚合等各种作用都在滞流区发生，促进了污垢的沉积。

第三节　循环冷却水的稳定处理

凝汽器管材的结垢和腐蚀是循环冷却水系统的主要危害，结垢和腐蚀是相关的，腐蚀型水不易发生结垢，结垢型水不会发生直接的腐蚀（会发生垢下腐蚀）。防止凝汽器管材结垢和腐蚀的主要处理措施是对循环冷却水施加水质稳定剂，调节水的性能，使循环水处于不结垢、不腐蚀的平衡点。另外，还有排污及加酸处理，主要是防止结垢。

一、循环冷却水加酸处理

循环冷却水加酸处理的目的是中和水中的碳酸盐，这是一种改变水中碳酸化合物组成的防垢方法。循环冷却水加酸处理，经常采用硫酸，因为它便于储存和运输。硫酸与水中碳酸盐的反应式为

$$Ca(HCO_3)_2 + H_2SO_4 \rightleftharpoons CaSO_4 + 2CO_2 + 2H_2O$$

反应的结果是将水中的碳酸盐转变为非碳酸盐（$CaSO_4$）。因为 $CaSO_4$ 溶解度较大，所以能防止碳酸盐水垢和提高浓缩倍率，节约补充水量。另外，反应中生成的游离 CO_2，有利于抑制析出碳酸盐水垢。

加酸处理应控制循环冷却水的硬度低于极限碳酸盐硬度，因为碱度与 pH 值有一定的关系，所以也可监测 pH 值，一般控制 pH 值在 7.4～7.8 之间。当酸加在补充水中时，水中残留的碱度一般控制在 0.3～0.7mmol/L 之间，避免出现酸性。

工业硫酸的纯度一般为 75％～92％，电厂循环冷却水加酸采用自卸式酸车来酸后卸入高位布置的储存罐，用耐酸的隔膜计量泵打入循环水泵前池。循环水加硫酸装置手动运行，人工测定循环水 pH 值后，通过计量泵的手动冲程调节器调节加酸量。

虽然循环冷却水加酸处理可防止碳酸盐水垢并提高浓缩倍率，但加酸量过大，则可能引起 $CaSO_4$、$MgSiO_3$ 水垢，还可能引起 SO_4^{2-} 对混凝土构筑物的侵蚀及其他设备的酸性腐蚀以及出现酸性水。因此，实施加酸处理，必须注意防止 $CaSO_4$、$MgSiO_3$ 水垢的形成和防止 SO_4^{2-} 对混凝土构筑物的侵蚀，对于新建的电厂，可在混凝土壁上加铺化学性稳定的水泥。另外，实施加酸处理过程中，必须及时监测循环冷却水的 pH 值，防止加酸过量造成循环冷却水 pH 值过低，从而防止出现酸性水，导致系统腐蚀。

二、循环冷却水加石灰处理

石灰沉淀处理法不仅能有效地去除水中的游离 CO_2、碳酸盐和碱，而且还能去除一部分有机物、硅化合物及微生物，大大减小了结垢趋势，改善了水质。该法虽然不能去除水中的非碳酸盐和钠盐，但并不会造成这些盐类（如 $CaSO_4$、$CaCl_2$、$MgSO_4$、$MgCl_2$ 和 $NaCl$ 等）在循环冷却水系统内析出，更不易在铜管内结垢。因为这些盐类都有较大的溶解度，所以如将石灰沉淀法用于处理循环冷却水的补充水，会使浓缩倍率明显提高。在循环冷却水的补充处理中，由于处理水量较大且石灰质量的不断提高（纯的石灰在 80％～90％以上），因此加

石灰处理仍然是目前的设计方案之一，特别是在缺水地区和水体中碳酸盐含量比较高的情况下，加石灰处理是更为经济的方案。

（一）加石灰处理的化学反应

生石灰（CaO）与水的反应称为消化反应，反应生成的 $Ca(OH)_2$ 称为熟石灰或消石灰。石灰处理实质上是向水中投加消石灰，首先将消石灰配制成一定浓度的石灰乳液，然后向处理水中投加。用于处理循环冷却水的补充水时，只需除去水中的碳酸氢钙 $Ca(HCO_3)_2$，进行的化学反应为

$$CaO + H_2O \xlongequal{\quad} Ca(OH)_2 （消化反应）$$

$$CO_2 + Ca(OH)_2 \xlongequal{\quad} CaCO_3 \downarrow + H_2O$$

$$Ca(HCO_3)_2 + Ca(OH)_2 \xlongequal{\quad} 2CaCO_3 \downarrow + 2H_2O$$

经石灰处理后的水，由于碳酸盐和碱含量的大大降低，因此可以减轻它在循环冷却水中的结垢倾向。但用此方法处理后的水有时是碳酸钙的过饱和溶液，在循环冷却水系统受热蒸发的过程中，仍有可能析出碳酸钙沉淀，所以在运行中的浓缩倍率不能过高。为了消除这种水的不稳定性，可以用添加少量酸的方法，以保持水中 Ca^{2+} 和 CO_3^{2-} 呈未饱和状态。

（二）石灰加药量的估算

原水中石灰的投加量与处理目的有关，当只要求去除水中的碳酸氢钙时，按式（5-26）估算，即

$$\left[\frac{1}{2}CaO\right] = \left[\frac{1}{2}CO_2\right] + \left[\frac{1}{2}Ca(HCO_3)_2\right] \tag{5-26}$$

当要求同时去除水中碳酸氢钙和镁碳酸氢时，按式（5-27）估算，即

$$\left[\frac{1}{2}CaO\right] = \left[\frac{1}{2}CO_2\right] + \left[\frac{1}{2}Ca(HCO_3)_2\right] + \left[\frac{1}{2}Mg(HCO_3)_2\right] + a \tag{5-27}$$

式中　　$\left[\frac{1}{2}CaO\right]$——石灰投加量，mmol/L；

$\left[\frac{1}{2}CO_2\right]$——补充水中 CO_2 的含量，mmol/L；

$\left[\frac{1}{2}Ca(HCO_3)_2\right]$——补充水中 $Ca(HCO_3)_2$ 的含量，mmol/L；

$\left[\frac{1}{2}Mg(HCO_3)_2\right]$——补充水中 $Mg(HCO_3)_2$ 的含量，mmol/L；

a——石灰过剩量，mmol/L。

由于在水的实际处理中，往往有许多因素影响上述化学反应，因此石灰的投加量只能估算，实际投加量应由调整试验确定。

（三）石灰石处理系统简介

图 5-12 所示为高纯度粉状石灰处理系统，首先是制取高纯度石灰粉，再用于循环冷却水处理中。某电厂用于循环冷却水补充水的石灰处理系统为高纯度粉状消石灰→石灰筒仓→螺旋输粉机→缓冲斗→精密称重干粉给料机（电子皮带秤）→石灰乳搅拌箱→石灰乳泵→5%

石灰乳→（注入）→澄清池→（加硫酸）→变孔隙滤池→循环水系统补充水→冷却塔水池。

运行控制参数：变孔隙滤池进水浊度小于5～20mg/L，出水浊度为 0.5～1.0mg/L，$FeSO_4 \cdot 7H_2O$ 有效计量为 0.2～0.3mmol/L，循环水加氯量为 2.0mg/L，出水剩余活性氯为 0.2mg/L，补充水加酸后调节 pH 值在 7.2～8.2 之间。

三、循环冷却水加阻垢剂处理

在循环冷却水中投加少量化学药剂，就可以起到防垢作用，所以把这种药剂称为阻垢剂。目前常用的阻垢剂有以下几种。

（一）聚合磷酸盐

聚合磷酸盐是一种在分子内由两个以上的磷原子、碱金属或碱土金属原子和氧原子结合物质的总称，根据共享氧原子的方式不同，可以形成环状的、链状的和分支状的聚合物。

实践表明，只要向水中加入几个 mg/L 的聚合磷酸盐，就能防止几百个 mg/L 的碳酸钙沉淀析出。这种现象有人认为是聚合磷酸盐在水中生成了长链阴离子，容易吸附在微小的碳酸钙晶粒上并与晶粒上的 CO_3^{2-} 置换，而防止碳酸钙晶粒

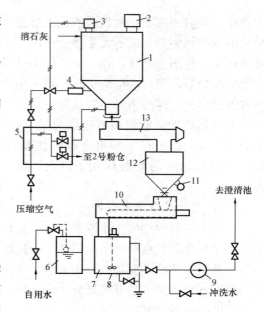

图 5-12　高纯度粉状石灰处理系统
1—石灰粉筒仓；2—布袋滤尘器；3—粉位指示器；4—空气破拱装置；5—气动控制盘；6—石灰乳辅助箱；7—石灰乳搅拌箱；8—石灰乳搅拌器；9—石灰乳泵；10—精密称重干粉给料机；11—振动器；12—缓冲斗；13—螺旋输粉机

的进一步长大；另一种观点认为，微量的聚合磷酸盐干扰了碳酸钙晶粒的正常生长，使晶体在生长过程中被扭曲，把水垢变成疏松、分散的软垢；还有观点认为，由于聚合磷酸盐能与钙、镁离子螯合，因此形成单环或双环螯合离子，然后依靠布朗运动或水流作用分散于水中。一般认为，聚合磷酸盐的防垢机理是基于以上几种作用的综合结果。

聚合磷酸盐虽然具有剂量低、费用便宜、使用方便、阻垢性能较好等优点，但在水中易发生水解，水解的结果变成短链的聚磷酸盐及一部分正磷酸盐，从而降低了其阻垢能力。运行中聚合磷酸盐的加药量一般为 2～4mg/L。此时所能稳定的极限碳酸盐硬度值为 6.5～7.5mmol/L，其加药方式一般是先在溶液箱内配制成 5％～10％ 的水溶液，然后加至补充水中或循环水泵前的循环水渠内。

（二）有机磷酸盐

有机磷酸盐可以看作磷酸分子中一个羟基被烷基取代的产物。其中常用的有 ATMP（氨基三甲叉磷酸盐）、EDTMP（乙二胺四甲叉磷酸盐）、HEDP（1-羟基亚乙基-1，1-二磷酸）等。这类化合物与无机聚合磷酸盐相比，具有较好的化学稳定性，不易被酸碱所破坏，加药量低，也不易水解成正磷酸盐，而且能耐较高的温度，对一些氧化剂也有一定的耐氧化能力。这是由于分子中，碳磷直接相连，而 C—P 链又比聚合磷酸盐中的 P—O—P 链要牢固得多的原因。

对于有机磷酸盐的阻垢机理，有人认为由于有机磷酸盐能与钙、镁等金属离子生成很稳定的络合物，因而可以降低水中钙、镁离子的浓度，减少了碳酸钙析出的可能性，即络合增

溶作用。同时还提出，有机磷酸盐不仅与水中钙、镁金属离子发生络合作用，而且还能与已形成的碳酸钙中的钙离子发生络合作用，使碳酸钙晶体难以形成大的晶体。另外，有人认为碳酸钙是一种离子晶格，在一定条件下可以按严格的次序排列，形成很致密的垢层；但加入有机磷酸盐后，便对晶格的生长起着一定的干扰作用，使碳酸钙晶体结构发生很大的畸变而不再继续增长，即所谓晶格畸变理论。

实际运行中，有机磷酸盐加药量一般为 $2\sim4mg/L$，此时所能稳定的极限碳酸盐硬度值为 $7.0\sim8.0mmol/L$。聚合磷酸盐和有机磷酸盐在冷却水中都会解离出一部分 PO_4^{3-}，对微生物有一定的刺激作用。因此，除了采取一定的防腐措施外，还必须配合杀菌处理。

（三）有机低分子聚合物

这类阻垢剂的性质主要取决于分子质量的大小和官能团的性能，而官能团所具有的电荷则取决于聚合物在水中的电离特性。有机低分子聚合物对循环冷却水中的胶体颗粒起分散剂作用，其阻垢性能主要与其分子大小、官能团的数量以及相互之间的间隔有关。目前应用较多的阻垢剂是阴离子型有机低分子聚合物，尤其是聚羧酸类最多，主要有聚丙烯酸、聚马来酸、聚甲基丙烯酸等。

当碳酸钙一类的结晶颗粒吸附了聚合物的高价阴离子后，一方面防止了它们在金属表面上的黏结；另一方面由于这些聚合物离子可能掺杂在结晶颗粒中，这些颗粒的晶格受到歪曲，抑制了晶体成长。非离子型的聚合物包围胶体颗粒后，加大了这些颗粒间的距离，使相互间的黏结力削弱，抑制了结垢过程。

有机低分子聚合物的用药量一般可低至 $0.25\sim20mg/L$，所以也是低限处理。阻垢剂所需的浓度取决于温度、结垢盐类的组分及过饱和度。过饱和度和温度越高，防止结垢所需的阻垢剂浓度就越大。

（四）阻垢剂的协同效应与药剂消耗

1. 协同效应

阻垢剂的协同效应是指两种以上的阻垢剂复合使用，在总药剂量不变的情况下，复合药剂的阻垢能力高于任何单一药剂的阻垢能力。例如，当加入 $1.5mg/L$ 的聚丙烯酸时，阻垢率为 26.1%；当加入 $0.5mg/L$ 的 ATMP 和 $1.0mg/L$ 的聚丙烯酸的复合药剂时，阻垢率上升到 54.1%。

在生产实践中，为了发挥每一种阻垢剂的阻垢能力，减少药剂费用，经常根据冷却水的水质和冷却系统的工艺要求，利用阻垢的协同效应，对各种药剂方案进行筛选试验。

2. 药剂的消耗

随补充水一起加入到循环冷却水系统中的药剂，其浓度由于排污、吹散和泄漏等原因逐渐减小。这种药剂浓度与时间的关系称为药剂消耗速率。药剂的消耗量一般由试验确定。

四、加酸与阻垢剂联合处理

如上所述，硫酸处理法虽然可以提高浓缩倍率，但加酸量太大、运行费用高，而且货源不易解决。阻垢剂法在 $3mg/L$ 的低剂量条件下，只能使极限碳酸盐硬度值稳定在 $6.0\sim7.5mmol/L$，浓缩倍率低，用水量大。如果将这两种工艺联合起来处理循环冷却水，既可提高浓缩倍率，又可节约用水量和运行费用，而且操作简单。

这种联合处理工艺，首先是对循环冷却水进行加酸处理，使补充水的碳酸盐硬度降低至阻垢剂所能稳定的极限碳酸盐硬度与浓缩倍率的比值，然后再对循环冷却水系统进行阻垢剂稳定处理。阻垢剂可采用单一药剂，也可采用复合配方。实践证明，这是一种非常经济的处理工艺，是目前设计中主要采用的工艺之一。

这种联合处理工艺，可以是硫酸—聚合磷酸盐、硫酸—有机磷酸盐、硫酸—有机低分子聚合物等各种组合。硫酸的加入量，可根据所中和的碳酸盐量和处理水量进行估算，阻垢剂的加入量一般为 $2\sim4\text{mg/L}$。

第四节　循环冷却水系统中微生物的控制

循环冷却水系统中的水温和 pH 值适宜多种微生物的生长，微生物的数量和它们生长所需的营养源均随循环冷却水的浓缩而增加；冷却塔水池常年露置室外，阳光充足，也有利于微生物的生长。微生物的滋长，对循环冷却水系统会构成危害，所以必须对其进行控制。

一、循环冷却水系统中微生物的种类

微生物种类很多，但在循环冷却水系统中构成危害的微生物主要有藻类、细菌和真菌三类。

1. 藻类

藻类可分为蓝藻、绿藻、硅藻、黄藻和褐藻。大多数藻类是广温性的，最适宜的生长温度为 $10\sim20\text{℃}$。藻类滋长所需的营养元素主要是氮、磷、铁，其次是钙、镁、锌、硅等，其中以氮磷比为 $15\sim30$ 为最适宜的条件。当水中无机磷的浓度达 0.01ppm 以上时，藻类便生长旺盛。藻类含有叶绿素，可以进行光合作用，此时碳元素被吸收，放出 O_2 和 OH^-，因此反应结果是，水中溶解氧的量增大和 pH 值上升；在夏季藻类大量繁殖时，可使 pH 值上升到 9.0 左右。

冷却塔和喷水池是藻类最适宜的生长区域，因为这些地方具备了藻类繁殖的三个基本条件，即空气、水和阳光。三者缺少一个就会抑制藻类生成。在冷却水系统中，能提供这三个要素的部位，也就是藻类繁殖的部位。藻类的影响：①死亡的藻类将成为冷却水中悬浮物和沉积物；②藻类在冷却塔填料上生长，会影响水滴的分散和通风量，降低了冷却塔的冷却效果。在换热器中，藻类将成为捕集冷却水中有机体的过滤器，为细菌和霉菌提供食物。向冷却水中加氯及非氧化性杀生剂（季铵盐）对于控制藻类的生长，十分有效。

2. 细菌

在循环冷却水系统中生存的细菌有很多种并且数量巨大，对它们的控制比较困难，是因为对一种细菌有毒性的药剂，对另一种细菌可能不起作用。许多细菌在新陈代谢过程中能分泌黏液，并把原来悬浮于水中的固体粒子和无机沉淀物黏合起来，附着于传热表面，就会引起污垢和腐蚀。

在循环冷却水系统中，细菌种类繁多，按其形状可分为球菌、杆菌和螺旋菌，按需氧情况可分为需氧菌、厌氧菌。下面介绍若干种冷却系统常见的细菌。

（1）菌胶团状细菌。它在有机物污染的水系中最常见，是块状琼脂，细菌分散于其中。在开式循环冷却水系统中，因菌胶团状细菌引起的故障最多，其次是丝状细菌、藻类引起的故障。

（2）**丝状细菌**。丝状细菌称作水棉，在有机物污染的水系中呈棉絮状集聚，有时将其分在铁细菌类。

（3）**铁细菌**。铁细菌是好氧菌，但也可以在氧含量小于 $0.5mg/L$ 的水中生长。铁细菌的特点：①在含铁的水中生长；②通常被包裹在铁的化合物中；③生成体积很大的红棕色的黏性沉积物。铁细菌可使水溶性亚铁盐成为难溶于水的三氧化二铁的水合物，附着于管道和容器内表面，严重降低水流量，甚至引起堵塞，反应式为

$$2Fe^{2+} + \frac{3}{2}O_2 + xH_2O \longrightarrow Fe_2O_3 \cdot xH_2O$$

铁细菌的锈瘤遮盖了金属的表面，使冷却水中的缓蚀剂难以与金属表面作用生成保护膜。铁细菌还从金属表面的腐蚀区除去亚铁离子（腐蚀产物），从而使钢的腐蚀速率增加。

（4）**硫细菌**。硫细菌在污水中很常见。它能使可溶性硫化物转变为硫酸（通常是使硫化氢转变为硫酸），而使金属发生均匀腐蚀。

（5）**硝化细菌**。硝化细菌是能将氨氧化成亚硝酸和使亚硝酸进一步氧化成硝酸的细菌，即

$$2NH_3 + 4O_2 \longrightarrow 2HNO_3 + 2H_2O$$

正常情况下，氨进入冷却水后会使水的 pH 值升高；但当冷却水中存在硝化细菌时，由于它们能使氨生成硝酸，因此冷却水 pH 值反而会下降，使一些在低 pH 值条件下易被侵蚀的金属（碳钢、铜、铝）受到腐蚀。

（6）**硫酸盐还原菌**。硫酸盐还原菌能把水溶性的硫酸盐还原为硫化氢，故被称为硫酸盐还原菌。它广泛存在于湖泊、沼泽、地下水等厌氧性有机物聚集的地方。硫酸盐还原菌是厌氧的微生物，常见的硫酸盐还原菌是脱硫弧（螺）菌（Desulfovibrio）、梭菌（Clostridium）和硫杆菌（Thiobacillus）。硫酸盐还原菌产生的硫化氢对一些金属有腐蚀性。硫化氢会腐蚀碳钢，有时也会腐蚀不锈钢和铜合金。

在循环冷却水系统中，硫酸盐还原菌引起的腐蚀速率是相当惊人的，例如，0.4mm 的碳钢试样，在 60 天内就被腐蚀穿孔。又如，硫酸盐还原菌在 6 个星期内能使凝汽器管腐蚀穿透。在冷却水中硫酸盐还原菌产生的硫化氢与铬盐反应，使这些缓蚀剂从水中沉淀出来并在金属表面形成污垢。只对循环冷却水中加氯，难以控制硫酸盐还原菌的生长。因为硫酸盐还原菌通常为黏泥所覆盖，水中的氯气不易到达这些微生物生长的深处。硫酸盐还原菌周围产生的硫化氢使氯还原为氯化物，理论上 1 份硫化氢能使 8.5 份氯失去杀菌能力。

硫酸盐还原菌中的梭菌，不但能产生硫化氢，而且还能产生甲烷，从而为产生黏泥的细菌提供养料。

长链的脂肪酸铵盐对控制硫酸盐还原菌是有效的，其他如有机硫化合物（二硫氰基甲烷）对硫酸盐还原菌的杀灭也是有效的。

3. 真菌

真菌的种类很多，一般可分成藻状菌纲、子囊菌纲、担子菌纲和半知菌纲四类。在冷却水系统中常见的大都属于藻状菌纲中的一些属种，如水霉菌和绵霉菌等。真菌没有叶绿素，不能进行光合作用，大部分菌体都是寄生在植物的遗骸上并以此为营养而生长。大量真菌繁殖时可以形成棉团状，附着于金属表面或堵塞管道。真菌往往生长在冷却塔的木质构件上、水池壁上和换热器中。真菌会破坏木材中的纤维素，使冷却塔的木质构件朽溃，木头表面腐

烂，产生细菌黏泥。

上述各种微生物在冷却水系统中的繁殖，都有它们各自最适宜的温度、pH 值和光照条件等。

此外，还必须注意，水流速度对微生物的生长也有很大影响。当冷却水系统中水的流速很大时，由于发生了冲刷作用，因此不易有微生物和污泥黏附；一般当水流速度达 1m/s 时，污染就不会太严重。

二、微生物的危害及生长影响因素

1. 在循环冷却水系统中，由微生物的滋生繁殖引起的危害

（1）形成黏泥沉积物。产生黏液的微生物，在凝汽器管内附着生长，形成一种软的有弹性的微生物黏液层。这些黏液能将悬浮在水中的无机垢、腐蚀产物、灰沙淤泥等黏结在一起形成黏泥沉积物，附着在管壁上。它不仅影响水侧传热效率，而且会使水管截面积变小，限制水的流量，从而影响冷却效果。

（2）加速金属设备的腐蚀。凝汽器管内附着微生物黏泥后，将产生垢下腐蚀。有些细菌在代谢过程中生成的分泌物还会直接腐蚀金属。有些细菌的氧化物，可使局部区域水的 pH 值降低，加速金属腐蚀。细菌促进金属腐蚀的过程是多种多样的，而在大多数情况下，是各种细菌共同作用所造成的。

2. 影响微生物在冷却水系统内滋长的因素

（1）适宜的温度。大多数微生物生长和繁殖最合适的温度是 20℃左右。如果温度高于 35℃，在凝汽器内常见的微生物就会大部分死亡。因此，凝汽器中有机物污泥的生长，以春、秋季为最严重。

（2）铜管的洁净程度。实践证明，在洁净的铜管内，微生物不易生长，在同一期间和同一条件下，不洁净的旧铜管内附着的有机物约为洁净铜管的 4 倍，这可能是因为新铜管壁上有一层铜的氧化物，可以杀死微生物，而旧铜管内这种氧化物被外来的附着物覆盖了。

（3）光照。水中常见的微生物藻类的繁殖与光照强度有很大关系，即光照越强，藻类越易繁殖，所以藻类特别易于在冷却塔内出现、繁殖。

（4）冷却水含沙量。当冷却水中夹带有大量的黏土和细沙等杂质时，会把有机物冲掉，从而降低凝汽器铜管的微生物附着量。

三、对微生物控制方法的综述

1. 对微生物生长的控制指标

对冷却水系统中微生物生长的控制，是通过控制冷却水中微生物的数量来实现的。

开式循环冷却水系统中微生物的控制通常采用以下一些指标：

异养菌	$<5\times10^5$ 个/mL（平皿计数法）
真菌	<10 个/mL
硫酸盐还原菌	<50 个/mL
铁细菌	<100 个/mL
黏泥量	$<4mL/m^3$（生物过滤网法）
	$<1mL/m^3$（碘化钾法）

2. 机械处理

设置多种过滤设施，如拦污栅、活动滤网等，防止污染物进入冷却水系统。设置旁流处

理，如旁流过滤，可以减少水中的悬浮物、黏泥和细菌。为了防止黏泥在凝汽器管内的附着，可采用胶球清洗、刷子清洗等方法。

3. 物理处理

物理处理包括热处理、提高水流速、涂刷抗污涂料等。热处理对控制凝汽器中的黏泥无作用，但却是控制生物污染的有效方法。涂刷抗污涂料也是一种措施，多用于海滨电厂。

4. 防止冷却水系统渗入营养源和悬浮物

为了防止补充水中带入营养源和悬浮物，必要时，应对补充水进行凝聚、沉淀、过滤处理。当水中有机物含量较高时，还应考虑降低其含量的措施，一般来说，当水中 COD_{Cr} 含量大于 10mg/L 时，黏泥问题就比较严重。

5. 药剂处理

（1）杀菌、灭藻药剂。具有杀菌效果的药剂有氯剂、溴剂和有机氮硫类药剂等。一般认为，这些药剂的机理是，它们与构成微生物蛋白质的要素，即半胱氨酸的 SH—基的反应性强，使以 SH—基为活性点的酶钝化，并用其氧化能力破坏微生物的细胞膜，杀死微生物。

（2）抑制微生物繁殖的药剂。抑制冷却水系统中微生物繁殖的药剂，其作用机理与杀菌剂相似，但使用方法不同，即在处理过程中，需要连续或长时间地维持杀死微生物的基本浓度。属于此类的药剂有胺类药剂和有机氮硫类药剂。

（3）防止附着的药剂。微生物在固体表面的附着与微生物分泌的黏性物质有关。防止附着的药剂可与黏性物质作用，使之变性，从而使微生物的附着性下降。属于此类的药剂有季铵盐和溴类药剂等。

（4）剥离药剂。指具有黏泥剥离效果的药剂。这种药剂可以使黏性物质变性，使黏泥的附着力下降。此外，这种药剂与黏泥反应会产生微小的气泡，也会促使黏泥剥离。属于此类的药剂有氯气、过氧化物的胺类药剂等。

（5）淤泥分散药剂。这种药剂可以分散絮凝淤泥，被分散出来的悬浮物可随排污排出，因而减少了冷却系统中的淤泥的堆积量。悬浮物的絮凝化现象，与微生物和悬浮物两者都有关系，因此需对它们都进行处理。抑制微生物絮凝可以使用黏泥附着抑制剂和剥离剂。抑制悬浮物絮凝可以使用聚电解质等分散剂。

（6）药剂的残余效应。当冷却水中已不能检测出有药剂存在时，在一定的时间内，仍可看到防止黏泥的效果，这种现象称为药剂的残余效应。这是因为投加药剂后，使微生物在细胞及酶系统上受到了损伤，虽然系统内药剂已经消失，但这种损伤的恢复需要一定的时间，这就表现为药剂的残余效应。微生物恢复需要营养源，冷却水系统中的营养源越是丰富，恢复时间越快，也就是说，残余效应时间也越短。

（7）影响黏泥处理效果的因素。

1）pH 值。杀菌剂和黏泥抑制剂均有最佳效果的 pH 值范围。应选择 pH 值在 6.5～9.5 范围内显示最佳效果的药剂，作为适用于冷却水系统的黏泥处理剂。

2）水温。黏泥处理剂与微生物的反应是化学反应，水温越高，杀菌效果越好。

3）流速。由于流速快的部分比流速慢的部分水的界膜厚度小，药剂的扩散速率变快，因而处理效果明显增加。

4）有机物和氨浓度。氯剂等氧化性杀菌剂在与微生物反应的同时，抑制了溶解的有机物反应而被消耗。此外，氯剂还可与氨反应，生成氯胺，使杀菌效果下降。由于季铵盐呈阳离子性，可以与水中呈阴离子性的物质反应，因此当水中有此类物质存在时，也会降低处理效果。

5）抗药性。如果长期连续使用某种药剂，由于菌类对药剂产生了抗药性，就会降低处理效果。在开式循环冷却水系统中，通常是间断地使用药剂，所以微生物一般难以产生抗药性。微生物对不同药剂产生的抗药性也不相同。例如，氮硫类药剂，微生物易产生抗药性。在微生物已对某种药剂产生抗药性的情况下，应再选择另一种药剂，多种药剂交替使用。

四、氧化性和非氧化性杀菌剂的使用

（一）氧化性杀菌剂

氧化性杀菌剂一般都是较强的氧化剂，能使微生物体内一些和代谢有密切关系的酶发生氧化而杀灭微生物。常用的氧化性杀生剂有氯、臭氧和二氧化氯。

1. 氯

用于杀菌的氯剂有液氯、漂白粉、次氯酸钠等。这些氯剂有形态的差异，但它们的作用机理是相同的。氯溶于水，形成次氯酸和盐酸，即

$$Cl_2 + H_2O \longrightarrow HClO + HCl$$

次氯酸钙和次氯酸钠在水中也会生成次氯酸，即

$$Ca(ClO)_2 + 2H_2O \longrightarrow 2HClO + Ca(OH)_2$$

$$NaClO + H_2O \longrightarrow HClO + NaOH$$

几种氧化性杀菌剂的优缺点见表 5-12。

表 5-12　　　　　　　　几种氧化性杀菌剂的优缺点

药剂名称	优　　点	缺　　点
氯（Cl_2）	价格低廉	（1）高 pH 值时，杀菌率低。 （2）与水中氨氮化合物作用生成氯胺，氯胺对人及水生物有一定的危害。 （3）可破坏木结构，并对铜管有一定的腐蚀作用
臭氧（O_3）	无过剩危害残留物	（1）消耗能源较多。 （2）对空气有污染（空气中最大允许含量为 0.1mg/L）。 （3）有刺激性臭味
二氧化氯（ClO_2）	（1）剂量少。 （2）杀菌作用比氯快。 （3）在 pH＝6～11 时，不影响杀菌活性。 （4）药效持续时间长	（1）为爆炸性、腐蚀性气体，不易储存和运输，需就地制备。 （2）有类似臭氧的刺激性臭味。 （3）对铜管有一定的腐蚀作用

氯的杀菌机理有以下几种：

（1）形成的次氯酸（HClO）极不稳定，特别是在光照下，易分解生成新生态的氧，从而起氧化、消毒作用。

（2）次氯酸能够很快扩散到带负电荷的细菌表面，并透过细胞壁进入细菌体内，发挥其氧化作用，使细菌中的酶遭到破坏。细菌的养分要经过酶的作用才能吸收，酶被破坏了，细菌也就死亡了。

（3）次氯酸通过微生物的细胞壁，与细胞的蛋白质生成化学稳定的氮—氯键，从而造成细胞死亡。

（4）氯能氧化某些辅酶巯基（氢硫基）上的活性部位，而这些辅酶巯基是生产三磷酸腺苷的中间体。三磷酸腺苷（ATP）能抑制微生物的呼吸，并致使其死亡。

2. 漂白粉

漂白粉的学名是次氯酸钙，工业上是由石灰和氯气反应而制成的。

次氯酸钙的杀菌作用是在水中产生次氯酸，即

$$2CaOCl_2 = Ca(ClO)_2 + CaCl_2$$

$$Ca(ClO)_2 + Ca(HCO_3)_2 = 2CaCO_3 + 2HClO$$

漂白粉的氯含量为 $20\% \sim 25\%$，用量大，加药设备容积大，溶解及调制也不太方便，因而适用于处理水量较小的场合。它的优点是供应方便，使用较安全，价格低廉；可以将漂白粉配成 $1\% \sim 2\%$ 的溶液投加，也可配成乳状液投加。可先在药液箱中放水，然后不断加入漂白粉，同时进行搅拌，待成糊状后，再用水稀释至活性氯含量为 $15 \sim 20g/L$，最后在不断进行搅拌的情况下投入冷却水系统，但应避免有沉渣进入冷却水系统。

漂白粉精的含氯量比漂白粉高，氯含量可达到 $60\% \sim 70\%$。

漂白粉用量 W（kg/d）计算公式为

$$W = \frac{q\rho}{x} \tag{5-28}$$

式中　q——处理水量，m^3/d；

ρ——最大加氯量，mg/L；

x——漂白粉有效氯含量，为 $20\% \sim 25\%$。

3. 二氧化氯（ClO_2）

二氧化氯是一种黄绿色到橙色的气体（沸点 $11℃$），有类似氯气的刺激性气味。二氧化氯的特点如下：

（1）杀菌能力强。它的杀菌能力比氯气强，大约是氯气的 25 倍。杀菌速度比氯气快，且剩余剂量的药性持续时间长。

（2）适用的 pH 值范围广。在 $pH = 6 \sim 10$ 的范围内，能有效地杀灭大多数微生物。这一特点为循环冷却水系统在碱性条件下运行提供了方便。

（3）不与冷却水中的氨或大多数有机胺起反应，因而不会产生氯胺之类的致癌物质，无二次污染。若水中含有一定量的 NH_3，那么 Cl_2 的杀菌效果会明显下降，而 ClO_2 的杀菌效果基本不变。

4. 臭氧（O_3）

臭氧是一种氧化性很强的杀菌剂。臭氧是氧的同素体。气态臭氧带有蓝色，有特别臭味；液态臭氧是深蓝色，相对密度为 1.71（$-183℃$），为沸点 $-112℃$；固态臭氧是紫黑色，熔点为 $-251℃$。臭氧在水中的溶解度较大（大约是氧的 10 倍），当水中 pH 值小于 7 时，臭氧比较稳定；当水中 pH 值大于 7 时，臭氧分解成为氧气。臭氧在空气中的最大允许浓度为 $0.1mg/L$，如果超过 $10mg/L$，则对人有害。

（1）臭氧对水的脱色、脱臭、去味及去除氰化物、酚类等有毒物质及降低 COD、BOD 等均有明显效果。例如，当臭氧加入量为 $0.5 \sim 1.5mg/L$ 时，臭氧对水中致癌物质（1，2-苯并芘）的去除率可达 99%。臭氧的杀菌效果较好，当水中细菌数为 10^5 个/mL 个时，加入 $0.1mg/L$ 的臭氧，在 1min 内即可将细菌杀死。

（2）臭氧还是一种很好的黏泥剥离剂。它比氯气、过氧化氢、季铵盐和有机硫化物对软泥的剥离效果好。当臭氧浓度为 0.85mg/L 时，30min 内，对软泥的剥离率可达 81%；当水中臭氧含量为 0.4mg/L 时，30min 内，对软泥的剥离率可达 86%。

（3）臭氧在水中的半衰期较短。过剩的臭氧会很快分解。

（二）非氧化性杀菌剂

在很多冷却水系统中，常常将氧化性杀菌剂和非氧化性杀菌剂联合起来使用。例如，在使用冲击性加氯为主的同时，间隔使用非氧化性杀菌剂。以下介绍几种常用的非氧化性杀菌剂。

1. 季铵盐

长碳链的季铵盐，是阳离子型表面活性剂和杀菌剂，其结构式为

$$\left[\begin{array}{c} R_4 \\ R_3 - N - R_1 \\ R_2 \end{array} \right]^+ X^-$$

式中 R_1、R_2、R_3 和 R_4 代表不同的烃基，其中之一必须为长碳链（$C_{12} \sim C_{18}$）结构，X^- 常为卤素离子。具有长碳链的季铵盐分子中，既有憎水的烷基，又有亲水的季铵离子，因此它既是一种能降低溶液表面张力的阳离子型表面活性剂，又是一种很好的杀菌剂。由于季铵盐具有这两种作用，因此它还是一种很好的黏泥剥离剂。

（1）季铵盐的杀菌机理。季铵盐的杀菌机理，目前还不是很清楚，一般认为具有以下作用：

1）季铵盐所带的正电荷与微生物细胞壁上带负电的基团生成电价键。电价键在细胞壁上产生应力，导致溶菌作用和细胞的死亡。

2）一部分季铵化合物可以透过细胞壁进入菌体内，与菌体蛋白质或酶反应，使微生物代谢异常，从而杀死微生物。

3）季铵盐可破坏细胞壁的可透性，使维持生命的养分摄入量降低。

（2）使用季铵盐的注意事项。

1）不能与阴离子型表面活性剂共同使用，因为易产生沉淀而失效。

2）当水中有机物质较多，特别是有各种蛋白质存在时，季铵盐易被有机物吸附而消耗，从而降低了杀菌效果。

3）不能与氯酚类杀菌剂共用。

4）在弱碱性水质（pH＝7～9）中的杀菌效果较好。

5）在被尘埃、油类污染的系统中，药剂会失效；大量金属离子（Al^{3+}、Fe^{3+}）存在会降低药效。

6）当添加量过多时，它们会产生大量泡沫。

2. 异噻唑啉酮

异噻唑啉酮的特点是杀菌效率高、范围广（对细菌、真菌、藻类均有效）。异噻唑啉酮是通过断开细菌和藻类蛋白质的键而起杀菌作用的。异噻唑啉酮在较宽的 pH 值范围内都有优良的杀菌性能。由于它是水溶性的物质，因此能和一些药剂复配在一起。

在通常的使用浓度下，异噻唑啉酮与氯、缓蚀剂和阻垢剂在冷却水中是彼此相容的。例如，在有 1mg/L 游离氯存在的冷却水中，加入 10mg/L 的异噻唑啉酮，经过 69h 后，仍有

9.1mg/L 的异噻唑啉酮保持在水中。该药剂在一般环境条件下，能自动降解变为无害物质。该药剂的不足之处是细菌对它有抗药性，药剂本身毒性较大，且成本较高。

五、电解海水制取次氯酸钠系统

目前在部分沿海发电厂采用电解海水制取次氯酸钠系统，进行循环水加药处理。下面以某电厂电解海水制取次氯酸钠系统为例进行介绍。

（一）综述

由于海水中存在着海生物，如藤壶、贻贝、海草及藻菌等，这些海生物的附着性极强。当它们及孢子或卵进入凝汽器的冷却水系统时，往往附着滋生在管壁上，使管道阻力增加，严重影响凝汽器的换热效果，最终导致影响汽轮机的出力和安全运行。因此，为了避免这种情况的发生，必须抑制冷却水中海生物的生长。

利用天然海水作为电解质，通过电解海水中的盐产生次氯酸钠。次氯酸钠是一种强氧化剂，具有高效的杀菌、灭藻性能，能够抑制藻类、微生物的生长，因此可作为工业循环冷却水的杀菌药剂，比使用氯气安全、方便。同时，次氯酸钠在水中不稳定，易分解放出新生态氧，即 $NaClO + H_2O \Longrightarrow NaOH + HClO$，HClO 分子或 ClO^- 的杀伤作用有两个：①氧化；②氯原子取代蛋白质分子中的氮原子，从而导致有机物死亡。

（二）电解海水制取次氯酸钠的原理

海水总盐量为 3%～4%，其中氯化钠的含量约为 2.5%。将流量恒定的海水注入一无隔膜板式电极结构的槽体中，槽内通以直流电。海水中的 NaCl 是以离子状态存在的，在电场的作用下，阳极表面产生 Cl_2，阴极表面产生 H_2，Cl_2 和 NaOH 在溶液中发生次级化学反应生成 NaClO，反应方程式为

电离反应
$$NaCl \Longrightarrow Na^+ + Cl^-$$
$$H_2O \Longrightarrow H^+ + OH^-$$

电化学反应：阳极
$$2Cl^- - 2e \longrightarrow Cl_2 \uparrow$$

阴极
$$2Na^+ + 2H_2O + 2e \longrightarrow H_2 \uparrow + 2NaOH$$

溶液中化学反应
$$Cl_2 + 2NaOH \longrightarrow NaCl + NaClO + H_2O$$

总反应式
$$NaCl + H_2O \xrightarrow{电解} NaClO + H_2 \uparrow$$

在电解槽中发生的电化学反应和化学反应的产物基本上是次氯酸钠溶液和氢气。

（三）电解海水制取次氯酸钠装置的组成

电解海水制取次氯酸钠装置由海水供应系统、除沙及过滤系统、次氯酸钠发生系统、次氯酸钠储存和排氢系统、投药系统、酸洗系统等工艺部分和与之相配套的电气及控制系统组成。

（1）海水供应系统由海水管道、阀门、海水升压泵等组成。

（2）除沙及过滤系统由旋力除沙器、海水预过滤器、自动冲洗过滤器等设备组成。

（3）次氯酸钠发生系统由电解槽、中间除氢器、整流装置及控制仪表等组成。

（4）次氯酸钠储存和排氢系统由储存罐、风帽、液位指示仪表等组成。

（5）投药系统由投药管道、投药阀门及流量监测仪表等组成。

（6）酸洗系统由酸洗箱、酸洗泵、加酸装置及液位指示仪表等组成。

（7）电气及控制系统由整流电源、整流变压器、运行控制柜、程控柜及上位机等组成。

（8）电解所需直流电流由变压器/整流器组提供，每台次氯酸钠发生器配一台变压器/整

流器组，将 6.3kV 交流电转变成直流电，并控制输出在规定值。

（9）次氯酸钠发生器为电解海水制取次氯酸钠装置的核心部分。

（四）电解海水制取次氯酸钠的工艺

电解海水制取次氯酸钠工艺流程如 5-13 所示。

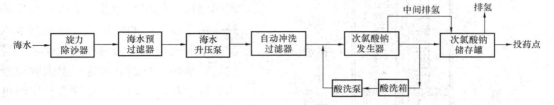

图 5-13　电解海水制取次氯酸钠工艺流程

由电厂循环水泵出口来的海水先经旋力除沙器、海水预过滤器去除较大颗粒泥沙及悬浮物，再由海水升压泵提升进入自动冲洗过滤器，经二次细网过滤后注入次氯酸钠发生器电解槽进行电解，生成的次氯酸钠溶液进入储存罐。当储存罐液位达到一定高度时，次氯酸钠溶液通过自流方式自动加注到循环水泵旋转滤网进口。

发生器在电解过程中产生的副产物氢气随同电解液一起被送入次氯酸钠储存罐，在储存罐内进行气液分离，氢气由储存罐顶部风帽排放至大气。

海水在电解过程中，一些钙、镁等离子引起的沉积物会在阴极表面形成，导致槽压上升，电流效率下降，电极间距减小，严重时会造成电极间短路。为了及时去除这些积垢，保证电解槽长期、稳定、高效运行，电解海水制取次氯酸钠装置专门配置了一套酸洗系统，只要定期将酸洗箱中 5%～8% 的稀盐酸溶液注入电解槽中，让酸洗液在发生器、酸洗泵和酸洗箱之间循环一段时间即可。

（五）主要工艺设备

1. 旋力除沙器

（1）作用。除去海水中泥沙等大颗粒固体物质，以保护海水泵叶轮及自动冲洗过滤器等设备。

（2）工作原理。如图 5-14 所示，带有固体颗粒的液体沿切线方向的入口处进入除沙器并形成一股环形液流，同时被吸进分离室。由于离心力的作用，比液体重的颗粒到达分离室圆周壁上，并在重力作用下沿圆周壁缓慢下降，这时在分离室中心形成一个相对负压区，较轻的液体就被拽引到涡流锥柱上并沿涡流锥柱向上流向除沙器出口，固体颗粒及部分液体沿除沙器下部的阀门排出，以达到沙、液分离的效果。

2. 自动冲洗过滤器

（1）作用。防止海水中大于 0.5mm 的固体颗粒进入次氯酸钠发生系统，避免造成电极磨损及系统堵塞，保障系统安全和电极寿命。

（2）工作原理。如图 5-15 所示，海水从过滤器进口端进入过滤器的滤网内侧，大于过滤元件网眼尺寸的颗粒被截流在滤网内，滤过液则从过滤器的出口端流出。

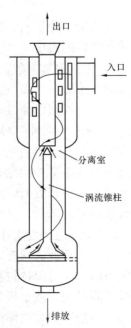

图 5-14　旋力除沙器
工作原理

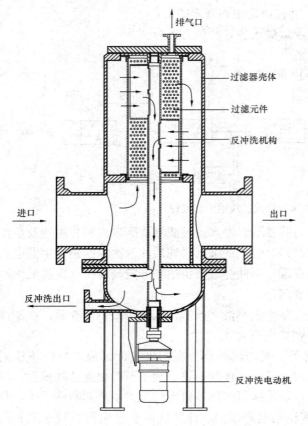

图 5-15 自动冲洗过滤器工作原理

当被截流在滤网内侧的颗粒达到一定程度，致使进出口端的压差增大到压差控制器所设定的压差值时（约为50kPa），自动冲洗程序启动，同时启动排污电动阀和反冲洗电动机进行反冲洗。由于排污口的泄压，这时滤过液从滤过液腔反向流入滤网并进入反冲洗臂的转臂缝隙，把附着于滤网上的颗粒带走，通过反冲洗转臂中空轴心及排污电动阀排出过滤器。当进出口压差减小后，过滤器又恢复到正常过滤工作状态。

3. 次氯酸钠发生器

（1）作用。在直流电场的作用下，将注入电解槽的海水电解生成一定浓度的次氯酸钠溶液。次氯酸钠发生器是整个系统的关键设备。

（2）结构特点。

1）次氯酸钠发生器由四个卧式放置的电解槽和一个中间除氢器组成。海水进入发生器后，先依次经 E1 和 E2 电解槽电解，产生的次氯酸钠溶液连同氢气进入中间除氢器。经中间除氢后，电解液再依次进入 E3 和 E4 电解槽继续电解，以提高次氯酸钠的浓度。

2）中间除氢器包括旋流分离部分和自动排气阀组件。电解液中的氢气经过旋流分离部分从溶液中分离出来后，经自动排气阀排出，这样可保证氢气充分分离并使电解槽欧姆压降减小，从而提高电流效率。根据电解海水的电化学反应式 $NaCl + H_2O \underset{}{=\!=\!=} NaClO + H_2 \uparrow$，每产生 1kg/h 的 NaClO 便会同时产生 0.375m³（标准状态下）的氢气，所以根据电解槽存放空间计算，这时的氢气泡占电解槽空间的 38%。由于氢气是一种阻抗很大的绝缘体，因此气泡会使电解液的欧姆压降提高，从而增加电解时的电耗。采用独特设计的中间除氢器后，可有效地释放电解槽中的氢气，同时又能保证系统压力不会降低，这样既保证了次氯酸钠发生器正常运行，又减少了析气效应的负面影响。

3）次氯酸钠发生器采用高速电解工艺（电解液在槽内流速 $v \geqslant 1.13m/s$），使电解液在电解过程中呈湍流状态，因而具有如下优点：① 加速电解液的传质过程，使电解液中的粒子随液体流动时保持较高的迁移速度，从而提高电解过程的转化率。② 加速电极析气时气泡的脱附过程，减小析气效应带来电解液阻抗增大的负面影响。③ 可有效地减缓电极结垢，从而减少频繁的酸洗操作，这是因为：一方面，电解液在电极间以较高的流速流动，可加速 $[OH^-]$ 的扩散速度，破坏 Ca^{2+}、Mg^{2+} 等的沉积条件；另一方面，即使形成沉淀物也会被高速流动的电解液带出电解槽。

4）电极结构特点。① 每个电解槽由 10 个单元电解室组成，它们组合成一个电路和液路都为串联且相互连接成的一个电极组合件，并安装在一个圆柱形壳体中；② 电解槽的电解室按双极性设计，即每个电解室的阳极直接连接着下一个电解室的阴极，如图 5-16 所示；③ 次氯酸钠发生器的阳极涂层是一种超细结构的纳米材料，采用溶胶凝胶表面被覆新技术，其涂层晶粒尺度可达 7～10nm，这种电极活性极高，强化寿命是常规 DSA 阳极的 4 倍以上，电流效率可提高 10% 以上。

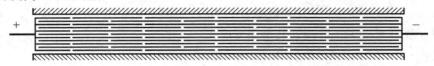

图 5-16　双极性电极电解槽

双极性电极的优点：电解室之间的汇流排连接次数少，电阻损耗小；电解室之间的管线连接短，水头损失小且电解液无需多次上下方向转换，不受气阻的干扰，液流比较平稳均衡；槽电压较低，电流效率较高。

5）电解槽特点。

a. 电解槽的剖视图如图 5-17 所示。电解液在图示的垂直面方向流动。在电极组合件的上下空间有两个非电解区 A 和 B，其中 A 区为氢气汇集区，B 区为泥沙杂质的沉积区。

依照 Perry（伯雷）《化工手册》，海水中气泡上升速度为183～213mm/s。次氯酸钠发生器每个电解槽底部产生的氢气泡仅需 1s 即可上升到 A 区，而电解液在槽中通过时间为 4s，因此电解液进

图 5-17　电解槽的剖视图

口处所产生的氢气很快就可以升到 A 区并被电解液带走，且不会使后续的电解过程增加电阻。这样就可以达到较高的电解效率和较低的电能损耗。

b. 电解槽的密封。减少渗漏最有效的方法是尽量减少密封面，采用双极性电极使得电解槽数量减少。每个电解槽只有两个密封端面，同时这两个密封面采用美国 PARKER 密封材料，可保证电解槽长期可靠地运行。

第五节　凝汽器管材的腐蚀和防止

一、凝汽器铜管生成附着物

当凝汽器铜管内有附着物时，相当于管内增加了一层绝热层，使传热效果恶化和水流截面减小，其后果主要表现在以下各方面：

（1）铜管内水的阻力升高。在水流量相同的条件下，将清扫前运行中铜管的水流阻力和清扫后洁净铜管的阻力相比较，如已有附着物生成，则前者大于后者。

（2）流量减小。如果冷却水系统已有附着物，则水流阻力必然增大，所以当系统水压不变时，冷却水的流量就减小。

（3）温差增大。由于附着物的导热性较差，如在系统内有附着物生成，必然使出口冷却水和蒸汽侧的温差增大。

（4）真空度降低。以上各点都会导致凝结水的温度升高，使凝汽器内的真空度降低，影

响机组的安全、高效运行。

二、凝汽器铜管水侧的腐蚀形态

（一）均匀腐蚀

铜及其合金在水中的耐腐蚀性与其表面保护膜的完整性密切相关。铜及其合金在含盐量不高的冷却水中，其表面因腐蚀而形成具有双层结构的保护膜，即铜合金的自然氧化膜，它由 Cu_2O 和 $Cu_2O\text{-}CuO$ 两层组成，其中内层原生膜是铜合金直接被水氧化而形成的，即

$$2Cu + H_2O =\!=\!= Cu_2O + 2H^+ + 2e$$

外层氧化膜是 $Cu_2O\text{-}CuO$ 膜，其生成反应为

阳极过程
$$Cu =\!=\!= Cu^+ + e$$
$$Zn =\!=\!= Zn^{2+} + 2e$$

阴极过程
$$O_2 + 2H_2O + 4e =\!=\!= 4OH^-$$
$$Cu^{2+} + 2OH^- =\!=\!= Cu(OH)_2$$
$$Cu(OH)_2 =\!=\!= CuO + H_2O$$

溶解氧是铜发生腐蚀的主要阴极去极化剂，随着溶解氧的浓度升高，铜的腐蚀速度开始急剧增大。当溶解氧的浓度继续增大时，铜的腐蚀速度反而下降；但在无溶解氧时，铜的腐蚀速度最小。铜的腐蚀速度与 pH 值有关，当 pH 值低于 7 时，随 pH 值降低，铜的腐蚀速度急剧上升；当 pH 值大于 10 时，铜的腐蚀速度随 pH 值升高而增大。铜耐腐蚀的最佳 pH 值范围在 8.5～9.5 之间。

一般在含侵蚀性二氧化碳或含其他酸性排水的冷却水中容易产生均匀腐蚀，铜管明显减薄。此外，外层均匀脱锌也可以看成均匀腐蚀，因为铜合金表面被一层不太致密的、连续的紫铜层所取代，表面呈紫红色，铜管的强度明显降低。这种侵蚀常发生在与不流动的水（低硬度、低 pH 值）接触的金属表面上。当水中氯化物含量高时，破坏了黄铜的表面保护膜，也容易产生层状脱锌。此外，铜合金中含有砷、铝等元素可以抑制脱锌腐蚀。

（二）局部腐蚀

1. 栓状脱锌腐蚀

铜管栓状脱锌时，铜管内表面上有白色或浅蓝色突起腐蚀产物，产物下是紫铜色。当铜表面有水垢时，突起的腐蚀产物和水垢夹杂在一起不易被发现。但当铜管表面清洗干净后，就会发现铜管表面有一些直径为 1～2mm 的紫铜点，有时有更大的紫铜斑块。这些紫铜栓塞有时会脱落，在铜管表面上形成小孔，造成泄漏。

促进黄铜管脱锌的主要因素如下：

（1）在流速较低的水中易脱锌。

（2）温度较高时易脱锌。当温度超过 70℃时，砷抑制脱锌的能力下降。

（3）在金属表面有沉积物或渗透性附着物时也易脱锌。

（4）在含盐量较高的酸、碱性溶液中易脱锌。

（5）合金中的杂质会促进脱锌。黄铜管中的锰会加速脱锌，有时镁会使砷的抑制脱锌作用失效。

防止黄铜管脱锌的主要措施有以下几种：

（1）在黄铜合金中，添加微量砷、铝和锑等抑制剂，能有效地抑制黄铜管脱锌，其中最有效的是砷。一般在黄铜中加 0.02%～0.03%的砷，就可抑制脱锌腐蚀。

（2）做好黄铜管投运前及投运时的维护工作，促使黄铜管表面形成良好的保护膜。

（3）管内流速不应低于 1m/s。保持铜管内表面清洁。

2. 坑点腐蚀

坑点腐蚀是指在铜管内表面出现一些点状或坑状的蚀坑。点蚀的直径一般为 0.1～1mm，坑蚀的直径一般为 2～4mm。

点蚀是由于铜管表面的保护膜局部遭到破坏所致，造成这种局部破坏的原因是多方面的，如管内附着有多孔的沉积物、铜管内表面有碳膜、水中氯化物增多及含有某些杂质（如硫化氢等），均会引起铜管的点蚀。在坑点内常充填有蓝色、白色或红色的粉状腐蚀产物，并在坑点上形成一突起物。但有时坑点内并无充填物，坑点腐蚀大多能迅速穿透管壁，造成铜管泄漏。

氯离子是引起铜管发生点蚀的主要因素之一，因为它会破坏氧化铜保护膜的形成，其腐蚀产物氯化亚铜的水解产物又未被迅速去除，就会发生点蚀。

在蚀点内部，铜、氯化亚铜和氧化亚铜同时存在，其溶液的 pH 值为 2.5～4，这样，基底金属处于酸性条件下所产生的自催化作用，使金属逐渐被蚀透。

防止铜管点蚀的措施如下：

（1）在铜管制造过程中，采用有效的脱脂工艺，除去铜管表面的油脂，防止油质在铜管退火时碳化形成碳膜。碳膜为阴极，运行中局部碳膜会脱落，裸露的金属表面成为阳极而被腐蚀。铜管退火应采用在惰性气体中的光亮退火工艺。

（2）做好黄铜管投运前及投运时的维护工作，促使黄铜管表面形成良好的保护膜。

（3）做好冷却水的防垢防微生物处理，防止垢和黏泥在管壁上附着。通常，铜锌合金比铜镍合金更耐生物腐蚀。

（4）铜管中水的流速不应低于 1m/s，采用胶球定期清洗，防止悬浮物沉积在管壁上。

（5）做好凝汽器停用时的保养工作。

3. 冲击腐蚀

冲击腐蚀的特征是，在铜管内表面有连成片的高低不平的凹坑，凹坑呈马蹄形，一般无明显腐蚀产物，表面一般呈金黄色。将铜管纵向剖开，用低倍放大镜观察断面，就能发现凹坑具有与水流方向相同的方向性。冲击腐蚀一般发生在凝汽器铜管入口端 100～150mm 的位置，是因为该处冷却水呈湍流状态。当水流速度过高或水中悬浮物含量较高（特别是含沙量较高）及水中带有气泡时，都会破坏铜管表面保护膜。当铜管表面保护膜被破坏时，其破坏处为阳极，未破坏处为阴极，从而形成了腐蚀电池，引起铜管的损坏。铝黄铜管易发生冲击腐蚀，当循环水含沙量较高时，入口端冲击腐蚀减薄速度可达 0.1～0.2mm/a。

为了防止铜管的冲击腐蚀，可采用如下措施：

（1）选用能形成高强度保护膜、耐冲击腐蚀的管材，如钛管、不锈钢管、铜镍合金管。

（2）限制冷却水流速不超过 2m/s。对铝黄铜管，悬浮物含量最好不超过 18mg/L。

（3）在铜管入口端部安装尼龙套管。在入口端易发生冲击腐蚀的 100～200mm 以内的涡流区用尼龙套管罩住。

（4）在铜管入口端涂防腐涂料。通常在对凝汽器管板用防腐涂料进行防腐的同时，对铜管的入口端也应涂上防腐涂料。

（5）改善水室结构，使水流不在管端形成急剧变化的湍流。

（6）进行硫酸亚铁成膜。

（7）防止异物进入铜管。因为在铜管中的异物会造成局部流速过大，产生涡流等而破坏保护膜。

4. 晶间腐蚀

对铜管横断面进行金相检查时，可发现铜合金的晶界变粗，剖开可见晶界变成红色紫铜。晶间腐蚀一般均伴随有点蚀发生，而且在点蚀坑周围，晶间腐蚀较为突出。晶间腐蚀严重的铜管，机械强度明显降低，有时一折即断裂。

造成晶间腐蚀的因素是：当 HSn70-1A 管和 HAl77-2A 管中所含的砷（As）或磷（P）超过了规定值，就会由于砷或磷过饱和而使晶界受到选择性腐蚀。如果铜管中的杂质含量过高或合金配比不当，则会在晶界处形成第二相，使晶界成为阳极，造成晶间腐蚀。

防止铜管晶间腐蚀的措施，主要是应保证铜合金的成分合理，杂质含量符合标准，加工符合要求，运行中防止沉积物聚积。

（三）腐蚀破裂

1. 应力腐蚀破裂

铜管应力腐蚀破裂，是敏感性材质在腐蚀性环境中受拉应力作用的结果。铜管应力腐蚀破裂的特征是在铜管上产生纵向或横向裂纹，甚至裂开或断裂；裂纹的特征是沿晶界裂开为主。

铜管的凝结水侧和冷却水侧都可能发生应力腐蚀破裂。产生这类腐蚀必须同时具备三个因素，即敏感性材质、腐蚀性环境和拉应力。拉应力可以在制造过程中产生，如铜管在冷加工时留下的残余应力；也可以在运输、安装过程中产生，如铜管磕碰产生内应力，在安装时，拉扭也会引起外加应力；还可以在运行过程中产生，当管子支撑板之间的间距过大时，由于自重及冷却水重力而使铜管下垂、气流冲击使铜管发生振动、冷却水温与排汽温度相差很大等都会能产生应力。

氨、有机胺类及硫化物是引起黄铜管开裂的主要杂质。当有溶解氧存在时，氨常引起黄铜管的应力腐蚀破裂。黄铜管在含氨和氧的水中，会进行如下反应，即

$$2Cu(NH_3)_2^+ + 1/2O_2 + H_2O + 6NH_3 \longrightarrow 2Cu(NH_3)_5^{2+} + 2OH^-$$

所形成的物质附着于黄铜管表面，成为阴极，发生如下的阴极过程，即

$$2Cu(NH_3)_4^{2+} + H_2O + 2e \longrightarrow Cu_2O + 2NH_4^+ + 6NH_3$$

在应力集中处，氧化膜不断破裂溶解（局部阳极溶解）。

火电厂表面式凝汽器的空气抽出区内，常有局部高浓度的氨和漏入的空气，刚好造成发生应力腐蚀破裂的环境。

要防止黄铜管的应力腐蚀破裂，最好使黄铜管的残余应力值小于 49kPa，若等于或超过196kPa，则为不合格，在有氨的条件下容易产生应力腐蚀破裂。在搬运及安装黄铜管时，应轻拿轻放，以防弯曲或扭曲，产生外加应力。在胀管时，应分区域胀接，以免由于部分管子胀接时伸长，而造成其他管子受力。在空抽区采用镍铜管也能减少应力腐蚀破裂的发生。

海军黄铜是常用管材中对应力腐蚀破裂最为敏感的材料，其次是铝黄铜管。铜镍合金一般不易发生应力腐蚀破裂。不锈钢管在较高温度的开式循环冷却水系统中，对应力腐蚀破裂也是敏感的。钛管不会发生应力腐蚀破裂。

2. 腐蚀疲劳

腐蚀疲劳主要是由于凝汽器管振动，铜管受交变应力作用而产生的腐蚀。铜管的振动会引起铜管表面保护膜的局部损坏，在腐蚀介质的作用下，使铜管产生点蚀，甚至穿孔、断裂。此时，铜管产生横向裂纹，裂纹以穿晶为主。在铜管表面有时会出现一些针孔状的孔洞，孔洞周围无腐蚀性产物。有时在铜管外侧还能发现铜管互相摩擦而减薄的迹象。

防止铜管腐蚀疲劳的主要措施是合理设计凝汽器隔板间距。根据理论计算，对于 $\phi25\times1mm$ 的铜管，隔板间距不应超过 1.29m。如迎汽侧的管子产生振动，可在管束上采用插竹片或塑料夹等减振方法。

三、凝汽器管材的选用和影响因素

为了防止凝汽器管的腐蚀，选用耐腐蚀性强的材料制造凝汽器管是很重要的。但由于实际所用的冷却水水质不一样，有的是海水，有的是淡水，它们又受到各种程度不同的污染，因此现在还没有一种既优良又易获得的管材能在各种情况下都适用。所以在各种情况下，常存在着选取铜管管材的问题。正确合理地选用凝汽器管材，是防止凝汽器管腐蚀，延长凝汽器管使用寿命的重要措施。我国设计规范规定，所选用的凝汽器管材，在采用一般维护措施的条件下，使用寿命能在 30 年以上。据不完全统计，目前我国凝汽器铜管的平均寿命约为 10 年。

铜管材料的种类有以下几种：

(1) 黄铜。黄铜是铜和锌的合金，铜中掺有锌可以改进其机械强度，改变黄铜中锌的含量可以得到不同机械性能的黄铜。黄铜中锌含量增多时，其强度增高、塑性稍低，但锌含量超过 45% 时，有可能使其机械性能变坏。

(2) 锡黄铜。在 H70 黄铜基础上加约 1% 的锡所制成的黄铜，称为锡黄铜。加锡的作用是防止铜管的脱锌，但后来发现加砷对防止脱锌效果更好，加砷量应在 0.02%～0.10% 的范围内，不能太高也不能太低。当加砷量小于 0.02% 时，效果不明显；当加砷量大于 0.10% 时，使得黄铜变脆，且会促进应力腐蚀（晶间腐蚀）。目前加砷铜管中的 As 含量，大都在 0.04% 左右。锡黄铜耐冲击腐蚀的性能较差。

(3) 铝黄铜。由于铝形成氧化膜的能力很强，黄铜中加铝可使保护膜破坏后能很快地自动"修补"，因此，铝黄铜耐冲击腐蚀的能力很强，但不耐脱锌腐蚀。HAl77-2＋As 就是为了既提高铝黄铜耐冲击腐蚀的性能又提高其耐脱锌腐蚀的性能而制成的管材。有的铝黄铜管中加有硅，其作用是防止冲击腐蚀和应力腐蚀。

(4) 白铜管。白铜是镍与铜的合金。目前，供凝汽器用的国产白铜管主要是 B30（含 Ni 含量为 29%～30%，其余为 Cu）管，B30 管具有良好的耐含沙水冲击腐蚀和耐氨蚀性能，适于安装在凝汽器空抽区，可防止凝汽器管汽侧的氨蚀。

冷却水中所含杂质对凝汽器管材的选用起着决定性的影响。凝汽器冷却水通常可分为淡水、咸水或海水。有的国家，为了使管材的选用更为合理，对水质进行了更细的分类，见表 5-13。

表 5-13　　　　　　　　　　　选用管材的水质分类

水质分类	含盐量（mg/L）	水质分类	含盐量（mg/L）
淡水	<2000	咸海水	8000～16 500
微淡咸水	2000～3000	海洋海水	35 000
淡咸水	3000～5000	污染海水	
苦咸水	5000～8000		

DL/T 712—2000《火力发电厂凝汽器管选材导则》规定了不同材质凝汽器管所适应的水质及允许流速，见表5-14。

表 5-14　　　　　　　　　国产不同材质凝汽器管所适应的水质及允许流速

水质 / 管材	溶解固形物 (mg/L)	Cl⁻ (mg/L)	悬浮物和含沙量 (mg/L)	允许最高流速 (m/s)	
				最低	最高
H68A	<300，短期<500	<50，短期<100	<100	1.0	2.0
HSn70-1	<1000，短期<2500	<150，短期<400	<300	1.0	2.0
HSn70-1B	<3500，短期<4500	<400，短期<800	<300	1.0	2.0
HSn70-1AB	<4500，短期<5000	<2000	<500	1.0	2.0
BFe10-1-1	<5000，短期<8000	<600，短期<1000	<100	1.4	2.0
HAl77-2[①]	<35 000，短期<40 000	<20 000，短期<25 000	<50	1.0	2.0
BFe30-1-1	<35 000，短期<40 000	<20 000，短期<25 000	<1000	1.4	3.0
Ti	不限	不限	<1000	不限	

注　根据 GB/T 8890—2007《热交换器用铜合金无缝管》，取消了不加砷的铝黄铜管和锡黄铜管，直接用 HSn70-1 与 HAl77-2 表示加砷黄铜；根据 GB/T 5231—2001《加工铜及铜合金化学成分和产品形状》，取消 B30 和 B10 牌号，改用 BFe10-1-1 和 BFe30-1-1 表示。

① HAl77-2 只适用于水质稳定的清洁海水。

我国在制定凝汽器管材选用的技术规定时，首先考虑了水质，主要是水中溶解固形物、氯离子、悬浮物及含沙量、水质污染指数；其次考虑了流速的影响。

水中的各种盐类，对黄铜管腐蚀的影响是不同的，其中氯离子和硫酸根的影响最大，因此，对水中氯离子含量的规定为选材和评定指标之一。

在选用凝汽器管材时除采用上述规定外，还应考虑以下一些因素的影响：

1. 水中悬浮物和含沙量的影响

刮风下雨及水量的突然变化，都会引起水中悬浮物和含沙量的较大变化，因此，应有各种情况下的分析结果。对含沙量除确定其含量外，还应注意泥沙的粒径及形状特性。冷却水中的贝类、石子、木片及海藻等进入凝汽器的铜管后，会堵塞在管内，引起沉积腐蚀，防止的方法是加装滤网和进行氯处理等，消除这些污物。水中含沙量太大是造成冲击腐蚀的原因之一。如果冷却水中沙子的年平均含量不大于 500ppm，通常不会引起冲击腐蚀。如果太高，则应设法降低泥沙含量。

2. 水质条件和水质恶化污染的影响

水的 pH 值对铜管腐蚀有较大的影响，但多少最合适，尚无定论。有的资料认为 pH 值一般在 8～9 之间较好，而有的资料则认为大于 8.0～8.5 就有危险。总之，pH 值过大是不好的，此时，腐蚀趋向于局部脱锌。所以在进行冷却水处理时，应注意 pH 值的调节。

目前，国产的凝汽器铜合金管，只适用于下述清洁程度的水中：$c(S^{2-})<0.02mg/L$，$c(NH_3)<1mg/L$，$c(O_2)>4mg/L$，$COD_{Mn}<4mg/L$。

当水质污染程度超过此限时，应根据实际水质情况，采用加氯处理、海绵球清洗、硫酸亚铁处理等措施。当水质污染较严重时，还可采用限制排放措施，以减少其影响，或者选用耐污染水的钛管或不锈钢管。

钛管对氯化物、硫化物和氨具有较好的耐腐蚀性，耐冲击腐蚀的性能也较强，采用海水或咸水冷却的凝汽器宜使用钛管。对于受污染的海水、悬浮物含量高或污染严重的水也应使用钛管。

3. 水流流速的影响

冷却水水流流速过低会造成悬浮物等在铜合金管内沉积，从而引起铜合金管的沉积物下腐蚀；流速过高会造成铜合金管的冲刷腐蚀。因此，使用铜合金管时，应按照表 5-14 规定的流速条件运行。

采用钛管或不锈钢管时，应保证足够的流速，并采用完备的加氯处理、胶球清洗等措施，以保证所需的清洁度。

4. 处理方式的影响

成膜处理是提高铜合金耐腐蚀性能的有效手段。H68A 和 HSn70-1 管在采用成膜处理时，允许的悬浮物含量可提高到 500～1000mg/L。HSn70-1 管允许的溶解固形物可以提高到 1500mg/L，氯离子可提高到 200mg/L。

当给水加氨处理时，空抽区布置在中间部位的凝汽器以及空抽区铜管已有氨蚀的凝汽器，宜采用 BFe30-1-1 管或不锈钢管。

几中常见管材的耐腐蚀性能如下：

（1）H68A 管。耐脱锌腐蚀性能比 H68 管强得多，其主要腐蚀形式为均匀腐蚀。

（2）HSn70-1 管。对应力腐蚀破裂较敏感，应进行退火处理，消除内应力后使用。此外，在管内表面有沉积物或碳膜时，容易发生点蚀。

（3）HSn70-1B 管。对应力腐蚀破裂和应力腐蚀疲劳非常敏感，应进行退火处理，消除内应力后使用。

（4）HAl77-2 管。此管各国都广泛用于海水，它耐硫化物侵蚀性较好，但耐沙蚀性能差，在悬浮物及含沙量较高的海水或淡水中，入口管端会发生严重的冲击腐蚀，腐蚀表面呈金黄色，腐蚀坑呈马蹄形并有方向性。这种管材对应力腐蚀也比较敏感，应进行退火处理，消除内应力后使用。

HAl77-2 管在安装不当或机组有振动时，在清洁淡水中也容易发生应力腐蚀破裂和应力腐蚀疲劳损坏，在污染的淡水中，它是不耐腐蚀的。因此，HAl77-2 管一般不推荐在淡水中使用，也不宜在浓淡交变的冷却水中使用。

（5）BFe10-1-1 管。这种管子过去主要用于海水，因其在清洁海水中较耐腐蚀，其耐氨蚀及耐应力腐蚀的性能都比黄铜好，但次于 BFe30-1-1 管。在含沙和悬浮物的海水中不耐冲击腐蚀。此外，它也不适用于含硫化物的水中。

（6）BFe30-1-1 管。此管具有良好的耐沙蚀性能和耐氨蚀性能，适用于悬浮物和含沙量较高的海水中，并适宜安装在凝汽器空抽区。BFe30-1-1 管在污染的冷却水中会发生点蚀。在初期保护膜形成不良及表面有积污的情况下，也容易发生坑蚀。采用胶球清洗能明显提高 BFe30-1-1 管的耐腐蚀性能。

（7）钛管。这种管材对氯化物、硫化物和氨均有较好的耐蚀性，耐冲击腐蚀的性能也较强，可在污染的海水或悬浮物含量高的水中及在较高流速下使用。

（8）不锈钢管。该管具有良好的耐冲击腐蚀及耐氨蚀性能和耐污染水性能，但也有可能发生点蚀。

四、对凝汽器铜管的管理和维护

（一）基建阶段

1. 管材的搬运

（1）当长途搬运凝汽器管时，应将其装箱（不得有明显变形），禁止用麻绳捆扎。

（2）用汽车运输时，车身不能短于管长，装卸时应使用起吊装置，起吊时每隔 3m 应有一个抓点。

（3）短距离搬运时，不允许只在加力于铜管一点的情况下搬运，应人工转移，每隔 3m 应有一个人，以免铜管弯曲变形。

（4）搬运铜管时，应轻拿轻放，不许摔、打、碰、撞。

2. 管材的存放

（1）凝汽器管应有牌号和规格的标记，入库时，应按牌号分类存放。牌号不明者，应对管样化验，弄清牌号，严防掺杂混用。

（2）凝汽器管应分类存放在固定支架上或专用包装箱内，并应保证凝汽器管平直。

（3）储存铜管时地点应干燥，相对湿度一般不高于 50%，室内应有良好的通风，铜管的储放时间不宜过长，并应定期检查外观情况，避免出现锈斑。

（4）铜管必须要存放在棚子时，此棚应防雨良好，不能有积水。在支架上的管材应用防水苫布盖住，但苫布与管料间应支起，保证通风良好，避免局部湿度与温度过高。在此条件下存放铜管，应尽量缩短存放时间。

3. 管材的验收

使用部门在验收管材时，对一些必要的复核项目应进行抽查检验，以免留下后患。必要时，用户可以抽检以下项目：

（1）黄铜管和白铜管的供货状态多为软（M）或半硬（Y_2），在内应力合格的前提下，以使用半硬状态管材为宜。

（2）管材尺寸及允许偏差应符合有关标准。

（3）表面状态。管材内外表面应光滑、清洁，不应有裂纹、环状痕迹、针孔、起皮、气泡、粗拉道、斑点和凹坑等宏观缺陷。管材端部应切平整、无毛刺。管材内表面检查，对每批管材可任选 5 根，各取 150mm 的管段，沿纵向切成两半，测量壁厚并做内表面检查，如有问题，还应扩大检查。除进行肉眼观察外，还应按规定对至少 5% 的管子进行涡流探伤，发现有不合格者应扩大检查范围，再有不合格的管子应进行全面涡流探伤。

（4）扩口试验及压扁试验。对壁厚小于 2.5mm 的管材进行扩口和压扁试验。压扁试验压至内壁距等于管壁厚度为止。扩口试验用的顶心锥度为 60°，扩口率为 20%。试验结果不应产生裂纹。

（5）管材的强度及韧性应符合表 5-15 的规定。

（6）管材的内应力状态。铜管的内应力检查一般是采用氨熏法进行。

4. 管材的安装

（1）穿管前按 0.2% 抽样检查铜管内应力，内应力不合格的铜管应在 350℃ 退火 2～4h，以消除应力。

表 5-15 黄铜管与白铜管的拉力试验标准

牌　号	材料状态	抗拉强度 δ_b（MPa）	伸长率 δ_{10}（%）
H68A	半硬	＞3.43	＞30
HSn70-1	软	＞2.94	＞38
HAl77-2	半硬	＞3.92	＞40
	软	＞3.43	＞50
BFe30-1-1	软	＞3.73	＞23

（2）将管板孔和凝汽器管端打磨干净，洗去油污和氧化物，用气焊的火焰对管端进行退火，穿管时防止凝汽器管受到牵拉和弯曲等附加应力，避免被穿孔或隔板划伤。

（3）应使用胀管器进行胀管试验，铜管试胀合格后，方可正式胀管，不能过胀、欠胀、胀后铜管减薄为 4%～6%。胀管深度一般应为管板厚度的 75%～90%。

（4）安装铜管时，不得使用临时人员或搞突击性穿管。

（5）安装结束后，凝汽器中的所有杂物应清除干净，由汽侧灌水检查严密性，重胀有渗漏的管子，确认无问题后，进行汽侧清理和冲洗。如果不立即启动凝汽器，应放空铜管内存水，并进行适当的保养。

（6）检查进入凝汽器的化学除盐水管和疏水管的安装位置，不应使水直接冲击凝汽器管，同时检查这些部位的挡板安装是否牢固。

（二）运行阶段

1. 启动阶段

（1）机组投产前应彻底清扫冷却水系统，确保冷却水沟道、管道及冷却塔内无异物，拦污栅完整，旋转滤网能有效地工作，以避免凝汽器管污堵。

（2）凝汽器通冷却水前应上水找漏，通常在凝汽器汽测灌除盐水至凝汽器顶排管上 1m 处，观察管板的是否有渗漏。如果用加有荧光剂的水做严密性试验，试验后必须将水排尽，并用除盐水冲洗，以保证给水纯度。

（3）凝汽器启动时，所有有关装置，如防垢处理装置、加氯装置、加硫酸亚铁装置、胶球清洗装置等，均应能投入运行。

（4）选择冷却水处理方案时，要考虑药剂对管材的影响，注意处理后冷却水含盐量和 pH 值的变化，当冷却水 pH 值在 6 以下或 10 以上时，铜合金表面难以形成保护膜或不能保持住保护膜。

（5）凝汽器投运前虽已对冷却水系统和供水系统进行了清洗，但还不能完全排除异物进入凝汽器的可能性，所以投运初期，只要有机会就要对管子进行检查，除去堵塞物。这种检查要反复进行，直至确保管子无堵塞的可能性为止。

2. 正常运行阶段

（1）维护好保护膜，使冷却水的 pH 值保持在一定范围（如 7～9）内。尽量降低水中悬浮物和含沙量。采用成膜处理措施，应按要求进行补膜。

（2）杀菌灭藻。当水中微生物和有机物较高时，通常采用加氯处理。加氯还可防止管材和硫化氢起作用。

（3）做好防垢处理监控，保证铜管内无水垢沉积。

（4）应采用胶球连续擦洗或反冲洗等方法，以保持铜管表面清洁。

（5）运行中水流速必须控制在管材允许的流速范围内。

3. 停用阶段

凝汽器停用时，滞留在铜管里的水会由于缺氧而使有机体产生氨和硫化物，以致损坏保护膜，还有可能因氧的浓差而产生腐蚀。

（1）凝汽器停运 3 天以内，应放掉冷却水，打开人孔门自然通风干燥。

（2）凝汽器停运 3 天以上，必须排空、冲洗、干燥和保持敞开状态。

五、防止凝汽器铜管腐蚀的措施

（一）凝汽器铜管造膜处理

为了防止铜管受到冷却水的侵蚀，应采用某些药品在铜管上造膜，使铜管表面被覆盖起来，常采用硫酸亚铁造膜法。该法为将硫酸亚铁水溶液通过铜管，使铜管内壁生成一层含有铁化合物的保护膜，从而防止冷却水对铜管的腐蚀。用此法造的膜呈棕色或黑色。膜的形成过程目前还不完全清楚，但通过研究得知，棕色膜中除了有了 Cu_2O 外，还有少量的 $\gamma-FeOOH$；黑色膜中除了有 Cu_2O、$\gamma-FeOOH$ 外，还有 $CuFeO_2$。

硫酸亚铁造膜方法，常用的有一次造膜法和运行中造膜法两种：

（1）一次造膜法。一次造膜法就是在凝汽器停运的条件下，将硫酸亚铁溶液通过铜管，进行专门的造膜运行。此法适用于新铜管投入运行以前和铜管检修后且启动前。

造膜前铜管的表面状态是一个很重要的因素。铜管表面有附着物是不利于造膜的，必须清洗干净。新铜管的表面可用 1% $NaOH$ 溶液冲洗 2h，然后用水冲洗，出水用酚酞指示剂试验时不显红色，或经清洗后再用 $NaCl$ 溶液冲洗。这样的铜管表面在用硫酸亚铁造膜时，可以得到性能较好的膜。常用的造膜条件如下：

1）硫酸亚铁浓度：含 $FeSO_4 \cdot 7H_2O$ 的溶液 250～500mg/L，或含 Fe^{2+} 的溶液 50～100mg/L。

2）溶液 pH 值为 5～5.6。

3）溶液温度为室温或 30～40℃。

4）溶液循环流速为 0.1～0.3m/s。

5）循环时间为 96h 左右。

（2）运行中造膜法。用这种方法造膜时，应每隔 24h 连续加 1h 硫酸亚铁溶液，或都每隔 12h 连续加硫酸亚铁溶液 0.5h，加药时使通过凝汽器的冷却水中含铁 1mg/L。这种方法既可用在初次造膜上，也可用在已造膜的铜管运行一段时间以后的保护膜的维护上。在后一种情况下，加药量可以根据具体情况加以适当变更，如将它减至原来的 1/5～1/3。运行中加药的地点，应设在凝汽器的冷却水入口端。加药点离开入口端的距离应适宜：为了保证药品在冷却水中混合均匀且反应完全，距离不能过近；距离也不能过远（如几百米），过远效果不好，这可能是当溶液尚未到达凝汽器时就有铁化合物析出的关系。采用硫酸亚铁造膜方法，在大多数情况下对于防止铜管的冲击腐蚀、脱锌腐蚀、应力腐蚀等，均有明显的效果，而且还发现它对已发生腐蚀的铜管有一定的保护和堵漏作用。当冷却水中含硫化氢或其他还原性物质，且污染很严重时，此法就不能起作用了。

（二）添加铜缓蚀剂

常用的铜缓蚀剂有以下几种：

（1）巯基苯并噻唑，简称为 MBT。巯基上的氢原子能在水溶液中游离出 H^+，它的负离子能与铜离子结合生成十分稳定的络合物。巯基苯并噻唑的铜盐在水中几乎不溶解，在适宜的 pH 值变化范围内，也很稳定。当 MBT 和金属铜表面上的活性铜离子产生螯合物时，也可能与金属表面的氧化亚铜再发生化学吸附作用，在金属表面形成一层保护膜。这层保护膜十分致密和牢固，虽然厚度很薄，但对铜或铜合金基体具有良好的缓蚀效果。

MBT 的缓蚀作用与其浓度有关。MBT 缓蚀作用在 $1\sim2mg/L$ 之间有一个突跃，一般在 $2mg/L$ 时，缓蚀率已很高。但是在 pH＜7 的循环冷却水中，MBT 的浓度至少是 $2mg/L$，才能使铜或铜合金得到保护。

（2）苯并三氮唑。苯并三氮唑是一种有效的铜和铜合金的缓蚀剂。一般认为它对铜的缓蚀作用，是由于它的负离子和亚铜离子形成了一种不溶性的稳定的络合物，这种络合物吸附在金属表面上，形成了一层稳定的和惰性的保护膜，这层保护膜很薄，其厚度虽仅为 50Å，但在各种介质中仍然很稳定，从而使金属得到了保护。

电化学极化曲线测量的结果表明，苯并三氮唑既有抑制铜的阳极溶解过程的作用，又有抑制氧的阴极还原过程的作用。添加苯并三氮唑后，铜的腐蚀电位向负的方向移动，故苯并三氮唑是一种混合型缓蚀剂，但以阴极型为主。研究结果表明，苯并三氮唑在 1min 内就能牢固地吸附在水中铜的表面上，其吸附层的厚度为 $1\sim2\mu m$。

在开式循环冷却水系统中，一般维持苯并三氮唑含量为 1mg/L 即可，其优点是对铜的缓蚀效率高，能耐氯的氧化作用。

苯并三氮唑的耐氧化能力比 MBT 好，虽然冷却水中有游离氯存在时，它的缓蚀能力下降，但在余氯消耗完后，它的缓蚀作用又会恢复。

（三）阴极保护

1. 外加电流保护

外加电流保护是借助于直流电流从被保护的金属周围的电解质中流入该金属，使金属的电位负移到指定的保护电位范围内，从而使该金属免遭腐蚀的一种保护方法。由于在通电过程中，被保护的金属成为阴极而得到保护，因此称为阴极保护。这种方法通常要求冷却水的电导率要高，否则其保护范围小，保护效率低。因此，该法多用于海水或苦咸水系统。

阴极保护常用参数如下：

（1）凝汽器铜合金管的阴极保护参数见表 5-16。

表 5-16　　　　　　　凝汽器铜合金管的阴极保护参数

项　目	单　位	数　值	项　目	单　位	数　值
自然腐蚀电位	V	-0.206	铜管的保护电流密度	mA/m^2	150
析氢电位	V	-1.40	水室的保护电流密度	mA/m^2	10
铜管管端控制电位	V	$-1.0\sim-0.9$	实际功率消耗	W	600

（2）电源。用硅整流的低压直流电源供电。每一单侧输出直流电压为 24V，电流为 50A。用可变电阻进行手动调节。阴极电缆采用截面积为 $10mm^2$ 的塑料包皮电缆。参考电极引线采用多股屏蔽线，其截面积为 $1\sim1.5mm^2$。

阴极保护系统运行情况：凝汽器一侧的总电压为 8～9V，保护电流为 10～15A；凝汽器铜管管端的电位基本上保持在－0.95～－0.85V 范围内。

2. 牺牲阳极保护

牺牲阳极保护的原理是利用异种金属接触产生电偶腐蚀，使被保护金属的电位负移（阴极）而得到保护，使保护金属的电位正移（阳极）而被腐蚀。这种牺牲一种金属而保护另一种金属的保护称为牺牲阳极保护。与外加电流法相同，冷却水的电导率越高，其保护范围越大，保护效率也越高。

通常用锌合金作为牺牲阳极。在设计牺牲阳极保护时，应根据冷却水的含盐量、保护范围和阳极的寿命等因数综合考虑，避免阳极腐蚀过快，不能坚持一个检修周期（至少 1 年），也要避免阳极腐蚀过慢，起不到保护效果。

（四）凝汽器铜管的清洗

冷却水经过处理，可以减轻凝汽器铜管内附着物的量，但并不能确保将附着物完全去除。因此有时还需要进行清洗，用刷子、水枪等进行机械清扫凝汽器铜管的办法较为麻烦，工作量大，劳动强度大。下面介绍两种清洗法，以供参考。

1. 自动清洗

海绵球自动清洗是一种独特的清洗办法，它利用特制的海绵球，在凝汽器运行中使其通过凝汽器铜管，进行自动冲刷。这种办法可以使附着物被海绵球冲刷掉，是防止凝汽器铜管产生附着物的措施。

（1）原理。海绵球通常是用橡胶制成，因它具有多孔、能压缩等特性，好像海绵，故称为海绵球。海绵球在充分吸水后的相对密度应和水的相对密度相同。海绵球的直径应比铜管内径大 1mm，当它的直径比铜管内径小 1mm 时，便不能再使用，应更换。每台凝汽器所需的海绵球量为一个流程的铜管数的 10%～15%。每根管子在每次清洗中平均通过 3～5 个海绵球。

因为海绵球性软，所以在水流带动下会通过铜管。此时，海绵球和铜管管壁发生摩擦，能将管壁上的附着物擦去。因海绵球具有多孔性，所以从海绵球后方来的水流会通过其孔隙把擦下的污物冲走。

（2）清洗系统。在海绵球自动清洗的装置系统中，有专设的水泵使水形成一个单独的循环回路，海绵球被一股水流带动，通过凝汽器和回收网等做循环运动。

在清洗系统中的回收网，最初用的是固定式的，呈锥形，所以当海绵球不运行时，由于回收网产生的阻力，便消耗能量。为此，可将回收网做成活动式的，这样在海绵球不运行时，可以把回收网合上，以减少水流阻力。海绵球清洗系统使冷却水系统增加的水流阻力为 0.006～0.008MPa，如无专用水泵，可以使用适当的污水泵。

（3）清洗次数。每星期或每月的清洗次数，应根据具体情况而定，一般为每星期洗一次，清洗次数不宜过多，因为清洗过度有可能破坏铜管表面的保护膜，引起铜管腐蚀。

2. 化学清洗

为了除去凝汽器铜管内结有的碳酸盐垢类，用化学药剂进行清洗要比机械清扫省力。一般清洗所用的药品为酸，就是利用它和碳酸钙的反应，使垢转变成易溶的钙盐，随冲洗液排走。

（1）酸的选择。通常可采用的酸有盐酸、醋酸和磷酸。盐酸的除垢效果好、作用快、价格低廉，一般情况均能采用。盐酸对铜管的腐蚀速度比其他酸大，但可用加缓蚀剂的方法，使其腐蚀速度减小。醋酸的酸性弱、作用慢，故酸洗操作应在加热至 $40 \sim 60℃$ 的情况下进行。但醋酸对铜管的腐蚀速度比盐酸慢。磷酸与醋酸的效果相似。至于硫酸，因为和 $CaCO_3$ 反应时会生成溶解度较小的 $CaSO_4$，能附着在垢面上，阻碍垢的一步溶解，所以不采用。

（2）湿度和酸的浓度。盐酸和碳酸盐垢灰的反应是较容易的，所以用盐酸进行清洗时，一般在室温下就可进行。酸的起始浓度，可以在 $3\% \sim 5\%$ HCl 的范围内选用，终了的排酸浓度可按 1% 考虑。

（3）缓蚀剂的选择。缓蚀剂的缓蚀效率与金属的种类有关，通常对钢铁腐蚀有效的缓蚀剂，并不一定对铜有效。几种对铜有效的缓蚀剂的加药量和其效率中，亚铁氰化钾效率最高，但药品有毒，废液排放和处理较困难，若其中加有活性剂，泡沫多，使酸与垢接触不良，影响酸洗效果；较为理想的是二邻甲苯硫脲，它具有用量省、效率高等优点，同时它也是钢的缓蚀剂。

（4）进酸方式。根据凝汽器进酸和排酸部位的不同，酸洗凝汽器铜管有以下三种进酸方式：

第一种是上进下排法，即酸洗液从凝汽器的上部进入，通过铜管后，由凝汽器的下部排出。这种方式的优点是首先和酸接触的为结垢较多的出口部分，这是比较理想的；但缺点是酸流和气流逆向流动，排气不易，会造成气塞，影响酸洗效果。

第二种是下进上排法，即酸洗液从凝汽器的下部进入，通过铜管后，由凝汽器的上部排出。这种方式的优点为气、液流同向，排气较顺，只需在酸液出口设一个排气管即可；但缺点是新进的浓度大的酸会与结垢较轻的下部铜管先接触。

第三种是上、下交替轮流进酸法，这样洗垢的效果好，但操作和控制较复杂，一般不采用。

（5）排气。酸洗凝汽器时会产生大量二氧化碳气体，如排气不当会造成事故，且对酸洗的效果也有很大影响。当下部进酸时，可采用单侧单点排气；上部进酸或上、下交替进酸时，应采取双侧点排气。排气可通向大气，但最好引回酸箱，以防控制不当造成跑酸。

（6）化学监督。从进酸开始，每 5min 应分析一次进出口酸的浓度，当每次进酸的浓度一致时，应再连续测两次，确保进酸的浓度基本不变时，可判断已洗净，即可结束酸洗。酸洗所需的时间一般为 $1 \sim 2h$。

3. 高压水射流清洗

高压水射流清洗技术在工业生产中的应用，是近几年发展起来的清洗凝汽器的一门新技术，它在我国电力系统中的应用还处于起始阶段，但带来的经济效益相当可观。

高压水射流清洗的工作原理如下

（1）通过清洗喷嘴将高压水的压力能转换成高速流体，正向、切向击向被清洗面，在被清洗面上产生很大的瞬时碰撞动量，这是高压水除垢、除灰、除焦的主要原理。

（2）由于清洗喷嘴在设计中其水束与被清洗面的法线方向有一定的夹角，因此易在铜管内壁与污垢之间形成带有压力的水膜层，从而产生对污垢由外向内的挤压。这种效果从清洗下来的垢块中可以看到，最大的垢块为 $20mm \times 150mm$。

（3）在清洗喷嘴设计中要考虑到喷嘴自身对水束的干扰，使水束在接触水垢的过程中产生强烈脉动。实践证明，如果考虑到这种因素，清洗效果就会更好一些。

六、凝汽器不锈钢管材腐蚀的控制措施

(一) 凝汽器不锈钢管材的特性

1. 化学成分

不锈钢的牌号很多，凝汽器管多数使用奥氏体不锈钢。另外，还有铁素体和双相不锈钢。在淡水、微咸水、咸水中使用的奥氏体不锈钢主要是 Fe-Cr-Ni 系合金，即美国AISI300系不锈钢，包括 TP304、TP316 和 TP317 系列不锈钢管。奥氏体不锈钢从 1913 年在德国问世后，在随后的 70 多年内，其成分在 18-8 不锈钢（Cr18Ni8，相当于 TP304）的基础上有以下几方面的重要发展：

（1）增加不锈钢中合金元素 Mo 的含量，可以有效地提高不锈钢在含 Cl^- 介质中耐缝隙腐蚀和点蚀的能力。

（2）降低不锈钢中的碳含量或加稳定化元素 Ti、Nb、Ta，可减小焊接材料时发生晶间腐蚀的倾向。

（3）在不锈钢中添加 N 元素，可以提高其强度，以补偿降低碳带来的强度降低，还可以增进其耐点蚀性能和相的稳定性能。

（4）增加 Ni 含量，可提高其强度，并改善抗应力腐蚀和高温氧化的性能。

2. 物理和力学性能

不锈钢管的强度和弹性模量均比铜管和铁管高，允许应力是海军黄铜的 1.6 倍，是铁管的 1.5 倍，所以允许有较大跨距而不振动；不锈钢管热膨胀系数比铜管更接近钢；不锈钢管热导率与钛管差不多，比铜合金管低得多，但由于其强度高、耐腐蚀性好，可通过减小管壁厚度来减小管壁的热阻。

(二) 凝汽器不锈钢管的耐蚀性

1. 点蚀和缝隙腐蚀

不锈钢的点蚀和缝隙腐蚀具有相同或类似的规律，其影响因素包括材质和介质两个方面。影响不锈钢管的点蚀和缝隙腐蚀的材质因素主要是合金元素和表面状态。在合金元素中，Mo 是提高不锈钢耐点蚀和缝隙腐蚀性能的最主要的合金元素。例如，在 TP304 中加入 2% 的 Mo 制成的 TP316 不锈钢，其耐点蚀和缝隙腐蚀性能可以大大提高；添加 0.1%～0.3% 的 N 也可使不锈钢耐点蚀性能明显提高。表面状态对不锈钢的点蚀和缝隙腐蚀也有影响，为了减少金属表面的不均匀性，钝化处理是有效的。因此，在对不锈钢管进行酸洗后必须进行钝化处理。另外，钢表面越光洁，异物越难以附着，发生点蚀和缝隙腐蚀的几率就越小。

在冷却水中，影响不锈钢管的点蚀和缝隙腐蚀的环境因素主要有 Cl^-、SO_4^{2-}、pH 值、溶解氧量、流速和温度。Cl^- 的含量越高，pH 值越低，不锈钢管越容易发生点蚀和缝隙腐蚀。然而，当溶液中 SO_4^{2-} 的浓度为 Cl^- 浓度的 2 倍以上时即可抑制点蚀，因此，SO_4^{2-} 量少时，钝化电流密度变大，结果缝隙腐蚀量增加。溶液温度提高，将加速离子的迁移过程和阳极反应速度，一般会引起点蚀电位降低，从而增加点蚀倾向，加速缝隙腐蚀。增加溶液中溶解氧浓度或溶液的流速均会使金属表面的氧浓度提高。这在未发生腐蚀的情况下，有利于金属表面钝化；但腐蚀发生后，将使缝隙和蚀孔外部阴极反应随之加快，局部腐蚀速度增大。然而，流速过低时，冷却水中的悬浮物或泥沙容易在金属表面沉积，从而导致沉积物下的局

部腐蚀。

普通不锈钢在淡水中的耐蚀性很好，但也不能忽视沉积物下腐蚀。影响沉积物下腐蚀的因素很复杂，主要有 Cl^- 浓度、水质工况、沉积物形成的缝隙的尺寸、温度、不锈钢品种等。35℃时，304、316 不锈钢在极窄的缝隙中发生腐蚀的 Cl^- 浓度约为 1×10^{-3} mol/L，Cl^- 为 2×10^{-2} mol/L 时各种缝隙都会产生腐蚀；有的凝汽器 304、316 不锈钢管在保持清洁的条件下 Cl^- 浓度高达 2×10^{-3} mol/L 时也能长期运行而不腐蚀，但也有的凝汽器，在 Cl^- 浓度不高时，但由于运行中短时过热，然后长期停用，残留水蒸发浓缩，加之其他原因，304 不锈钢管发生了点蚀。普通不锈钢管（304、316 型）发生点蚀和缝隙腐蚀，一般是由于长期停用，沉积物下 Cl^- 因水的蒸发浓缩而引起的。因此，应特别注意凝汽器水侧的停用保护。

2. 晶间腐蚀

奥氏体不锈钢经高温处理（1050～1150℃）后，迅速冷却可获得单相组织。但是，这种组织处于不稳定状态，但再次升温到 427～816℃ 时（敏化处理，如焊接时），由于碳原子迁移速率增大和铬的碳化物（Cr23C6）沿晶界析出，且碳化铬中含铬量比基体金属高，碳化铬的析出势必引起邻近的晶界区域铬的贫化，从而导致晶间腐蚀。因此，影响奥氏体不锈钢晶间腐蚀的关键元素是碳，其他合金元素的影响也与碳的溶解度和碳化物的析出有关。降低奥氏体不锈钢中的碳含量是控制其晶间腐蚀的重要措施。此外，向奥氏体不锈钢中加入稳定化元素 Ti 或 Nb 也可有效地抑制其晶间腐蚀。因为 Ti 或 Nb 与碳具有很强的亲和力，稳定化处理后将形成 Ti 或 Nb 的碳化物，使固溶体中碳含量降到很低的程度，在随后的敏化过程中，很少或不析出 Cr23C6，所以不易发生晶间腐蚀。

3. 应力腐蚀

在含 Cl^- 溶液中的 SCC 是奥氏体不锈钢的一种常见的腐蚀形态。在冷却水中，它主要与氯化物的种类、Cl^- 含量和溶液温度有关。一般认为，凡是可水解产生酸的酸性氯化物，如 $CaCl_2$、$MgCl_2$ 等，均能引起奥氏体不锈钢的 SCC，并且 Cl^- 含量和温度越高，发生 SCC 的倾向越大。但是，常温下这种倾向很小。因此，在凝汽器运行时的正常冷却水温度下，不锈钢管一般不会发生 SCC。一般情况下，增加抗拉强度、提高耐蚀性和减小晶粒度均有利于提高材料的耐腐蚀疲劳性能。但是，TP304、TP304L、TP316、TP316L 的耐腐蚀疲劳性能差别很小。介质的腐蚀性越强，温度越高，交变应力的幅度越大，不锈钢越容易发生腐蚀疲劳。此外，点蚀因可作为疲劳源而诱发腐蚀疲劳。

4. 其他腐蚀

不锈钢只有在较浓的酸溶液中才会发生均匀腐蚀，而在各种中性和碱性溶液中则都具有良好的耐蚀性。因此，不锈钢管在凝汽器运行工况下不会发生均匀腐蚀，包括氨蚀。

因为不锈钢管具有较高的机械强度和钝化性能，所以具有良好的耐冲刷腐蚀性能，从而可大幅度提高管内冷却水流速。

（三）凝汽器不锈钢管的选材与维护

1. 选材

不锈钢选材的方法主要有三种：①通过选材试验确定；②由承建公司根据经验选材或试验确定；③根据不锈钢管制造商提供的资料，仅按冷却水中的 Cl^- 浓度根据表 5-17 确定。

表 5-17　　　　　　　　　　　常用凝汽器不锈钢管管材

美国管材牌号	304、304L	316、316L	317、317L	AL-6X
Cl⁻（mg/L）	<200	<1000	<5000	海水

为了降低成本和管壁的热阻，凝汽器主凝结区选用 $\phi25\times0.5$mm 的薄壁焊接不锈钢管，但顶部三层管子应选用较厚的 $\phi25\times0.7$mm 薄壁焊接不锈钢管，以增加管材的强度，减小蒸汽冲击引起的振荡。

在淡水中，与不锈钢管连接的碳钢管板的电偶腐蚀问题并不突出。但是，为了最大限度减小胀管或焊接部位腐蚀导致冷却水泄漏的可能性，新凝汽器可以采用碳钢—不锈钢的复合材料管板。由于这种复合管板的水侧是与管材材质相同或相近的不锈钢，并且在不锈钢管安装中采用胀接与焊接结合的方法，因此就消除了管子对管板的电偶腐蚀问题。此外，为了防止管板和水室的腐蚀，还可采用阴极保护。

2. 维护

对凝汽器不锈钢管的维护应注意以下问题：

（1）冷却水长期低流速运行或长期停留在凝汽器内，将使不锈钢管耐点蚀性能下降。试验结果表明，流速对不锈钢管的点蚀电位有较大影响。例如，304 型不锈钢管电极在动态 NaCl 溶液中的点蚀电位高于静态。因此，凝汽器不锈钢管应尽可能在较高流速下运行。停运时，应进行干燥保护。

（2）防止结垢。管壁上沉积污垢不仅严重影响传热，而且易引起腐蚀。304、316 型普通不锈钢管发生点蚀和缝隙腐蚀，一般都是在长期停用中沉积物下 Cl⁻ 浓缩所造成的。因此，凝汽器不锈钢管应更加重视防止结垢，胶球等清洗装置应正常运行。

（3）注意防止凝汽器管过热。因为温度上升，点蚀电位下降，点蚀和缝隙腐蚀加剧。

（4）不锈钢管也存在生物腐蚀，同样应重视对循环冷却水系统中微生物的控制。但是，含氯杀菌剂会使不锈钢管的点蚀电位有所下降。游离氯过大或由于分配不均使局部氯含量过高都会引起管子出现点蚀；固体含氯杀菌剂停留在不锈钢管上会在较短时间内引起该处点蚀。因此，在对冷却水加氯时要特别小心。

（5）水处理药剂种类很多，选用时应考虑它们对不锈钢管耐蚀性能的影响，必要时应通过试验来筛选。

凝 结 水 精 处 理

第一节　凝结水精处理系统概述

凝结水精处理技术作为适应大机组的发展而产生的水处理技术，随着机组技术的不断发展也得到了发展。对于超临界和超超临界火电机组，凝结水精处理设备的设计，要充分考虑尽量减少硫酸盐和钠的漏出。为了满足以上出水指标，凝结水精处理系统必须采用设置有前置过滤器的深层混床处理系统。目前经过不断的技术改造后较成熟的凝结水精处理系统有下列形式：

（1）设前置过滤器的凝结水精处理系统。①凝结水→覆盖过滤器→混合床；②凝结水→树脂粉末覆盖过滤器→混合床；③凝结水→电磁过滤器→混合床；④凝结水→管式微孔过滤器→混合床；⑤凝结水→氢型阳床→混合床。

（2）不设前置过滤器的凝结水精处理系统。①凝结水→树脂粉末覆盖过滤器；②凝结水→空气擦洗高速混床。有时将树脂捕捉器称为后置过滤器。

前置过滤器的配置重点除了应考虑机组在启动阶段去除固体腐蚀产物、杂质和长期运行后的氧化皮颗粒外，还要考虑去除钠、非晶型腐蚀产物以及凝汽器泄漏引入的各种盐类杂质。对于非晶型腐蚀产物和盐类杂质采用离子交换法加以去除可以起到较好的效果。

超超临界火电机组在启停时锅炉给水采用全发挥处理（AVT）方式，热力系统的腐蚀产物多为颗粒状悬浮物。机组正常运行后，锅炉给水应采用加氧处理，给水的 pH 值一般控制在 $8.0 \sim 8.5$，运行中大多产生非晶型腐蚀产物。同时任何材料的凝汽器均可能发生泄漏或渗漏，循环水中的盐类杂质会漏入热力系统。根据这一特点，对前置过滤器的配置有如下几点建议：

（1）由于采用树脂粉末凝结水精处理系统的机组所发生的汽轮机腐蚀积盐问题较多，而且树脂粉末凝结水精处理系统对降低出水的含钠量效果不高，因此不推荐使用该系统。

（2）前置滤芯式过滤器的除铁效率较高，在凝结水含铁量非常高时的过滤除铁效果可达到 98% 以上，而且前置过滤器滤元的过滤孔径可以根据需要进行选择，不同的阶段可以采用不同过滤孔径的滤元来适应不同凝结水水质的需要。国内某电厂 2 台 900MW 超临界火电机组的凝结水精处理系统已成功使用 $11\mu m$ 过滤孔径的滤元来处理机组启动阶段的凝结水，实践证明，对于不同凝结水铁的过滤去除效率能达到 70%～92% 以上。同时，前置过滤器还具有结构简单、占地面积小、运行安全可靠、方便维护等特点，因此被广泛应用于凝结水精处理系统。该系统存在的主要缺点就是滤芯式过滤器对进一步降低出水的含钠量和去除非晶型腐蚀产物没有什么效果，且由于制造水平的差异，国内目前尚无可靠的业绩，主要设备均为进口产品。

（3）根据国内外的运行经验，前置阳床的除铁效率不如滤芯式过滤器和树脂粉末覆盖过滤器，但它可以降低水中的含钠量，改善凝结水精处理系统混床的运行周期，又能去除离子态铁，综合除铁效率也可满足要求，还具有出水水质优良的特点。对于凝结水精处理的再生系统，目前常用的几种方式均可选用，但在不提高总价的前提下可选择目前应用较多的高塔分离技术或锥塔分离技术。

第二节　凝结水精处理系统的设备

凝结水精处理系统可以有效地、连续地去除机组在正常或非正常运行情况下热力系统中的金属腐蚀产物或因凝汽器微量泄漏而进入系统的盐分，从而提高机组的效率，延长酸洗周期。在机组启动时，凝结水精处理系统还可以大大地缩短机组的启动时间，减少机组启动时的大量排水损失。

目前较成熟的凝结水精处理系统有高速混床、覆盖过滤器＋高速混床、前置阳床＋高速混床、前置过滤器＋高速混床等，具有代表性的处理方式见表 6-1。对于自备电厂汽包锅炉，通常用覆盖过滤器、滤芯式过滤器、电磁过滤器、由阳树脂填充的过滤器等对凝结水进行处理。对于火电厂或核电站，通常用前置过滤器＋混床的凝结水精处理方式。前置过滤器有覆盖过滤器、前置阳床、树脂粉末覆盖过滤器、电磁过滤器、中空纤维过滤器、滤芯式过滤器等。有时可以省略前置过滤器，只使用混床的凝结水精处理方式，也有只使用前置过滤器中的一种单独进行凝结水精处理。

表 6-1　　　　　　　　　　　凝结水精处理的方式及特点

处　理　方　式	特　　点
A 凝结水→过滤→锅炉	自备电厂汽包锅炉使用
B 凝结水→前置过滤器→离子交换→锅炉	火电厂所使用的标准方式
C 凝结水→离子交换→锅炉	火电厂使用，省略前置过滤器
D 凝结水→树脂粉末覆盖过滤器→锅炉	火电厂使用

一、凝结水的过滤处理

凝结水中所含的悬浮物大多是不可溶解的，如氧化铁、氢氧化铁等腐蚀产物，它们不能通过离子交换被去除。如果不对凝结水中的腐蚀产物进行处理，它们将被送往锅炉，并在热负荷高的部位沉积，生成铁垢，这将影响炉管的传热和安全运行。所谓凝结水过滤处理就是用过滤器设备对腐蚀产物进行过滤处理。

用于凝结水过滤处理的设备有覆盖过滤器（含树脂粉末覆盖过滤器）、前置阳床、电磁过滤器、中空纤维过滤器、滤芯式过滤器等。

一般在下列情况下设置前置过滤器：

（1）因为机组调峰需要，要经常启停的直流锅炉或亚临界汽包锅炉。

（2）需要回收大量的疏水或凝结水。

（3）需要除掉悬浮物以避免阴树脂污染。

（4）为了延长混床的运行周期，对高 pH 值的凝结水进行除氨。

（5）在进行阴离子交换以前必须除掉凝结水中的阳离子，以避免阴树脂表面生成不溶解的氢氧化物。

（6）锅炉的补给水含有大量的胶体硅或因凝汽器泄漏而使冷却水中含有大量的胶体硅。

（7）凝结水混床所用的树脂机械强度差，且设计的流速过高。

尽管凝结水混床已经朝着多功能方向发展和改进，以力求省去前置过滤器，但是现在各国还是倾向于设置前置过滤器。例如，我国从俄罗斯引进的超临界火电机组的凝结水精处理系统都配备了前置阳床＋混床的精处理设备；从德国引进的凝结水精处理设备倾向于使用树脂粉末覆盖过滤器。但是美国 GRAVER 公司生产的中压凝结水精处理设备通常不带前置过滤器。

（一）覆盖过滤器

所谓覆盖过滤器就是预先将粉末状滤料覆盖在过滤元件上，形成一层均匀的滤膜，被处理的水通过滤膜表面进入过滤元件内腔后，经过汇集后送出。

覆盖过滤器根据过滤元件的形状可分为管式和叶状式。管式又分线轮形和多孔质筒形。线轮形过滤器是用梯形不锈钢丝以 $80\sim100\mu m$ 的间隔缠在圆筒的滤元上；多孔质筒形过滤器大多是用碳制或磁制的多孔圆筒形滤元。叶状式过滤器是因为密闭的过滤槽内有树叶状的过滤元件，而过滤元件主要是不锈钢制的细网。各种覆盖过滤器的特性见表6-2。

表 6-2 各种覆盖过滤器的特性

形　式 项　目	管式过滤器		叶状式过滤器 （横置型）
	线轮形	多孔质筒形	
构　造	简单	简单	稍微复杂
强　度	强	弱	稍微弱
过滤有效间隙	小	大	中
流　速	快	中	稍微慢
对流速的变化	强	强、安全	弱
运行压力	高	高	稍微低
压力损失	小	稍大	小
操　作	简单	简单、安全	稍微复杂
爆膜难易	良	较好	一般
覆盖面积	小	小	大
设备费用	中	低	高

1. 纸浆覆盖过滤器

天然的木材纤维素经过化学处理变成精制的纸浆，作为覆盖过滤器的过滤材料。当覆盖过滤器工作一段时间后，滤膜截留的悬浮物逐渐累计使阻力不断升高，达到某一规定值时就停止运行，进行爆膜操作，将积污压实的滤膜去除，然后重新铺膜，投入运行。在 20 世纪 80 年代，纸浆覆盖过滤器曾被广泛使用。但是由于覆盖过滤器操作的繁琐性和排除滤料的处理等问题，最近新设计的机组很少采用。美国产的 BW-40、BW-50 和 BW-100 纸粉的特性见表6-3。BW-40 和 BW-100 以 1：1 混合后的筛分特性见表6-4。这种纸粉由于 α 纤维素含量较高（约达 90％），因此亲水性好，加入铺料箱后能很快分散到水中，而且不易挂丝，爆膜较干净。

表 6-3 美国产的 BW-40、BW-50 和 BW-100 纸粉的特性

项 目	BW-40	BW-100	BW-50
色度	白	白	白
光洁度	81	82～86	
平均长度（μm）	30	55	150～200
平均厚度（μm）	16	19	10～20
水分（%）	5～7	5～7	<7
铁（%）	0.015	0.02	
铜（%）	0.006	0.006	
乙醚溶解物（%）	0.2	0.2	
木质素（%）	0.2～0.4	0.2～0.4	
灰分（%）			<0.035

表 6-4 BW-40 和 BW-100 以 1：1 混合后的筛分特性

粒径范围（目）	<200	150～200	100～150	50～100	30～50
所占百分率（%）	68.8	8.0	11.8	8.8	2.2

2. 树脂粉末覆盖过滤器

（1）原理。将颗粒很细（50μm 以下）的阴、阳离子交换树脂粉，以一定的配比混合后作为助滤剂，它同时可以起到过滤和除盐的作用，滤速一般为 8～10m/h。粉末状离子交换树脂的交换速度很快，很薄一层树脂粉就能去除水中离子态杂质，而且由于颗粒很细，因此可以有效地去除水中悬浮态和胶态杂质，如金属的腐蚀产物和胶态的硅酸化合物。

用于除盐的离子交换树脂粉末覆盖过滤器，应采用强酸性和强碱性树脂，在开始工作时，其出水电导率为 0.06～0.10$\mu S/cm$，当出水电导率升高到 0.2～0.4$\mu S/cm$ 后，就应将工作过的树脂粉排掉，换上新的树脂粉。

干树脂粉中阳树脂量与阴树脂量的比值可采用 2：1，甚至可采用 9：1。

（2）优点。

1）设备简单。不需要酸、碱等再生系统及中和废再生液的设备，体积也小，投资省。

2）出水水质好。这种过滤器能同时去除胶态、悬浮态和离子态杂质，特别是去除胶态的铁、铜腐蚀产物的效果比纤维素覆盖过滤器好。

3）适用温度高。因为这种过滤器的树脂粉只用一次，所以它可以在较高的温度（120～130℃）下工作；可用于空冷凝汽器的凝结水处理，也能设置在低压加热器之后，并且能净化某些温度较高的疏水，以去除其中的铁、铜等腐蚀产物。

（3）缺点。

1）由于设备中树脂粉的用量较小（1kg/m² 左右），因此当凝汽器严重泄漏而使凝结水中杂质含量较多时，就不能适应；如果在机组启动期间，仅运行 12～24h，就需更换树脂粉。

2）因为树脂粉价格昂贵，在设备中用一次就弃去，所以运行费用高，特别是对经常启动和停备用的机组。

（二）微孔过滤器

1. 结构

微孔过滤器与覆盖过滤器的结构很相似，所不同的是滤元用合成纤维绕制成具有一定空隙度的滤层，不再覆盖其他滤料。微孔过滤是利用过滤材料的微孔截流水中粒状杂质的一种过滤工艺。超临界火电厂通常采用该过滤器。该过滤器由一个承压外壳和壳体内若干滤芯组成，一根滤芯就是一个过滤单元，根据制水量大小的要求，过滤器中可以安装不同数量的滤芯。滤芯一般都做成管状，还有的由多个蜂房式管状滤芯组成。滤芯有不锈钢开孔管外绕聚酰胺纤维或聚丙烯纤维的管状滤芯、高分子材料烧结滤芯管等。滤芯规格以微孔大小和滤芯的外径×长度表示。聚丙烯纤维和聚酰胺纤维滤芯微孔的大小是由绕线的粗细和松紧程度决定的，滤芯有 $1\sim100\mu m$ 等多种规格。各种规格的滤芯基本上都能截留大于该微孔尺寸的微粒，用于除铁时可选用 $5\sim20\mu m$ 的滤芯。微孔过滤器结构如图 6-1 所示。

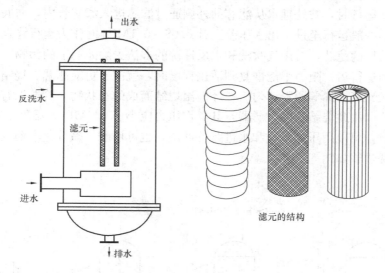

图 6-1　微孔过滤器结构

微孔过滤器的滤元为不锈钢管，管上开有直径为 10mm 的孔，管外绕缠纤维，空隙度为 10mm。例如，出力为 750t/h 的微孔过滤器的主要参数见表 6-5。

表 6-5　　　　　　　　　出力为 750t/h 的微孔过滤器的主要参数

项　　目	技术参数	项　　目	技术参数
直径（mm）	外径 1800，内径 1774	滤元内径（mm）	35
总高度（mm）	2650	滤元外径（mm）	63
工作压力（Pa）	13	滤元长度（mm）	1760
工作温度（℃）	50	滤元流速（m/s）	8.7
滤元总根数（根）	245		

2. 滤元

国产微孔过滤器中采用的滤元为蜂窝式管状滤元，其滤料为聚丙烯纤维，骨架为聚丙烯管。滤元规格及主要技术指标见表 6-6。

表 6-6　　　　　　　　　　　　　　　　滤元规格及主要技术指标

型　号	孔径 (μm)	外径/内径 (mm/mm)	长度 (mm)	压差为 1.37×10^4 Pa 时的流量 (m³/h)	质量 (g)	有效过滤面积 (m²)	最高使用温度 (℃)	最大使用压差 (MPa)
SS-P01P25	1			0.40	270			
SS-P05P25	5			0.75	240			
SS-P10P25	10	65/30	250	1.30	230	0.24	60	0.2
SS-P20P25	20			1.85	210			
SS-P30P25	30			2.2	210			
SS-P50P25	50			2.5	200			

3. 微孔过滤器的运行

微孔过滤器运行时，被处理水从滤芯的外侧通过滤芯进入滤芯管内，向底部汇集后送出过滤器。过滤器一般运行至进、出水压差上升 0.08～0.1MPa 时作为运行终点，也可按运行时间控制。失效后的滤芯，可用气吹洗和水反冲洗的方法去除滤芯上的污物，重新投运。但经多次反冲洗和运行后，阻力不能恢复到适用程度时，就需要更换滤芯。烧结管滤芯是由聚氯乙烯粉和糊状聚氯乙烯等原料调匀后，经高温烧结而成的管状物，管壁上有许多几微米到几十微米的微孔。用此烧结管的过滤器，其操作压力应小于 0.2MPa，温度不超过 60℃。当运行压差太大时，可以用压缩空气和水进行反冲洗，也可用酸、碱等化学药剂进行清洗。微孔过滤器的清洗步骤如图 6-2 所示。

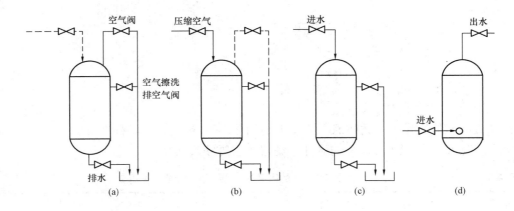

图 6-2　微孔过滤器的清洗步骤
(a) 排水至一定水位；(b) 空气擦洗；(c) 水冲洗；(d) 正常运行

（三）电磁过滤器

电磁过滤器就是利用电磁力的作用去除水中磁性氧化物的一种过滤器。

电磁过滤器的工作原理是，给直流励磁线圈中通直流电流以产生定向磁场，磁化填充材料的导磁基体，被处理水通过导磁基体时水中的磁性物质颗粒被磁力吸引到基体表面上，达到净化的目的。

在电磁过滤器中，基体作用于悬浮粒子的磁力可以用式（6-1）表示，即

$$F = V\chi H \frac{\mathrm{d}H}{\mathrm{d}x} \qquad (6\text{-}1)$$

式中　F——基体作用于粒子的磁力；

　　　V——悬浮物的体积；

　　　χ——物质的磁化率；

　　　H——背景磁场强度；

　　　$\dfrac{\mathrm{d}H}{\mathrm{d}x}$——磁场梯度。

如果某物质的磁化率 $\chi < 0$，则该物质称为抗磁性物质，如金、银、铜、硅等。如果某物质的磁化率 χ 稍大于零，则该物质称为顺磁性物质，如铝、铬、锰、Fe_2O_3 等。除此之外还有铁磁性物质，其 χ 数值很大，而且随磁场强度的变化而变化，如铁、钴、镍及其化合物和合金等。几种物质的磁化率 χ 见表 6-7。

表 6-7　几种物质的磁化率 χ

材料	磁化率 χ
铁	$100 \sim 10^5$
Fe_3O_4	$100 \sim 4000$
铜	-9.5×10^{-6}
Fe_2O_3	1.4×10^{-3}

由表 6-7 可知，电磁过滤器只是对水中的铁和 Fe_3O_4 等铁磁性物质的去除有效，而对铜和 Fe_2O_3 等非铁磁性物质的去除无效。当导磁基体吸引粒子的磁力远远超过阻碍粒子运动的反向力（即颗粒的重力、流体的黏滞阻力、摩擦力和惯性力）时，磁分离作用才能得到有效利用。导磁基体的种类很多，早期以钢球或涡卷钢片等为基体的电磁过滤器称为常规过滤器；采用导磁钢毛为基体的电磁过滤器称为高梯度过滤器。

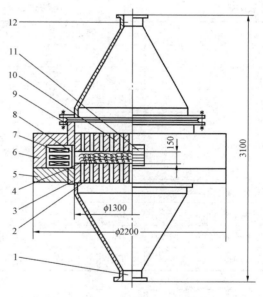

图 6-3　G-1300 型电磁过滤器的结构

1—原水入口，反冲洗水出口；2—下铁芯；3—下导磁环；4—导磁钢毛；5—导磁座；6—导磁罩；7—励磁线圈；8—过滤筒；9—上导磁环；10—上铁芯；11—导线引出端子；12—净化水出口，反冲洗和空气入口

1. 电磁过滤器的结构及其运行操作流程

电磁过滤器主要由罐体、内部磁性材料和外部电磁线圈构成，其结构如图 6-3 所示。罐体用非磁性材料制成，内部充填磁性材料，如钢毛、钢纤维、钢球等。过滤器的外壳是能改变磁场强度的电磁线圈。当通直流电流时，线圈产生强磁场，填充材料被磁化。需要清洗时，停止通电，消除磁场，用空气和水对充填的磁性材料反洗。电磁过滤器的运行操作流程如图 6-4 所示。

2. 电磁过滤器的形式和技术参数

电磁过滤器主要有钢球型、钢毛型和复合型，其技术参数见表 6-8。

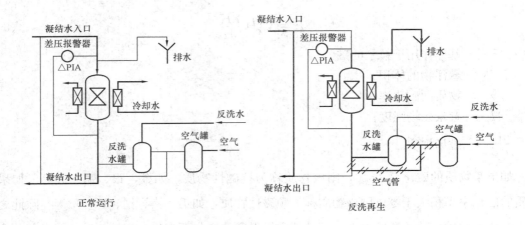

正常运行　　　　　　　　　　　　　反洗再生

图 6-4　电磁过滤器的运行操作流程

表 6-8　　　　　　　　　　　　　　电磁过滤器的技术参数

形　式	钢球型	钢毛型高梯度	复合高梯度型
型号	I 型	G 型	FG 型
基体	钢球	钢毛	涡卷钢片、钢毛复合体
材质	DT4（表面镀镍）	0Cr17	0Cr17
规格	$\phi 6.35 \sim \phi 6.5mm$	$200 \sim 300 \mu m$	$30 \sim 200 \mu m$
层高（mm）	$1000 \sim 1200$	$150 \sim 200$	$800 \sim 1000$
充填率（％）	约 65	约 5	约 24
磁场强度（kA/m）	100	240	200
运行流速（m/h）	1000	$150 \sim 200$	$400 \sim 800$
起始压差（额定）(MPa)	0.15	$0.03 \sim 0.04$	$0.04 \sim 0.05$
主要用途	大机组凝结水净化	轧钢或转炉废水处理	大机组凝结水、疏水、回用水

（四）前置阳床过滤器

为了去除凝结水中的铁离子和胶体铁，在凝结水混床前串联一个阳树脂离子交换器，称为前置阳床过滤器。前置阳床过滤器是阳离子交换器兼作过滤设备，它的过滤作用是以阳树脂为过滤介质，用以去除水中的金属腐蚀产物；树脂层高一般为 $600 \sim 1200mm$，滤速为 $90 \sim 120m/h$。这种过滤器有如下优点：

（1）由于阳树脂颗粒小，对水中金属腐蚀产物去除率高。

（2）氢型阳树脂可以交换凝结水中的氨，延长混床运行周期。

（3）降低了混床进水 pH 值，可减少混床出水中 Cl^- 的含量。

树脂层的清洗可采用空气擦洗法，此法是反复地用通空气和水正洗的操作方法进行床层的擦洗，一直洗到出水清洁为止。失效树脂用酸进行再生，使树脂恢复成氢型，树脂中的金属腐蚀产物基本可去除干净。

前置阳床过滤器除铁效果较好，一般出水中 Fe 含量小于 $5\mu g/L$；工作周期长，在机组正常运行情况下，工作周期可达一个月。

二、凝结水高速混床的除盐原理

在大多数凝结水处理系统中，混床是凝结水处理的主要设备，其结构与补给水除盐混床相同。几乎所有的凝结水混床都是由氢型或氨型强酸阳树脂与氢氧型阴树脂组合而成的，其作用是在去除凝结水中悬浮物的同时，还能去除水中的盐分。

凝结水混床的工作特点如下：

（1）运行流速高。运行流速一般为 $100\sim120m/h$，最高运行流速为 $150m/h$。

（2）工作压力较高。一般都采用 $2.5\sim3.5MPa$ 的工作压力。

（3）失效树脂宜体外再生。

凝结水混床之所以用体外再生大致有以下几个原因：

（1）可以简化混床的内部结构，减少水流阻力，便于混床高流速运行。

（2）混床失效树脂在专用的设备中进行反洗、分离和再生，有利于获得较好的分离效果和再生效果。

（3）用体外再生时，酸碱管道与混床脱离，这样可以避免因酸碱阀门误动作或关闭不严而使酸碱漏入凝结水中。

（4）体外再生系统的储存设备中已经存放着再生好的树脂，混床在失效树脂送出后能迅速送入再生好的树脂，所以能缩短混床的停运时间，提高设备的利用率。

1. H/OH 型混床

H/OH 型混床的主要作用是在去除凝结水中氨和盐分的同时，还能去除悬浮物。在除盐时，以氯化钠为例，其离子交换反应为

$$RH + Na^+ \Longrightarrow RNa + H^+$$
$$ROH + Cl^- \Longrightarrow RCl + OH^-$$

生成物 $\qquad\qquad\qquad H^+ + OH^- \Longrightarrow H_2O$

$25℃$ 时的平衡电离常数为 $K_{H_2O} = 1 \times 10^{-14}$。

由于该反应的生成物是水，反应较为彻底，因此不但在机组正常运行时可以提供较好的水质，而且在凝汽器发生泄漏时，会比 NH_4/OH 型混床表现出更为优越的性能。

（1）凝汽器发生泄漏时应采用 H/OH 型混床运行。无论冷却水是海水还是江河水或地下水，如果凝汽器发生泄漏，则大多表现为凝结水中的含钠量显著增高。这时凝结水除盐设备的主要目的是去除以 Na^+ 为主要阳离子的各种盐。当然，在去除 Na^+ 的同时，硬度成分被优先去除。

在凝汽器没有发生泄漏时，H 型阳树脂的失效主要是因为 NH_4^+ 的穿透，而树脂的钠交换容量非常低。在凝汽器开始发生泄漏时，树脂的钠交换容量可显著提高。这时凝结水除盐设备可继续运行一段时间，而出水水质没有明显变化。然而，一旦凝汽器泄漏停止，树脂的钠交换容量就降低，于是树脂就开始释放钠。因此，发生凝汽器泄漏后，凝结水混床的树脂要及时再生。如果采用 NH_4 型阳树脂，由于 NH_4^+ 对 Na^+ 的选择系数比 H^+ 对 Na^+ 的选择系数低得多，在很短的时间内 NH_4/OH 型混床的出水就可能漏钠。如果分别将 H/OH 型混床和 NH_4/OH 型混床两种方式进行比较，凝汽器无论是短时间泄漏还是较长时间泄漏，NH_4 型混床的出水水质都明显很差。所以，在凝汽器发生泄漏时，凝结水混床应采用 H/OH 型混床运行。

另外，如果凝结水混床前设置阳离子交换器用于除氨，在凝汽器发生泄漏时，可使凝结

水混床的出水水质保证更长的运行时间，并使出水漏钠量更低。但这时凝结水混床就没有必要采用 NH_4 型混床运行。

（2）传送树脂不完全对出水水质的影响。当 H 型混床失效后进行体外再生时，如果传送树脂不完全，则留在混床内的阳树脂主要是 RNH_4 型树脂。这些 RNH_4 型树脂与再生好的 RH 型树脂经混合均匀后，使混床内各部位的比例基本相同。这样因传送树脂不完全对混床出水就有一定的影响，在制水过程中对漏氨的影响为

$$RH + NH_4^+ \rightleftharpoons RNH_4 + H^+$$

$$K_H^{NH_4} = \frac{[RNH_4] \times [H^+]}{[RH] \times [NH_4^+]} = \frac{\overline{x}_{NH_4} \times 10^{-pH}}{\overline{x}_H \times [NH_4^+]}$$

式中 $\overline{x}_{NH_4}$ 和 $\overline{x}_H$——树脂中 NH_4^+ 和 H^+ 的摩尔分率，并且 $\overline{x}_{NH_4} + \overline{x}_H \approx 1$（因为还有极少量的 $\overline{x}_{Na}$）。

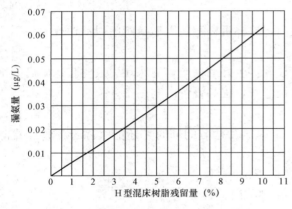

图 6-5 H 型混床传送树脂
不完全对出水漏氨量的影响

当 $K_H^{NH_4}$ 取 3.0、pH = 7.0 时，刚投运初期，混床出水的漏氨量如图 6-5 所示。在制水过程中对漏钠的影响为

$$RH + Na^+ \rightleftharpoons RNa + H^+ , \quad K_H^{Na} = 2$$

$$RNH_4 + Na^+ \rightleftharpoons RNa + NH_4^+ , \quad K_{NH_4}^{Na} = 0.67$$

由此可知，在混床投运的初期主要是靠 RH 型树脂对 Na^+ 交换。在混床失效时，阳树脂以 RNH_4 型为主，只有少部分 RH 型和 RNa 型，其中 $\overline{x}_{Na}$ 与 $\overline{x}_{NH_4}$ 之比为 1‰～1%。根据离子交换化学反应平衡公式

$$K_{NH_4}^{Na} = \frac{[RNa] \times [NH_4^+]}{[RNH_4] \times [Na^+]} = \frac{\overline{x}_{Na} \times [NH_4^+]}{\overline{x}_{NH_4} \times [Na^+]}$$

并且

$$\overline{x}_{NH_4} + \overline{x}_H + \overline{x}_{Na} = 1$$

则

$$[Na^+] = K_{Na}^{NH_4} \times \frac{\overline{x}_{Na}}{\overline{x}_{NH_4}} \times [NH_4^+]$$

由图 6-5 可知，在混床刚投运初期的漏氨量不足 $0.1\mu g/L$，而漏钠量还要比此浓度低 2～3 个数量级。

2. NH_4/OH 型混床

当采用 H/OH 型混床处理凝结水时，其出水已经漏 NH_4^+，但混床继续运行，或将再生好的 H 型树脂再用氨水转为 NH_4 型的混床称为 NH_4/OH 型混床。前者称为运行氨化混床，后者称为直接氨化混床。NH_4/OH 型混床的主要作用是在去除凝结水中盐分的同时，还能去除悬浮物。在除盐时，以氯化钠为例，其离子交换反应为

$$RNH_4 + Na^+ \rightleftharpoons RNa + NH_4^+$$

$$ROH + Cl^- \rightleftharpoons RCl + OH^-$$

生成物 $$NH_4^+ + OH^- \Longrightarrow NH_4OH$$

25℃时的平衡电离常数为 $K_{NH_4OH} = 1.8 \times 10^{-5}$。

由于该反应的生成物是 NH_4OH，与水相比，NH_4OH 的电离倾向要大得多，因此提供的水质要比 H/OH 型混床差些。在凝汽器发生泄漏时，不宜采用 NH_4/OH 型混床运行。

（1）NH_4/OH 型混床的优缺点。

优点：运行周期长，再生操作少，再生药剂和自用水量少，经济效益明显。

缺点：树脂需要深度再生，对进水水质波动性的适应性差，除硅能力比 H 型混床弱。

（2）运行工作特性。NH_4/OH 型混床与 H/OH 型混床运行工作特性有较大的差别，见表 6-9。H/OH 型混床中 RNa 型树脂残留率与出水漏钠量的关系如图 6-6 所示。NH_4/OH 型混床中 RNa 型树脂残留率与出水漏钠量的关系如图 6-7 所示。由此可知，NH_4/OH 型混床对树脂的彻底传送和彻底分离都比 H/OH 型混床要求严格，否则就影响出水水质。进水的 pH 值越高，对 NH_4/OH 型混床出水水质的影响就越大。

表 6-9　　　　　　　　　　　　　　NH₄/OH 型混床与 H/OH 型混床的工作特性

床　型	树脂形态	树脂对离子的选择系数	离子交换带长度	反应过程及反应产物	去离子易难程度
H/OH 型混床	RH/ROH	$K_H^{Na} \approx 2.0$	短	$RH + ROH + NaCl \Longrightarrow RNa + RCl + H_2O$	易
NH₄/OH 型混床	RNH₄/ROH	$K_H^{NH_4} \approx 3.0$	长	$RNH_4 + ROH + NaCl \Longrightarrow RNa + RCl + NH_4OH$	难

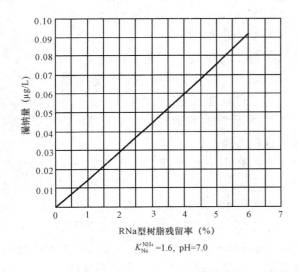

$K_{Na}^{NH_4} = 1.6$, pH=7.0

图 6-6　H/OH 型混床中 RNa 型
树脂残留率与出水漏钠量的关系

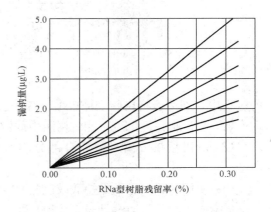

图 6-7　NH₄/OH 型混床中 RNa 型
树脂残留率与出水漏钠量的关系

注：曲线自下而上 pH 值分别为
9.0、9.1、9.2、9.3、9.4、9.5、9.6。

由此可见，出水的 pH 值越高，树脂中残留的盐型树脂（RNa 和 RCl）越多，NH_4/OH 型混床出水中的杂质含量就越高。因此，应避免树脂的交叉污染和进行深度再生。

（3）处理 NH_4/OH 型混床树脂的交叉污染。当分离效果不能满足 NH_4/OH 型混床的要求时，为了保证其出水水质，就需对交叉污染的树脂进行处理。目前常用的方法有氨化法和钙化法，后者使用不多。

氨化法。指向再生好的阴树脂中通入稀氨水，使混入其中的 RNa 型阳树脂转化为 RNH_4 型树脂的方法。该方法按氨化方式，又可分为直流氨化、循环氨化和混合氨化三种。为了降低氨的消耗量，一般多采用循环氨化法。

（4）NH_4/OH 型混床传送树脂不完全对出水水质的影响。当 NH_4/OH 型混床失效后进行体外再生时，如果送树脂不完全，则留在混床内的阳树脂主要是 RNa 型。这些 RNa 型阳树脂与再生好的 RH 型阳树脂经混合均匀后，使混床内各部位的比例基本相同。这对混床出水的影响远比 H 型混床大，在制水过程中发生以下化学反应

$$RH+Na^+ \Longleftrightarrow RNa+H^+$$

$$K_H^{Na}=\frac{[RNa] \times [H^+]}{[RH] \times [Na^+]}\frac{\overline{x}_{Na} \times 10^{-pH}}{\overline{x}_H \times [Na^+]}$$

式中　$\overline{x}_{Na}$ 和 $\overline{x}_H$——树脂中 Na^+ 和 H^+ 的摩尔分率，并且 $\overline{x}_{Na}+\overline{x}_H \approx 1$。

当 K_H^{Na} 取 2.0、pH=7.0 时，刚投运初期，混床出水的漏钠量如图 6-8 所示。

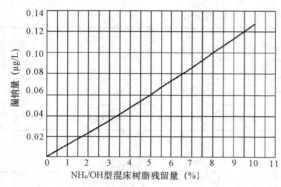

图 6-8　NH_4/OH 型混床传送树脂
不完全对出水漏钠量的影响

对比图 6-7 和图 6-8 可知，在 NH_4/OH 型混床传送树脂不完全时，在混床投运初期的漏钠量要比 H 型混床漏氨量大得多。

三、影响精处理混床出水水质的因素

1. 影响因素

（1）由树脂与凝结水的平衡特性可知，在混床因失效将要推出运行前，树脂层的顶部达到了最大交换容量，为了使出水保持一定要求的纯度，树脂层的底部必须保持一定的钠交换容量。但是，这些树脂在进行体外再生进行传输树脂的过程中，不可能将树脂全部排出，有些已经失效的 RNa 型树脂则留在交换器中。

（2）阳树脂在再生时不能将树脂中的钠全部置换去除。

（3）阴树脂在分离时可能有部分阳树脂混入，在再生和冲洗时也会带入一定量的钠离子。

（4）使用的酸（通常是盐酸或硫酸）再生剂中含有 Na^+，使阳树脂的再生水平下降。

（5）使用的碱（通常是氢氧化钠）再生剂中含有 Cl^-，使阴树脂的再生水平下降。

（6）混床的放氯（Cl^-）现象，导致出水 Cl^- 含量比进水的大，这在运行后期更为明显，此时混床出水的电导率随 Cl^- 泄漏量的增加而增高，主要是由再生用碱不纯引起的。

（7）混床中阴、阳树脂混合不均，在同时存在放氯的情况下，会使混床出水 pH 值偏低。

2. 合理选择凝结水混床的运行流速

凝结水混床运行流速的选择，必须从去除金属腐蚀产物和去除离子两方面考虑，不能有所偏激。对于去除杂质能力，只要床层洗得干净，运行流速对出水杂质的残留量并无影响。如果床层洗得不干净（尤其是底部不干净），出水杂质泄漏量就大。与高流速运行的混床相比，流速低时混床的截污量下降，床层的阻力上升较快，运行周期变短，出水中的 Na^+、

Cl^-、SO_4^{2-} 泄漏量以及电导率都会增大。因此，凝结水混床的流速不宜过低。对于出水水质，高流速可使离子交换树脂的双电层减薄，提高离子的交换速度，有利于提高出水水质；但是，流速过快，离子来不及交换就被水流带走，也会影响出水水质。

在高流速下，树脂容易磨损，并且树脂稍有老化，交换容量就降低，使出水水质恶化。在采用普通凝胶型树脂时，由于年损耗率高达 30%～50%，破碎的树脂不但使混床的运行阻力升高，影响出力，而且还会使出水水质变差。因此，凝结水混床的树脂宜选用大孔型树脂。采用新的大孔型树脂时，虽然流速可达到 240m/h，但考虑到树脂的磨损和树脂老化引起交换容量的降低，一般选用 80～120m/h 的运行流速。在此流速下，大孔型树脂的使用寿命为 5～8 年。

3. 凝结水混床树脂的选择

对于凝结水混床，选择树脂是一项重要的工作，一般选用大颗粒大孔型树脂较为理想；但是树脂的粒径越大，其离子交换反应速度就越低。因此，对于树脂的选择，实际上就是综合考虑树脂的化学反应速度和水利特性间的关系问题，主要包括以下几个方面：

（1）树脂的粒度。混合后的树脂理想的粒度是在高流速下不至于产生过高的阻力，并且还要能得到高质量的出水、大的交换容量和较强的截污能力，一般可归纳为：

1）凝结水混床通常采用均粒树脂。所谓均粒树脂是指 90% 以上质量的树脂颗粒，集中在粒径偏差 ±0.1mm 这一狭窄范围内，颗粒几乎相同的树脂，或树脂的均一系数小于 1.2，或最大粒径与最小粒径之比约为 1.35:1。工程上使用的树脂颗粒粒径为 0.3～1.0mm，通常选用阳树脂颗粒粒径为 0.67～0.99mm，阴树脂颗粒粒径为 0.54～0.99mm。大于 1mm 的粗颗粒树脂一般效果不好。

2）对阳树脂中细颗粒的比例应严格控制，否则会造成分离困难。对阴树脂中细颗粒的比例不必控制，是因为不同的粒径搭配对去除悬浮物有利。

（2）机械强度。凝结水混床的流速高、压力大，会使树脂发生机械性破碎。树脂的碎粒会增加，树脂层运行时的压降还会影响混床树脂的分离效果。因此，凝结水混床的树脂应有相当高的机械强度。凝结水混床通常选用孔径大和交联度较高、抗膨胀和收缩性能较好、不易破碎的大孔型树脂。但是大孔型树脂有价格昂贵、交换容量低、老化后易被污染和增大正洗水量以及 Cl^-、SO_4^{2-} 泄漏量高等缺点。

（3）混床树脂的比例按以下条件选择：

1）对于 H/OH 型混床，当污染物主要是腐蚀产物时，并且凝结水的含氨量和 pH 值较高时，按树脂的交换容量计算，阳树脂与阴树脂的比为 2:1。这是火电厂采用最多的比例。

2）对于 NH_4/OH 型混床，当冷却水为淡水时，阳树脂与阴树脂的比为 1:1。

3）当冷却水为海水、高含盐量水时，阳树脂与阴树脂的比为 2:3。

（4）耐热性。凝结水的温度较高，空冷机组凝结水水温更高，一般高于环境温度 30～40℃。因此，用于空冷机组凝结水混床的树脂要求具有较高温度的承受能力。

4. 凝结水高速混床的内部结构

凝结水中压高速混床有柱形和球形两种。高速混床为垂直压力容器，承压能力高。高速混床的内部配有进水装置、底部排水装置、进树脂装置以及底部排脂装置，如图 6-9 所示。通常，高速混床的进水装置设计成辐射型，在支管水平方向开有出流孔，防止水流直接冲刷树脂造成树脂层表面不平。进水装置的设计为多孔板加梯形绕丝水帽（绕丝间隙为

1.0mm)，在正常运行状态下能够完全满足布水均匀的要求。高速混床上部的进水分配装置为二级布水形式，即进水经挡板反溅至交换器的顶部，再通过进水挡圈和布水板上的水帽，使水流均匀地流入树脂层，保证了良好的进水分配效果。

底部排水装置采用双盘碟形设计，上盘上安装有双速水帽，排水经水帽流入位于下盘上的排水管，如图 6-10 所示。上盘中心处设排脂管，双速水帽反向进水可清扫底部残留的树脂，使树脂输送彻底，无死角，树脂排出率可达 99.9％以上；排脂装置设在孔板最底部，以利树脂彻底送出；在底部多孔板上设有树脂冲洗装置，能最大程度输送树脂，减少树脂的残留。另外，在排水管处设有压缩空气进口，用于混合床内阴阳树脂。

另外，混床内还设置有压力平衡管，可平衡床内的压差。

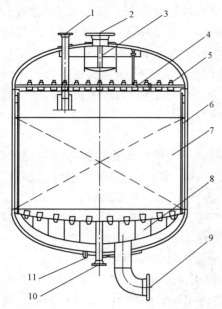

图 6-9　高速混床的内部结构
1—进脂口；2—进水口；3—联板；4—补水装置；5—水帽；6—平衡管；7—树脂层；8—排水装置；9—出水口；10—出脂口；11—排水管

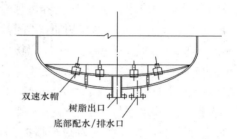

图 6-10　混床底部结构

第三节　凝结水精处理系统的运行

一、凝结水精处理系统与热力系统的连接方式

凝结水精处理系统与热力系统的连接方式有两种，即低压系统和中压系统。低压系统是指凝结水精处理设备串联在凝结水泵和凝结水升压泵之间，凝结水精处理设备承受的压力较小（一般不超过 1MPa）。中压系统是指凝结水精处理设备串联在凝结水泵和低压加热器之间，因而凝结水精处理设备承受的压力较高（一般为 2.5～3.5MPa），此系统的优点是简化了热力系统，如图 6-11 所示。

典型的 1000MW 机组的凝结水精处理系统的配置由 2×50％前置过滤器、4×33.3％高速混床、4 台树脂捕捉器、1 台再循环泵和两套旁路系统组成。2 台前置过滤器不设备用，4 台混床 3 用一备用。

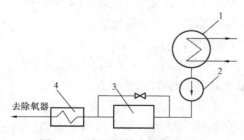

图 6-11　中压凝结水精处理设备
在热力系统中的连接结构
1—凝汽器；2—凝结水泵；
3—精处理装置；4—轴封及低压加热器装置

在机组启动初期，若凝结水中含有大量的杂质、油类等进入前置过滤器，将会给过滤器内的滤元造成不可恢复的破坏，使滤元再也无法清洗干净，从而失去其原有的作用。因此当机组启动时，若凝结水系统进水中的悬浮物含铁量超过 2000μg/L，应将其排放，凝结水经过旁路而不进入精处理系统，待凝结水系统进水含铁量小于 2000μg/L 时，再投运前置过滤器系统。当凝结水压降过高（0.08MPa）时，表明截留了大量固体，前置过滤器退出运行。

每个机组混床单元设有一台再循环泵，再循环系统是由于混床初投时水质较差不能立即向热力系统送水，在混床投入前先进行再循环，即将混床出水通过循环旁路及泵送至混床入口母管。当再循环泵循环至混床出水合格时方可向系统供水。凝结水精处理系统流程为凝汽器热井→凝结水泵→前置过滤器→高速混床→轴封加热器。

二、凝结水系统主要设备的运行

下面介绍典型的 1000MW 机组的凝结水精处理系统设备。

（一）前置过滤器单元运行说明

1. 结构及工作原理

前置过滤器整体为直筒状，采用碳钢结构，如图 6-12 所示；内部滤元为管式，共有 270 根管（管束）竖向固定在前置过滤器上下端之间。每根管上有若干水孔，并且在管外缠绕着聚丙烯纤维滤料，滤料过滤精度为 10μm（即 10μm 以上的悬浮颗粒能滤去）。

凝结水从前置过滤器底部进入管束之间，流经纤维滤料，杂质被截留在滤料上，水流入孔内，管束中的水汇流至前置过滤器外。当前置过滤器进出口压差达到设定值时，前置过滤器需要反洗，凝结水从底部出水口进入管中对滤料进行反冲洗，排水从进水口排出（与运行水的流向相反）。另外，凝结水从底部进压缩空气松动滤料，加强前置过滤器的反洗效果。为了保证空气反洗时布气均匀，在设备下部共设 4 个进气口，同时顶部排气口设快开气动蝶阀，以利于产生爆气将附着于滤元上的污物脱离滤元表面，便于反洗时予以清洗。

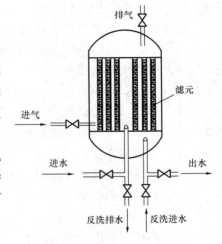

图 6-12　前置过滤器结构

2. 运行方式

每台机组设置 2 台前置过滤器运行，不设备用，前置过滤器进出水母管间设有旁路管，过滤器不设反冲洗装置，滤芯更换终点压差为 0.15MPa，过滤器滤芯最大允许压差为 0.35MPa，设计温度为 65℃。当进入前置过滤器的凝结水含铁量大于 2000μg/L 时，前置过滤器旁路阀开启，凝结水不能进入凝结水精处理系统。

在机组初次启动时，过滤器使用过滤精度 20μm 的滤芯，进入过滤器的凝结水含铁量应不大于 2000μg/L；待机组水质合格后，将 20μm 的滤芯更换为 10μm 的滤芯，再投入正常使用。

滤芯在机组启动运行时，且在进水悬浮物不高于 2000μg/L、出水悬浮物≤100μg/L 的条件下，可以完成 2 次以上的启动周期；在机组正常运行进水悬浮物不高于 100μg/L、出水悬浮物≤10μg/L 的条件下，滤芯的使用寿命在 1 年以上；在机组凝结水精处理系统进水悬

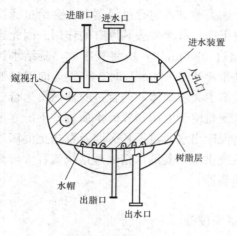

　进脂口　进水口
　　　　　　　　　进水装置
窥视孔
　　　　　　　　　树脂层
水帽
出脂口
　　出水口

图 6-13　球形混床结构

浮物≤10μg/L 的情况下，前置过滤器可不投运，处于备用状态，凝结水通过旁路进入混床。

（二）高速混床

高速混床采用直径为 3000mm 的球形混床（如图 6-13 所示），进水配水装置设为挡板加多孔板旋水帽形式，能充分保证进水分配的均匀，并防止水流直接冲刷树脂表面造成表面不平，从而引起偏流，降低混床的周期制水量及出水水质。水从混床上部进入床体，透过树脂后从下部出水装置流出。出水装置设计为弧形多孔板加水帽形式，整个出水装置采用 316 钢制作，其作用有两个：①由于水帽在设备内均匀分布，使得水能均匀地流经树脂层，使每一部分的树脂都得到充分的利用，可以使制水量达到最大限度；②光滑的弧形不锈钢多孔板可减少对树脂的附着力，使树脂输送非常彻底。混床失效后，树脂从底部输出，输送完毕后，再生系统的阳塔备用树脂从混床上部输入，进入下一运行周期。混床投运时需经再循环泵循环正洗，出水合格后方可投入运行。

（三）凝结水精处理旁路系统

每台机组精处理系统设有两套自动旁路系统［前置过滤器一套（含调节小旁路）、混床一套］，旁路阀均采用电动蝶阀，前置过滤器的调节小旁路阀具有 0～100％ 的自动调节功能。混床的旁路阀具有 0～33％～66％～100％ 的自动调节功能。当有一台过滤器失效时，过滤器的调节小旁路阀打开，能通过 50％ 的凝结水量；当凝结水不通过过滤器时，过滤器的大旁路阀和调节小旁路阀完全打开，能通过 100％ 的凝结水量。一台混床投运时，混床旁路阀打开 66％，2/3 的凝结水量旁流；两台混床投运时，混床旁路阀打开 33％，1/3 的凝结水量旁流；三台混床投运时，混床旁路阀完全关闭。每个旁路系统均设有手动检修旁流阀，当旁路系统中的旁路阀有故障时，打开手动旁路阀，关闭自动旁路阀前后的隔离阀，进行检修自动旁路阀。在遇到下列情况之一时，旁路系统应能自动打开，并切除凝结水精处理系统中的相应设备：

（1）前置过滤器进、出口压差大于 0.12MPa。

（2）运行混床出水电导率超标（>0.1μS/cm）或钠含量超标。

（3）进口凝结水水温≥50℃时。

（4）精处理混床的进、出口压差大于 0.35MPa。

（5）精处理系统进口压力大于 4.5MPa。

（四）树脂捕捉器

1. 作用

当混床出水装置有碎树脂漏出或发生漏树脂事故时，树脂捕捉器可以截留树脂，以防树脂漏入热力系统中，影响锅炉炉水水质。树脂是高分子有机物，在高温高压下容易分解出对系统有害的物质，如果漏进给水系统，则对热力系统造成较大影响。

2. 结构及工作原理

捕捉器内部滤元为篮筐式结构，滤元绕丝间隙为 0.2mm，带少量树脂的水透过滤元流出，树脂被滤元截留，如图 6-14 所示。设备设计成带圆周骨架的易拆卸结构，在检修时不需管道解体的情况下打开罐体检查并可以取出过滤元件，清除堵塞污物，方便运行与维修。捕捉器进、出口压差超过设定值时，需要进行反冲洗，使压差降低。

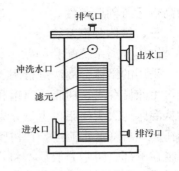

图 6-14　树脂捕捉器结构

（五）再循环泵

再循环泵的作用是混床投运时用来循环正洗。再循环泵进水时没有经过树脂捕捉器，是混床直接出水，经再循环阀流入混床形成一个循环。再循环泵的作用：①混床投运初期水质不合格，必须使其再循环合格后方能投运；②启动再循环泵可以用小流量均匀地使床层压实，防止运行发生偏流，而大流量不容易均匀压实床层。每台机组精处理系统各有一台再循环泵。

第四节　凝结水精处理的再生系统

凝结水精处理混床的失效树脂采用体外再生方式，国内的再生分离方法很多，但归纳起来主要有锥体分离法、高塔分离法（也称完全分离法）、中间抽出法，以及从以上方法发展、衍变而来的其他再生工艺。目前，较为常见的几种树脂分离技术如下：

（1）中间抽出法。当失效的混合树脂在分离塔（兼作阳再生塔）中反洗分层后，在阴、阳树脂的分界面处会有一层混脂层，将混脂层上部的阴树脂送出至阴再生塔后，再将中间的混脂层（占混床树脂总体积的 15%～20%）从分离塔中抽出，送入混脂塔内，在下一次的再生中参与树脂的分离，阳树脂则留在分离塔中进行再生。

（2）二次分离法。混床失效树脂在阳再生塔反洗再生分层后，将上部的混合树脂和阴树脂层一起送入阴再生塔中。当阴再生塔进碱再生后，混杂在阴树脂层中的阳树脂会转变为钠型，从而使阳树脂与阴树脂的密度差增大，可在阴再生塔中进行一次反洗分离。

（3）锥体分离法。当失效的混床树脂在锥形分离塔（兼作阳再生塔）内反洗分层后，从锥形分离塔底部送出阳树脂，在树脂输送的过程中利用树脂输送管上的检测仪器来检测阴树脂的界面。当阳树脂输送完毕后，再将混合树脂送入混脂罐，待下次再参与树脂的分离，阴树脂则留在分离塔中进行再生。由于树脂分离塔的底部为一锥形体，树脂分离界面处的树脂很少，从而减少了中间混合树脂的数量，提高了阴、阳树脂的分离效果。

（4）高塔分离法。高塔分离法（Fullsep）又称完全分离法，是美国 U.S.F 集团推出的一种树脂分离方法。高塔的特点是塔的下部为一个直径较小的长筒体，上部为直径扩大的锥体，其独特的结构符合阴、阳树脂分离的水力学要求，从而保证了在失效树脂的分离过程中阳树脂层可充分膨胀、阴树脂不会从分离塔的上部被冲出，这样可以使阴、阳树脂得到完全分离。

各种方法都有其特点：高塔分离法和锥体分离法采用高分离技术，技术上较为先进，近年来在我国新建的 600MW 及以上等级机组中被多次采用，其主要优点是以水力分层为基本条件，较好地解决了树脂反洗分层后再生剂对树脂的交叉污染问题，可保证树脂分离后阳树脂中的阴树脂含量小于或等于 0.1%，阴树脂中的阳树脂含量小于或等于 0.1%，能为混床的高效运行创造条件。

一、锥体分离系统

锥体分离系统配套的常压体外再生装置目前基本是引进英国 KENNICOTT 公司的产品，采用的锥体分离法进行阴、阳树脂的分离及再生，主要包括阴树脂再生兼分离塔、阳树脂再生兼储存塔、树脂隔离罐和树脂界面自动检测装置。失效树脂的处理程序是先将失效树脂从混床送入阴树脂再生兼分离塔内进行空气擦洗，去除机械杂质。然后从底部进水，将树脂托起，再降低水流速，让树脂沉降。阴、阳树脂因相对密度不同，在下降过程中分层，阳树脂在下部。树脂分层后，将水引入分离罐底，将阳树脂送入阳再生塔。在树脂输送过程中，阴、阳树脂界面不断下降，因罐底为锥形，树脂交界面逐渐减小。在树脂分离输送过程中，向分离罐底部加入 CO_2，增加电导率，阳树脂不与 CO_2 反应，而一旦出现阴树脂，电导率会迅速降低，从而可以判定树脂界面。在树脂输送管上装有电导率仪和光电检测仪，共同判断树脂界面。

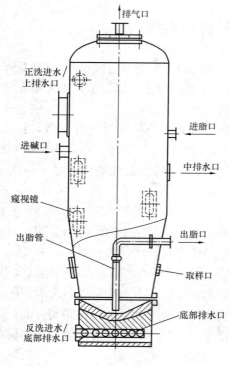

图 6-15　锥体分离系统结构

树脂在再生过程中还采用二次分离法：阴树脂用氢氧化钠再生后，再用反洗的方法把阴树脂中少部分破碎阳树脂分离出来。由于夹杂在阴树脂中的任何阳树脂都将转化为钠型，其相对密度将大大增加，而阴树脂经再生转变成相对密度较小的 OH 型阴树脂，因此两者较容易分离。树脂在二次分离后少量阳树脂被送至树脂隔离罐，最后阴树脂被送入阳塔，并在阳塔进行混脂和冲洗至合格。

锥体分离系统（如图 6-15 所示）具有以下优点：

（1）可以使阴、阳树脂得到很好的分离，阴树脂中的阳树脂小于 0.07%（体积比），阳树脂中的阴树脂小于 0.4%（体积比），适合用于氢型或氨型两种运行方式。

（2）树脂交叉污染少，避免了引起的攻击交换容量损失和出水质量的降低。

（3）具有不受阴、阳树脂比例量的限制而能把阴、阳树脂进行深度分离的特点。

（4）可以通过反洗，将破碎树脂粉末分离出来，提高树脂使用效果。

在凝结水精处理系统中影响混床出水水质和运行周期的诸多因素中，树脂再生采用的方法和具体的操作步骤是最重要的。在再生步骤中，尤其是树脂分离最为复杂也是最关键的。目前，各厂家在采用优质的均粒树脂的同时，更加重视树脂的分离技术，锥体分离技术是目前运用的比较成熟的技术，从目前国内大型电厂运行效果看，分离效果不错。

（1）独特的锥斗设计。该装置正洗排水畅通；反洗分层配水均匀，没有偏流现象，树脂分界面明显和稳定；树脂输送过程中没有发现树脂分界面明显波动，树脂界面随输送平稳下降；树脂输送完全后，经观察，确定床内树脂输送彻底。该锥斗具有配水均匀、强度大、不易堵塞等优点，使用后能达到良好的树脂水力分层效果，且其光滑的曲面设计可使输送树脂不产生死区。

（2）科学合理的界面检测装置。阴、阳树脂经过水力分层后，阳树脂在下（其相对密度大）、阴树脂在上，要将阳树脂水力输送到阳塔兼储存塔内再生。该套设备使用的界面装置应能在最短的时间内捕捉到阴、阳树脂层界面信号，联动自动控制，停止输送，确保阴树脂不被送到阳塔内。该装置采用电导率仪和光电检测仪两种方式同时检测树脂界面。光电检测根据阴、阳树脂因颜色不同对光的反射的差异，当差异发生时，因光电效应，其电流发生突变，从而发出联动信号；电导率检测根据树脂输送中通入二氧化碳后，阴、阳树脂对二氧化碳的反应后电导率变化不同，使得在阴、阳树脂界面出现电导率突变，从而发出联动信号，停止输送。在树脂分离过程中，这两种检测方式同时检测，其中任意一种检测到界面，树脂分离就可以完成。在通常情况下，这两种检测方式捕捉到树脂界面的时间差在300ms以内，可靠性相当高。

（3）锥形底加上较大直径的筒体结构，确保充分反洗、擦洗和树脂分离，独特的底部进水、下部排阳树脂系统，确保树脂面平衡下降和分离截面面积逐渐减少到最小，从而减小混脂量。

（4）阴树脂再生后进行二次分离，进一步降低阴树脂中破碎阳树脂的含量。

（5）再生或空气擦洗时，通过独特的倒U形排水系统（含虹吸破坏管），确保再生和擦洗达到最佳水位控制，从而保证再生的质量和擦洗质量。

（6）树脂输送管道中残留的树脂经专门设计的反冲洗步序，将其分别冲到树脂隔离罐和阴、阳再生塔内，确保树脂分离率。

（7）树脂分离时采用变流量反洗分层的方法，应用了比例调节阀控制反洗进、出水流量，在反洗初期大流量反洗树脂，使树脂充分地膨胀，尽可能地减少阴树脂留在塔底的机会，15min后改为小流量反洗，使树脂的含量平稳地下降，沉降后就达到最好的分层效果。

（8）在这套再生设备上布置了较多的窥视孔和条形视镜，在阴、阳塔上下布置2个窥视孔和3个条形孔，便于运行观察树脂层面和树脂状态；树脂管道上有5个窥视镜，可以观察树脂输送情况。总体看，这套再生设备没有死区，输送很彻底。

（9）进酸碱和置换完毕后，分别对阴、阳树脂进行大于2次的空气擦洗，这有别于其他的再生工艺，也是比较完善的一步。因为树脂在分离和再生之前虽然经数次擦洗，使黏附于树脂颗粒表面上的污物能基本冲洗干净，但在用再生剂进行离子交换反应之后，树脂颗粒内部网孔中的杂质会向外扩散出来，同时由于静电吸引而重新集结在树脂表面上。而通过转型后树脂颗粒体积已发生变化，吸附力也随之变小，此时再经过空气擦洗，则能更有效地去除这部分杂质和清洗树脂，缩短后续的水冲洗时间。

二、高塔分离系统

（一）高塔分离系统的特点

高塔分离系统与其他系统相比，其设计原理更简单，仅利用了水力分层原理和阴、阳树脂的相对密度不同以及树脂粒径差异，对阳、阴树脂进行分离，如图6-16所示。

该系统具有以下特点：

（1）操作简单，不需要特殊的化学药品或特殊的操作工艺。

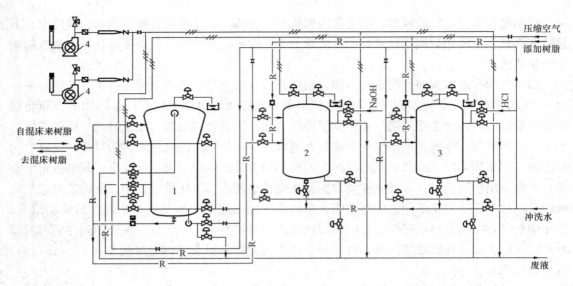

图 6-16　高塔分离系统
1—分离塔；2—阴再生塔；3—阳再生塔/储存塔；4—罗茨风机

（2）可以排除分离后阴、阳树脂过渡区的危害。

（3）完全分离后，无论是阴树脂中的阳树脂，还是阳树脂中的阴树脂，交叉污染小于 0.4%，为混床实现氨化运行创造了必要条件（而其他系统树脂分离后，阳树脂中的阴树脂将达到 0.4%，这个指标要实现氨化运行是不可能的）。

（4）混床在氨穿透后，能在 NH_4 型混床内周期正常运行。

该系统不仅能有效地应对凝汽器的少量泄漏，还能够连续地去除热力系统运行、机组启停时所产生的腐蚀产物；能连续地去除凝结水、补给水中带入的 SiO_2 和其他杂质。另外，对于减少机组启动时冲洗水的损失含铁量尽早合格，从而对加速机组启动投运有十分显著的效果。

高塔分离系统的再生系统由树脂分离罐（SPT）、阴树脂再生罐（ART）、阳树脂再生罐兼树脂储存罐（CRT）及废水树脂捕捉器（WRT）组成。

该系统的树脂分离再生过程如下：

（1）精处理混床内失效树脂被送入分离罐内，先进行初步空气擦洗，使失效树脂上较重的污染物分离出来，随水流排出分离罐，然后将上部锥体部分水排空，以 44～50m/h 的高速水流从 SPT 下部将树脂床层托至上部收集区。

（2）降低水流速（大致分 46、23、12、6、3m/h 等）至阳树脂临界沉降速度，维持一段时间，使大部分的阳树脂聚集到锥体与直筒段的分界处，再降低水流速使阳树脂沉降下来；继续降低水流速至阴树脂临界沉降速度，维持一段时间，使树脂聚集，再降低水流速，使阴树脂沉降下来（为使树脂能有序沉降，沉降速度差控制在 20～40m/h 之间）。此分离过程可重复进行，以保证阴、阳树脂的彻底分离，关键是控制适当的流速以及能使阴、阳树脂分别沉降的临界沉降速度（树脂的临界沉降速度可预先试验测定，但一般根据现场具体情况在调试过程中确定），整个过程可由程序自动完成和水流量及通过分离罐底部的流量控制阀控制。

（3）树脂的输送。先输送阴树脂，阴树脂的输送口位于混脂层上方，以便留下一定的阳树脂作为混合树脂层；再输送阳树脂，阳树脂通过分离罐底部的阳树脂输送口送往阳再生罐，输送过程中树脂层高度会不断下降。当位于分离罐中下部的阴阳树脂界面探测器检测到树脂界面时，阳树脂输送结束，分离罐内就留下一部分阴阳混合树脂，这样送到阴、阳再生罐的树脂就不会有混合树脂出现了。

（4）树脂擦洗、再生。阴、阳树脂分别输送到阴、阳树脂再生罐后，进水至树脂层高度，进行空气擦洗，使杂质从树脂表面分离，同时水从罐底部集水装置进入，使罐内水往上升，树脂层膨胀。当树脂层膨胀大约50%水位时，关闭罐的向空排气阀，从而在罐内形成一个有压力的空气室，停止进水及空气；打开再生液分配及罐底部集水装置阀门，由于空气室快速泄压，从而使杂质随水快速冲出。该操作过程重复进行，直至树脂被清洗干净。

再生液分配装置和底部集水装置的间隙比破碎树脂大且比整粒树脂小，这样可以在冲洗阶段排出碎树脂，截留住整粒树脂，同时又能保证再生液均匀进入。这种设备上的结构和冲洗步骤排除了杂质和破碎的树脂，可防止在树脂层内杂质和破碎树脂的滞留而破坏分离过程和影响再生效果。破碎阳树脂的沉淀特性与阳树脂相似，在分离时逗留在树脂层上方，混在阳树脂内，再生时接触碱而转变成钠型树脂，投运后在混床氨型阶段大量泄漏钠而使混床不能正常运行，大大缩短了运行周期。

这种结构上的设计与T形塔系统相比，省去了专门的树脂处理罐，操作更为方便且效果更好。

（5）树脂混合备用。阴、阳树脂分别再生结束后，阴树脂输送到阳树脂再生罐中，空气混合后备用。

（二）高塔再生主要设备

1. 分离塔的作用、结构及工作原理

空气擦洗树脂擦掉悬浮杂质和腐蚀产物；水反洗使阴、阳树脂分离以及去除悬浮杂质和腐蚀产物；暂时储存少量未完全分离开的混脂层，待下次分离。

分离塔采用碳钢焊制，橡胶衬里，其结构特点是上大下小，下部是一个较长的筒体，上部为锥筒形。这种结构的设计能充分利用反洗时的水流特性，使阴、阳树脂彻底分离。设备中间留有约1m高的混脂层，避免了树脂输送时造成阴、阳树脂交叉污染。罐体设置有失效树脂进口、阴树脂出口、阳树脂出口、上部进水口（兼作上部进压缩空气、上部排水口）和下部进水口（兼作下部进气、下部排水口）。底部集水装置设计成弧形多孔板加水帽形式，使水流分布较为均匀，顶部进水及反洗排水装置为梯形绕丝筛管制作，以便于正洗进水和反洗排水。为方便塔体的检修，在塔体的顶部和塔体的下部设置了人孔。

反洗时，水流形成均匀的柱状流动，不使内部形成大的扰动；分离塔顶部锥筒形结构有足够的反洗空间，利于反洗；塔内没有产生搅动及影响树脂分离的中间集管装置，在反洗、沉降、输送树脂时，内部搅动程度最小；分离塔截面小，树脂交叉污染区域小；分离塔有多个窥视孔，便于观察树脂分离；底部主进水阀和辅助进水调节阀可以提供不同的反洗强度水流，以利于树脂的分离。

高速混床失效树脂输入分离塔后，通过底部进气擦洗松动树脂，使悬浮杂质和金属腐蚀产物从树脂中脱离，通过底部进水反洗直至出水清澈。然后通过不同流量的水反洗，使阴、阳树脂分离直至出现一层界面。阴树脂从上部输送至阴再生塔，阳树脂从下部输送至阳再生塔，阴、阳树脂分别在阴、阳再生塔上再生。余下的界面树脂为混脂层，留到下一次再生参与分离。

分离塔结构和管道连接形式如图 6-17 所示。

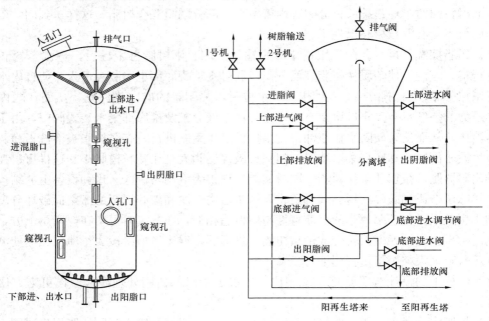

图 6-17　分离塔结构和管道连接形式

2. 阴再生塔的结构及工作原理

阴再塔上部配水装置为挡板形式，底部配水装置为不锈钢碟形多孔板＋双速水帽形式，既保证了设备运行时能均匀配水和配气，又使得树脂输出设备时干净彻底。进碱分配装置为T形绕丝支母管结构，其缝隙既可使再生碱液均匀分布，又可使完整颗粒的树脂不漏过，且可使细碎树脂和空气擦洗下来的污物去除。

分离塔阴树脂送进阴再生塔后，通过底部进气擦洗和底部进水反洗阴树脂，直至出水清澈，然后从树脂上部进碱再生、置换、漂洗。

阴再生塔结构和管道连接形式如图 6-18 所示。

3. 阳再生塔的结构及工作原理

阳再生塔上部配水装置为挡板形式，底部配水装置为不锈钢碟形多孔板＋双速水帽形式，既保证了设备运行时能均匀配水和配气，又使得树脂输出设备时干净彻底。进酸分配装置为T形绕丝支母管结构，其缝隙既可使再生酸液均匀分布，又可使完整颗粒的树脂不漏过，且可使细碎树脂和空气擦洗下来的污物去除。

分离塔阳树脂送进阳再生塔后，通过底部进气擦洗和底部进水反洗阳树脂，直至出水清澈，然后从树脂上部进酸再生、置换、漂洗。阴再生塔树脂再生合格后，阴树脂送入阳再生塔中与阳树脂混合，成为备用树脂。

阳再生塔结构和管道连接形式如图 6-19 所示。

4. 废水树脂捕捉器

该设备为敞开式容器，内衬耐酸碱橡胶，且设有金属网筒，网缝隙为 0.25mm，能截留

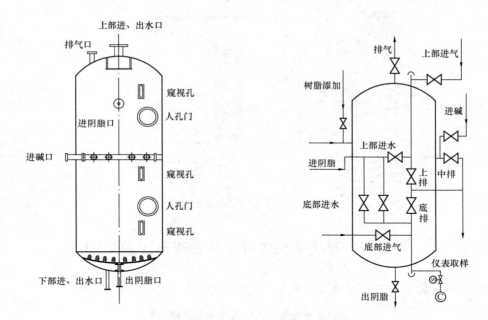

图 6-18 阴再生塔结构和管道连接形式

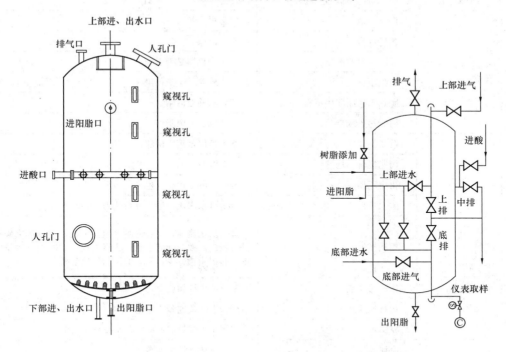

图 6-19 阳再生塔结构和管道连接形式

分离塔、阴再生塔或阳再生塔在树脂擦洗或水反洗由于流量控制不当而跑出的树脂，以防树脂进入废水管道而损失。该设备上设一液位开关，液位高报警时提醒工作人员捕捉器滤芯被堵。

废水树脂捕捉器结构如图 6-20 所示。

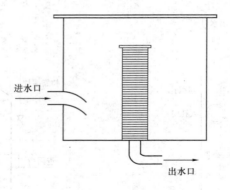

图 6-20　废水树脂捕捉器结构

第五节　凝结水精处理系统常见故障及处理

凝结水精处理系统常见故障及处理方法见表 6-10。

表 6-10　　　　　　　　　　凝结水精处理系统常见故障及处理方法

序号	故障现象	原因分析	处理方法
1	混床出水不合格	混床失效	停运再生
		树脂混合不均匀	重新混脂
		凝结水水质恶化	查明凝汽器是否泄漏
		再生不良	查明原因，重新再生
		阴、阳树脂配比不当	按要求补充树脂
		树脂污染或老化	复苏或更换树脂
2	混床周期制水量减少	混床偏流	联系检修，消除偏流
		树脂混合不均匀	重新混脂
		再生不彻底	查明原因，重新再生
		进水不良	分析进水水质，检查分析热力设备水汽质量
		树脂损失	降低反洗流速，检查树脂管泄漏情况，检查排出碎树脂是否机械破裂，降低水温；若经过较长时间运行后正常磨损引起树脂量减少，应添加树脂到规定高度
		树脂污染或老化	复苏或更换树脂
		运行流速高	降低混床流速到规定范围内
		凝结水水质恶化	查明是否凝汽器泄漏或疏水系统漏入生水
3	混床压差过高	流速过高	调整流速到规定要求
		树脂污染	复苏或更换树脂
		碎树脂过多	增大反洗流速，延长反洗时间，将破碎树脂除去；同时防跑大粒树脂，找出产生细树脂的原因
		进水流速过高	减小流速
		凝结水入口悬浮物杂质较多	体外空气擦洗和水反洗
		出水装置损坏或树脂捕捉器堵塞	停运检修

续表

序号	故障现象	原 因 分 析	处 理 方 法
4	混床压力升高，流量变小但压差不大	树脂捕捉器堵塞	冲洗树脂捕捉器
		出水阀未开到位	检查出水阀，并全部打开
5	再生液浓度不当（过高/过低）	喷射器故障	联系检修
		喷射器进水调节不当	调整合适流量
		计量箱出口阀故障	联系检修
		浓度计故障或取样流量不合理	联系检修或调整取样流量
		计量箱液位低	加入适量再生剂
6	碱液温度不当	稀释水流量不当	调整稀释水流量
		温度控制器故障	联系检修
		热水箱三通阀故障	联系检修
7	分离塔、阴再生塔或阳再生塔反洗、擦洗跑树脂	罐体水位过高	适当减小罐体水位
		反洗流量、擦洗气量太大	减小反洗流量、擦洗气量
		顶部配水装置松动	必要时解体检修
		底部水帽松动	必要时解体检修
8	树脂损失	混床出水装置或树脂管道泄漏	联系检修处理，添加适量树脂
		反洗、擦洗跑树脂	调小反洗、擦洗强度，添加适量树脂
		树脂磨损	添加适量树脂
9	再生后正洗水质不合格	再生时阴、阳树脂分离不完全	重新分离再生
		树脂混合不均匀	重新混脂
		酸、碱质量不好或再生时酸、碱用量、浓度、流量、温度控制不当	查明原因，重新再生
		树脂污染或老化	复苏或更换树脂
		床层偏流	联系检修，消除偏流
10	酸碱系统泄漏	酸碱系统容器管道腐蚀穿孔或阀门、法兰等处不严密，甚至破裂	再生操作中发生酸碱系统泄漏，应立即停止操作，查明泄漏部位及原因（检查时穿戴好防护用具）。管道系统泄漏，应关闭储存罐出口阀；储存罐泄漏，应汇报主管领导，配合检修采取措施，将酸、碱转移到其他容器内，消除漏点
11	空气混合树脂效果不佳	由于阀门或风机问题，空气流量不适于树脂混合	（1）校核风量，并整定在合适值。（2）检查风机工作是否正常
12	空气混合树脂引起树脂携带	混合时，设备内水位太高	设备排水到合适水位，这可能需调整排水时间
		空气流量太大	校核空气流量是否合适，该工况可能引起树脂磨损和运行高压差问题

第七章

发电机冷却水处理

第一节　发电机内冷水腐蚀理论

一、腐蚀机理

金属的电化学研究表明，金属在不同的电位和 pH 值下，热力学稳定性不同：$Cu-H_2O$ 体系的电位在 $0.1\sim0.4V$ 范围内，介质 pH 值小于 6.9 或大于 10 时，金属铜处于腐蚀区域内；pH 值在 $6.9\sim10$ 范围时，是铜的钝化区，在此区域内，热力学上处于稳定态的固体（不是铜本身，而是它的化合物），铜趋向于被其氧化产物覆盖。由于覆盖在金属表面上的金属氧化物、氢氧化物或者不溶性盐类的保护，金属的溶解受到阻滞，因此，金属的腐蚀不单纯取决于金属生成的固体化合物的热力学稳定性，还与这些化合物是否能在金属表面上生成黏附性好、无孔隙、连续的膜有关。若能生成这样的膜，则保护作用是完全的，可防止金属本身与溶液间的接触；若生成的膜是多孔性的，则保护作用是不完全的。可见，金属氧化作用可能增加金属的腐蚀，也可能减少腐蚀，这主要取决于金属所在溶液的电位和 pH 值是否处于钝化区内。

在水溶液中，铜的电极电位低于氧。从热力学观点出发，铜和铜合金都可以产生氧的去极化腐蚀。铜的腐蚀产物 $Cu(OH)_2$ 在弱酸性环境中不稳定，可以被溶解而使腐蚀得以继续进行，其反应式为

$$阳极 \qquad\qquad\qquad Cu-2e \longrightarrow Cu^{2+} \qquad\qquad\qquad (7-1)$$

$$阴极 \qquad\qquad\qquad O^{2-}+H_2O \longrightarrow 2OH^- \qquad\qquad\qquad (7-2)$$

$$Cu^{2+}+2OH^- \longrightarrow Cu(OH)_2 \qquad\qquad\qquad (7-3)$$

$$Cu(OH)_2+2H^+ \longrightarrow Cu^{2+}+2H_2O \qquad\qquad\qquad (7-4)$$

反应式（7-3）生成的腐蚀产物具有一定的保护作用，在 pH 值较高时，它比较稳定；在 pH 值较低时，可按反应式（7-4）发生溶解。由此可见，在微酸性环境中，铜和铜合金的腐蚀是氧腐蚀，但是 H^+ 控制了腐蚀的二次过程。

另外，当水中存在游离 CO_2 时，水中 H^+ 浓度增高；当 pH 值在 $4\sim7$ 之间时，H^+ 浓度（精确地说是活度）为 $10^{-7}\sim10^{-4}g/L$。重碳酸根浓度与氢离子浓度接近，由于碳酸的第二解离度较低，所以碳酸根可以忽略。重碳酸根与金属离子所形成的盐大部分溶于水，碳酸根与金属离子所形成的盐则多为难溶化合物；但在弱酸性环境中，它们可以相互转化而溶解。对于铜盐，碳酸铜可溶于酸性溶液。这表明，铜和铜合金在弱碱性环境中较稳定，在酸性环境中不稳定。

二、堵塞机制

引起发电机中空导线发生堵塞的因素如下：

（1）内冷水的铜离子浓度高，超过了它的溶解度，产生氧化铜沉淀。

（2）氧化铜的重新溶解脱落。若内冷水的溶解氧从原来的 1mg/L 降到 0.1mg/L，铜在水中的脱落溶解速度很快增加，水中腐蚀产物的增加，会很容易发生过饱和而产生沉淀。沉积的氧化铜的脱落甚至比过饱和析出的影响更大。

（3）因停用保护不佳，存在停用锈蚀，使系统中含铜量和氧化铜量大量增加，可能发生堵塞。

第二节　发电机内冷水腐蚀影响因素

一、pH 值

在水中，铜的电极电位低于氧的电极电位。从热力学的角度看，铜要失去电子被氧化腐蚀，腐蚀反应能否进行，取决于铜能否趋向于被其化合物所覆盖。如果铜的化合物在其表面的沉积速度快且致密，就能使溶解受到阻滞而起到保护作用，反之，腐蚀就会不断地进行下去。铜保护膜的形成和防腐性能，与溶液的 pH 值关系密切，pH 值过高或过低，都会使铜发生腐蚀，如图 7-1 所示，pH 值在 7～10 之间，铜处于热力学的稳定状态。但由于受动力学的影响，水的 pH 值在 7～9 之间时，铜在内冷水中表现得相对稳定。

当溶液 pH 值为 7、温度为 25℃时，氧的平衡电位 φ_{O_2/OH^-} 为 0.814V，铜的平衡电位 $\varphi_{Cu^{2+}/Cu}$ 为 0.34V，$\varphi_{O_2/OH^-} > \varphi_{Cu^{2+}/Cu}$。因此，铜在中性溶液中可能发生耗氧腐蚀，生成的腐蚀产物是 Cu_2O 和 CuO，一般情况下在铜表面形成一层氧化铜覆盖层。铜的腐蚀速率取决于水的含氧量和 pH 值。水的 pH 值对铜腐蚀影响主要是铜表面保护膜的形成及其稳定性与水的 pH 值有很大关系，一般铜在水中的电位在 0.1～0.4V 范围内。若水的 pH 值在 6.9 以下，则铜处于腐蚀区，其表面很难有稳定的表面膜存在；水的 pH 值高于 6.9，铜进入中性及弱碱性区域时，则铜表面的初始氧化亚铜膜能稳定存在，此时铜处于被保护或较安全的状态。

当水中溶有游离二氧化碳时，同样可能破坏铜表面的初始氧化膜，将明显加快腐蚀的阳极过程，并且随着二氧化碳含量的增大，铜的腐蚀溶出速度也增大。空气中二氧化碳常压下在纯水中 25℃时的溶解度为 0.436mg/L，35℃时为 0.331mg/L，由碳酸水溶液解离常数计算，此时溶液 pH 值约为 6.74，铜处于受腐蚀区。

考虑到当前发电机内冷却水系统的实际情况，欲全部改成全密闭水系统，由于各电厂和发电机制造厂的条件和认识存在差异，因此短时间内难以实现。空气溶于水中的二氧化碳和氧对 pH 值的影响，又涉及影响电导率的升高，当水的 pH 值大于 6.8 后，铜开始进入钝化区，为了保证铜线表面

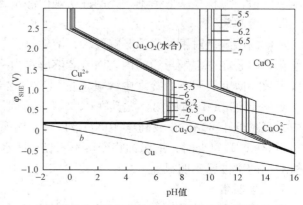

图 7-1　铜在水体系中的电位-pH 值图

处于稳定状态，故下限取用 7.0，与 GB/T 7064—2008《隐极同步发电机技术要求》规定的一致。结合电导率的取值限定，认为内冷水 pH 值上限取为 9 是适宜的。综合分析，在发电机运行温度下，内冷水最佳 pH 值为 8.0～9.0，因此 DL/T 801—2002《大型发电机内冷却水质及系统技术要求》将内冷水 pH 值选定为 7～9。

二、电导率

从化学专业角度研究内冷水铜腐蚀速率影响因素，其对 pH 值变化敏感，而电导率值高低并不敏感，pH 值的权重远大于电导率；电气专业中有两种意见：一种意见认为电导率高对额定电压高的大型机组不利，理由是因电压高，聚四氟乙烯等绝缘引水管可能会发生绝缘内壁的爬电、闪络烧伤，所以认为电导率越低越好。另一种意见认为，大型机组绝缘引水管较长，电导率可以略高些。在新机组和大修后机组的启动初期，内冷水的电导率值往往很难控制得很低，常在 $5\mu S/cm$ 以上，通过一段时间的运行调整，才会缓缓下降。电导率值不是越低越好，但也不可高出适当范围值，铜的腐蚀速率随 pH 值的下降而急剧上升。调高 pH 值可降低铜的腐蚀速率，但同时电导率值又随之升高，在保证发电机安全的前提下，上限值可选定为 $5\mu S/cm$。考虑到技术进步和保持现有标准的一致性，在 DL/T 801—2002 中，电导率取值为小于或等于 $2\mu S/cm$，与 GB/T 12145—2008《火力发电机组及蒸汽动力设备水汽质量》的规定相同。

三、硬度和含铜量

化学专业普遍认为内冷水关键是控制好 pH 值，因其补充的是除盐水或凝结水，所以硬度可沿用现有的规程和制造商的规定，选定为小于 $2\mu mol/L$。发电机内冷水中的 CuO、Cu_2O 都是水对中空铜线产生腐蚀的产物，严重时这些产物絮结或覆垢，将增大内冷水路的水阻和局部堵塞，甚至可能使中空铜线腐蚀泄漏。因此，水中铜含量的监测，应该列为发电机内冷水的重要监督内容之一，它直接反映了铜线的腐蚀情况，并提示要预防发电机绕组局部超温的可能。在直接与空气接触的开放式内冷水系统中，由于二氧化碳和氧的作用，铜的腐蚀加剧，因此限值放宽为小于或等于 $200\mu g/L$。对于全密闭式充惰性气体的系统，隔离了氧的作用，或在开放式系统中添加了缓蚀剂后，腐蚀速率可以减小，因此将限值定为小于或等于 $40\mu g/L$。实践证明，这个数值是可以达到的，大大降低了铜的腐蚀和铜腐蚀产物的沉积，发电机运行更安全可靠。DL/T 801—2002 规定含铜量小于或等于 $40\mu g/L$，对于全密闭式充惰性气体的系统，或添加了缓蚀剂的系统，该指标为要求值；对于开放式系统，该指标为目标值，应积极采取措施，控制并实现内冷水含铜量小于或等于 $40\mu g/L$。

四、溶解氧

水中的溶解氧对铜的腐蚀影响较大，溶解氧会与铜发生化学反应，生成铜的氧化物，铜的氧化物附着在中空铜导线的内表面或者溶解在内冷水中沉积，甚至堵塞中空铜导线，从而造成事故。研究表明，内冷水中含氧量达到一定程度后，铜被腐蚀生成 CuO、Cu_2O，含氧量在 $60～1000\mu g/L$ 范围内，尤其在 $100～800\mu g/L$ 范围时，铜的腐蚀现象更明显。当内冷水中含氧量低于 $60\mu g/L$ 或高于 $1000\mu g/L$ 时，铜腐蚀明显减缓；当含氧量低于 $30\mu g/L$ 或高达 $1200\mu g/L$ 以上时，铜腐蚀将变得不明显；当水的 pH 值在 $8～9.5$ 范围内时，水中的溶解氧对铜的腐蚀已不明显。

五、含氨量

当考虑水中有微量氨存在时，由于氨的水解及水的电离平衡，因此可得到氨（NH_3）、

pH 值和电导率（DD）三者间的关系，见表 7-1。

表 7-1　　　　　　　　　　　氨、pH 值和电导率的关系

NH₃(μg/L)	10	50	100	200	300	400	500	600	700	800	900	1000
NH₃·H₂O(μmol/L)	0.59	2.94	5.88	11.76	17.65	23.53	29.41	35.29	41.18	47.06	52.94	58.82
pH 值(25℃)	7.78	8.41	8.67	8.91	9.05	9.12	9.20	9.24	9.26	9.33	9.37	9.40
DD(μS/cm)	0.17	0.69	1.3	2.1	2.9	3.7	4.2	5.0	5.5	6.0	6.4	6.8

由表 7-1 可知，当内冷水 pH 值控制在 7～9 时，则水中含氨量的合理限值应小于 300μg/L。

六、温度

一般来说，温度升高，腐蚀速度也会增加。对于密闭式隔离系统的发电机，温度升高，会导致腐蚀速度加快。

七、流速

水的流速越高，对铜的机械磨损越大，水的流动会加速水中腐蚀产物向金属表面迁移，并破坏钝化膜，大量的试验结果表明，铜的腐蚀速度会随水流速的增加而增大。发电机中空铜导线内沉积物引起的危害是使内冷水流量减小，绕组温度升高，甚至烧毁。沉积物堵塞是逐渐严重的，所以绕组温度是逐渐加速的。例如，某发电机投运初期的绕组温升是 2～3℃/a，到后期则达 15℃/a。

除了各种化学因素外，中空铜导线还有可能受到水流的冲刷腐蚀，腐蚀程度主要与水流速度有关。据资料表明，在水流速度为 0.17m/s 时，铜导线的月腐蚀量为 0.7mg/cm²；水流速度为 1.65m/s 时，则达 2mg/cm²；水流速度超过 4～5m/s 时，还会有气蚀现象。目前，发电机中空铜导线内水流速一般都设计为小于 2m/s，其冲刷量是很小的，冲刷腐蚀一般只在高水流速时才作为分析因素。

上述因素中，对铜的腐蚀影响最严重因素的是 pH 值，所以在对内冷水的处理过程中，除了要保证水的电导率外，调节 pH 值是其中重要一项。

第三节　发电机内冷水处理方法

目前，发电机定子绕组普遍采用水冷却，由于发电机冷却水是在高压电场中作冷却介质，因此要求具有良好的绝缘性能；由于导线内部水的流通截面面积小，因此水中应不含机械杂质及可能产生沉积物的杂质离子，且绝不允许出现堵塞。除此之外，整个系统还不应有腐蚀现象。内冷水的处理主要是为了降低内冷水中的铜、铁等杂质含量，防止内冷水对铜导线的腐蚀，确保机组的安全运行。目前，调节内冷水水质的方法主要有下面几种。

一、单台离子交换微碱化法

典型的单台小混床 RH＋ROH 用于除去内冷水中的阴、阳离子及运行中产生的杂质，达到除盐净化的目的，其存在的主要问题：①运行周期短，树脂需要频繁更换，运行费用较高。②小混床中的阴树脂耐温性较差，而内冷水的回水温度通常大于 50℃，阴树脂存在着降解为低分子聚合物的危险。③小混床的出水 pH＜7，达不到标准的规定值。改进型的单台小混床 RNa＋ROH 是用钠型树脂代替氢型树脂，经过离子交换后，内冷水中微量溶解的

中性盐$Cu(HCO_3)_2$转化为 NaOH。此法对提高内冷水的 pH 值，减少铜腐蚀具有一定的作用，但存在着水质电导率容易上升、铜离子含量较大等问题，不符合国家标准。

二、氢型混床—钠型混床处理法

在原有 RH＋ROH 小混床的基础上，并列增设一套 RNa＋ROH 小混床。运行时，交替投运 RH＋ROH 与 RNa＋ROH 小混床。当 pH 值低时，投运 RNa＋ROH 小混床，此时电导率会随钠的泄漏而逐渐上升。当电导率升至较高值时，切换至 RH＋ROH 小混床运行，内冷水的 pH 值及电导率会下降。通过交替运行不同种类的小混床，使内冷水的水质指标得到控制。这种方法存在的问题是系统复杂、占地面积大、操作麻烦，特别是经常出现电导率的超标报警现象。

离子交换法实际上由于空气中二氧化碳的溶解，pH 值在 6～8 之间（一般在 7 左右），不可避免地会导致铜的腐蚀，因此很难保证水质符合标准要求。

三、凝结水和除盐水协调处理法

以除盐水和含氨凝结水为补充水源，提高内冷水系统的 pH 值。当内冷水的 pH 值偏低时，通过水箱排污和向内冷水箱补充含有 NH_3 的凝结水，相当于向内冷水中加入微量的碱性物质，从而提高 pH 值；当电导率偏高时，通过水箱排污和向内冷水箱补充除盐水的方式降低电导率。这种方法存在的主要问题：①敞开的系统及较高的回水温度容易使氨挥发，最终使内冷水的 pH 值下降。②凝结水在机组启动、凝汽器热交换管泄漏等阶段的水质不稳定，存在着向内冷水引入杂质的危险。③未从根本上解决铜的腐蚀问题，只是被动地稀释了内冷水，降低了铜离子的含量。

四、离子交换—加碱碱化法

发电机内冷水箱以除盐水或凝结水为补充水源，在对内冷水进行混床处理的同时，再加入 NaOH 溶液，提高内冷水 pH 值，进而控制铜的腐蚀情况。向内冷水中加 NaOH 溶液提高 pH 值，将内冷水由微酸性调节成微碱性，在有溶解氧存在的条件下，也能起到控制铜导线腐蚀的作用。据资料介绍，将 NaOH 配成质量浓度为 0.1％的工作溶液，在加药前，启动旁路净化系统小混床，将内冷水电导率调节到 $0.5\mu S/cm$ 以下，用计量泵将 NaOH 工作溶液从小混床出口管采样孔打入内冷水箱。计量泵流量设定为 1000mL/h，加药时间为 10～15min。监测发电机内冷水进水母管中的冷却水的 pH 值和电导率，控制 pH 值为 8.0±0.2，电导率小于或等于 $1.5\mu S/cm$。这种调控方法，可将内冷水铜离子含量控制在 $40\mu g/L$ 以下。在试验过程中，曾经出现过时间和流量控制不当，加药过量，导致电导率在短时间内严重超标的情况。此种方法由于需要一套专门的系统连续检测内冷水的水质情况，而且运行时存在 pH 值显示滞后的情况，目前应用很少。

五、离子交换—充氮密封法

这种方法是内冷水箱充氮密封，水箱上面保持微正压，保持氮气压力不超过 100kPa，使水箱内的水与空气隔绝。从实际运行情况看，氮气压力维持较困难，密封效果不好，未除去内冷水及除盐水补充水中的二氧化碳，很难解决铜的腐蚀问题。

六、其他方法

1. 缓蚀剂法

添加铜缓蚀剂是保证内冷水水质的重要方法之一。缓蚀剂法的操作简单，效果好，换水较少。目前，国内采用的缓蚀剂法主要有 MBT 法、BTA 法、APDC 法和 TTA 法等。

（1）MBT 法。2-巯基苯并噻唑（MBT）是一种常用的金属防腐剂。山东省的潍坊电厂、辛店电厂、华德电厂和威海电厂先后应用了 MBT 工艺，一般是在内冷水系统的清洗工艺结束后采用碱化的 MBT 进行预膜处理 150～170h。预膜工艺完成后，在发电机运行期间，继续向内冷水系统添加 MBT 溶液，保持其在内冷水系统中的质量浓度为 0.5～2.0mg/L。MBT 法虽然能控制内冷水系统中空铜导线的腐蚀，但由于其在低温纯水中的溶解度很低，溶解时需添加 NaOH 和加热。机组运行过程中补加 MBT，使得内冷水电导率发生较大变化。当内冷水 pH 值受空气中二氧化碳影响而降低时，会使 MBT 析出。因此，MBT 法在发电机内冷水系统中的应用并不普遍。

（2）BTA 法。采用苯并三唑（BTA）作发电机铜导线的缓蚀剂。BTA 法在应用中有单纯的 BTA 法、BTA＋乙醇胺（EA）法、BTA＋NaOH 法、BTA＋NH_3 法和 BTA 复合缓蚀剂法，其中应用较多的为 BTA＋EA 法。BTA 能在铜基体表面与 Cu^+ 络合形成 $Cu/Cu_2O/CuBTA$ 多聚物透明保护膜，并与铜表面结合牢固，阻止溶解氧向基体铜扩散，防止 Cu^+ 进一步被氧化。

BTA 法在应用中也存在一定的问题，如 BTA 加入内冷水水箱后，容易造成局部浓度及电导率过高，需要较长的时间才能混合均匀。检测 BTA 在内冷水中的浓度较困难，不便于对其加药量实现自动调节和控制。另外，BTA 对离子交换树脂具有污染作用，因此，使用BTA 时，离子交换器必须退出运行，降低内冷水电导率只能通过换水来解决。据资料介绍，采用 BTA 法运行一段时间后，发现铜含量上升，这可能与保护膜脱落有关。

（3）其他缓蚀剂法。APDC 学名为吡咯烷二硫代氨基甲酸铵，此药剂在水中离解的产物与铜表面的铜离子靠共价键与配位键形成不溶于水的螯合物并吸附于铜表面，形成保护膜。该药剂的溶解性好，缓蚀效果较好，但作为工业冷却水缓蚀剂，其应用基本还停留在试验阶段。TTA 的学名为甲基苯并三唑，其缓蚀机理类似于 BTA，TTA 对发电机内冷水的电导率、pH 值影响很小，有利于水质控制。另外，它对铜的缓蚀效率随 pH 值的升高而增大。但是 TTA 应用于发电机内冷水系统仍处于工业试验阶段，有待于进一步完善。

2. 催化除氧法

内冷水中的溶解氧是铜导线发生腐蚀的根本原因之一。水中溶解氧对铜导线的腐蚀起到正反两个方面的作用。一般情况下，由于水中溶解氧的存在，铜导线发生氧化反应而被腐蚀。但是，在一定条件下，溶解氧与铜发生反应生成的氧化物在铜的表面形成一层保护膜，能有效阻止铜的进一步腐蚀。因此，去除水中溶解氧可以防止铜的腐蚀，控制在一定条件下的氧化法也能防止铜的腐蚀。德国西门子公司开发了一种去除发电机内冷水溶解氧的技术。向内冷水箱上部空间充氢气，使内冷水含有一定的溶解氢，在内冷水循环系统的旁路系统中，以钯树脂作接触媒介，使水中溶解氧还原为 H_2O，可将内冷水的氧质量浓度控制在小于 $30\mu g/L$，能有效控制铜导线的腐蚀。这种方法由于使用氢气而存在安全隐患，再加上钯树脂价格昂贵且对系统气密性要求高等原因，在国内没有应用。

3. 溢流换水法

发电机内冷水箱采取连续大量补入除盐水或凝结水，并保持溢流排水的运行方式，来控制内冷水导电率小于或等于 $2.0\mu S/L$。

该处理方法简单易行，无须处理设备的投资和维护，也能够满足发电机内冷水水质的要求，但存在着以下弊端：

（1）通过连续的补水，使得内冷水水质指标达到合格范围内，但由于补水和系统中水质的 pH 值较低，因此并未真正抑制铜导线的腐蚀，只是将腐蚀过程转化为连续稀释过程。

（2）水资源浪费严重。连续大量地排水，造成除盐水、凝结水的浪费。以 1 台 200MW 机组为例，内冷水补水按 5t/h、年运行 300 天计，每年将消耗除盐水 36000t。虽然有些电厂将这部分排水回收到凝汽器，但被腐蚀析出电离的铜离子增加了给水系统的杂质含量。

（3）系统安全性差。除盐水、凝结水一旦受到污染，发电机内冷水水质也随之遭受冲击污染，危及设备的安全运行。特别是采用凝结水作为补水，当凝汽器突然泄漏时，会殃及内冷水系统，严重时将导致停机事故的发生。

采用凝结水补水的处理方式在凝汽器严密、汽水品质优良及有保护措施的条件下较为有效，否则不提倡使用。

发电机内冷水处理常用的几种方法各有利弊，在现场应用时应根据发电机组的类型、大小、冷却方式以及补水水质等因素加以选择确定，从安全可靠和经济性方面综合考虑。

第四节　发电机内冷水运行监督

目前，国内大型机组发电机内冷水水质很难达到或符合国家标准，众多电厂在内冷水系统防腐、优化水质方面做了大量的工作，但由于工作量大、试验成本高往往很难全面地掌握发电机内冷水系统的腐蚀情况及解决办法。此外，发电机由于冷却方式、机组容量、运行条件等的不同，内冷水处理方法存在很多差异，没有系统的成熟的针对大型发电机内冷水水质控制的装置。

DL/T 1039—2007《发电机内冷水处理导则》规定了内冷水 pH 值、电导率、含铜量和溶氧量 4 个水质指标。该标准执行之后，目前采用的内冷水处理方法很多电厂难以达到上述标准要求。

火电厂发电机内冷水系统的水质控制关系到机组的安全经济运行，目前对于内冷水水质控制方面尚没有行之有效的方法。对于小型机组，一般采用投加铜缓蚀剂和频繁更换内冷水的方法来满足水质控制要求；对于大型机组，则是采用发电机制造厂家提供的小混床部分处理内冷水及充氮的工艺。这些方法均为使内冷水满足水质控制要求而采取的被动措施。这些工艺尚未完善，还不能有效防止发电机铜线棒腐蚀。目前，已有多家火电厂由于发电机铜线棒腐蚀而引起的事故。经分析，有相当部分发电机的铜线棒因内冷水腐蚀而改变了金属性能，局部晶体结构被破坏，电阻率增大，导致发热量增大，反过来又加剧了腐蚀，导致铜线棒变脆断裂而漏水。因漏水更换下来的铜线棒弯曲后就像木材一样断裂，裂口呈锯齿状。要解决这些问题，需要从下面几个方面着手：

（1）重视发电机内冷水系统的管理和清扫，防止异物进入或遗留在水箱、冷却器和管道中。

（2）严格控制和监督内冷水水质，保证内冷水水质的各项指标均符合相关的国家标准，对水质长期达不到要求时应加装专用的离子交换装置，必要时还应对内冷水箱充氮气进行保护。

（3）加强对发电机铜线棒温度的监视、记录和分析，及时发现出现温度异常的绕组，不但要注意监视绕组的最高温度，还应注意分析绕组间温差的变化，以便及时发现中空铜导线堵塞的早期征兆。

（4）为便于及时发现定子线棒局部温度异常，应将发电机的温度巡测装置设置温差报警功能，这样可以在发电机局部堵塞时，即使绕组的最高温度未越限，也能依靠温差监测功能发现异常并发出信号，以便能及时采取措施消除故障。

（5）在发电机大、小修期间应认真进行定子水路的反冲洗工作。如果大修间隔长，应酌情增加反冲洗次数。

（6）已经发现个别绕组的温度异常升高，这说明该绕组已有部分中空铜导线堵塞，应加强监视，并适当提高进水压力，增大冷却水流量。必要时，还可以适当控制发电机定子电流，以避免故障绕组的温度继续升高，并及时进行反冲洗。

（7）当反冲洗无效时，绕组温度继续升高达到上限或"温差极大"报警，为避免发生事故，应控制定子电流并停机处理。

（8）出线套管水接头以及绝缘引水管与绕组的水电接头和汇水管接头处的球面接触要求严密，最好不加垫圈。如因泄漏而必须加装垫圈，则一定要采取措施固定好锥形垫圈，防止装偏或受力后变形堵塞水路。

发电机是发电厂的重大设备，其运行的安全性十分关键。目前，国内发电机的内冷水处理技术仍不尽理想，水质常有不达标现象，水处理技术与工艺较为单一与落后是造成这一现象的根本原因。因此，新的技术发展需要利用新型的控制技术，实现内冷水工况的良性运行。

第八章

氢气的制备与置换

第一节 氢气的性质

一、氢气的理化性质

（一）氢气的物理性质

氢气是一种无色、无臭、无毒和无味的可燃气体，很难液化。它同氮气、甲烷等气体一样，都是窒息性气，可使肺缺氧。在标准状况下（温度为0℃，压力为101.325kPa），氢气的密度是0.089 87g/L，仅是空气密度的2/29，是世界上最轻的物质。

氢的分子运动速度最快，从而有最大的扩散速度和很高的导热性。氢气是所有气体中扩散性最强的气体，它在空气中的扩散系数为0.65m²/s，一旦漏出便很快扩散。所以，当氢气系统泄漏时，距漏点0.25m以外，就不易找到准确的漏点。由于氢气的热导率比其他能用作冷却介质的气体如空气、氮气、二氧化碳高出较多，因此热交换能力强。

氢气的渗透性很强，而且随着温度和压力的升高，其渗透作用增大，所以对氢气系统的严密性应引起足够的重视。氢气系统是否泄漏，单凭人的功能感官是检查不出来的，所以，要用必要的手段经常检测氢气系统的泄漏情况。

氢气的沸点为−252.78℃，临界温度为−239.90℃，熔点为−259.24℃。氢气在各种液体中都溶解甚微，0℃时100mL的水中仅能溶解2.15nmL的氢气，20℃时100mL的水中仅能溶解1.84nmL的氢气。

在常温下，铁能溶解氢，从而使铁变脆，但这种氢脆作用非常缓慢。在高温高压的条件下，氢对钢有强烈的脆化作用，使金属脱碳，产生裂纹并变成网格，从而使钢的强度、韧性丧失殆尽。

（二）氢气的化学性质

氢气是一种易燃、易爆的气体，其最低着火温度是574℃，因此，氢气着火很难。但着火还有一个条件就是着火能，氢气的着火能只有19μJ，比烷烃低一个数量级。化学纤维摩擦所产生的静电火花也要比氢气的着火能大几倍。氢气的着火能随氢气本身的压力和温度的变化而变化。当压力和温度升高时，氢气与氧气（或空气）混合物的着火能下限降低，上限升高，着火范围变宽；当压力和温度下降时，则相反。所以，在压力和温度高的情况下，氢气更易着火。

氢气和氧气的混合物具有爆炸性，2份氢气和1份氧气的混合物的爆炸威力最大。在明火、暗火或高温作用下，氢气和氧气迅速地化合，并放出大量的热，使体积急剧扩大而发生爆炸。当有催化剂（如铂粉）和水汽存在时，可加剧氢气与氧气的化合反应，促使发生爆炸。

氢气和氧气混合物的爆炸极限是随压力、温度和水蒸气含量而变化的。在空气中，氢气体积含量的爆炸极限：上限为75％，下限为4％；在纯氧中，氢气体积含量的爆炸极限：上限为94％，下限为4％。通常，压力增加、温度上升时，可燃气体混合物的着火下限降低，上限提高，着火范围变宽；压力、温度下降时则相反。

氢气还可以与许多非金属化合，生成各种类型的氢化物。

二、氢气爆炸的基本概念

氢气的着火、燃烧和爆炸是氢气的主要特性。在常温下，氢气不太活泼，在明火引燃或在触媒剂的作用下，才能和氧化合，所以氢气是一种极易燃烧的气体。氢气、氧气的火焰温度可达3400K。氢气的燃烧、爆炸性能见表8-1。

表 8-1　　　　　　　　　　　　氢气的燃烧、爆炸性能

在空气中的燃烧范围(体积含量)(％)	4.0～75.0	最小着火能量(mJ)	0.2
在空气中的爆炸范围(体积含量)(％)	18.0～59.0	燃烧热(kJ/mol)	68
在氧气中的燃烧范围(体积含量)(％)	4.65～94.0	火焰温度(℃)	2045
在氧气中的爆炸范围(体积含量)(％)	18.3～58.9	灭火距离(cm)	0.6
在空气中的着火温度(℃)	585	火焰速度(cm/s)	270
在氧气中的着火温度(℃)	560		

氢气的着火温度虽然很高，但它的着火能很小。氢气和空气混合物的最小着火能与氢气的纯度有关。当氢气纯度为30％时（体积含量），着火能最小，仅为0.02mJ。

氢气的火焰传播速度很大（2.75m/s），灭火距离小（0.06cm）。氢气和空气混合物的灭火距离与氢气纯度有关。

氢气的燃烧和爆炸过程，是氢气和氧气化合生成水和释放能量的过程。它们之间的区别仅在于反应的速度不同，燃烧时，反应速度较慢而且稳定；爆炸时，反应速度极快而且产生具有破坏性的冲击波。燃烧包含两个紧密的环节，即反应的诱发（点火）和燃烧；爆炸现象尽管是在短时间内完成的，却包含着诱发、燃烧和爆炸三个环节。氢气爆炸发生的条件如下：

（1）氢气在空气中的体积含量为4％～75％或在氧气中的体积含量为4.65％～94.0％。

（2）含氢气的混合气体置于密闭的容器中。

（3）有明火触发纯氢气着火。

综上所述，当一定空间内空气（或氧气）中氢气含量处于爆炸上、下限之间时，一旦遇明火，局部首先着火，并放出大量的热量，使生成的水蒸气的体积膨胀，压力急剧增大而形成冲击波，即形成爆炸现象。可见，氢冷系统中保持氢气高纯度，是防止氢气爆炸的首要措施。

三、氢气湿度

（一）湿度对氢冷发电机运行的影响

氢冷发电机中的氢气是冷却发电机绕组和铁芯的重要介质，若氢气湿度太大，则引起以下危害：

（1）使机内氢气纯度降低，导致通风损耗增加和机组效率降低。

（2）容易造成发电机绝缘击穿事故。

（3）使转子护环产生腐蚀裂纹。为确保护环安全，要求护环周围环境的相对湿度在 50% 以下。

（二）氢气湿度偏高的原因

（1）制氢站输送来的氢气湿度超过规定值。

（2）气体冷却器漏水。对于水—氢—氢式或水—水—氢式发电机，有可能是定子绕组、转子绕组的直接冷却系统漏凝结水。

（3）氢侧回油量大。如果油中含水量大，则从密封瓦的回油中释放出来的水蒸气使机壳内氢气湿度偏高。

（4）真空泵运行不正常。装有单流环式密封瓦的氢外冷机组，其净油设备的真空泵运行不正常，油中水分处理不干净，造成机壳内氢气湿度增大。

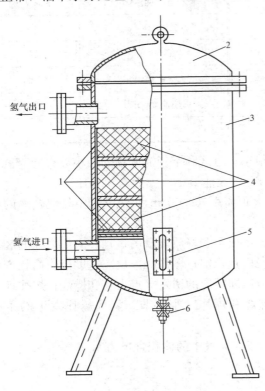

图 8-1　循环干燥器结构

1—过滤网；2—顶盖；3—罐壳；4—干燥剂；
5—窥视窗（水位计）；6—放水阀

（三）除湿设备

常用的除湿设备是循环干燥器。循环干燥器由气体进出口接管、过滤网、水位计和放水阀等组成，如图 8-1 所示。

（1）过滤网中放干燥剂。干燥剂有两种：①硅胶（$mSiO_2 \cdot nH_2O$）。硅胶又名氧化硅胶和硅酸凝胶，为透明或乳白色颗粒。在氢冷发电机中，一般采用在饱和氯化钙溶剂中浸过并在 $200 \sim 250℃$ 时干燥了的粗孔硅胶作干燥剂。利用硅胶进行吸附干燥的过程属于物理吸附。一般商售硅胶含水分为 $3\% \sim 7\%$，吸湿量能达 40% 左右。②氯化钙（$CaCl_2 \cdot 6H_2O$）。氯化钙为无色六角晶体，有苦咸味和潮解性，其熔点为 $29.92℃$，加热时先失去四分子水而变成二水物。它是一种白色、多孔、有吸湿性的物质，加热至 $200℃$ 时失去全部水分而成为吸湿性强的无水化合物 $CaCl_2$。采用无水 $CaCl_2$ 进行的吸附干燥过程属于化学吸附，它能够吸收气体里的水蒸气并在 $CaCl_2$ 晶体表面逐渐形成溶液，这种现象在化学里称为潮解。$CaCl_2$ 吸水溶解后，其溶液流在干燥器的底板上，所以要求每隔 $6 \sim 8h$ 定期打开放水阀收集溶液。溶液经蒸发、煅烧后成为无水 $CaCl_2$，因此 $CaCl_2$ 可循环使用。如果停止排出 $CaCl_2$ 溶液，则说明 $CaCl_2$ 已经用尽，需要重新更换 $CaCl_2$。发电机用的 $CaCl_2$ 是其他工业用过的 $CaCl_2$ 在 $300 \sim 400℃$ 下煅烧过的，其干燥作用比硅胶的好。

（2）冷凝除湿干燥器。该装置利用弗利昂作制冷剂。制冷剂在蒸发器内处于低压蒸发状态，它能吸收氢气的热量，使氢气急剧降温，造成氢气中所含的水蒸气基本上都凝结成霜和水，然后通过除霜排水达到降低氢气湿度的目的。冷凝除湿干燥器的检修维护量小，可以自动控制，但应注意排水过程中必须停止运行。

（四）氢气湿度的标准

因为密封在机壳中的氢气含有一定量的水蒸气，这样就存在着水蒸气含量的饱和问题，所以绝对湿度的大小可反映某一温度时气体中的含湿程度。但当气体温度发生变化后，即使绝对湿度保持不变，气体的含湿程度也会发生变化。这一点反映在表8-2中相对湿度值的变化上。

表 8-2   相对湿度值   %

氢气的绝对湿度 (g/m³)	氢气温度（℃）									
	0	5	10	15	20	25	30	35	40	45
4.85	100	71.2	51.5	37.8	28	19.4	15.9	12.2	9.5	7.4
6.0		100	72.3	53.1	39.3	27.2	22.4	17.2	13.3	10.4
9.4			100	73.4	54.1	37.6	30.9	25.7	15.4	14.4
12.8				100	74	51.2	42.1	32.3	25	19.6
17.3					100	69.2	56.9	43.7	33.8	26.4
23						100	82.2	63.1	48.9	35.1
30.4							100	76.8	59.4	46.4
39.61								100	77.5	60.5
51.16									100	78.3
65.45										100

由表8-2可知，若维持气体温度不变，随着绝对湿度的增加，相对湿度将增大，这表明气体将越来越接近饱和状态。但是，如果维持某一绝对温度值不变，随着气体温度的降低，相对湿度也将增大，直至达到100%。此时，气体达到饱和状态。气体饱和后，水蒸气的含量将不再增加，而多余的水蒸气均被液化，出现结露现象。例如，某电厂6号机组（200MW）氢气的绝对湿度见表8-3。

表 8-3   某电厂 6 号机组（200MW）氢气的绝对湿度

测量项目	实际数值		部颁标准
机内氢气绝对湿度 （g/m³）	机外测量值	7.9	2.5
	折算至机内	31.6	10
氢站新鲜氢气绝对湿度 （g/m³）	机外测量值	3.99	2
	折算至机内	16.0	8

该机组内氢气的绝对湿度已达到 $31.6g/m^3$，约为标准值的 3.2 倍。对照表 8-3，该值所对应的露点温度已高达 $31℃$，在这种情况下，如果发电机的运行方式发生变化，而冷却介质的参数调节和控制又不及时，就可能使机组内局部区域温度低于 $31℃$ 而发生结露现象，其危害性很大。因此，水利电力部颁发的《发电机运行规程》在规定了机组内氢气绝对湿度值的同时，还规定了直接冷却的发电机的入口氢气温度为 $35～46℃$。按上述规定进行计算，当机组内氢气的绝对湿度满足标准值 $10g/m^3$ 时（相应的机外测量值为 $2.5g/m^3$），若氢气温度在 $35℃$ 以上，则机组内氢气的相对湿度值小于 25.3%。由此可见，对绝对湿度、进风温度等参数应按规定同时加以控制，否则会引发事故。尤其是在机组启动的过程中，机组内温度较低，相对湿度较大，更容易造成结露。因此，机组在并网之前及并网后的低负荷运行期间，更应注意控制氢气的温度、湿度等参数，使之符合运行规程的要求。

四、氢气温度

（一）氢气温度对运行负荷的影响

在发电机负荷保持一定的条件下，当氢气的入口风温升高时，由于发电机内的温度升高，引起了绝缘材料的老化。一般认为，温度每升高 $10℃$，发电机绝缘材料的寿命缩短一半。这里所指的温度不是考虑绕组的平均温度，而是按最热点温度考虑的。因为绝缘材料上只要有一处最薄弱的部位被破坏，绝缘便发生故障。由此可见，当冷却介质温度升高时，为了避免绝缘材料的加速老化，必须相应地减少发电机的定子电流。另外，当冷却介质温度降低时，发电机的定子电流也可以比其额定值有所增加；但是定子电流增加量的确定，还要考虑到发电机的绝缘材料和其他部件的机械作用所带来的影响。例如，对于铁芯长度为 $2m$ 以上的发电机，如果冷却介质温度降低值超过 $10℃$，则发电机绕组的温升只容许增加 $10℃$。对于氢冷发电机，因为其绝对温度控制在 $10g/m^3$ 以下，当进风温度低于 $20℃$ 时，有可能发生结露现象，所以发电机进风温度的降低量只允许比额定值低 $10℃$。

（二）氢气温度变化时，发电机负荷的确定准则

（1）发电机进风温度的确定。按照 DL/T 751—2001《水轮发电机运行规程》的规定，当发电机的进风温度高于或低于额定值时，发电机定子电流的允许值按下述原则确定：①当进风温度高于额定值时，可按表 8-4 掌握。②当进风温度低于额定值时，每降低 $1℃$，允许定子电流升高其额定值的 0.5%，此时转子电流也允许有相应的增加。

表 8-4　　　　　　　　　发电机进风温度高于额定值时定子电流的降低量

发电机的进风温度（℃）		进风温度每升高 $1℃$，定子电流比额定值的降低量（%）
额定进风温度为 35℃	额定进风温度为 40℃	
35～40		1.0
40～45	40～45	1.5
45～50	45～50	2.0
50～55	50～55	3.0

一般对发电机出口的氢气温度不予规定，但应监视进、出口风的温差。若温差显著增加，则表明冷却系统已不正常或发电机的内部损耗有所增加，此时必须分析原因并根据具体情况采取措施，予以消除。

（2）当氢气温度变化时，编制发电机的容许负荷表。氢气的进风温度变化时，定子电流和转子电流的容许值应根据对电动机进行全面温升的试验来确定，即确定出定子电流和转子电流的容许值与氢气的进风温度以及发电机端电压之间的关系，这就是容许负荷表。该表是在认为定子绕组的温升与转子绕组的温升彼此无关的基础上编制的，而且只考虑过励磁的运行情况。编制负荷表依据的其他条件是，当电压与额定值的偏差为±5％时，保持视在功率不变；当冷却气体温度降低时，发电机的功率增加；或冷却气体温度升高时，发电机的功率降低。

有了容许负荷表后，就可以根据电压和氢气的进风温度，很快确定出定子、转子的极限容许电流，这样做不仅方便、准确，而且有利于发电机的安全、经济运行。定子绕组氢外冷、转子绕组氢内冷、铁芯氢冷的 TBφ-60-2 型发电机的容许负荷表，见表8-5。

表 8-5　　　　　　　　　　　TBφ-60-2 型发电机的容许负荷表

绕　组	定子电压（kV）	在下述冷却气体温度时的容许电流负荷（A）					
		30℃及以下	31～35℃	36～40℃	41～45℃	46～50℃	51～55℃
定子	6.62	6880	6700	6540	6220	5900	5530
	6.3	7240	7060	6880	6540	6200	5800
	5.98	7600	7400	7220	6860	6510	6100
转子	6.62	1840	1787	1735	1680	1620	1560
	6.3及以下	1800	1750	1700	1650	1590	1520

五、氢气的压力

随着氢气压力的升高，氢气的传热能力得到改善，氢冷发电机的最大负荷也可以得到提高。反之，发电机容许的负荷就降低。

发电机不宜在低于氢气压力额定值的状态下运行。因为此时氢内冷发电机的转子易出现通风道堵塞及错位、绕组变形、槽衬膨胀和绝缘过热的现象，只有在处理缺陷的情况下，才允许降低氢压。降低氢压时，也相应降低了发电机的功率，其具体数值应按制造厂的规定执行。没有规定时，可根据发电机的温升试验来确定。

提高氢气压力运行可以提高发电机的出力。因为氢气的导热能力和传热系数是随着氢气压力的增加而提高的，见表8-6。

国内一些电厂的试验结果指出，发电机提高氢气压力后的运行效果是非常显著的，将氢气压力由 0.003MPa 增加到 0.005MPa 以后，发电机的出力会增大，见表8-7。

表 8-6　　　　　　　　不同氢气压力下氢气相对导热能力和传热系数

氢压（MPa）	相对导热能力	相对传热系数
0.003	1	1
0.2	3	2.4

表 8-7　　　　　　　　不同氢气压力下氢冷发电机的出力

运行氢压（MPa）	0.05	0.1	0.2
氢外冷发电机（％）	10	15	20
氢内冷发电机（％）	35	55	80

第二节　发电厂制氢系统

一、发电机的冷却方式

（一）发电机冷却的重要性

发电机在运行时，绕组中的电流和铁芯中的交变磁通会产生热量，这些热量会使发电机的转子绕组、定子铁芯、定子绕组等各部件的温度升高，随着发电机单机容量的增大，温度也越来越高。

为了保证发电机能在绕组绝缘材料允许的温度下长期运行，必须及时把铜损、铁损所产生的热量导出，使发电机各主要部件的温度经常保持在允许的范围内。否则，发电机的温度就会继续升高，使绕组绝缘老化，出力降低，甚至烧坏，影响发电机的正常运行。因此，必须连续不断地将发电机产生的热量导出，这就需要强制冷却。

（二）发电机常用的冷却方式

发电机的冷却是通过冷却介质将热量传导出去实现的。常用的冷却方式有空气冷却、水冷却、氢气冷却三种。

1. 空气冷却

容量小的发电机（2MW 以下）多采用空气冷却方式（简称空冷），即空气从发电机内部通过，将热量带走。这种冷却方式效率差，随着发电机容量的增大已逐渐被淘汰。

2. 水冷却

把发电机转子和定子绕组线圈的铜导线做成空芯，运行中使高纯度的水通过铜导线内部，带出热量，使发电机冷却。这种冷却方式比空气冷却效果好，但必须有一套水质控制系统和良好的机械密封装置。目前，中型机组多采用这种冷却方式。

3. 氢气冷却

氢气对热的传导率是空气的 6 倍以上，加上它是最轻的一种气体，对发电机转子的阻力最小，所以大型发电机多采用氢气冷却方式（简称氢冷），即将氢气密封在发电机内部，使其循环。循环的氢气再由另设的冷却器通水冷却。氢气冷却可分为氢气与铜导线直接接触的内冷式（直接冷却）和氢气不直接与铜导线接触的外冷式两种。

一般，汽轮发电机从空气冷却改为氢气冷却后，冷却效率及发电机出力分别提高了 0.2%～1.0% 和 20%～35%。

（三）冷却方式的组合

当前功率超过 50MW 的汽轮发电机都广泛采用了氢气冷却或氢气、水冷却介质混用的冷却方式。在冷却系统中，冷却介质可以按照不同的方式组合，归纳起来有以下几种：

（1）定子绕组、转子绕组和定子铁芯都采用氢表面冷却，即氢外冷。

（2）定子绕组和定子铁芯采用氢外冷，转子绕组采用直接冷却（即氢内冷）。

（3）定子、转子绕组采用氢内冷，定子铁芯采用氢外冷。

（4）定子绕组采用水内冷，转子绕组采用氢内冷，定子铁芯采用氢外冷，即水氢氢冷却方式。

（5）定子、转子绕组采用水内冷，定子铁芯采用空气冷却，即水水空冷却方式。

（6）定子、转子绕组采用水内冷，定子铁芯采用氢外冷，即水水氢冷却方式。

二、制氢系统主要设备概述

制氢装置和储存系统为发电机提供氢气冷却系统所需的氢气，其纯度和湿度应满足发电机氢气冷却系统的要求。下面以 DQ-10 水电解装置为例介绍制氢系统的组成。

一套完备的制氢工艺装置以及氢气储存和分配系统包括氢发生处理器（含电解槽、框架一、干燥装置、碱液泵）、框架二、框架三（含除盐水箱、碱液箱、补水泵）、氢气储罐、压缩空气储罐、除盐水闭式冷却装置以及系统内的电气及控制设备、管道、阀门和仪表等。表8-8 给出了一套制氢系统设备清单。

表 8-8　　　　　　　　　　　　　　制氢系统设备清单

序　号	设备名称	型号或协议	单位	数量	产地
1	氢发生处理器	DQ-10/3.2	套	1	邯郸
	电解槽	$10m^3/h$（标准状况下）	台/套	1	邯郸
	框架一（气液处理器）	$10m^3/h$（标准状况下）	台/套	1	邯郸
	纯化干燥装置	$10m^3/h$（标准状况下）	台/套	1	邯郸
2	框架二	KII22	台	1	邯郸
3	框架三		套	1	邯郸
	碱液箱	219L	台/套	1	邯郸
	除盐水箱	219L	台/套	1	邯郸
	补水泵	JZ200/40	台/套	1	邯郸
4	氢气储罐	$13.9m^3$	台	2	邯郸
5	氢气排水水封	SF-00	台	1	邯郸
6	压缩空气储罐	$5.0m^3$	台	1	邯郸
7	除盐水闭式冷却装置	CLZ-100	套	1	邯郸
8	晶闸管整流柜	KSZ-WJ1000/72	台	1	保定
9	MCC柜	GCS	台	1	邯郸
10	控制柜	W3	台	1	邯郸
11	微量水分析仪（露点仪）	DS1000	台	1	英国 Alpha
12	氧中氢分析仪	GPR-25 MO	台	1	美国 Adv
13	氢中氧分析仪	GPR-25	台	1	美国 Adv
14	氢气报警仪	NA1000D	台	1	美国锡麟
15	便携精密露点仪	DM70	台	1	芬兰维萨拉
16	便携氢气报警仪	TIF8800A	台	1	美国 TIF
17	砾石阻火器	DN80	台	1	邯郸
18	丝网阻火器	DN15	台	2	邯郸
19	上位机（含控制台）	P4 2.4G, VP211液晶	台	1	台湾研华
20	监控软件	Citech 256 点	套	1	
21	制氢站内工艺管道、阀门、电缆		套	1	
22	电气转换器		台	3	西安仪表厂

1. 设备要求

（1）整套设备为组装单元式，单元范围包括所有设备、阀门、管件、支吊架。同时应提供各单元间的连接管道。

（2）电解槽连续、间断均可运行。槽体为碳钢镀镍材质，压缩空气储罐、氢气储罐为合金钢，其余设备均为不锈钢材质（1Cr18Ni9Ti）。

（3）氢气储罐能耐－19℃的低温。

（4）所有管路阀门均为不锈钢材质（1Cr18Ni9Ti），气管路及碱液管路的阀门和其他参与程控的阀门均采用进口产品。

（5）到汽机房的氢气管应设置两个接口，框架二上还应设置备用氢气接口。

（6）所有设备在额定条件下应能保证安全运行，电解槽大修周期不少于10年。

2. 主要设备性能与参数

（1）电解槽主要技术参数（安装在氢发生器）。

1）氢气产量：$10m^3/h$（标准状况下）（产氢气量连续可调范围为额定出力的$50\%\sim100\%$）。

2）氧气产量：$5m^3/h$（标准状况下）。

3）氢气纯度：$\geqslant99.9\%$。

4）氧气纯度：$\geqslant99.3\%$。

5）氢气湿度：$<4mg/m^3$。

6）电解槽额定工作压力：3.2MPa。

7）电解槽工作温度：$<90℃$。

8）电解槽额定工作电流：740A。

9）电解槽电解小室工作压力：约为2V。

10）电解槽单位产氢量直流电耗：$4.6kW\cdot h/m^3$（标准状况下）。

11）氢氧分离器液位差：$\pm5mm$。

（2）氢发生处理器。数量：1套；结构形式：组装框架式，框架材料为碳钢；氢气处理量：$10m^3/h$（标准状况下）；出口氢气含湿量：露点小于$-55℃$。主要设备如下：

1）氢分离冷却器（卧式）：型号及规格为$\phi219\times8\times2035mm$，材料为1Cr18Ni9Ti。

2）氧分离冷却器：型号及规格为$\phi219\times8\times2035mm$，材料为1Cr18Ni9Ti。

3）氢洗涤器：材料为1Cr18Ni9Ti，规格为$\phi219\times8$。

4）碱液过滤器：材料为1Cr18Ni9Ti，规格为DN150。

5）碱液循环泵（卧式自冷却屏蔽电泵）。①型号为BA74H-112H4BM-40-25-125；②流量为$1.5m^3/h$；③耐压4.0MPa；④过流件材质为1Cr18Ni9Ti；⑤生产商为大连耐腐屏蔽泵厂。

6）气水分离器：型号及规格为$\phi108\times5mm$，材料为1Cr18Ni9Ti。

7）丝网阻火器：型号及规格为DN15，材料为1Cr18Ni9Ti。

8）捕滴器：型号及规格为$\phi219\times8$，材料为1Cr18Ni9Ti。

9）排水器：型号及规格为$\phi108\times5mm$，材料为1Cr18Ni9Ti。

（3）氢气干燥装置。操作方式为自动，再生方式采用电加热，工作压力为$0.5\sim3.2MPa$，氢气露点小于或等于55℃，氢气处理量为$10m^3/h$（标准状况下），系统压力降小于0.1MPa，材料为4A分子筛＋催化脱氧触媒。

（4）吸附纯化器。材质为12Cr1MoV，工作温度为室温，再生时间为6h，再生气体为原料气再生（无氢气排放），吸附材料为 4A 分子筛，冷却水耗量为 0.5m³/h，氢气温度小于或等于 40℃，电源为 AC 220V、2.2kW，防爆等级为一区防爆。

（5）框架二。数量为 1 套；减压后压力为 0.8～1.0MPa；该系统由管路、阀门、减压器、仪表等组成。输氢管路为 2 根 DN25 不锈钢管（一路工作，一路备用）。

压力调整器（进口压力为 4.0MPa，出口压力调整范围为 0～1.6MPa，氢气流量约为 3.5m³/min）数量为 2 台，材质为 1Cr18Ni9Ti，由上海减压器厂制造的特制专用供氢减压器。

（6）除盐水箱、碱液箱、补水泵（集成为框架三，便于安装，减少占地面积）。

1）除盐水箱：数量为 1 个，材料为 1Cr18Ni9Ti，容积为 219L，工作介质为除盐水，外径为 506mm，壁厚为 3mm。

2）碱液箱：数量为 1 个，材料为 1Cr18Ni9Ti，容积为 219L，工作介质为 26％～30％ 的氢氧化钠，外径为 506mm，壁厚为 3mm。

3）补水泵（电解液输送泵）：数量为 1 台，型号为 JZ200/40，过流部分材质为 1Cr18Ni9Ti，流量为 200L/h，配套电动机为防爆型（YB90L-4）。

（7）供碱及再循环管道阀门。数量为 1 只，材料为 1Cr18Ni9Ti。

（8）氢气储罐。数量为 2 个，材料为 16MnR，设计压力为 3.24MPa（工作压力为 2.94MPa），设计温度为 −19～50℃（能耐 −50℃ 的低温），容积为 13.9m³。每只储罐配带 2 只 DN15、3 只 DN6 进口阀，1 只安全阀，压力表 1 块，丝网阻火器 1 台。

（9）压缩空气储罐。数量为 1 台，材料为 16MnR，设计压力为 0.8MPa（工作压力为 0.8MPa），设计温度为 −19～50℃，容积为 5m³。储罐配带国产 DN20 截止阀 3 只、DW14 压力表截止阀 1 只，安全阀 1 只，止回阀 1 只，压力表 1 块。

三、制氢装置

（一）制氢系统简介

中压电解水制氢装置是一组可以安全可靠的连续生产氢气的成套设备，主要用于发电厂氢冷发电机组。它采用工作温度为 70～80℃ 的碱性水溶液电解装置，其主体设备为电解槽，在电解槽后连有氢侧系统、氧侧系统及补给水系统和碱液系统等。此外，制氢站还包括纯水制备设备，氢气和氧气的储存、纯化、压缩输送设备以及有关控制仪表和电源等。

1. 氢气系统

图 8-2 所示的实线部分为氢气系统，由电解槽 1 电解出来的氢气汇集于总管，经过氢侧分离器 2、氢侧洗涤器 3、氢侧压力调节器 4、平衡箱 5，再经两级冷却器 6 后，存入储氢罐备用。

2. 氧气系统

图 8-2 所示的点划线部分为氧气系统，由电解槽 1 分解出来的氧气汇集于总管，经过氧侧分离器 8、氧侧洗涤器 9、氧侧压力调节器 10 和氧侧水封槽 11 后，排入大气或存罐备用。

3. 补给水系统

图 8-2 所示的虚线部分为补给水系统。在电解水的过程中，必须连续不断地补充被消耗的纯水。另外，各系统中的分离器、洗涤器和压力调节器中分离和洗涤下来的 KOH 溶液也必须重新回到电解槽中，所以它们都与补给水箱（平衡箱 5）连通，以达到节省 KOH 的目的。

4. 碱液系统

在电解水装置实际运行时，由于泄漏、携带等原因，KOH 溶液的浓度会逐渐降低，因此必须每隔一定时间向电解槽中补充碱液，其系统如图 8-2 中双点画线部分所示。

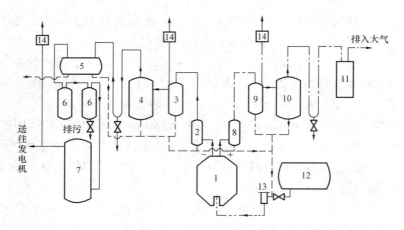

图 8-2　制氢系统

1—电解槽；2—氢侧分离器；3—氢侧洗涤器；4—氢侧压力调节器；5—平衡箱；
6—冷却器；7—储氢罐；8—氧侧分离器；9—氧侧洗涤器；10—氧侧压力调节器；
11—氧侧水封槽；12—碱液箱；13—碱液过滤器；14—挡火器

（二）电解槽

1. 电解槽

电解槽是制氢装置的主体设备，它的主要优点是制得的氢气纯度高，能耗低，结构简单，制造维修方便且使用寿命长，材料的利用率高，价格低廉。目前在发电厂广泛使用的是压滤式碱性水电解槽，其结构如图 8-3 所示。

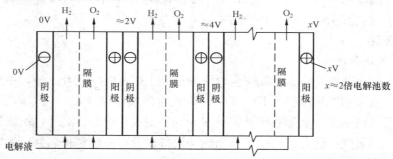

图 8-3　压滤式碱性水电解槽结构

电解槽中平行、直立地设置数块至数十块电极板，它们将整个电解槽分成若干个电解室，串联相接。电解槽的总电压为各电解室电压之和，总电流与各电解室电流相等。电解液是以一根总管供给各电解室的。每一电解室又用石棉布分隔成氢侧（阴极）和氧侧（阳极），电解产生的氢气和氧气分别汇总于隔膜框上的氢气总管和氧气总管后导出。

电解槽中的主要部件和材料如下：

（1）极板与端极板。电解槽中间的隔板称为极板。极板由 3 块钢板组成，中间一块起分隔电解室及支持作用，无孔。极板两侧分别铆接一块带小孔的钢板，一侧为阳极，一侧为阴极。阳极的一侧为防止氧腐蚀而镀有镍保护层。电解槽两端的极板称为端极板，阴、阳端极板内侧各焊一块镀镍的阳极和不镀镍的阴极。端极板除了起引入电流的作用外，还起紧固整个电解槽钢板的作用，所以要厚一些。

（2）隔膜框。隔膜框是构成各电解室的主要部分，每一个隔膜框构成一个电解室。隔膜框是一种空心环状厚钢板，在里圈由压环将石棉布固定在上面。石棉布呈多微孔组织，以便通过 K^+ 和 OH^-。隔膜框上部在氢、氧两侧均开有小孔，称为气道圈，用以通过氢气和氧气。隔膜框下部设有液道圈，用以通过电解液。气体总出口和碱液进口均设在电解槽中部，称为中心隔膜框，它比其他隔膜框稍厚，这样可以改善电解液的均匀性，并使各部分的温差减小。

（3）绝缘材料。隔膜框与极板之间设有绝缘垫圈。要求绝缘垫圈能够耐碱、耐热、耐压力。它不仅能起绝缘作用，使隔膜框不带电，而且有密封作用，以防止电解液外漏。

（4）电解液。电解液中的杂质对水的电解有很大的影响。Cl^- 和 SO_4^{2-} 能强烈地腐蚀镍阳极；Fe^{3+} 附着于石棉布隔膜和阴极上，会增大电解池电压；CO_3^{2-} 能恶化电解液的导电度，含量过高会析出结晶；Ca^{2+}、Mg^{2+} 有可能生成碳酸盐沉淀，堵塞进液孔和出气小孔，造成电解液循环不良。另外，在电解过程中不断地补充水和碱都将可能引入上述杂质离子。所以，为了保证电解槽的正常运行和延长使用周期，固体碱、补充水和电解液应当符合如下标准：

1）氢氧化钾质量标准。电解质氢氧化钾的纯度，直接影响电解后产生气体的品质和对设备的腐蚀。当电解液含有碳酸盐和氯化物时，阳极上会发生下列有害反应

$$2CO_3^{2-}-4e=\!\!=\!\!2CO_2\uparrow+O_2\uparrow$$

$$2Cl^--2e=\!\!=\!\!Cl_2\uparrow$$

这些反应不但消耗电能，而且因氧气中混入氯气等而降低其纯度，同时生成的二氧化碳立刻被碱液吸收，复原成碳酸盐，致使 CO_3^{2-} 的放电反应反复进行下去，耗费掉大量电能。另外，反应生成的氯气也可被碱液吸收生成次氯酸盐和氯酸盐，它们又有被阴极还原的可能，这也要消耗电能。

为了提高气体纯度，降低电能消耗，要求氢氧化钾的纯度达到表 8-9 的要求。

2）补充水质量标准。电解液中的杂质除来源于药品之外，还可能来自不纯净的补充水。常用的补充水是汽轮机的凝结水，其质量要求见表 8-10。

表 8-9　氢氧化钾的质量标准

名　　　称	含量（%）
KOH	＞95
NaCl	＜0.5
Na_2CO_3	＜0.2

表 8-10　补充水的质量标准

名　　　称	含量（mg/L）
$Fe^{2+}+Fe^{3+}$	＜1
Cl^-	＜6
干燥残渣	＜7

电解液的具体质量标准见表 8-11。

表 8-11　　　　　　　　　　　电解液的具体质量标准

项　　目	含　量	项　　目	含　量
KOH（g/L）	300～400	Cl^-（mg/L）	≤800
KOH 密度（g/mL）	1.25～1.30	Na_2CO_3（mg/L）	≤100
$Fe^{2+}+Fe^{3+}$（mg/L）	≤3		

2. 气体分离器

电解槽产生的氢气与氧气由电解槽溢出时，携带了部分呈雾状的电解液与气体一同进入各系统中。分离器的作用之一就是利用冷却和扩容作用充分分离出电解液，并使之重新流回电解槽；分离器的第二个作用就是保证电解槽在满负荷或空载时，始终充满电解液。另外，由于电流通过电解液时有一部分电能变为热能而使电解液温度升高，分离器还有冷却电解液的作用，使其温度保持在 80℃ 以下。

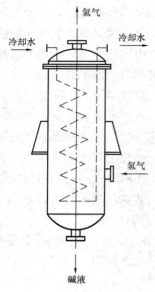

图 8-4　气体分离器结构

分离器是外形为圆筒形的立式容器，内部设有冷却用蛇形管，系统中有氢、氧分离器，其结构如图 8-4 所示。

在运行过程中要求分离器中的液位高于电解槽，以保证电解槽中充满电解液，不使隔膜外露，并使分离器与电解槽之间电解液的正常循环和冷却得到保证；否则会使阴、阳极之间浓度差增大，降低电解效率，形成浓差电池而腐蚀设备。

3. 气体洗涤器

从分离器送出的氢、氧气体的温度较高，其中仍然含有水蒸气和少量电解液，所以必须再经过气体洗涤器进一步冷却、洗涤。在洗涤器中将气体温度降至常温，减少气体中的含水量，洗去电解液，以满足用氢设备的要求，同时也减少了纯水和电解液的消耗。

气体洗涤器中部通入由补给水箱（平衡箱）送来的纯水（凝结水），氢气由上部进入，通过下部喇叭口，在穿过洗涤水时将残留的电解液溶于水中，再由中上部排出，成为较纯净的氢气。洗涤器的下部由于溶解了气体中的微量碱液而排出稀碱液。这些稀碱液并入碱液循环系统作为补充水进入电解槽。气体洗涤器结构如图 8-5 所示。

4. 压力调节器

压力调节器为圆筒形结构，如图 8-6 所示，其壳体上设有压力表、安全阀与水位计，内部有浮筒和针形阀。气体（氢气或氧气）进入口与洗涤器相通，气体排出量由针形阀控制。氢、氧两侧各装一台压力调节器，两台调节器的下部用水连通，以保证氢、氧两侧的压力相等，防止电解槽中石棉布因压差过大而破损。

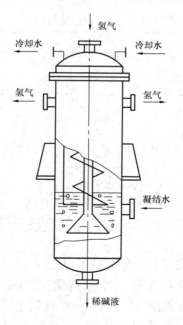

图 8-5　气体洗涤器结构

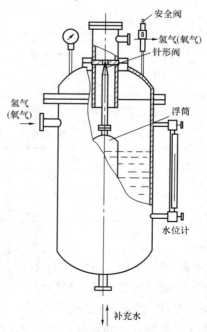

图 8-6　压力调节器结构

电解所产生的氢气与氧气的体积不相等，氢气体积为氧气的 2 倍。若两个调节器的下部不连通，则两侧压力就会不相等，这将造成电解槽内石棉布氢、氧两侧气压不等，氢气有通过石棉布混入氧气的可能，导致电解工况被破坏，甚至发生事故。

压力调节器的工作过程如下：当氢侧压力升高时，调节器内水位压向氧侧。氧侧水位升高而引起浮筒上升，关闭针形阀，氧侧压力也随之升高。当氧侧压力与氢侧压力相等时，水位又回到原来状态。氢侧在压力升高、水位下降的同时，浮筒随之下降而使针形阀开启，排出气体。氧侧同样在压力升高时排出气体，这样就调整了系统压力，使之达到平衡。不过这种平衡只是相对的、暂时的，常有瞬时不平衡的现象，但两侧压差不能超过 490～590Pa。因为氢气的体积为氧气体积的 2 倍，所以氢侧压力调节器的排气动作次数是氧侧压力调节器的 2 倍。

压力调节器还有对氢气和氧气的冷却净化作用，所以下部的水也是稀碱液，与补充水系统连通。

5. 平衡箱

平衡箱又称补水器，是一个用于中压制氢系统生产中向洗涤器补充纯水的圆筒形容器，其结构如图 8-7 所示。

从压力调节器出来的氢气经管路由上部进入平衡箱，气体入口管伸入水下 100mm，氢气经过水层出来，便再经过一次洗涤，去除残余的碱雾及杂质。凝结水从平衡箱下部进入，经另一管路与补充水系统连通。

制氢设备在运行中不断地消耗纯水，所以要不断地向电解槽内补充水。由于系统中各设备内部压力是相同的，同时平衡箱在系统设备中的安装标高比其他设备高，因此主要依靠平衡箱内纯水的压差、自重来完成向洗涤器的自动补水。平衡箱安装标高的合理性是决定系统能否实现自动补水的关键。平衡箱只在氢侧设置。

另外，平衡箱还起到对氢气的缓冲作用，使氢气压力变得更均匀，因此又称为缓冲箱。

6. 冷却器

冷却器的结构与分离器的结构基本相同，如图 8-8 所示。容器内有蛇形管，冷却水在容器内由下至上进行循环冷却。冷却器与分离器的不同之处是氢气走蛇形管，冷却水走管外。冷却器只在氢侧系统中设置。

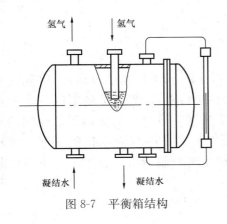

图 8-7　平衡箱结构

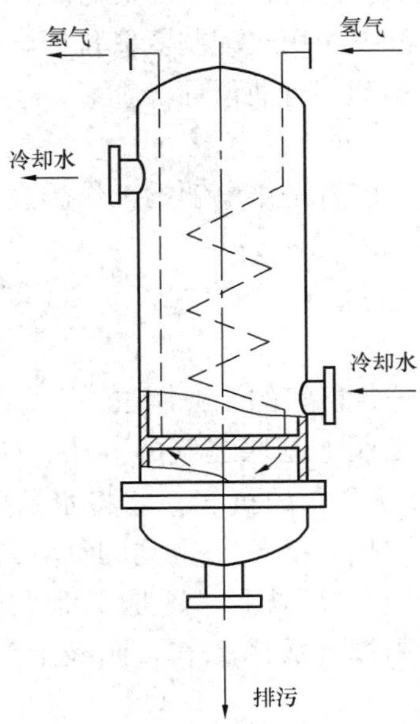

图 8-8　冷却器结构

冷却器的作用在于分离和去除由平衡箱出来的氢气中所带的少量水分，并使气体得到冷却，它可使氢气中的水含量降低到 $5g/m^3$ 以下，冷凝后的水分可通过排污阀定期排出。

7. 干燥器

干燥器为圆形立式设备，其主要作用是利用干燥剂对氢气进一步干燥，以获得更干燥的氢气。

干燥器内一般装填 5A 的球形分子筛，其再生温度为 $180\sim250℃$，再生时间为 $8\sim10h$。

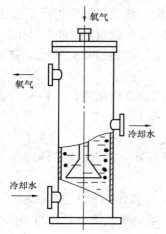

图 8-9　氧侧系统中的
水封槽结构

8. 砾石挡火器、水封槽

系统运行时为保障安全而设置砾石挡火器、水封槽这两个设备。如果气体出口处发生火灾，这两个设备可以阻止火焰延烧到系统内部，避免造成重大事故。

氧侧系统中的水封槽结构如图 8-9 所示，它的作用是净化氧气，也起挡火密封的作用。一般氧气不收集而对空排放掉，因此，水封槽的重要性就更大了。

挡火器内部充填粒度为 $10\sim20mm$ 的洁净碎石，设置于氢气放空出口处，3 个氢气储罐在弹簧安全阀后面可以串联起来，使用一个挡火器。

9. 储气罐

电解产生的氢气、氧气，经过一系列净化和冷却处理，最后存入储气罐备用。储氢罐的数量由发电机的氢冷容积确定，通常为 $3\sim5$ 个。为防止着火事故，储氢罐与大气间安有挡火器和弹簧安全阀。当罐内压力超过规定值时，气体可安全排出。

10. 碱液过滤器和碱液溶解箱

碱液过滤器的作用是消除电解液中的残渣污物，使电解槽运行正常。一般采用 $80\sim100$ 目的镍丝网制作过滤器的滤芯，并且要定期清洗。

配碱箱用于配制氢氧化钾电解液及储存碱液，一般为钢制容器，也可内衬耐腐蚀的塑料板，箱侧装有液位计。

11. 硅整流装置

该装置是供电解槽工作的直流电源，附设备用电力回路和照明回路。

第三节　制　氢　原　理

一、氢气的工业制法

工业上制取氢气的方法：①将水蒸气通过灼热的焦炭（称为碳还原法），得到纯度为 75％左右的氢气；②将水蒸气通过灼热的铁，得到纯度在 97％以下的氢气；③由水煤气中提取氢气，得到的氢气纯度也较低；④电解水法制取氢气，此法制得的氢气纯度可高达 99％以上，这是工业上制备氢气的一种重要方法。在电解氢氧化钠（钾）溶液时，阳极上放出氧气，阴极上放出氢气。电解氯化钠水溶液制造氢氧化钠时，也可得到氢气。

用于冷却发电机的氢气的纯度要求较高，因此，都是采用电解水的方法制得。

二、电解水制氢原理

所谓电解就是借助直流电的作用，将溶解在水中的电解质分解成新物质的过程。

1. 电解水原理

在一些电解质水溶液中通入直流电时，分解出来的物质与原来的电解质完全没有关系，被分解的是作为溶剂的水，原来的电解质仍然留在水中。例如，硫酸、氢氧化钠、氢氧化钾等均属于这类电解质。

在电解水时，由于纯水的电离度很小，导电能力低，属于典型的弱电解质，所以需要加入前述电解质，以增加溶液的导电能力，使水能够顺利地电解成为氢气和氧气。

氢氧化钾等电解质不会被电解，下面举例说明：

（1）氢氧化钾是强电解质，溶于水后即发生如下电离过程

$$KOH \Longrightarrow K^+ + OH^-$$

于是，水溶液中就产生了大量的 K^+ 和 OH^-。

（2）金属离子在水溶液中的活泼性不同，可按活泼性大小顺序排列为

$$K > Na > Mg > Al > Mn > Zn > Fe > Ni > Sn > Pb > H > Cu > Hg > Ag > Au$$

在此排列中，前面的金属比后面的活泼。

（3）在金属活泼性顺序中，越活泼的金属越容易失去电子，否则容易得到电子。从电化学理论上看，容易得到电子的金属离子的电极电位高，而排在活泼性顺序前面的金属离子，由于其电极电位低而难以得到电子变成原子。H^+ 的电极电位 $\varphi_H = -1.71V$，而 K^+ 的电极电位 $\varphi_H = -2.66V$，所以，在水溶液中同时存在 H^+ 和 K^+ 时，H^+ 将在阴极上首先得到电子而变成氢气，而 K^+ 则仍将留在溶液中。

（4）水是一种弱电解质，难以电离。而当水中溶有氢氧化钾时，在电离的 K^+ 周围则围绕着极性的水分子而成为水合钾离子，而且因 K^+ 的作用使水分子有了极性。在直流电作用下，K^+ 带着有极性的水分子一同迁向阴极，这时 H^+ 就会首先得到电子而成为氢气。

2. 水的电解方程

在直流电作用于氢氧化钾水溶液时，在阴极和阳极上分别发生下列放电反应，如图 8-10 所示。

（1）阴极反应。电解液中的 H^+（水电离后产生的）受阴极的吸引而移向阴极，接受电子而析出氢气，其放电反应为

$$4H_2O + 4e \Longrightarrow 2H_2 \uparrow + 4OH^-$$

（2）阳极反应。电解液中的 OH^- 受阳极的吸引而移向阳极，最后放出电子而成为水和氧气，其放电反应为

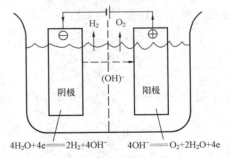

图 8-10　碱性水溶液的电解

$$4OH^- \Longrightarrow 2H_2O + O_2 \uparrow + 4e$$

阴阳极合起来的总反应为

$$2H_2O \Longrightarrow 2H_2 \uparrow + O_2 \uparrow$$

所以，在以氢氧化钾为电解质的电解过程中，实际上是水被电解，产生氢气和氧气，而氢氧化钾只起运载电荷的作用。

三、电解电压

在电解水时，加在电解池上的直流电压必须大于水的理论分解电压，以便克服电解池中的各种电阻电压降和电极极化电动势。电极极化电动势是阴极氢析出时的超电位与阳极氧析出时的超电位之和。因此，水电解电压 U 可表示为

$$U = U_0 + IR + \varphi_H + \varphi_O \tag{8-1}$$

式中　U_0——水的理论分解电压，V；

　　　I——电解电流，A；

　　　R——电解池的总电阻，Ω；

　　　φ_H——氢超电位，V；

　　　φ_O——氧超电位，V。

从能量消耗的角度看，应该尽可能地降低电解电压。下面讨论影响电解电压的几个因素：

（1）水的理论分解电压 U_0。由热力学的研究得出，原电池所做的最大电功等于反应处自由能变的减少，即

$$\Delta G_m^0 = -nFE^0 \tag{8-2}$$

式中　ΔG_m^0——标准状态下电池反应的吉布斯自由能变，J/mol；

　　　n——反应中的电子转移数；

　　　F——法拉第常数，96 500C/mol；

　　　E^0——标准状态下反应的标准电动势，V。

在生成水的化学反应中，自由能变为 -474.4kJ/mol，即

$$2H_2(g) + O_2(g) = 2H_2O(L)，\Delta G_m^0 = -474.4\text{kJ/mol}$$

这是一个氧化还原反应，在两个电极上的半反应分别为

$$O_2 + 4H^+ + 4e = 2H_2O$$

$$2H_2 = 4H^+ + 4e$$

电子转移数 $n=4$，由 $\Delta G_m^0 = -nFE^0$ 得

$$-474.4 \times 10^3 = -4 \times 96\ 500 E^0$$

$$E^0 = \frac{474.4 \times 10^3}{4 \times 96\ 500} = 1.23\ (\text{V})$$

可见，在 0.1MPa 和 25℃时，$U_0 = 1.23$V，它是水电解时必须提供的最小电压，它随温度的升高而降低，随压力的升高而增大，压力每升高 10 倍，电压约增大 43mV。

（2）氢、氧超电位 φ_H 和 φ_O。影响氢、氧超电位的因素很多。首先，电极材料和电极的表面状态对它们的影响较大，如铁、镍的氢超电位就比铅、锌、汞等低，铁、镍的氧超电位也比铅的低。与电解液接触面积越大或电极表面越粗糙，产生的氢、氧超电位就越小。其次，电解时的电流密度增大，超电位会随之增大，温度的上升也会引起超电位的增大。此外，超电位还与电解质的性质、浓度及溶液中的杂质等因素有关，如在镍电极上，稀溶液的

氧超电位大于浓溶液的氧超电位。

为了降低氢、氧超电位，可以采取一些方法，如提高工作温度及采用合适的电极材料等。此外，适当增大电极的实际表面积或使电极表面粗糙，都可在不同程度上降低电极电阻和超电位，从而达到降低工作电压的目的。

（3）电阻电压降。电解池中的总电阻包括电解液的电阻、隔膜电阻、电极电阻和接触电阻等，其中前两者为主要因素。隔膜电阻电压降取决于材料的厚度和性质。采用一般的石棉隔膜，电流密度为 $2400A/m^2$ 时，隔膜电阻上的电压降为 $0.25\sim0.30V$，当电流密度再增大时，该电压降还会增大到 $0.5V$ 左右。电解液的导电率越高，电解液中的电压降就越小。对于电解液，除要求其电阻值小以外，还要求它在电解电压下不分解；不因挥发而与氢、氧一并逸出；对电解池材料无腐蚀性；当溶液的 pH 值变化时，应具有一定的缓冲性能。

多数的电解质在电解时易分解，不宜在电解水时采用。硫酸在阳极生成过硫酸和臭氧，腐蚀性很强，不宜采用。而强碱能满足以上要求，所以工业上一般都以氢氧化钾或氢氧化钠水溶液作为电解液。氢氧化钾的导电性能比氢氧化钠的好，但价格较贵，在较高温度时，对电解池的腐蚀作用也比氢氧化钠的强。过去我国常采用氢氧化钠作电解质，但是，鉴于目前电解槽的材料已经能抗氢氧化钾的腐蚀，因此为节约电能，已经普遍趋向采用氢氧化钾溶液作为电解液。

此外，在电解水的过程中，电解液中会含有连续析出的氢、氧气泡，使电解液的电阻增大。电解液中的气泡容积与包括气泡的电解液容积的百分比称为电解液的含气度。含气度与电解时的电流密度、电解液黏度、气泡大小、工作压力和电解池结构等因素有关。增加电解液的循环速度和工作压力都会减少含气度；增加电流密度或工作温度升高都会使含气度增加。在实际情况下，电解液中的气泡是不可避免的，所以电解液的电阻会比无气泡时大得多。当含气度达到 35％时，电解液的电阻是无气泡时的 2 倍。

降低工作电压有利于减少电能消耗，为此应采取有效措施来降低氢、氧超电位和电阻电压降。一般情况下，在电流较小时，前者是主要因素；而在电流较大时，后者将成为主要因素。

电解槽在高工作压力下运行时，电解液含气度降低，从而使电解液电阻减小，为此已经研制出可在 3MPa 压力下工作的电解槽。但是工作压力也不宜过高，否则会增大氢气和氧气在电解液中的溶解度，使它们通过隔膜重新生成水，从而降低电流效率。提高工作温度同样可以使电解液电阻降低，但随之电解液对电解槽的腐蚀也会加剧。如温度大于 90℃时，电解液就会对石棉隔膜造成严重损害，在石棉隔膜上形成可溶性硅酸盐。为此，已经研制出了多种抗高温腐蚀的隔膜材料，如镍的粉末冶金薄片和钛酸钾纤维与聚四氟乙烯黏结成的隔膜材料，它们可以在 150℃的碱液中使用。为了降低电解液的电阻，还可以采取降低电解池的电流密度、加快电解液的循环速度、适当减小电极间距离等方法。

四、制氢设备的制氢量衡算和电能消耗

1. 法拉第定律

电解水溶液制氢时，在物质量上严格遵守法拉第定律：各种不同的电解质溶液，每通过 96 485.309C 的电量，在任一电极上发生得失 1mol 电子的电极反应，同时与得失 1mol 电子相对应的任一电极反应的物质量也为 1mol。

$F=96$ 485.309C/mol 称为法拉第常数，它表示每摩尔电子的电量。在一般计算中，可

以近似取 $F=96\ 500C/mol$。根据法拉第定律，可以得到式（8-3）

$$m=kIt=kQ \tag{8-3}$$

式中　k——1h 内通过 1A 电流时析出的物质的质量，$g/(A\cdot h)$；

　　　I——电流，A；

　　　t——通电时间，h；

　　　m——电极上析出的物质的质量，g；

　　　Q——通过电解池的电荷量，$A\cdot h$。

由于库仑单位很小，所以工业上常用的电荷量单位是 $A\cdot h$，它与法拉第常数 F 的关系是

$$1F=96\ 500/3600=26.8A\cdot h$$

2. 制氢量衡算

由法拉第定律可知，$26.8A\cdot h$ 电荷量能产生 0.5mol 的氢气，在标准状态下，0.5mol 氢气占有的体积是 11.2L，则 $1A\cdot h$ 电荷量在一个电解小室的产气量 $V_{H_2}^0$ 应为

$$V_{H_2}^0=\frac{11.2}{26.8}=0.418L/(A\cdot h)=0.000\ 418m^3/(A\cdot h)$$

如果考虑电流效率，那么每台电解槽每小时的实际产氢量 V_{H_2} 应为

$$V_{H_2}=0.000\ 418mIt\eta\ (m^3) \tag{8-4}$$

$$m=\frac{电解槽总电压}{小室分解电压}$$

式中　m——电解槽的电解小室数；

　　　I——电流，A；

　　　t——通电时间，h；

　　　η——电流效率，%。

同样地，可以计算出氧气的产气量 V_{O_2}，它正好是氢气产气量 V_{H_2} 的 1/2。

$$V_{O_2}=0.000\ 209mIt\eta\ (m^3)$$

3. 电能的消耗

电能消耗量 W 与电压 U 和电荷量 Q 成正比，即

$$W=QU$$

根据法拉第定律，在标准状态下，每产生 $1m^3$ 的氢气的理论电荷量 Q_0 为

$$Q_0=\frac{26.8\times1000}{11.2}=2393\ (A\cdot h)$$

因此，理论电能消耗量 W_0 为

$$W_0=Q_0U_0=2393\times1.23=2943W\cdot h=2.94kW\cdot h$$

其中 U_0 为水的理论分解电压，$U_0=1.23V$。

在电解槽的实际运行中，其工作电压为理论分解电压的 1.5～2 倍，而且电流效率也达不到 100%，所以造成的实际电能消耗量要远大于理论值。目前通过电解水装置制得 $1m^3$ 氢气的实际电能消耗量为 4.5～5.5kW·h。

4. 电解用水消耗

电解用水的理论用量可用水的电化学反应方程计算，即

$$2H_2O \xrightarrow[\text{KOH}]{\text{通电}} 2H_2 \uparrow + O_2 \uparrow \qquad (8-5)$$

$$
\begin{array}{cc}
2\times18g & 2\times22.4L \\
x & 1000L
\end{array}
$$

式中　x——标准状态下，生产 $1m^3$ 氢气时的理论耗水量，g；

22.4L——1mol 氢气在标准状态下的体积。

因此　　　　　　　　　　　　$x/18 = 1000/22.4$

$$x = 804g$$

在实际工作过程中，由于氢气和氧气都要携带走一定的水分，所以实际耗水量稍高于理论耗水量。目前生产 $1m^3$ 氢气的实际耗水量为 845~880g。

第四节　制氢设备的运行与维护

一、制氢设备的正常运行和维护

（1）电解槽的液位保持在规定范围内，防止由于液位过低而造成氢气和氧气混合，以及由于液位过高而增加气体排出阻力，引起氢、氧侧压力不平衡，从而造成氢气、氧气互相渗透。

（2）经常检查分离器与洗涤器的液位，保持氢、氧侧的压力平衡。

（3）调节分离器的冷却水量，使氢、氧侧导气管的温度控制在 $(60\pm5)℃$，不得超过规定的温度值。

（4）定期检查电解槽的极间电压，与规定值的偏差不得超过 0.3V。

（5）氢、氧侧压力调节器的水位差不得超过 100mm。

（6）定期进行气体分析及电解液浓度分析。

（7）定期检查干燥器中的干燥剂，如失效，则需及时更换，定期清洗碱液过滤器的滤网。

（8）随时根据用气量调节设备出力，检查漏泄情况。

（9）当运行中出现紧急情况，如电气设备短路、爆鸣、气体纯度急剧降低、电解槽严重漏泄、槽温过高等，应立即停车。通常使用事故按钮切断电源，再打开气体放空阀并及时进行处理。

二、制氢设备的检修

制氢设备应定期进行检修。当出现电解槽严重漏泄、气体纯度急剧下降、极板腐蚀严重、石棉密封垫损坏严重等威胁安全生产的情况时，必须随时进行检修。

在检修时，必须做好材料和工具的准备工作，做好技术保安措施，严格遵守检修规程，对设备进行解体、清洗、组装，以及通过试验进行验收，经过试车，测试各项参数是否达到设计指标。

制氢设备大修后还应进行设备系统涂色：氢气系统涂绿色；氧气系统涂天蓝色；氮气系统涂棕色；二氧化碳系统涂黑色白环；碱系统涂黄色；工业水系统涂黑色；凝结水系统涂绿

色蓝环；储气罐涂白色。

三、制氢设备常见异常及其处理

（一）氢气和氧气的纯度不合格

1. 原因

（1）石棉隔膜布因长期工作而破裂或稀薄，致使氢气和氧气互相混合、渗透。

（2）电解小室的进液孔或出气孔被堵，或气体总出口、碱液循环系统被堵，气体产生压差而相互渗透。

（3）极板与框架之间短路，框架发生电化学反应或充当中间电极而发生"寄生电解"，产生气体。

2. 处理方法

（1）停机更换石棉布。

（2）冲洗电解槽，使被堵塞的系统畅通。

（3）检查极间电压，消除电气短路。

（二）氢气的湿度不合格

1. 原因

（1）电解槽运行温度过高，带走大量水蒸气。

（2）洗涤器和冷却器的冷却水量不够。

（3）冷却器底部存水过多。

（4）干燥器内的分子筛失效。

2. 处理方法

（1）降低电解槽运行温度。

（2）加大洗涤器和冷却器的冷却水量。

（3）排除冷却器底部的存水。

（4）更换干燥器内的分子筛。

（三）电解槽漏碱液

1. 原因

（1）用于密封和绝缘的石棉橡胶垫失去柔性，或拉紧丝杠的螺栓松动，紧度不够。

（2）腐蚀使石棉密封垫强度降低，甚至使槽体部分金属被破坏。

2. 处理方法

（1）紧固电解槽或更换石棉密封垫。

（2）定期清洗电解槽，避免由杂质短路而产生局部高温，减缓腐蚀作用。

（四）电解槽运行温度过高

1. 原因

（1）电解槽过负荷运行。

（2）电解液浓度过大或碱液循环管堵塞。

（3）分离器的冷却水量不够。

2. 处理方法

（1）降低电解槽的负荷。

（2）重新配制电解液或冲洗碱液循环管。

（3）加大分离器的冷却水量。

（五）电解槽极间电压过高或过低

（1）极间电压降低，同时伴有气体纯度降低，并且氢气纯度下降较明显。这可能是由于电解槽隔膜框、气道环和液道环处存在金属沉淀物或损坏的石棉密封垫而造成短路现象，使极间电压降低，隔膜框参加电解，影响气体纯度。解决的方法是查出短路原因后，消除金属沉淀物或修补石棉密封垫，极间电压和气体纯度即可恢复正常。如经清洗后仍然无效，则应拆开液道和气道检查并进行处理。

（2）极间电压升高，同时伴有气体纯度下降，一般是由于隔间出气孔和碱液、气流管被堵塞，造成隔间液面过低；也可能是由于碱液浓度过低或电解槽内液面过低造成的。另外，极板腐蚀严重、石棉布上附着沉淀物过多，也会造成电流密度和电阻增大，致使极间电压升高。在检查出事故原因后，可采取相应措施进行处理，一般可恢复正常。若仍然无效，则需进行解体大修。

（六）氢、氧侧压力调节器调整失灵

1. 原因

（1）针形阀关闭不严或浮筒被卡住。

（2）浮筒行程不合适，造成水位不正常。

（3）氢、氧侧事故排气阀不严密。

2. 处理方法

（1）检修针形阀或放开卡死的浮筒。

（2）对故障浮筒进行重新调整。

（3）检修氢、氧侧事故排气阀。

（七）电解槽的绝缘不良

造成绝缘不良的原因主要是检修后存有金属异物；石棉密封垫上碱晶体在潮解后流到绝缘子或绝缘套管上；绝缘套管经蒸煮夹紧后有裂缝，水和碱残存于裂缝中；石棉密封垫破裂等。处理方法是，用1‰硼酸水擦洗绝缘器件，然后用纯水擦洗，再用空气吹干。更换有裂缝的绝缘套管及损坏的石棉密封垫。清洗全部绝缘零部件后，再用蒸汽通入分离器冷却管，保持电解槽液位高于出气管中线以上并进行逆循环，然后加热至绝缘合格为止。

（八）电解槽产生内部爆鸣

爆鸣必须具备两个条件：①槽内有爆鸣气；②槽内有火源。如果槽内由各种原因造成氢气和氧气混合或吸入空气，就可能形成爆鸣气。另外，金属杂质积存或气道环里存在金属毛刺，它们在冲击电压的作用下，产生尖端放电或产生电弧，当爆鸣气遇到电火花时就会产生爆鸣。

防止槽内产生爆鸣的方法是，保持槽内清洁，避免在送电时产生火花，加强槽体密封，使停槽后空气不能吸入。另外，在启动前必须用氮气进行吹扫。

（九）制氢设备的出力降低

制氢设备出力不足，主要是由于电解槽内的电阻过大，因为在额定电压下，难以达到额定电流值。此外，由于发生副反应和漏电损失，电流效率降低，也造成制氢设备出力不足。通过采取如下措施，可以提高设备的出力：

（1）保证电解液的氢氧化钾浓度为 $300\sim400g/L$，使碱液密度在 $1.25\sim1.30g/cm^3$ 之

间。此外，还应设法消除阀门和其他部位的电解液泄漏。

（2）通过适当提高电解液的温度来增加其导电性能和降低氢、氧超电位。一般可以通过控制氢气的出口温度在 50～60℃来实现对电解液的温度控制。值得注意的是，应在提高电解液温度时，密切观察电解槽的腐蚀情况。

（3）保持一定的液面高度。液面过低会使电阻增大，当电压一定时，就会使电解电流降低，影响设备出力。

（4）经常清洗电解槽，清除杂质，这样可以减小电解槽的内阻，有利于提高出力。

（5）增加电解液的循环速度，可促使电解液的浓度均匀、温度降低，并使电解液的含气度降低。可在分离器与电解槽之间增加一台循环泵和冷却器来加快电解液的循环。但电解液的循环速度也不宜过快，否则会使电解液与气体不能充分分离，从而影响气体的纯度，增加碱液的消耗。

第五节　发电机气体置换和充氢

一、气体置换的目的和方法

氢气与空气混合，若氢气含量达 4%～76%时，就有发生爆炸的危险，严重时可能造成人身伤亡或设备损坏的恶性事故，因此，严禁氢气中混入空气。但氢冷发电机由运行转入检修，或检修后启动投入运行的过程中，以及在某些故障下，必然存在着由氢气转为空气或由空气转为氢气的过程。这时，如不采取措施，势必造成氢气和空气的混合气体而威胁安全生产。

为防止发电机发生着火和爆炸事故，必须借助于中间气体，使空气与氢气互不接触。这种中间气体通常使用既不自燃也不助燃的二氧化碳气体或氮气。这种利用中间气体来排除氢气或空气，或最后用氢气再排除中间气体的作业，称为置换。另一种方法是采用抽真空的办法，将发电机内的气体抽出，以减少互相混杂。

为了便于进行置换和抽真空的操作，在发电机外部装了一套系统，即所谓的氢冷系统。

二、发电机内气体的置换

1. 概述

气体置换应在发电机静止或盘车时进行，同时密封油应投入运行。如出现紧急情况，可在发电机减速时进行气体置换，但不允许发电机充入二氧化碳后在高速下运行。

2. 排除发电机内的空气

气体在爆炸范围的上限时，混合气体中氢气占 76%，空气占 24%，而空气中的氧气占 21%，所以在爆炸上限的混合气体中，氧气的含量为 24%×21%＝5.04%。因此在充氢气前，必须用惰性气体排除空气，使气体中氧气含量降低到小于 5.04%。按此规律进行气体置换，发电机内将不存在爆炸性的混合气体。

充入 2 倍发电机容积的二氧化碳气体，空气的含量将降低到 14%，因此氧气的含量也随之降为 21%×14%＝3%。在转子静止或盘车时，利用二氧化碳密度为空气的 1.52 倍的关系，把二氧化碳从发电机座底部充入发电机内，则充入约 1.5 倍发电机容积的二氧化碳就足以排除空气，此时发电机内只有极少量的空气与二氧化碳混合。从发电机顶部采样，二氧化碳纯度读数应为 95%左右。

注：二氧化碳必须在气体状态下充入发电机。

在水冷定子中，应注意防止二氧化碳与水接触，因为水中溶有二氧化碳将急剧增加定子绕组冷却水的电导率。

3. 发电机充氢

氢冷发电机在正常运行时，氢气纯度应在95％或以上，在发电机高速旋转气体充分混合下进行气体置换时，把3.5倍发电机容积的氢气充入发电机，则发电机内的氢气纯度将达到95％。然而在发电机静止或盘车情况下，从发电机顶部汇流管充氢气，只需加入2.5倍发电机容积的氢气，发电机内就能达到95％的氢气纯度，此时取样管路接通到发电机座的底部汇流管。

4. 发电机运行时补氢

氢冷发电机在正常运行期间，当氢侧密封泵运行时，氢气纯度通常保持在96％或以上；当氢侧密封油泵关闭时，氢气纯度通常保持在90％或以上。必须补氢的原因如下：

(1) 氢气的泄漏。由于发电机运行中氢气的泄漏，因此就需要补氢以维持氢气压力（称漏补）。

(2) 空气的渗入。由于空气的漏入，因此要求补氢以维持氢气纯度（称纯补）。对于双流密封瓦密封系统，氢侧密封油压与空侧密封油压基本保持相等。理论上，氢侧密封油和空侧密封油之间不能互相交换，但是由于两个油源之间压力上的变化，在双流密封瓦处将发生一些油量交换。进入空侧回油中的氢气，在空侧回油箱内由排烟机排除；进入氢侧回油中的空气逸出汇入发电机内氢气中，长时间后将导致氢气压力和纯度下降，为了保持氢气压力和纯度便必须漏补和纯补。

5. 发电机排氢

发电机排氢，是通过在发电机座底部汇流管充入二氧化碳，使氢气从发电机座顶部汇流管排出去。为了使发电机内混合气体中的氢气含量降到5％，应充入足够的二氧化碳。排氢应在发电机静止或盘车时进行，需要充入2倍发电机容积的二氧化碳。充二氧化碳时，从发电机座顶部汇流管采样，二氧化碳纯度读数应达到95％。

6. 发电机排二氧化碳

发电机排氢后，二氧化碳也不宜长时间封闭在发电机内，如机内需要进行检修，为确保人身安全，必须通入空气把二氧化碳排出。由于空气比二氧化碳轻，可以通过临时橡皮管，把经过滤的压缩空气引入发电机内上方的汇流管，把二氧化碳从底部排出；也可以打开发电机座顶部的人孔，用压缩空气或风扇把空气打入发电机内驱出二氧化碳。

如果须立即通过人孔观察或进入发电机内检查，应采取预防措施防止吸入二氧化碳。不允许用固定的压缩空气连接管来清除二氧化碳气体和氢气，因为一旦空气漏入氢气内，就会带来危害，造成产生爆炸性混合气体的可能性。

第六节　氢气运行监督及试验方法

一、氢冷发电机的化学监督

（一）发电机正常运行的监督标准

(1) 发电机氢气品质控制标准：氢气纯度≥98％，含氧量≤2％，−25℃≤露点≤−5℃

（运行氢压下）。

（2）每 2h 巡查一次发电机在线氢气湿度、纯度表读数，并每班记录一次发电机氢气纯度、露点值。巡查中，发现在线仪表读数有异常，务必取样人工分析核表并记录分析数据，确定为氢气品质异常时，通知集控运行进行氢气补排或调整氢气干燥器到氢气品质合格为止。如果发现仪表缺陷，则通知检修消缺。

（3）运行值班员每天一次从发电机的干燥器入口取样分析氢气纯度、露点，并对照对应的在线仪表，把分析数据和仪表显示值记录下来。发现氢气品质不合格时，及时进行氢气补排或调整氢气干燥器到氢气品质合格为止。

（4）不同压力下的湿度、露点是不同的，湿度与压力成正比例关系，在测量露点时必须测取并指明相应的压力值。在常压下测得的发电机内气体露点值必须经式（8-6）换算（均按发电机内 0.4MPa 表压计，实验室或排气管通大气的便携式露点仪测得的露点是常压值），即

$$发电机内实际露点值＝25＋1.2×常压测量露点值 \tag{8-6}$$

（5）发电机排污量计算。发电机排污要缓慢进行，一般排污量为 40m³/次左右。

（二）氢冷发电机气体置换的化学监督

1. 气体置换前的准备工作

（1）发电机的气体置换操作和二氧化碳等气体的准备由汽轮机运行、检修人员负责，运行人员负责各气体的检查、分析工作。

（2）气体置换前 3h，值长应通知运行值班员做好准备工作，负责分析工作的运行值班员应对分析仪器进行检查，更换吸收液。

（3）气体置换前，氢站必须准备足够的合格氢气，最低储气量不少于三罐（储气压力大于或等于 2.0MPa）。

（4）运行值班员核对置换用二氧化碳瓶的标签，抽检二氧化碳的纯度在 95％以上（容积浓度）。

2. 由空气状态转为氢气状态时（投氢）的化学监督

（1）用二氧化碳排除发电机内的空气。从发电机底部充入二氧化碳，由发电机上部排出气体，充二氧化碳 50min 后（充 7～8 瓶二氧化碳），再对空排气（顶部）取样阀取样分析气体含量，以后每隔 15～20min 取样分析一次，直到二氧化碳含量达 85％时，开始吹死角（1～2 号发电机底部液位发送器排污阀、密封油箱顶部排气阀、氢干燥器取样阀），并进行取样分析；当二氧化碳含量均在 90％时，充二氧化碳结束，并记录耗用二氧化碳的瓶数。

（2）用氢气置换二氧化碳。充氢气 40min 后，从发电机底部取样阀取样分析气体的纯度，以后每隔 15～20min 取样分析一次，当氢气含量达 95％时，开始吹死角，并进行取样分析；当氢气含量大于 97％～98％、氧气含量小于 2％时，投氢结束，并计算及记录投氢总耗量（m³）。

3. 由氢气状态转为空气状态时（倒氢）的化学监督

（1）用二氧化碳排除发电机内的氢气。充二氧化碳 50min 后（充 7～8 瓶二氧化碳），再对空排气取样阀取样分析气体含量，以后每隔 15～20min 取样分析一次，至二氧化碳含量达 90％时，开始吹死角，并进行取样分析；当二氧化碳含量大于 95％时，充二氧化碳结束，并记录耗用二氧化碳的瓶数。

（2）用空气置换二氧化碳。从发电机的上部充入空气，由发电机的底部排出。向发电机内充入压缩空气50min后，在发电机底部取样阀取样分析气体含量，以后每隔15～20min取样分析一次，至二氧化碳含量降至8％以下，开始吹死角，并进行取样分析；当二氧化碳含量小于5％时，倒氢结束。

（3）投倒氢工作事关重大，运行值班员应由两人进行取样化验工作，取样分析要确保准确，最后样品要分析两遍并核对无误，方为合格，并填写分析通知单。

二、气体分析

（一）气体的取样操作

（1）打开取样阀，控制出口气压不大于10kPa，排气1～2min后，气袋进气口与取样阀连接。待气袋充气胀满后，拉下胶管。

（2）用双手挤压气袋，将袋内气体排出，用样气清洗球袋2～3次后，重新取样一次，以作分析用，胶管留在气袋进气口并用夹子夹紧。取样完毕后，关闭取样阀。

（3）气体取样注意事项。

1）取样管必须充分冲洗后才能取样。

2）取样装置必须严密不漏。

3）用气袋取样前，应将气袋内残余气体全部挤出。每台氢冷发电机组应有专用的取样气袋。用于某种气体（或混合气体）的取样气袋，不能用于其他气体（或混合气体）的取样。

4）湿度试验必须使用专用气袋。

（二）气体分析试剂的配制

1. 25％的氢氧化钾吸收液的配制

称取化学纯固体氢氧化钾60g置于烧杯中，加除盐水180mL，用玻璃棒搅拌，待固体氢氧化钾完全溶解后，注入分析器二氧化碳吸收瓶中。

2. 焦性没食子酸钾溶液的配制

称取50g化学纯固体氢氧化钾，加除盐水180mL，用玻璃棒搅拌，待固体氢氧化钾完全溶解后，再称取25g化学纯焦性没食子酸，倒入上述的氢氧化钾溶液中搅拌溶解。待充分反应后，注入分析器氧气吸收瓶中，并在吸收瓶开口处倒入一层约5mm厚的汽轮机油或液体石蜡，以免吸收空气中的氧气。

3. 封闭液

为了降低气体在封闭液中的溶解度，以达到减少分析误差的目的，最好不用除盐水作气体分析的封闭液，而用饱和的冷的食盐水、硫酸钠溶液、稀硫酸溶液等。为了方便起见，一般用3％～5％的硫酸或盐酸溶液，加数滴甲基橙指示剂以呈红色。

（三）气体的分析操作

在电厂分析氢气纯度时，通常利用奥氏气体分析仪，该仪器的结构如图8-11所示。

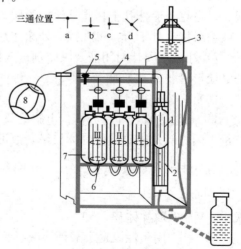

图8-11　奥氏气体分析仪的结构

1—量气管（容积100mL）；2—水套；3—平衡瓶；
4—梳形管；5—三通阀；6—吸收瓶；7—吸收瓶；
8—取样气袋

注：Ⅰ、Ⅱ、Ⅲ吸收瓶分别吸收气体样品中的CO₂、O₂、CO。

（1）确认气体分析仪严密不漏，然后打开量气管上的考克，提高水准瓶将量气管内的空气排至大气，最后关上考克。

（2）将取样气袋与分析仪进气管连通，打开进气考克，并用气体洗梳形管及量气管1～2次后，取样100mL左右（99.5～100.5mL），停留1min后读数。

（3）先用氢氧化钾吸收二氧化碳，利用水准瓶上、下提拉的办法将气体压至氢氧化钾吸收瓶进行吸收，重复6～7次后，将样品全部抽回量气管停留1min后读数。

（4）将剩余气体压至焦性没食子酸钾溶液中吸收氧气，利用水准瓶上、下提拉8～10次（天冷时适当增加次数）后，将样品全部抽回量气管，停留1min后读数。

（5）操作注意事项。

1）分析仪器确认严密不漏方可使用。

2）对读数有怀疑时，应再次将样品压至吸收液内，提拉3～4次后，再抽回量气管读数。若此读数和上次的读数相同，则认为是吸收后气体的正确体积，并进行纯度计算，否则应重复上述操作直至体积不变为止。

3）焦性没食子酸钾溶液吸收氧气的速度随温度降低而减小，在0℃时，几乎不吸收。因此测定氧气含量时，温度最好不低于15℃，否则用过硫酸钠（加茵醌-B-磺酸钠作催化剂）作吸收剂。

4）读数时，眼睛视线、水准瓶液面及量气管液面应在同一水平面上。

5）气体抽回量气管后，要停留相同的时间（一般为1min），让管壁吸附的封闭液流下后才能读数。

6）如发现仪器漏气及误操作（如开错考克等），应重新取样分析一次。仪器查漏方法：量气管吸取90～100mL空气样，转动考克使量气管与梳形管形成通路。提高水准瓶并将水准瓶放在仪器架子上面2～3min。观察气体体积变化，如气体体积减小了，则说明仪器有漏。在考克上涂抹凡士林脂（涂一薄层，注意不要将考克孔堵塞），检查仍不严，说明乳胶管破裂或接头处不严，可在接头处涂抹凡士林脂或更换乳胶管。

7）注意不要让封闭液及吸收剂进入梳形管横管上，若液体进入梳形管，需将仪器拆下，洗涤梳形管并使其干燥。

（6）气体分析计算。

1）制氢室氢气纯度分析。电解槽只分解出氢气和氧气两种气体，因此测定氢气中的含氧量（因二氧化碳等其他气体极微，故可以不测），即可求出氢气纯度。

氢气中的含氧量

$$O_2\% = \frac{V - V_2}{V} \times 100$$

$$H_2 = 100\% - O_2\%$$

式中　V——取样体积，mL；

　　　V_2——用焦性没食子酸钾溶液吸收氧气后的气体体积，mL。

2）氢冷发电机氢冷系统气体简化分析。

a. 系统中二氧化碳和氧气的含量为

$$CO_2\% = \frac{V - V_1}{V} \times 100$$

$$O_2\% = \frac{V - V_2}{V} \times 100$$

式中 V——取样体积，mL；

V_1——吸收二氧化碳后的气体体积，mL；

V_2——吸收氧气后的气体体积，mL。

b. 系统中氮气含量。发电机内气体中的氮气，大部分是由于在密封瓦中，密封油与氢气接触时，密封油中溶解的空气析出所造成的。又知空气中的氮气体积所占的比例是氧气的3.8倍，发电机内壳中的氧气除来自空气外，还有部分是从制氢室中带入的，因此在计算时应减去这一部分，即

$$\frac{空气中氮气含量}{空气中氧气含量} = \frac{79.2\%}{20.8\%} \approx 3.8$$

$$N_2 = (O\% - B\%) \times 3.8$$

式中 $O_2\%$——系统中氧气的百分含量；

$B\%$——制氢室氢气中氧气的百分含量，一般为0.2%。

c. 氢气纯度为

$$H_2\% = 100\% - (CO_2\% + O_2\% + N_2\%)$$

3）氮气瓶中氮气纯度的分析。因为氮气用液态的空气分馏所得，空气中的主要气体是氮气和氧气，因此测得氮气中的含氧量，则可求得氮气纯度。

用减压阀调整低压表指示为0.05～0.10MPa后取样，用焦性没食子酸钾溶液吸收氧气，则氮气中的含氧量为

$$O_2\% = \frac{V - V_2}{V} \times 100 \tag{8-7}$$

$$N_2 = 100\% - O_2\% \tag{8-8}$$

其中，V、V_2符号意义同前。

二氧化碳瓶中二氧化碳纯度分析。用减压阀调整低压表指示至0.05～0.10MPa后取样，用氢氧化钾溶液吸收二氧化碳后，用焦性没食子酸钾溶液吸收氧气，则

$$CO_2\% = \frac{V - V_1}{V} \times 100 \tag{8-9}$$

$$O_2\% = \frac{V_1 - V_2}{V} \times 100 \tag{8-10}$$

式中 V——取样体积，mL；

V_1——吸收二氧化碳后的气体体积，mL；

V_2——吸收氧气后的气体体积，mL。

第七节 制氢站安全管理要求

一、建筑与环境

（1）制氢站、储氢罐与邻近建筑物或设施要有足够的防火间距，制氢站应为不低于二级耐火等级的单层建筑，制氢、压缩、净化、充瓶等厂房的泄压面积应大于 $0.2m^2/m^3$。

（2）厂房通风良好，室内空气换气达4次/h，事故通风换气不少于7次/h。通风孔应设在屋顶最高处，孔径不少于200mm，屋顶如有隔梁或有两个以上隔间时，每个隔间均设通风孔。孔的下边应与房顶内表面平齐，以防止氢气积聚。如采用机械通风，则必须选用防爆型电动机、风机及其他附属设备。

（3）制氢站的控制室与配电室、化验室之间不应设门直接连通。制氢室去往配电室、化验室的电缆沟和暖气沟的孔洞应用防火材料封堵严密，制氢站建筑不应使用钢制门窗。充氢平台的地面，应用不会产生火花的材料铺成，并有导除静电的设施。

（4）氢气放空阀、安全阀均需设通往室外并高出屋顶 3m 以上的金属放空管和阻火器。各个放空管应有防止雨雪侵入和外来异物堵塞的措施，如安装防雨罩等。

（5）制氢站应安装防雷设施，室内及明火现场空气中的氢气含量应不大于 3%，油区可燃气体，以氢气为标准，要求小于 0.8%。

二、制氢站的配电和照明

（1）配电线路应设熔断器保护，避免线路超载。制氢站中的电力线路应密封在金属管中，尽量沿墙敷设，避免靠近屋顶。电话、电铃等应安装在室外，室内不得安装电钟。

（2）开关和启动设备应设在非防爆间，如必须安装在防爆间，则需选择防爆型设备。在电解间的门边应安装紧急停车用的防爆按钮。

（3）生产间应有可靠的导除静电装置，严禁用输送有爆炸危险物质的管道作为接地线，接地线应使用铜线。

（4）制氢站的照度不宜低于 15~30lx，采用防爆型壁灯既利于防爆，又便于维修。

三、储氢装置的安全措施

氢气的储存一般采用储氢罐和氢气钢瓶。储氢罐是用钢板焊接而成的密闭容器，工作压力为 0.1~1.5MPa；氢气钢瓶采用优质碳素钢、合金钢挤压或无缝钢管收缩而成，阀门采用黄铜或青铜制成，工作压力为 0.1~15MPa。储氢装置必须严格遵守安全规定。

1. 储氢罐

（1）储氢罐的位置应符合有关防火防爆规定，罐上应装有压力表、安全阀。安全阀上应连接带阻火器的放散管；罐底部不准采用底部封闭方式，以防止泄漏氢气的积聚。

（2）应对储氢罐进行压强试验和气密性试验。

（3）罐区应用围墙，并设置禁火标志和防雷装置。

2. 氢气钢瓶

（1）氢气钢瓶应漆成深绿色，标有"氢气"字样，外观无破痕，阀体完整，试压检验日期用钢印打在气瓶肩部。

（2）充气时遵守安全规程，不许超过最高工作压力。气瓶使用时必须留存一定量余气，压力不得低于 0.05MPa。

（3）气瓶存放和使用场所应有良好的通风，不得靠近热源及在阳光下曝晒，不准和腐蚀性、氧化性化学药品放在同一库内，氧气瓶、氯气瓶、氟气瓶等必须隔离存放。

（4）气瓶在使用时应安装减压阀，开启阀门要缓慢，搬运时要轻拿轻放，运输中应放置稳固。

（5）当氢气钢瓶的瓶壁有裂缝、鼓泡或明显变形；气瓶壁厚小于 3mm；经水压试验，气瓶的残余变形率大于 10%；气瓶重量损失大于 7.5%；气体容积增大率大于 3%；气瓶使用年限超过 30 年等情况出现时，应作报废处理。

四、制氢站的维修及管理

1. 日常管理

严禁烟火，禁止在氢气系统各部位存放易燃、易爆品和其他化学危险品。定期对制氢车间空气中的氢气含量进行检测，使其不得超过 0.5%；工作人员不可穿化纤服及与地面摩擦会产生火花的鞋进入制氢车间；应使用铜铝合金制作的工具。

2. 设备检修

不动火检修时，应部分或全部停止设备运行。拆解设备前，应关紧连接阀门，将氢气放空，并用氮气置换后方可进行。应在切断电源、确认槽体上的电荷已消除后，方可进行电解槽的检修。

如需动火检修，应尽可能将检修设备移到厂房外安全地点进行。必须在现场动火时，应严格遵守安全规程，将动火设备与其他管道全部拆离，经氮气吹扫，各点取样化验合格后方可进行。检修时，要求厂房通风良好，空气中氢气含量在 0.5% 以下，其他氢气设备尽可能停止运行。使用气焊时，氧气瓶、乙炔发生器应设在生产氢气的厂房外，电焊的地线不准接在氢气设备上，应有 2 台以上的测爆仪在现场监视。检修现场应配备轻便的灭火器材，检修人员应熟悉器材的使用方法。

第九章

汽水取样与加药

第一节 汽水取样系统

在电力生产中，为保证热力设备的安全、稳定、经济运行，必须准确及时地监督汽水品质和相关参数，这就需要汽水取样系统的稳定、可靠投运。电厂每台机组均配备一套独立的汽水取样分析装置，包括汽水取样装置和在线化学仪表两大部分。取样系统中经高温盘冷却后可达到温度小于 40℃的人工分析取样要求，再经恒温装置后的样水，达到 (25±1)℃仪表盘化学仪表的进水要求。各仪表测点均具有样水超温超压保护装置和样水断流保护装置。

一、汽水样品的采集

（一）汽水样品采集规定

1. 水样的采集

（1）锅炉水样的采集。一般从连续排污管中取样，尽量靠近汽包，尽可能在排污管从汽包引出后的第二个阀门之前取样。

（2）给水样品的采集。取样点在给水泵之后、省煤器之前，尽可能从垂直管路上取样。

（3）除氧器出水样品的采集。为监督除氧器运行情况，在除氧器出口管上且在距除氧器出口不大于 1m 之内的管上取样，取样导管从取样点到取样冷却管的长度不大于 5～8m，取样管不能用碳钢管制作。

（4）凝结水样品的采集。取样点设在凝结水泵出口端的凝结水管道上。

（5）疏水样品的采集。从疏水箱中取样，但取样点设在距疏水箱底 200～300mm 处。

2. 蒸汽样品的采集

水和过热蒸汽一般是单项均匀介质，容易取得代表性样品，一般取样点选在蒸汽母管上；饱和蒸汽则不同，饱和蒸汽中携带水滴且水滴中被测成分的浓度与蒸汽中的不同，一般较大，水滴在气流中分布不均匀。因此，为取得有代表性的样品，取样过程应同时满足下列 3 个条件：

（1）在饱和蒸汽中的水分分布均匀的管段取样。

（2）取样管进口的蒸汽流速与管道内的流速相符。

（3）取样管应安装在远离阀门、弯头等蒸汽流动稳定的管道内，尽量安装在垂直下行的蒸汽管道内。

（二）汽水样品采集流程

常规的汽水样品采集流程如图 9-1 所示。因为从热力设备中采集的汽水样品是高温高压介质，必须采用减压装置及冷却装置将其温度、压力降到仪表规定的允许范围内，才能输入仪表的分析部分，所以采样系统中包括有冷却装置、减压装置和流量指示器。另外，由于汽水处于高温高压状态，因此还设置有超压保护和断水检测保护装置。此外，为了满足仪表对样品温度的要求，还设有恒温装置，可以控制水样温度，使之在（25±1）℃范围内。由于一些汽水样品是较纯净的介质，极容易受到所接触的金属表面的污染，因此要求样品与取样器导管、冷却系统的接触时间越短越好，接触面积越小越好；应采用尽可能短、尽可能细的管道，而且应选用不锈钢等耐腐蚀的材料。目前，有成品取样器可供选购，有条件的情况下，安装时，取样架应与仪表架分隔开。

二、汽水取样设备

（一）汽水取样设备组成

汽水取样设备主要包括以下几部分：

（1）取样管。与就地取样点相连，用于将水（汽）样引至集中取样架。

（2）高温降压架。将水（汽）样进行冷却、减压、过滤，使之符合低温盘的进样要求。低温盘将水样分成若干路，一路为手动取样，其余为相应的在线仪表取样；另外，对将进入在线仪表的水样进行流量、压力、温度的调节与监测，使之符合在线仪表的进样要求。

（3）仪表盘。在线仪表会对这些水样的相应指标进行连续测量。此外，低温盘有一套闭式恒温系统（由压缩机冷却）；高温盘有一套闭式除盐水冷却系统（除盐水通过换热器由工业水冷却），这套冷却系统还向低温盘闭式恒温系统提供补充水及为低温盘提供冲洗水。

1000MW 超超临界火电机组常规的取样点和测量仪表见表 9-1。

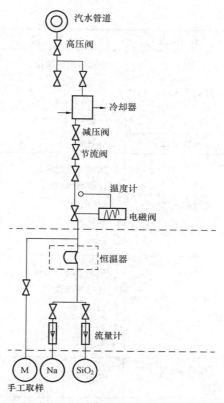

图 9-1 常规的汽水样品采集流程

表 9-1   1000MW 超超临界火电机组常规的取样点和测量仪表

取 样 点	分 析 仪 表	功 能
凝结水泵出口	阳离子电导率仪 比电导率仪 溶氧表 钠表	监测凝结水水质综合指标和发现凝汽器泄漏 监测凝结水水质综合指标和发现凝汽器泄漏 监测凝结水溶解氧含量 监测钠含量，为冷却水渗漏量提供参考数据
凝补水泵出口	阳离子电导率仪	检测凝汽器入口凝补水水质综合指标
凝结水精处理系统出口	比电导率仪 pH 值表	监测凝结水精处理后水质综合指标 监测凝结水精处理后 pH 值

取 样 点	分 析 仪 表	功 能
除氧器入口	阳离子电导率仪 比电导率仪 pH 值表 溶氧表	监测除氧器入口水质综合指标 监测除氧器入口水质综合指标 监测除氧器入口水 pH 值 监测除氧器入口溶解氧含量
除氧器出口	溶氧表	监测除氧器出口水溶解氧含量
省煤器入口	阳离子电导率仪 比电导率仪 pH 值表 溶氧表 硅表	监测给水水质综合指标 作为给水加氨控制信号 监测给水 pH 值 监测给水溶解氧并作为给水加氧控制信号 监测给水二氧化硅含量
主蒸汽（左、右侧）	阳离子电导率仪 比电导率仪 pH 值表 钠表 硅表	监测主蒸汽品质综合指标 监测主蒸汽品质综合指标 监测主蒸汽 pH 值 监测主蒸汽钠含量 监测主蒸汽二氧化硅含量
再热蒸汽（左、右侧）	阳离子电导率仪	监测再热蒸汽品质综合指标
高压加热器疏水	比电导率仪	监测高压加热器疏水水质，并作为是否回收的依据
低压加热器疏水	人工取样仪	监测低压加热器疏水水质
发电机冷却水	比电导度仪 pH 值表	监测定冷水水质 监测定冷水 pH 值
辅助蒸汽	阳离子电导率仪	监测辅助蒸汽品质综合指标
闭式冷却水	比电导度仪 pH 值表	监测冷却水水质 监测冷却水 pH 值
启动分离器排水	阳离子电导率仪	监测汽水分离器水或汽的品质
凝汽器检漏装置	阳离子电导率仪 钠表	监测凝汽器泄漏状态和泄漏区域 检测凝汽器泄漏状态和泄漏区域

（二）汽水取样设备调试

（1）开启取样装置冷却水进、出口阀门，开启各路冷却器的进、出冷却水阀门，投入冷却系统。

（2）机组点火前，通知运行人员开启所有汽水取样管路一次阀，检查水流情况。由于投用初期，系统较脏，易造成管道及减压阀堵塞，根据来样水压情况开启取样装置旁路排污阀，对取样各管路进行多次热冲洗。

（3）热冲洗完成后，关闭取样装置旁路排污阀，对高温高压取样系统管路调整减压阀螺纹减压杆插入深度，使减压效果达到最佳。

（4）逐路冲洗取样管路，在冲洗过程中，将电导率仪、酸度计、溶氧表的电极取出，并排除低压管路水样渗漏故障，直到无渗漏为止。

（5）进行取样系统超温、超压、断水保护试验。当水样超温时，则关闭电磁阀，切断水样并发出响应的灯光信号；当水样超压时，排除水样，以保护仪表。

（6）调整流量满足各种水样的指标要求，各在线分析仪表流量以表计给定的流量为准。

（7）启动恒温装置，观察制冷及温控效果并排除各种故障，控制水温在（25±1）℃。

（8）装上离子交换柱的滤网，并灌装好再生合格的阳树脂。

（9）取样系统运行正常、水质合格后，按仪表生产厂的说明书要求试投各种在线化学仪表，并进行校核。

（10）在上位机上采集所有化学在线分析仪表的数据并实时显示，实现分析仪表历史数据和变化曲线的查询，并将分析仪表的数据自动形成运行报表（可打印及归档）。

（三）设备检修与注意事项

汽水取样设备经常出现的问题是取样管路堵塞，水流不稳和冷却效果差，使水温超过要求值，影响测量结果，甚至造成仪表不能投运。应注意冲洗取样系统，注意减压阀的检修和冷却器的清洗。当冷却器有水垢，影响冷却效果时，应进行清洗，清洗恒压装置、保护装置时关闭水样进口阀门。

注意检查冷却器的泄漏，由于样品流量小，一旦冷却器泄漏会对测试结果产生很大的影响。检修时，应进行水压试验，检查冷却器是否泄漏。冷却器维护以及更换冷却器盘管时，应关闭水样阀门和冷却水进、出口阀门。

当水样温度偏高时，应检查排污阀是否关严或是否泄漏、恒压装置安全阀是否打开、冷却水是否中断、盘管是否结垢，检查盘管是否泄漏。若出现某路高压排污管温度较高，此时检查人员可用手轻握该路水样的排污管，并将其与其他水样的排污管温度相比较；若温度异常，可断定排污阀未关严或排污阀已经损坏。

高压阀门常会有锈死或堵塞现象，出现问题时应及时处理。高压阀门维护时，必须关闭水样进口阀门。

更换水样过滤器滤芯时，注意关闭仪表水样进口节流阀。

第二节　直流锅炉化学加药系统

超超临界压力直流锅炉对水质有严格的要求。直流锅炉由于没有汽包和循环着的锅炉水，因此不能进行锅炉水磷酸盐处理，以调整水质；不能进行锅炉排污，以排去锅炉内的杂质。在直流锅炉中，随给水进入锅炉内的各种杂质，或被蒸汽带往汽轮机，或沉积在锅炉炉管内，这是导致热力设备的腐蚀、结垢、积盐的主要原因。杂质在锅炉炉管的沉积，还会引起汽水系统流动总阻力的增加，增大给水泵的耗能量，甚至迫使锅炉降负荷运行。在所有火电机组中，超超临界火电机组热负荷最高，对汽水品质的要求也最高。因此，需要进行合理的化学加药处理，以调节超超临界火电机组的水化学工况，并执行严格的水质监督控制标准。

直流锅炉化学加药系统正常运行时采用锅炉给水加氨、加氧联合处理（即 CWT 工况）方式，即在给水系统中加入氧气并调整给水的 pH 值，使金属表面形成一种特定的氧化膜，从而起到防腐的作用。在机组启动阶段或水质异常的情况下，则采用给水加氨处理（即AVT 工况）方式，提高给水的 pH 值，减缓酸性及氧腐蚀。

正常情况下，在线仪表对系统、加药设备运行工况进行连续检测，并将各检测信号送入精处理 PLC 控制系统，实现自动加药调整。

一、给水和凝结水加氨

给水和凝结水加氨采用自动加药方式，给水加氨根据汽水取样系统的给水 pH 值模拟信号控制加药量，凝结水根据除氧器入口 pH 值模拟信号控制加药量。

给水加药点设在除氧器下水管上，凝结水加药点设在精处理混床出水母管上。

在常温常压下，氨气是一种有刺激性气味的无色气体，极易溶于水，其水溶液称为氨水，属弱碱性物质。一般商品浓氨水的浓度约为 28%，密度为 $0.91g/cm^3$。在常温下加压，氨很容易液化而变成液氨，液氨的沸点为 $-33.4℃$。由于氨在高温高压下不会分解，易挥发、无毒，适于调节高纯水的 pH 值，因此可以在各种压力等级的机组及各种类型的电厂中使用。

氨在给水中可以中和给水中游离二氧化碳等酸性物质，并使给水呈碱性，由于二氧化碳与水结合产生的碳酸（H_2CO_3）是二元弱酸，因此该中和反应有以下两步，即

$$NH_3 \cdot H_2O + H_2CO_3 \Longleftrightarrow NH_4HCO_3 + H_2O$$
$$NH_3 \cdot H_2O + NH_4HCO_3 \Longleftrightarrow (NH_4)_2CO_3 + H_2O$$

因为氨是挥发性很强的物质，不论在汽水系统的哪个部位加入，整个系统的各个部位都会有氨，但在加入部位附近的设备及管道中，水的 pH 值会明显高一些。而经过凝汽器和除氧器后，水中的氨含量将会显著地降低，通过凝结水精处理系统时，水中的氨将全部被去除。因此，为抑制凝结水—给水系统设备和管道，以及锅炉水冷壁系统炉管的腐蚀，在凝结水精处理出水母管及除氧器出水管道上分别设置加氨点，进行两级加氨处理，将给水的 pH 值调节到 9.0～9.5，以使系统中铁和铜的含量都符合水质标准的要求。

二、给水和凝结水加联氨

锅炉给水中的溶解氧会腐蚀热力系统的金属。腐蚀产物在锅炉热负荷较高处结成铜铁垢，使传热恶化，甚至造成爆管或在汽轮机高压缸中沉积，使汽轮机效率降低。因此，经过除盐的补给水和凝结水，在进入锅炉之前一般都要除氧。常用的除氧方式有热力除氧和真空除氧等，有时还辅以化学除氧。所谓热力除氧，就是当给水在除氧器中被加热到沸腾时，气体在水中的溶解度降低，使气体从水中逸出，排入大气。热力除氧时水必须加热到饱和温度，除氧水的表面积要大（如采用淋水或雾化播散装置），以便逸出的气体能够迅速地排出。真空除氧常在汽轮机凝汽器中进行。化学除氧就是在给水中添加联氨或亚硫酸钠，将水中含氧量进一步减少。

锅炉给水化学除氧所使用的药品，一般是采用联氨。联氨（N_2H_4）又名肼，常温时为无色液体，易挥发，易溶于水，遇水会结合成稳定的水和联氨溶液（$N_2H_4 \cdot H_2O$）。空气中若有联氨会对呼吸系统及皮肤有侵害作用。空气中联氨蒸汽量最高不允许超过 $1mg/L$。若空气中联氨蒸汽含量达 4.7%，则遇火便发生爆燃现象。

联氨在碱性水溶液中是一种很强的还原剂，可将水中的溶解氧还原，即

$$N_2H_4 + O_2 \longrightarrow N_2 \uparrow + 2H_2O$$

在高温（大于 200℃）水中，联氨可将 Fe_2O_3 还原成 Fe_3O_4 以至 Fe，反应式为

$$6Fe_2O_3 + N_2H_4 \longrightarrow 4Fe_3O_4 + N_2 \uparrow + 2H_2O$$

$$2Fe_3O_4 + N_2H_4 \longrightarrow 6FeO + N_2 \uparrow + 2H_2O$$

$$2FeO + N_2H_4 \longrightarrow 2Fe + N_2 \uparrow + 2H_2O$$

联氨还能将 CuO 还原成 Cu_2O 或 Cu，反应式为

$$4CuO + N_2H_4 \longrightarrow 2Cu_2O + N_2 \uparrow + 2H_2O$$

$$2Cu_2O + N_2H_4 \longrightarrow 4Cu + N_2 \uparrow + 2H_2O$$

联氨的这些性质可用来防止锅炉内结铁垢和铜垢。

在实际生产中，通常使用 40% 或 80% 质量分数的联氨加在锅炉给水泵的吸入口或除氧器的出口管处，加入量的控制通常是以省煤器入口给水中含联氨 $10\sim50\mu g/L$ 为准。联氨有毒、易燃、易挥发，使用时应特别注意。

三、给水加氧

(一) 给水加氧处理的目的

给水处理采用加氧处理技术就是通过改变给水处理方式，利用给水中的溶解氧对金属的钝化作用，使金属表面形成致密的保护性氧化膜，降低锅炉给水的含铁量，抑制炉前系统，特别是锅炉省煤器入口管和高压加热器管的流动加速腐蚀（Flow-Accelerated Corrosion，FAC），达到降低锅炉水冷壁管氧化铁的沉积速度、减缓直流锅炉运行压差的上升速度、延长锅炉化学清洗周期和凝结水精处理混床的运行周期的目标。

(二) 给水加氧处理适用范围

给水加氧处理工艺的核心就是氧气（O_2）在水质纯度很高的条件下对金属有钝化作用。

为保证水质纯度（要求氢电导率小于 $0.15\mu S/cm$，期望值小于 $0.10\mu S/cm$），要求凝结水系统必须配置全流量精处理混床。

锅炉水冷壁的结垢量达到 $200\sim300g/m^2$ 时，在给水加氧处理前应进行化学清洗。

采用加氧处理工艺的另一条件是低压加热器管材最好不是铜，是因为在氧化条件下铜氧化膜的溶解度较高，氧化铜腐蚀产物最终将会转移到汽轮机高压缸沉积下来。

如果热力系统氧化铁腐蚀产物造成较为严重的结垢问题，即使低压加热器管为铜管，也可以通过专项试验来确定加氧处理水质的具体控制参数，在尽可能减小铜氧化物溶解的前提下，采用给水加氧处理，取得抑制铁氧化物的结果。

(三) 给水加氧的原理

1. 电化学理论

在热力设备汽水系统中发生的腐蚀大都属于电化学腐蚀，处于该介质中的金属受腐蚀的倾向主要取决于金属的自然腐蚀电位，腐蚀电位越高越不易被腐蚀，反之亦然。在加氧处理工况下，碳钢的自然腐蚀电位为 $0.10\sim0.3V$，而在全挥发处理工况条件下为 $-0.6V$。根据电位- pH 值图，碳钢在加氧处理工况下发生的主要反应为

$$4Fe^{2+} + O_2 + 2H_2O \longrightarrow 4Fe^{3+} + 4OH^-$$

水中的溶解氧提高了 Fe - H_2O 体系的电位，铁进入 Fe_2O_3 钝化区，防止了腐蚀。而碳钢在全挥发处理工况下发生的反应为

$$3Fe^{2+} + 4H_2O \longrightarrow Fe_3O_4 + 8H^+ + 2e$$

铁由于提高了 pH 值进入 Fe_3O_4 钝化区而抑制了腐蚀。

由图 9-2 可知，要保护铁在水溶液中不受腐蚀，就要把水溶液中铁的形态由腐蚀区移到

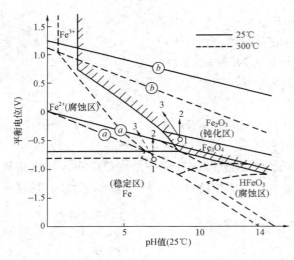

图 9-2　不同温度下铁- H_2O 体系电位- pH 值图
1—AVT(R)；2—AVT(O)；3—OT

稳定区或钝化区。

对于给水设备不含铜的热力系统，最有效的防腐措施是采取氧化法，即通过加氧气的方法提高氧化还原电位（Oxidation-reduction Potential，ORP），使铁的电极电位处于 α - Fe_2O_3 的钝化区。在加氧处理工况下，由于提高了氧化还原电位，使铁进入钝化区，这时腐蚀产物主要是 α - Fe_2O_3 和 $Fe(OH)_3$，它们的溶解度都很低，能阻止铁进一步腐蚀，从电化学的角度来说，这是一种阳极保护法。

2. 金属氧化膜形态

在加氧处理工况下，由于水中溶解氧的存在，碳钢表面能够迅速形成致密的双层保护膜，内层是黑色的磁性 Fe_3O_4 层，外层是晶粒表面平整呈红棕色的 Fe_2O_3 层，如图 9-3 所示。外层保护膜具有良好的表面特性，因此，阻止了碳钢的进一步腐蚀。

在全挥发处理工况下，碳钢表面形成了晶粒粗大、凹凸不平的黑色磁性 Fe_3O_4 膜，如图 9-4 所示。Fe_3O_4 氧化膜不仅热阻大、沿程水阻大，而且在高温纯水中比 Fe_2O_3 具有更大的溶解性，易形成流动加速腐蚀（FAC），因而，这种氧化膜耐腐蚀性能差。

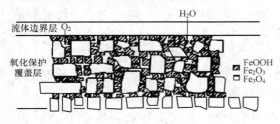

图 9-3　加氧处理工况下金属氧化膜的结构

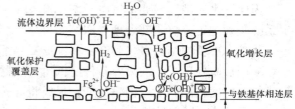

图 9-4　全挥发处理工况下金属氧化膜的结构

3. 加氧的作用

根据氧化膜形成机理，汽水循环系统的腐蚀可分为电化学反应和化学反应两种。水与碳钢反应生成氧化膜的机理根据温度条件有所不同，从常温到 300℃ 的范围内，水与碳钢是通过电化学反应生成氧化膜的；在 400℃ 以上，蒸汽（水分子）与碳钢是通过化学反应生成氧化膜的。

在低温条件下，水作为氧化剂没有能量使 Fe^{2+} 氧化为 Fe^{3+} 并随后转化为具有保护作用的氧化膜覆盖层，氧化膜处于活性状态，而 Fe_3O_4 的溶解度约在 150℃ 时最大，因此，通过提高 pH 值的方法来降低 $Fe(OH)_2$ 的溶解度。

加氧可以促使 Fe^{2+} 氧化为 Fe^{3+}，其原因是氧分子在腐蚀电池中的阴极反应中接受电子还原成为 OH^-。当水作为氧化剂的能量不能使 Fe^{2+} 转化为 Fe^{3+} 时，氧分子在阴极的还原反应提供了 Fe^{2+} 转化为 Fe^{3+} 所需的能量。O_2 在阴极的还原反应促进了相间反应速度，同时 Fe^{3+} 作为氧的传递者，充当 Fe^{2+} 转化为 Fe^{3+} 反应的催化剂，加快了 $Fe(OH)_2$ 的缩合过程。

因此，在 $Fe-H_2O$ 体系中，氧的去极化作用直接导致金属表面生成 Fe_3O_4 和 Fe_2O_3 的双层氧化膜，从而完全中止了热力系统金属的腐蚀过程。这两种不同结构的氧化铁组成的双层氧化膜比单纯 Fe_3O_4 双层膜更致密、更完整，因而更具有保护性。

热力系统中氧的电化学作用还表现在当热力系统金属表面氧化膜破裂时，氧在氧化膜表面参与阴极还原反应，将氧化膜破损处的 Fe^{2+} 氧化为 Fe^{3+}，使破损的氧化膜得到修复。随着温度进一步升高，金属腐蚀过程由电化学反应控制向化学反应控制转移，氧分子的作用逐渐减弱。

给水加氧以后，$Fe-H_2O$ 体系的氧化还原电位提高了，从原来加联氨时的 $-300\sim-400mV$ 上升到 $100\sim150mV$。根据 $Fe-H_2O$ 体系的电位-pH 值图，当给水的 pH 值达到 $8.0\sim8.5$ 时，铁进入钝化区。只要给水的氢电导率小于 $0.15\mu S/cm$，铁就能进入钝化状态，碳钢表面的氧化物由 Fe_3O_4 变成 Fe_2O_3。由加氧处理工艺形成的保护膜可用下面的反应式描述，即

$$5Fe+3O_2+4NH_4^+ \longrightarrow Fe_3O_4+2Fe^{2+}+4NH_3+2H_2O$$
$$2Fe^{2+}+1/2O_2+4NH_3+2H_2O \longrightarrow Fe_2O_3+4NH_4^+$$

4. 抑制流动加速腐蚀（FAC）

在湍流无氧的条件下，钢铁容易发生流动加速腐蚀（FAC），其发生过程如下：附着在碳钢表面上的磁性氧化铁（Fe_3O_4）保护层被剥离进入湍流水中，使其保护性降低甚至消失，导致母材快速腐蚀，直至管道腐蚀泄漏。对双层氧化膜的研究表明，上层膜是不很紧密的氧化铁，特别是 Fe_3O_4 在 $150\sim200℃$ 的条件下，溶解度较高，不耐冲刷。这就是在联氨处理条件下，炉前系统容易发生流动加速腐蚀（FAC）的原因，也是使用联氨处理给水含铁量高、给水系统节流孔板易被 Fe_3O_4 粉末堵塞的原因。

在非还原性给水环境中，碳钢表面被一层氧化铁水合物（FeOOH）所覆盖，它会向下渗透到磁性氧化铁的细孔中，而且这种环境有利于 FeOOH 的生长。此类构成形式可产生两个效果：①由于氧向母材中扩散（或进入）的过程受到限制（或减弱），从而降低了整体腐蚀速率；②减小了表面氧化层的溶解度。因此从产生流动加速腐蚀（FAC）的过程看，在与还原性全挥发处理方式具有完全相同的流体动力特性的条件下，FeOOH 保护层在流动给水中的溶解速度明显低于磁性氧化铁（至少要低 2 个数量级）。

（四）给水加氧的条件

给水加氧处理必须在水质很纯的条件下进行。直流锅炉给水加氧处理时，需考虑给水含氧量和给水含铁量的关系，严格控制给水的电导率，进一步改善凝结水精处理的运行条件，提高凝结水精处理的出水水质。

1. 凝结水精处理出水水质

锅炉应用给水加氧的前提是机组配置有全流量凝结水精处理设备。凝结水精处理设备的运行条件和出水品质的好坏，是锅炉给水加氧处理是否能正常进行的重要前提条件，直流锅炉要求给水的氢电导率小于 $0.15\mu S/cm$，凝结水精处理必须保证出水的氢电导率小于 $0.10\mu S/cm$。

2. 加氧控制系统

加氧控制系统中的氧化剂采用气态氧，由高压氧气瓶提供的氧气经减压阀针形流量调节阀加入系统。加氧点为两处：一处为凝结水精处理出口母管；另一处为除氧器出口母管。该

系统选用精密的止回阀，防止发生给水倒流。给水加氧控制方式采用手动调节和自动调节并联控制。与直流锅炉给水加氧不同的是，汽包锅炉给水加氧要求加氧量调节自动控制，一般以除氧器下降管加氧点为自动控制点。该法的优点是除氧器的排汽阀开度不用严格控制，自动控制参数由给水流量、下降管氧含量和省煤器入口氧含量共同决定。

3. 锅炉结垢量

应用给水加氧处理前，锅炉原则上应进行化学清洗，除去热力系统（省煤器、水冷壁和高压加热器及给水管线）中的腐蚀产物，具体原因如下：

（1）给水加氧处理工艺没有"除垢"的作用，只是在原来的 Fe_3O_4 氧化膜上通过部分 Fe_3O_4 转换为 Fe_2O_3，形成了双层保护膜，双层氧化膜的厚度变化不大。

（2）水冷壁管的氧化膜表面的波纹状垢在加氧后消失，可能与组成表面波纹状垢的大颗粒 Fe_3O_4 被转化为细小的颗粒或被剥离有关。但水冷壁管的氧化铁垢层的厚度并没有明显减薄。

（3）原热力系统金属表面沉积的黑色 Fe_3O_4 粉末会转换为棕红色的 $\alpha-Fe_3O_4$，仍覆盖在热力系统金属的表面，同时易造成在高温区氧气对金属仍有钝化作用的误解。

（4）如果没有除去沉积在热力系统中的铜氧化物，在加氧处理开始后，铜的腐蚀产物会转到汽轮机高压缸而沉积下来。

因此，对热力系统预先进行化学清洗非常必要，化学清洗除去了热力系统中铜铁腐蚀产物，在此基础上应用给水加氧处理工艺，可在炉前系统获得最薄的保护性氧化膜，在水冷壁保持较低的氧化铁沉积速率。锅炉水冷壁管内的结垢量达到 $200\sim300g/m^2$ 时，在采用给水加氧处理工艺前宜进行化学清洗。

4. 热力系统材质

（1）司太立合金（钨铬钴合金）。国外在开发给水加氧处理技术的历史上，在使用过氧化氢作氧化剂时，曾发生过司太立合金的侵蚀问题。1979年，德国报道了使用过氧化氢所发生的在水相此种材料的侵蚀（Erosion）问题，损坏部位在给水泵阀及减温水阀上，经研究发现，这与司太立合金构件的结构有关，经改进结构或选用氧气作氧化剂，该问题得到彻底解决。

（2）含铜量小于1%的铁基合金。国内外机组中有许多用该材料制成管系，如给水管道和锅炉联箱等。例如，元宝山电厂1号机组给水管路、汽水分离器（汽包）、循环泵入口过滤器及省煤器、水冷壁、过热器的部分联箱等部位的材质为15NiCuMoNb5（材质含铜量为0.5%～0.8%）；大部分阀门的阀芯、阀座为司太立合金。1号机组锅炉给水加氧处理的运行实践证明，给水加氧处理不会造成这些管道的腐蚀。

（3）铜合金。对于低压加热器管材为铜合金的机组能否采用加氧处理工艺，国内外有不同的看法。原因是铜合金在还原性介质中表面生成的是氧化亚铜（Cu_2O）保护膜，该膜有较低的溶解度。而在氧化条件下，氧化亚铜会转变为氧化铜（CuO），氧化铜的溶解度较高，铜离子会通过蒸汽的机械携带或溶解携带（蒸汽压力大于16.5MPa）转移到汽轮机高压缸而沉积下来，引起蒸汽通流面积减小，从而降低高压缸效率。

因此，国外不赞同在有铜系统的机组应用给水加氧处理工艺。例如，苏联为在超临界火电机组应用给水加氧处理工艺，将低压加热器铜管换为钢管。

我国直流锅炉给水加氧处理的工业试验是在望亭有铜机组上进行的，试验证实给水铜含量在加氧后有增加的现象，但通过调整给水的 pH 值，可将给水铜含量降低到小于$3\mu g/L$。广东黄埔发电厂、江苏常熟发电厂国产 300MW 有铜机组(16.7MPa)也先后采用了给水加氧处理工艺，有效解决了省煤器和水冷壁氧化铁沉积速率高的问题。广东黄埔发电厂机组大修时，高压缸并没有明显的铜沉积现象。因此，根据铜氧化物在不同条件下的特点，采取适当的措施，有铜机组也可采用给水加氧处理工艺，但应在尽量降低给水铜含量的同时，仔细监测在高压缸的铜沉积问题。

（五）给水加氧的监控

1. 给水处理工况的切换

由氧化性全挥发处理〔All Volatile Treatment（Oxydation），AVT（O）〕工况切换至加氧处理工况机组启动过程中，采用只加氨水的全挥发处理工况，控制给水 pH 值在 $9.0\sim9.6$ 之间，除氧器出口氧含量小于或等于 $7\mu g/L$。当给水氢电导率下降至 $0.15\mu S/cm$（25℃），且有继续下降趋势时，降低给水 pH 值至 $8.0\sim9.0$ 范围内；同时开始向给水泵入口加氧，控制给水氧含量在 $30\sim150\mu g/L$ 之间（加氧初始可提高给水中的含氧量），切换为加氧处理工况。

2. 由加氧处理工况切换至全挥发处理工况

机组停机前 $2\sim4h$ 停止给水加氧，同时提高给水 pH 值在 $9.4\sim10.0$ 之间，在给水系统停运前停止加氨。

3. 给水加氧工况下汽水质量标准

给水加氧工况下汽水质量标准见表 9-2。

表 9-2　　　　　　　　　　　给水加氧工况下汽水质量标准

项目 取样点	pH 值 (25℃)	氢电导率 ($\mu S/cm$)(25℃)		铁 ($\mu g/L$)		铜 ($\mu g/L$)		溶解氧 ($\mu g/L$)	二氧化硅 ($\mu g/L$)	钠 ($\mu g/L$)
		标准值	期望值	标准值	期望值	标准值	期望值			
省煤器入口	$8.0\sim9.0$	<0.15	≤0.10	<10	≤5	<5	≤3	$30\sim300$	<10	<5
主蒸汽	—	<0.15	—	<5	≤3	<3	≤1		<10	<10
凝结水泵出口	—	<0.3								<10
凝结水精处理设备出口	—	≤0.10		<5	≤3	<3	≤1		<10	<1
补给水混床出水		≤0.15							<10	

4. 给水加氧工况下汽水质量异常处理

当汽水质量偏离控制指标时，应迅速检查取样的代表性或确认测量结果的准确性，并分析循环回路中汽水质量的变化情况，查找原因，采取相应的措施，见表 9-3。

表 9-3　　　　　　　给水加氧工况下汽水质量异常情况及处理措施

异 常 情 况	处 理 措 施
凝结水氢电导率大于或等于 $0.2\mu S/cm$（25℃）	停止加氧，转换为全挥发处理工况运行，24h 内使氢电导率降至 $0.15\mu S/cm$ 以下

异 常 情 况	处 理 措 施
凝结水含钠量大于 400μg/L	紧急停机
省煤器入口氢电导率为 0.10～0.15μS/cm（25℃）	正常运行，应迅速查找污染原因，在 72h 内使氢电导率降至 0.10μS/cm 以下
省煤器入口氢电导率为 0.15～0.2μS/cm（25℃）	立即提高加氨量，调整给水 pH 值到 9.0～9.5，在 24h 内使氢电导率降至 0.10μS/cm 以下
省煤器入口氢电导率大于或等于 0.2μS/cm（25℃）	停止加氧，转换为全挥发处理工况运行，24h 内使氢电导率降至 0.15μS/cm 以下
省煤器入口氢电导率大于或等于 0.3μS/cm（25℃）	若 4h 内不好转，应停炉处理

5. 给水加氧工况下锅炉停备用保护

在给水加氧工况下，锅炉停备用保护采用氨水碱化烘干法。在停炉前 4h 停止给水加氧，加大给水氨的加入量，提高系统的 pH 值，然后热炉放水，余热烘干。

为了防止氧腐蚀，机组在停运期间需要打开排气阀。

6. 给水加氧处理的注意事项

（1）保证给水品质。在给水加氧工况下，必须保证给水氢电导率小于 0.15μS/cm（25℃）。否则，应采取措施，尽快查找异常原因，恢复正常汽、水品质。

加热器的排气阀如运行期间关不严，氧含量达不到 10～20μg/L，则应考虑调整给水的 pH 值，以保证蒸汽 pH 值满足疏水系统腐蚀的需要。

（2）保证凝汽器的严密性。尤其是滨海电厂，采用海水作冷却介质，凝汽器泄漏会造成精处理前水质恶化，加重精处理装置负担，易造成"穿透"。当凝汽器泄漏时，必须立即采取措施查堵漏点，消除凝结水污染。禁止将精处理作为应对凝汽器泄漏的唯一手段。

（3）提高精处理装置的缓冲能力。精处理是保证直流锅炉给水品质的重要手段，运行中可采取以下措施保证精处理装置有足够的缓冲能力。

1）确定适宜的运行周期，并控制一定的余度（15%～20%）。

2）错开各离子交换器运行时间，避免入口水水质不良时集中失效。

3）机组检修或停备用期间，将运行时间较长的离子交换器集中再生。一般情况下，机组启动阶段凝结水水质多处于不良状态，对精处理装置的净化能力消耗较大，容易造成精处理装置"穿透"，从而造成机组启动中断或停运。

4）掌握精处理树脂状态，定期监测树脂理化特性，提前做好树脂的补充与更换准备工作，保证精处理装置的净化处理能力。

（4）控制适宜的加氧量。在控制标准范围内，尽量采用较低的加氧量。高参数、大容量锅炉系统非常复杂，机组工况急剧变化或低负荷时容易发生个别炉管内介质流动不良，形成闭塞区。由于给水加氧会加重闭塞区腐蚀，因此控制较低的加氧量可以有效降低腐蚀。

（5）慎重关闭除氧器排气阀。机组实施加氧后，通常要关闭除氧器排气阀，但对于凝结水系统不严密的机组，空气中二氧化碳容易进入系统，存在酸性腐蚀。因此，这类机组关闭除氧器排气阀需谨慎。

（6）选择化学清洗工艺需考虑对给水加氧处理的影响。无论是新机组基建化学清洗后直接加氧，还是加氧机组的化学清洗，在小型试验阶段，需要确定合适的清洗工艺，保证最佳的除垢效果。同时，要考虑到钝化工艺对实施给水加氧处理的影响，最好采用能够生成 Fe_2O_3 膜的钝化工艺，使给水加氧处理后形成的 Fe_2O_3 膜更致密。

7. 加氧系统的日常使用方法

（1）每套装置分给水加氧和凝结水加氧两部分，每 5 个气瓶对应一个系统（给水或凝结水）。使用时，应分别打开给水加氧母管（汇流排上较低的母管）上的主阀门或凝结水加氧母管（汇流排上较高的母管）上的主阀门，以分别向给水和凝结水系统供氧。

（2）由于给水加氧系统压力较低，氧气可充分得到使用，而凝结水加氧系统压力较高，当氧瓶压力下降至 4.0MPa 时，已不能向凝结水系统中加入氧气。为了避免氧气浪费，此时可将给水加氧瓶组和凝结水加氧瓶组进行切换，即将原凝结水加氧瓶组中的剩余氧气向给水系统中加入，而原给水加氧瓶组更换新氧瓶向凝结水系统中加入。

（3）加氧量的调节。加氧量的调节通过分别调节给水加氧流量计和凝结水加氧流量计下的小调节阀实现。当加氧量较小时，加氧量可能小于流量计的最低刻度。因此，有时加氧系统流量计无显示，这是正常情况。最终加氧量应通过加氧试验确定。

（4）系统的紧急关断。在加氧工况时，系统给水氢电导率一般要求小于 $0.15\mu S/cm$。因此，当给水氢电导率大于 $0.15\mu S/cm$ 时必须停止加氧。汇流排中有两个电动阀，分别对应给水加氧系统和凝结水加氧系统，它们与给水和凝结水的水质信号连锁，当水质不满足要求时，电动阀自动关断，停止加氧。

（六）给水加氧处理效果的评定

评定应用给水加氧处理技术所产生的效果，主要有氧化还原电位、给水铁含量、水冷壁结垢速率和锅炉压差等指标，还可用凝结水精处理混床的运行周期和运行成本等经济效益指标进行评定。

1. 给水系统的氧化还原电位（ORP）

氧化还原电位指标是表明热力系统处于氧化性介质还是还原性介质的一个重要参数。一般汽水系统的氧化还原电位在全挥发处理工况下约为 $-350mV$。停止加入联氨后，给水的氧化还原电位可达到 $-50\sim0mV$，加入氧气后给水的氧化还原电位应达到 $50\sim350mV$。

2. 热力系统含铁量

锅炉给水采用加氧处理工艺后，热力系统运行中的铁含量大大降低，氧化铁腐蚀产物的粒径大大减小。尤其是给水系统的局部流动加速腐蚀得到了控制，保护性双层氧化膜使炉前系统的金属表面完全钝化。因此，给水系统的平均铁含量可从 $3\sim8\mu g/L$ 降低到 $0.5\sim3\mu g/L$；疏水系统特别是高压加热器疏水的铁含量大大降低，疏水系统应得到完全保护。

3. 锅炉的结垢速率

锅炉的结垢量由两部分构成，即自身腐蚀产物和给水带入的铁氧化物的沉积。机组投运后，水冷壁管的金属表面在一定的热负荷条件下会形成氧化膜，氧化膜的厚度与热负荷强度有关。热力系统的铁氧化物也会随给水源源不断地带入水冷壁受热面，在热负荷高的区域沉积下来，形成氧化铁垢，后者是结垢速率升高的主要因素。锅炉给水采用加氧处理工艺后，最大限度地降低了铁氧化物在受热面的沉积速率，使水冷壁的结垢速率降低。因此，锅炉给水采用加氧处理工艺一般都可使铁氧化物在受热面的沉积速率降低 80% 以上。用管段结垢量来评定结垢速率，要求管段运行时间要长，才能得到准确的结果。因为结垢速率和时间并非呈线性关系，开始阶段结垢速率较快，然后逐渐慢下来。因此用氧化铁沉积速率可更科学地评定其效果。

4. 锅炉压差

锅炉给水采用加氧处理工艺后，由于省煤器和水冷壁金属表面形成了致密光滑和平整的垢层，因此，直流锅炉的锅炉压差不再上升。

5. 凝结水精处理混床的运行周期

在全挥发处理工况下，凝结水精处理氢型混床在出水氢电导率小于 $0.1\mu S/cm$ 时的全流量运行周期一般为 3～7 天，这是因为全挥发处理工况下的加氨量较高，混床中的阳树脂很快失效。给水在加氧处理工况下，由于氨含量降低了 5～10 倍，阳树脂的运行周期大大提高，因而凝结水精处理混床的运行周期可延长 3～5 倍以上。

（七）给水加氧的经济效益

1. 降低运行成本

锅炉给水采用加氧处理工艺后，热力系统金属表面形成了 Fe_2O_3 和 Fe_3O_4 双层保护膜，保护膜致密完整、耐腐蚀性良好，有效地抑制了碳钢的腐蚀，运行过程中汽水系统中铁含量显著降低。

（1）缩短了机组冷、热态冲洗时间，降低了启动过程中水、电、油的消耗。

（2）减少氨的投加量，炉内水处理药品费用下降。

（3）精处理运行周期得到延长。

（4）酸碱耗量和再生废水的排放量大为减少，降低了废水处理费用及对环境的污染。

2. 延长化学清洗周期

机组在加氧工况下运行，可使炉前系统、省煤器的金属腐蚀大大减轻，给水铁含量显著下降，系统中金属腐蚀得到抑制，炉管的结垢速率、腐蚀速率大大下降，延长了锅炉酸洗周期。

3. 降低热力系统热阻和沿程水阻

在加氧处理工况下，水汽系统碳钢表面形成双层保护膜，表面晶粒细、平整，使热力系统热阻和沿程水阻大为降低。

热 力 设 备 化 学 清 洗

第一节　热力设备化学清洗的必要性

热力设备化学清洗是保持受热面内表面清洁，防止受热面因结垢和腐蚀而引起事故以及提高汽水品质的必要措施。热力设备化学清洗分为热力设备启动前和运行后除垢清洗两种。

锅炉是否需要进行化学清洗，主要根据它的参数、结构特点和汽水系统内部的污脏程度确定。

一、新建锅炉化学清洗的必要性

新建锅炉及其他热力设备在制造、运输、储存和安装过程中，不可避免地会形成氧化物、腐蚀产物和焊渣，并且会带入砂子、尘土、水泥和保温材料碎渣等含硅杂质。管道在加工成型时，有时使用含硅、铜的冷热润滑剂（如石英砂、硫酸铜等），或者在弯管时灌砂，这些都可能使管内残留含硅、铜的杂质。此外，设备在出厂时还可能涂覆有油脂类的防腐剂，这些杂质如果在锅炉投运前不去除，就会产生下列危害：

（1）锅炉启动时，汽水品质，特别是含硅量不容易合格，影响机组的启动时间。

（2）妨碍炉管管壁的传热，造成炉管过热或损坏。

（3）在锅炉内的水中形成碎片或沉渣，堵塞炉管，破坏汽水的正常流动工况。

（4）加速受热面沉积物的积累，使介质浓缩腐蚀加剧，导致炉管变薄、穿孔和爆破。

根据 DL/T 794—2001《火力发电厂锅炉化学清洗导则》的规定，锅炉在安装完毕投入使用前应进行化学清洗，以去除锅炉设备系统在制造、运输、安装过程中所产生的铁锈、焊渣及泥土污垢等有害杂物，保证动力设备运行正常和安全。

二、运行锅炉化学清洗的必要性

运行锅炉化学清洗的目的是去除金属受热面上沉积的氧化铁垢、钙镁垢、硅酸盐垢及油污等。锅炉投入运行以后即使有完善的补给水处理工艺和合理的锅炉内水工况，仍然不可避免地会有杂质进入给水系统，同时热力系统也会遭受腐蚀。锅炉如不进行化学清洗去除这些污脏物，将会在受热面上形成水垢，影响炉管的传热和汽水流动特性，加速介质浓缩腐蚀和炉管的损坏，恶化蒸汽品质，危害机组的正常运行。因此，锅炉运行一定时间以后，必须进行化学清洗。

运行锅炉的清洗间隔应根据锅炉的类型、参数、补给水质及污脏程度确定，一般可根据水冷壁内沉积物量和运行年限确定。当水冷壁管内的沉积物量或锅炉化学清洗的间隔时间超过表 10-1 中的极限值时，就应安排化学清洗。锅炉化学清洗的间隔时间还可根据运行水质的异常情况和大修时锅炉内的检查情况，做适当变更。

表 10-1　　　　　　　　　　　　需要化学清洗的条件

炉　型	汽　包　锅　炉			直流锅炉
主蒸汽压力 （MPa）	<5.88	5.88～12.64	>12.74	
结垢量 （g/m²）	600～900	400～600	300～400	200～300
清洗间隔年限 （a）	12～15	10～12	5～10	5～10

注　结垢量是指在水冷壁管热负荷最高处向火侧180°部位割管处取样，用洗垢法测定。

如果是根据锅炉内结垢量来确定化学清洗的周期，就应该查明受热面的结垢量。通常采用割管检查的方法，割管部位应该选在最容易发生结垢和腐蚀的部位。一般割管部位是受热面热负荷最高的部位，如燃烧器附近及冷灰斗和焊口处等部位。此外，由于炉管的向火侧比背火侧热负荷高得多，结垢和腐蚀也就严重得多，因此，应该选择炉管的向火侧来检查结垢量，并以此作为依据来确定锅炉是否需要进行化学清洗。

第二节　热力设备化学清洗原理

热力设备化学清洗原理通常是以含有清洗剂、缓蚀剂和某些添加剂的水溶液与垢进行化学或电化学反应，并辅以机械作用，将各种金属腐蚀产物和沉积物溶解和剥落。

一、常用的化学清洗试剂

锅炉内部污脏物的化学成分主要是铁，其次可能有铜、硅及油脂类物质等。为了去除这些有害物质并使金属表面钝化，应根据具体情况选取清洗方法。因此，化学清洗可能包括有脱脂除硅、除铁、除铜以及钝化等基本过程；就所采用的清洗介质而言，化学清洗可能包括碱洗/碱煮、酸洗及中和钝化等基本过程。由于其中起清洗作用的主要步骤是酸洗过程，因此又称化学清洗所用的溶剂为清洗剂。清洗剂的作用是去除金属表面聚积的铁的氧化物。去除铁的氧化物是化学清洗的主要步骤。对清洗剂的基本要求如下：

（1）清洗效果好，即去除铁的氧化物效果好。

（2）对锅炉的腐蚀性小。

（3）成本较低，货源较充足，使用方便。

（4）清洗后的废液易于处理。

目前，常用的清洗剂主要是无机酸和有机酸，如盐酸、氢氟酸、柠檬酸、乙二胺四乙酸、羟基乙酸和甲酸等。因此，化学清洗常称为酸洗。

1. 盐酸

盐酸是清洗热力设备积垢常用的清洗试剂，盐酸清洗能力强、清洗速度快，而且清洗后表面状态好。

采用盐酸清洗时，其反应可能有

$$CaCO_3 + 2HCl \longrightarrow CaCl_2 + H_2O + CO_2 \uparrow$$

$$MgCO_3 + Mg(OH)_2 + 4HCl \longrightarrow 2MgCl_2 + 3H_2O + CO_2 \uparrow$$

$$FeO + 2HCl \longrightarrow FeCl_2 + H_2O$$
$$Fe_2O_3 + 6HCl \longrightarrow 2FeCl_3 + 3H_2O$$
$$Fe_3O_4 + 8HCl \longrightarrow 2FeCl_3 + FeCl_2 + 4H_2O$$
$$Fe + 2HCl \longrightarrow FeCl_2 + H_2 \uparrow$$

反应产生的气体 CO_2、H_2 及流动清洗溶液的冲刷作用也会有利于清洗（剥离作用）。一方面，盐酸和一部分氧化物作用时，破坏了氧化物与金属的连接，使氧化物剥离下来；另一方面，夹杂在氧化物中的铁和氧化物下面的铁会和盐酸反应产生氢气，逸出时将铁的氧化物从金属表面上剥离下来。

金属表面上的各种腐蚀产物和沉积物被盐酸的水溶液溶解和剥落以后，金属基体便裸露出来，这时会发生金属的腐蚀过程，严重时还会发生点蚀，即

$$Fe + 2HCl \longrightarrow FeCl_2 + H_2 \uparrow$$
$$Fe + 2FeCl_3 \longrightarrow 3FeCl_2$$

因此，用盐酸进行化学清洗时，必须添加缓蚀剂和还原剂来抑制上述反应进行。

盐酸作为清洗剂的优点在于：溶解铁的氧化物的能力大，价廉且货源充足，输送简便，清洗工艺易于掌握，且为人们所熟悉。不足之处：不适于清洗奥氏体不锈钢的锅炉体系；当清洗含硅较多的沉积物时，效果不佳；当附着物中含铜较多时，要考虑添加铜离子络合剂并采用特殊的除铜工艺；对金属基体的侵蚀较大，废液浓度较大，耗水较多，费时较长，临时工作量也较大。盐酸清洗范围一般只限于汽包锅炉本体。

2. 氢氟酸

氢氟酸虽然是一种弱酸，但溶解硅化合物的能力很强，低浓度的氢氟酸就具有很强的除硅能力，反应方程式为

$$SiO_2 + 6HF \longrightarrow H_2SiF_6 + 2H_2O$$

更重要的是，氢氟酸对 Fe_2O_3 和 Fe_3O_4 有很强的溶解能力，因为 F^- 有很好的络合能力，它有一对孤对电子，容易进入 Fe^{3+} 的外层电子空轨道中，形成 6 个配价键的络合物，促使氧化铁垢的溶解，化学反应式为

$$HF \Longrightarrow H^+ + F^-$$
$$2Fe^{3+} + 6F^- \longrightarrow Fe[FeF_6]（铁—铁冰晶石）$$

理论计算表明，1mol 氢氟酸可溶解 18.6g 铁。试验表明，0.1% 的氢氟酸，在 $30 \sim 40℃$ 时，溶解氧化铁的能力可达到上述理论值的 65%；1% 的氢氟酸，溶解氧化铁的能力可达理论值的 95%。因此，氢氟酸可以在低温下对锅炉进行化学清洗。

氢氟酸不仅对硅酸盐、Fe_2O_3 和 Fe_3O_4 有很强的溶解能力，而且对钢铁的腐蚀速度比较低，一般为 $1g/(m^2 \cdot h)$。另外，氢氟酸对各种钢材都有良好的适应性。因此，一些永久设备都可在安装好后再进行清洗。

氢氟酸虽然是弱酸，但低浓度的氢氟酸却比盐酸和柠檬酸对铁的氧化物有更强的溶解能力。加之它溶解铁的氧化物起始速度高、反应快、所需温度低、时间短，因此适用于开路法清洗。采用氢氟酸清洗临时工作量小，清洗系统简单，无需耐酸清洗泵，耗水量也大大减少，对金属基体的侵蚀也小。氢氟酸可用来清洗奥氏体钢部件，清洗炉前、炉后系统而不必拆除或隔离汽水系统中的阀门，从而可十分方便地实现对机组的全面清洗。但浓氢氟酸易烧伤人体，氢氟酸蒸汽有剧毒，其废液必须用石灰彻底处理：$2F^- + Ca^{2+} \longrightarrow CaF_2 \downarrow$；其来源

不足，价格较贵。

3. 柠檬酸

柠檬酸是目前化学清洗中应用较多的一种有机酸，学名为 2－羟基丙烷－1，2，3 三羧酸，是一中有机酸和络合剂，分子式为 $H_3C_6H_5O_7$，系三元酸。因为柠檬酸中不含有氯离子，所以不会引起奥氏体钢的应力腐蚀开裂，多用于炉前系统和过热系统的清洗。

由于柠檬酸与 Fe_2O_3 生成的络合物（络合亚铁柠檬酸盐）难溶，会再沉淀出来，因此常用含氨的柠檬酸溶液作为清洗剂，以形成溶解度较大的柠檬酸亚铁铵和柠檬酸高铁络合物。

柠檬酸化学清洗的化学反应主要分为以下三步：

第一步，柠檬酸与氨水反应，生成柠檬酸铵盐，即

$$C_3H_4(OH)(COOH)_3 + NH_4OH \longrightarrow C_3H_4(OH)(COOH)_2 - COONH_4 + H_2O$$

第二步，溶解反应，即

$$Fe + 2H^+ \longrightarrow Fe^{2+} + H_2 \uparrow$$

$$Fe_2O_3 + 6H^+ \longrightarrow 2Fe^{3+} + 3H_2O$$

$$Fe_3O_4 + 8H^+ \longrightarrow 2Fe^{3+} + Fe^{2+} + 4H_2O$$

第三步，络合反应，即

$$Fe + NH_4H_2C_6H_5O_7 \longrightarrow FeNH_4C_6H_5O_7 + H_2 \uparrow$$

$$3Fe + 2H_3C_6H_5O_7 \longrightarrow Fe_3(C_6H_5O_7)_2 + 3H_2 \uparrow$$

$$Fe + H_3C_6H_5O_7 \longrightarrow FeHC_6H_5O_7 + H_2 \uparrow$$

$$Fe_2O_3 + 2NH_4H_2C_6H_5O_7 \longrightarrow 2FeC_6H_5O_7 + H_2O + 2NH_4OH$$

$$Fe_3O_4 + 3NH_4H_2C_6H_5O_7 \longrightarrow FeNH_4C_6H_5O_7 + 2FeC_6H_5O_7 + H_2O + NH_4OH$$

柠檬酸用作清洗剂有许多优点：由于铁离子与柠檬酸生成易溶的络合物，清洗时不会形成大量悬浮物和沉渣；它可以用来清洗奥氏体钢和其他特种钢材制造的锅炉设备，即使柠檬酸残留在设备内部，也没有危险；柠檬酸在高温下会分解成二氧化碳和水，所以可用来清洗结构复杂的高参数、大容量机组。

实践证明，为防止柠檬酸铁沉淀出现，必须维持一定的工艺条件：柠檬酸溶液的浓度保证为 2%～4%；清洗液温度为 90～98℃；清洗液的 pH 值用氨水调至 3.5～4.0；清洗时间不超过 6h。清洗结束后要用热水或柠檬酸单铵置换废液，不能直接排放。

柠檬用作清洗剂的缺点在于：清除附着物能力比盐酸差，只能清除铁垢和铁锈，不能清除铜垢、钙镁水垢和硅酸盐水垢；清洗时要求较高的温度和流速；价格较贵。因此，通常是在不宜使用盐酸的情况下才使用柠檬酸。

4. 乙二胺四乙酸

乙二胺四乙酸称 EDTA，分子式为 $C_{10}H_{16}N_2O_8$，分子质量为 292.24。它为白色结晶粉末，熔点为 240℃（分解）；不溶于冷水、乙醇和一般有机溶剂，溶于氢氧化钠、碳酸钠和氨溶液，能溶于 160 份 100℃沸水。乙二胺四乙酸的结构式为

$$\begin{array}{c} HO_2C-CH_2 \diagdown \qquad \diagup CH_2CO_2H \\ N-CH-CH_2N \\ HO_2C-CH_2 \diagup \qquad \diagdown CH_2CO_2H \end{array}$$

乙二胺四乙酸及其铵盐是一种络合剂，可和 Fe^{2+}、Cu^{2+}、Ca^{2+}、Mg^{2+} 等离子形成络合

物，这些络合物易溶于水。EDTA 的络合能力与水的 pH 值有关，pH 值越高，越有利于络合清洗；但其 pH 值过高时（如 pH＞11），容易生成溶解度很小的 $Fe(OH)_3$ 沉淀，反而不易被 EDTA 络合溶解。在清洗过程中，随着络合反应的进行，清洗液 pH 值不断地上升，达到使铁钝化的 pH 值。

金属离子与 EDTA 的主要络合反应为

$$Fe^{2+}+H_2Y^{2-}\longrightarrow FeY^{2-}+2H^+$$

$$Fe^{3+}+H_2Y^{2-}\longrightarrow FeY^-+2H^+$$

$$Ca^{2+}+H_2Y^{2-}\longrightarrow CaY^{2-}+2H^+$$

$$Mg^{2+}+H_2Y^{2-}\longrightarrow MgY^{2-}+2H^+$$

EDTA 钠盐或铵盐清洗工艺已有四十多年的历史，得到越来越广泛的应用，目前已广泛应用于 300～1000MW 机组的锅炉清洗。这种清洗工艺的效果主要与药剂剩余 EDTA 浓度、清洗液 pH 值、温度、流速及缓蚀剂和添加剂有关。

EDTA 用作清洗剂具有以下优点：对氧化铁、铜垢、钙镁垢都有较强的清洗能力；需要浓度较低，清洗时间较短，对金属的腐蚀性小；可用来清洗较复杂的锅炉和奥氏体钢制造的设备；清洗时临时装置比较简单；清洗废液可以回收大部分 EDTA；清洗以后，金属表面可以生成良好的保护膜，而且钝化和清洗可以一步完成，不必另作钝化处理。EDTA 用作清洗剂的缺点是药品价格较贵，清洗成本较高。

5. 氨基磺酸（H_2NSO_3H）

氨基磺酸也是一种无机酸，工业上用发烟硫酸与尿素反应制取，分子质量为 97.09，密度为 $2.126g/cm^3$（26℃），溶点为 205℃，是一种白色斜方晶体。它无色、无味、无臭、不挥发、不吸湿，易溶于水，溶于水后电离成中等强度的强酸，具有较强的除垢能力。因氨基磺酸分子中不含卤素离子，腐蚀性较小，可用于清洗碳钢、奥氏体不锈钢，其化学反应为

$$2H_2NSO_3H+CaCO_3\longrightarrow Ca(H_2NSO_3)_2+CO_2+H_2O$$

$$2H_2NSO_3H+Mg(OH)_2\longrightarrow Mg(H_2NSO_3)_2+2H_2O$$

$$6H_2NSO_3H+Ca_3(PO_4)_2\longrightarrow 3Ca(H_2NSO_3)_2+2H_3PO_4$$

$$8H_2NSO_3H+Fe_3O_4\longrightarrow 2Fe(H_2NSO_3)_3+Fe(H_2NSO_3)_2+4H_2O$$

$$6H_2NSO_3H+Fe_2O_3\longrightarrow 2Fe(H_2NSO_3)_3+3H_2O$$

$$2H_2NSO_3H+FeO\longrightarrow Fe(H_2NSO_3)_2+H_2O$$

二、化学清洗添加剂

为了提高清洗效果，降低清洗剂对锅炉金属的腐蚀，通常在清洗液中加入少量的化学药品，所加的化学药品不止一种，其作用各不相同，现分述如下。

1. 缓蚀剂

缓蚀剂又称阻蚀剂或抑制剂，它可以显著地降低清洗剂对金属的腐蚀速度，使腐蚀速度在允许的范围之内。缓蚀剂是减缓清洗剂对金属腐蚀的一种添加剂，它可以是无机物，也可以是有机物。每一种清洗剂都有适合于自己的缓蚀剂。

适宜用作缓蚀剂的药品应具备以下性能：

（1）加入极少量，就能大大地降低酸对金属的腐蚀速度，一般要求降至 $8g/(m^2 \cdot h)$ 以下；对于金属的焊接部位，有残余应力的地方以及不同金属接触处，都有良好的抑制腐蚀的能力；不仅使金属的总腐蚀量小，即有很高的缓蚀效率，而且不使金属表面发生点腐蚀。

（2）不会降低清洗液去除沉积物的能力。

（3）不会随着清洗时间的推移而降低其抑制腐蚀的能力，在使用的清洗剂浓度和温度的范围内，能保持其抑制腐蚀的性能。

（4）无毒性，使用时安全、方便。

（5）对金属的机械性能和金属组织没有任何影响。

（6）清洗后排放的废液，不会造成环境污染或公害。

目前，在采用盐酸进行化学清洗时，常采用若丁、乌洛托品、IS-129、SH-747 等作缓蚀剂。在采用柠檬酸进行化学清洗时，常采用的缓蚀剂为二邻甲苯硫脲、2-巯基苯骈噻唑等。在采用氢氟酸进行化学清洗时，常采用 TPRI-3 型、IMC-5 等作缓蚀剂。这些缓蚀剂的缓蚀效率都超过 90%，有的达到 97% 以上，都能够满足使酸洗时金属腐蚀速度小于 $8g/(m^2 \cdot h)$ 的要求。在采用 EDTA 进行化学清洗时，常采用几种缓蚀剂组成的混合缓蚀剂，有时在其中加表面活性剂。

应采用哪一种缓蚀剂及其添加量应为多少，与清洗剂的种类和浓度有关。此外，还与清洗温度和流速有关，因为每种缓蚀剂都有它所适用的温度和流速范围。缓蚀剂降低腐蚀速度的效果，一般是随清洗液的温度上升和流速增大而降低。因此，缓蚀剂的选用应通过小型试验来确定。

2. 添加剂

（1）掩蔽剂。清洗含铜较多的沉积物时，由于清洗液含 Cu^{2+} 较高，铜会在钢铁表面析出，使钢铁腐蚀，其反应式为

$$Fe + Cu^{2+} \longrightarrow Fe^{2+} + Cu$$

这就是所谓的镀铜现象，而掩蔽剂可以防止这种现象的发生。当清洗液中 Cu^{2+} 较多时，可向清洗液中添加铜离子络合剂，如硫脲。清洗液中硫脲的浓度应为 $0.2\% \sim 1.0\%$。

（2）还原剂。清洗液中的 Fe^{3+} 会引起金属基体的腐蚀，其反应式为

$$Fe + 2Fe^{3+} \longrightarrow 3Fe^{2+}$$

当 Fe^{3+} 超过一定量时，会使钢铁腐蚀显著增加，甚至产生点蚀，故必须控制 $Fe^{3+} < 300mg/L$，为此，常加入还原剂氯化锡，以降低清洗液中 Fe^{3+} 的浓度，其反应式为

$$Sn^{2+} + 2Fe^{3+} \longrightarrow 2Fe^{2+} + Sn^{4+}$$

（3）助溶剂。助溶剂可以促使不易溶解的沉积物和硅酸盐水垢、铜垢、氧化铁等的溶解。

硅酸盐水垢、铜垢在酸液中不易溶解，氧化铁在酸液中的溶解速度也不快，所以在清洗液中加适当的添加剂是有益的。

为了酸洗时能加速氧化铁的溶解，不论是用盐酸还是用有机酸作清洗剂，在酸液中添加氟化物都得到了较好的清洗效果。这是因为氟化物和 Fe^{3+} 有络合作用，可使酸液中游离的 Fe^{3+} 浓度保持很低的状态，这就使酸液与氧化铁的反应更容易进行，一般加入的为氟化氢铵，其量应当按清洗液的 $0.2\% \sim 0.3\%$ 加入。

在用盐酸清洗运行后的锅炉时，如有硅酸盐水垢，因盐酸不易与它起作用，所以有必要在盐酸溶液中加入氟化钠或氟化氢铵作为助溶剂。氟化物在盐酸中生成氢氟酸，氢氟酸能促进硅化合物的溶解。

（4）表面活性剂。表面活性剂又称界面活性剂，它是一类物质的总称。这类物质的加入量很少就能显著地改变水的表面张力。表面活性剂分子常由性能不同的两个部分组成：一部分是具有亲合水的性能，称为亲水性；另一部分是具有排斥水的性能，称为憎水性。由于表面活性剂分子具有这样的特殊结构，因此当加至水中时，它常集中在水与另一相的界面间，因而改变了水的表面张力，会使物质润湿，某些物质在水中发生乳化和起促进某些溶质在水中分散等作用。

表面活性剂具有以下作用：

1）润湿作用。指液体在固体表面的吸附能力。在化学清洗中，加入表面活性剂以后，它能够在金属表面吸附，使表面亲水性增加，润湿性得到改善，清洗剂能够很好地在金属表面展开，提高清洗效果。

2）加溶作用。使某些在水中溶解度低或不溶的物质增大溶解度。在化学清洗中，可以利用表面活性剂的加溶作用来去除锅炉表面的油污。

3）乳化作用。如果化学清洗选用的复合缓蚀剂配方中有难溶的组分时，可以利用表面活性剂的乳化作用，使缓蚀剂成为稳定的乳状液，以便使用。

第三节 化学清洗工艺的确定

设备在进行化学清洗时，为了达到去除污脏物的效果好，对设备的腐蚀性小，清洗时间短，清洗成本低，必须合理选择清洗剂和多种添加剂，同时还要注意选择合适的清洗方式和恰当的工艺条件。

一、化学清洗条件

1. 化学清洗的方式

化学清洗有静置浸泡和流动清洗两种方式，通常采用流动清洗或称动态清洗，它的优点是：①锅炉各个部位清洗溶液的温度、浓度和金属的温度都均匀；②溶液的流动可起搅动作用，有利于清洗和排除清洗废液的沉渣或悬浮物；③根据出口清洗液的分析结果，可以很容易地判断清洗的进度和终点。

动态清洗法可以分为闭式循环法和开路法。闭式循环法是将要清洗的部位组成循环回路，由输送机械将清洗液送入系统，循环一定时间，然后排放废液。这种方法适用于盐酸、柠檬酸清洗锅炉。开路法是将清洗液一次性通过被清洗的金属表面，不循环。开路法只用于氢氟酸清洗锅炉，因为氢氟酸溶解铁氧化物的速度比较快。

2. 选择清洗介质和浓度

选择合理的清洗介质是保证化学清洗效果的关键，应根据清洗机组的参数、设备结构材质型号、脏污程度、清洗介质特性、国内外有关经验和相关法规，经过技术经济比较合理选择。为此，首先应详细了解所需清洗设备和部件的制作材料，并查明锅炉内沉积物的状况。根据这些资料，挑选一种或几种合适的清洗用药品，最好能通过小型试验确定最适宜的药品。具体方法是将锅炉炉管样品在不同组分、不同剂量、不同温度的清洗液中浸泡（静态试验），或进行循环冲洗（动态试验）。

化学清洗所用的药量可根据选用的清洗剂、缓蚀剂、添加剂的种类、沉积物特性和数量、清洗系数（或络合比）及清洗液体积来计算。同时还要考虑一定的药剂富余系数。

3. 清洗液的温度

清洗液的温度对清洗效果有较大的影响：一方面，清洗剂溶解铁氧化物的速度随温度升高而增大，所以，清洗效果随温度升高而增强；另一方面，缓蚀剂的缓蚀能力随温度的升高而下降，当超过一定温度时甚至可能完全失效，所以，在一定时间内必须维持合适的温度。

在确定清洗温度时，要注意不同的清洗剂使用的温度不同。一般来说，无机酸的清洗温度低，在 $60 \sim 70℃$ 之间；有机酸的清洗温度高一些，在 $90 \sim 98℃$ 之间。同时，不同的缓蚀剂允许的最高温度也不一样，清洗温度的上限主要取决于缓蚀剂的容许温度。

4. 清洗流速

清洗流速要合理确定，既要保证良好的清洗效果和带走不溶的沉积物，又要使缓蚀剂的效率高，金属腐蚀速度低。流速高，对于提高清洗效果、带走沉积物是有利的，但缓蚀效率会降低，腐蚀速度增加；流速低，对金属的腐蚀速度小，但影响清洗效果，有些沉积物带不走，甚至可能造成过热器的堵塞。因此，清洗流速不能过大或过小，一般认为，清洗流速应小于 $1m/s$，盐酸清洗流速为 $0.1 \sim 0.2m/s$，有机酸清洗流速为 $0.3 \sim 0.6m/s$，氢氟酸清洗流速不小于 $0.15m/s$。

5. 清洗时间

清洗时间是指清洗液在清洗系统中静置或循环的时间。清洗剂不同，则和铁的氧化物沉积物的反应时间也不同，所以清洗时间随清洗剂不同而有差别。清洗方案中预定的清洗时间，一般是根据试验结果和有关经验确定的。

二、化学清洗范围及系统

1. 化学清洗范围

在确定化学清洗系统之前，首先要确定化学清洗范围。化学清洗范围，因锅炉的类型、参数和清洗种类不同而有所区别。新建锅炉汽水系统部位可能较脏，所以化学清洗范围较广。

一般，高压及高压以下汽包锅炉，化学清洗范围包括锅炉的省煤器、水冷壁和汽包等；超高压及超高压以上汽包锅炉，除了清洗锅炉本体（包括过热器）之外，还要考虑清洗炉前系统，即从凝结水泵出口至除氧器的汽轮机凝结水通道和从除氧器水箱至省煤器前的全部给水通道；对于中间再热机组，再热器也应进行化学清洗；凝汽器和高压加热器的汽侧及各种疏水管道，一般不进行化学清洗，只用蒸汽或水冲洗。对于运行锅炉，无论是汽包锅炉还是直流锅炉，一般只清洗锅炉本体。

2. 化学清洗系统

化学清洗范围和工艺条件确定之后，应根据工艺要求，结合锅炉结构特点、沉积物状况和现场具体条件，拟定合理的化学清洗系统。拟定化学清洗系统时，应以系统简单，操作方便，临时管道、阀门和设备少，安全可靠等为原则。

化学清洗系统的划分按下列要求进行：

（1）应避免将炉前系统的脏物带入锅炉本体和过热器，一般应将锅炉分为炉前系统、炉本体两个系统进行清洗。

（2）应使每个回路具有相近的通流截面或速度。为了保证化学清洗系统各个部位有适当的流速，必须根据系统的通流截面和流动阻力来选择适当的清洗泵，以具有足够的流量和扬程。如果清洗泵的容量不够或清洗溶液箱的容积太小，可以将整个化学清洗系统划分成几个独立的清洗回路，依次进行清洗。

第四节　化学清洗工艺过程

设备清洗工序以设备状况不同和积垢性质不同而不同，在一般情况下，化学清洗工艺过程应包括水冲洗、碱洗除油、碱洗后水冲洗、酸洗、酸洗后水冲洗、漂洗、钝化、废液排放处理等步骤。化学清洗系统无油污时，碱洗除油和碱洗后水冲洗可以省去。

一、水冲洗

化学清洗前的水冲洗，对于新建设备和机械杂质较多的设备是非常重要的，在清洗前，对系统进行彻底水冲洗可起到以下三方面的作用：

1. 临时清洗系统冲洗

对临时清洗系统进行冲洗时，要同时进行水压试验，检查系统的泄漏情况。另外，结合水冲洗可进行清洗泵和清洗回路试运行，让参加化学清洗的人员练习操作，是整个清洗系统清洗前的预演。

2. 设备内污物的冲洗

利用大流量水冲洗，可去除设备内泥沙以及管道内表面疏松的污物，减轻清洗除垢时的负担，以取得更好的清洗效果。

3. 辅助系统冲洗

有时为了使前面系统中的污物不带入后面系统中，水冲洗可以分段进行。例如，锅炉清洗时对炉前系统的凝水、给水、抽汽疏水等分别进行大流量多点排放冲洗，对保证系统清洁有很好的效果。

水冲洗阶段控制水质浊度差小于 25mg/L 或目视无杂质排出即可。

二、碱洗除油

碱洗是用碱溶液清洗，碱煮是在汽包内加碱溶液后，锅炉点火升温进行碱煮。碱洗（或碱煮）的目的是去除设备在制造和安装过程中，制造厂家涂盖的防锈剂和油污及硅化合物。新建设备在酸洗前通常采用碱洗除油，典型的碱洗除油工艺为：Na_3PO_4 为 $0.2\% \sim 0.5\%$，Na_2HPO_4 为 $0.1\% \sim 0.2\%$，表面活性剂为 $0.01\% \sim 0.05\%$，清洗温度为 $90 \sim 95 ℃$，清洗时间为 $8 \sim 24h$。

碱洗的除油效果较好，但其除锈、除垢和除硅效果较差。要达到除锈、除垢和除硅的效果，必须采用碱煮。

中低压锅炉采用碱煮对除锈、除垢和除硅都有较好的效果，碱煮可以使铁锈脱落，使垢软化，使硅垢溶解。典型的碱煮工艺为：Na_2CO_3 为 $0.3\% \sim 0.6\%$，Na_3PO_4 为 $0.5\% \sim 1\%$，表面活性剂为 $0.01\% \sim 0.05\%$，升压至额定压力的 30% 左右，碱煮时间一般为 $24 \sim 72h$。

三、碱洗后水冲洗

碱洗后水冲洗的目的是清除残留在系统内的碱液，降低管壁的 pH 值，用过滤澄清水、软化水或除盐水进行碱洗后水冲洗，冲洗至出口水 pH≤9，磷酸根浓度低于 10mg/L 即可。

对于碱洗后水冲洗的控制时间有以下两种看法：

一种看法认为，碱洗过程只起部分除垢和松动垢层的作用，对金属表面并不产生任何影响，因此水冲洗流速无特殊要求，也没有必要要求冲洗到水质完全透明；另外，酸洗时还会有很多不溶物离开管壁，使清洗液变得很脏，水冲洗要求过高只会造成水的浪费和清洗时间的延长。

另一种看法认为，只控制 pH 值为冲洗合格标准是不够的。因为要去除在碱洗时剥落的部分锈蚀物，而碱液流速又较低，就只能靠大量水冲洗才能将杂质去除至几乎不再流出为止。

上述两种看法均有一定道理，第一种看法可能更适用于中小型设备；对于大型高温高压设备因其构造复杂，所以以第二种看法为宜。

四、酸洗

酸洗除垢是整个化学清洗工序中最关键、最重要的环节，除垢效果的好坏关系到化学清洗的成败。

除垢清洗剂的组成视设备情况、积垢性质、工艺条件等参数不同而不同，绝大多数清洗液主要成分都是酸。在酸洗时，为了改善清洗效果，缩短清洗时间，减少酸对被清洗对象的危害，除了采用酸以外，还要根据情况，添加必要的缓蚀剂、表面活性剂、消泡剂、还原剂等。

缓蚀剂是在低浓度下即能阻止和减缓金属在环境介质中腐蚀的物质。酸洗操作在加酸之前必须先加入缓蚀剂并循环均匀，以确保设备安全。

表面活性剂可降低被清洗表面的表面张力，使被清洗表面更快或更均匀地与清洗液接触。它具有润湿、渗透、乳化、增溶和去污等作用，可大大改善酸的清洗效果，缩短清洗时间，在加酸前加入清洗系统。

消泡剂在清洗过程中根据泡沫的多少来决定是否添加或添加多少。

在清洗钢铁设备时，如果清洗液中有 Fe^{3+} 存在，必须加入一定的还原剂，它能有效地降低设备的腐蚀。

循环酸洗应通过合理的回路切换维持清洗液浓度和温度的均匀，避免清洗系统有死角出现，每个循环回路的流速为 0.2~0.5m/s，不得大于 1m/s；开式酸洗应该维持系统内酸液流速为 0.15~0.5m/s，不得大于 1m/s。

酸洗温度越高，清洗效果越好，但设备的腐蚀速度也随之增加，缓蚀剂的效果随温度升高而降低，甚至遭到破坏。因此，酸洗时温度不可过高，无机酸的清洗温度一般在 40~70℃之间，柠檬酸的清洗温度为 90~95℃，EDTA 的清洗温度为 120~140℃。

酸洗过程时间根据实际清洗情况确定，以除垢彻底又不过洗为原则。一般情况下，酸洗时间不超过 12h。

酸洗用药量必须通过计算进行严格地控制，现将用药量计算方法介绍如下：

酸洗时根据计算量加入药品后，还要及时测定酸浓度、铁离子浓度等指标，一般间隔 30min 测定一次，酸洗开始和结束时适当增加测定次数。在酸洗过程中，应密切关注总铁离子浓度和酸浓度变化的趋势。当设备进、出口浓度相同，几次测定的总铁离子浓度和酸浓度不再变化时，如果有监视管段，则检查其清洗状况；若积垢完全除净，即达到清洗终点。

五、酸洗后水冲洗

酸洗后水冲洗的目的是清除系统内的酸液，提高管壁的 pH 值。冲洗初期，由于被清洗系统比较脏，可以采用工业水冲洗，但系统干净后，冲洗后期一定要采用除盐水冲洗。冲洗标准为冲洗到设备出口基本无悬浮杂质滚出、pH 值大于 5、总铁离子浓度小于 50ppm、水质透明为止。

由于设备在酸洗过程中已经去除了垢和锈层，金属表面又处于活泼的状态，因此对水冲洗的要求较高。首先，冲洗时间要求越短越好，尽量减少被清洗表面二次浮锈的产生。其次，冲洗水流量尽可能地高，一方面可提高管内的流速，将管壁上不溶解的沉渣冲洗掉；另一方面可节约冲洗用水，并使水冲洗质量符合要求。第三，避免清洗系统内在冲洗时出现死角。

六、漂洗

漂洗的目的是去除被清洗表面在酸洗后水冲洗时可能产生的二次浮锈，并将系统中的游离铁离子络合掩蔽，为钝化过程打好基础。

工业设备常用的漂洗方法主要有柠檬酸漂洗和多聚磷酸盐漂洗。柠檬酸漂洗是采用 0.2%～0.3%的柠檬酸，用氨水调节 pH 值为 3.5～4，并加入少量的缓蚀剂进行漂洗，漂洗温度一般为 75～85℃，漂洗时间一般为 2～3h。多聚磷酸盐漂洗是采用 0.2%磷酸＋0.3%三聚磷酸钠并加少量缓蚀剂，在 pH 值为 3.5～4.5 的条件下进行漂洗，漂洗温度是 40～50℃，漂洗时间为 2～3h。

设备漂洗时采用水冲洗合格的水，也就是说冲洗阶段水不排放，清洗温度升至工艺要求温度后加药品漂洗。漂洗过程检测漂洗液的 pH 值和总铁离子浓度，总铁离子浓度要求不超过 300ppm。

七、钝化

设备经清洗后，表面受到活化，极易被氧化腐蚀，因此清洗后必须进行钝化造膜处理。

设备钝化过程使用的药品主要有氨水、联氨、亚硝酸钠、过氧化氢、三乙醇胺等。

工业设备常用的方法有氨水调节 pH 值钝化（如多聚磷酸盐漂洗加氨水钝化）和氨水调节 pH 值加氧化剂钝化。

多聚磷酸盐漂洗加氨水钝化工艺的 pH 值为 9.5～10，钝化温度为 75～85℃，钝化时间为 12h。氨水调节 pH 值后，如果加氧化剂钝化，则可以降低钝化 pH 值、温度，缩短钝化时间。例如，利用 0.2%～0.3%过氧化氢钝化，pH 值为 9～9.5，钝化温度为 50～60℃，钝化时间为 5～6h。

八、废液排放处理

（1）化学清洗的废液应处理合格才能排放，严禁排放未做处理的清洗废液，不得采用渗坑、渗井和漫流的方式排放清洗废液。

（2）清洗的酸碱废液应进行中和处理至 pH 值为 6～9 时排放。可采用排放到中和池进行中和处理后排放的方法，或有灰场排放点时，采取边沿灰沟排放酸碱废液，边加入碱（或石灰）、酸的方法，使清洗酸碱废液沿灰沟进行中和，经灰浆泵将中和后的废液输送到灰场排放。对酸碱废液进行中和处理时，应调整加碱（或碳酸钙）、酸量，并取样监测，使中和后废液的 pH 值为 6～9。

（3）亚硝酸钠废液处理。

1）氯化铵处理法。亚硝酸钠废液排入处理池，按排放量的 3～4 倍加入氯化铵，向池内通入 0.78～1.27MPa 的蒸汽维持温度为 70～80℃、pH 值为 5～9 进行处理。为防止亚硝酸钠在低 pH 值时分解造成二次污染，废酸液不能排入同一池内处理。

2）次氯酸钙处理法。亚硝酸钠废液排入处理池，加入 2.6 倍的次氯酸钙处理，并通入压缩空气进行搅拌。

3）尿素分解法。按计算用量的尿素用盐酸酸化后，加到亚硝酸钠废液中，并通入压缩空气进行搅拌，使亚硝钠转化为氮气而去除。

（4）联氨废液处理。采用次氯酸钠分解法进行处理，将联氨废液排入废液处理池，按计算量加入次氯酸钠，使两者发生反应，分解出氮气，处理至残留氯含量小于或等于 0.5mg/L 时，进行排放。

（5）氢氟酸废液处理。将石灰粉和石灰乳和氢氟酸废液同时排入废液处理池，用专用泵使废液与石灰充分混合反应，测定氢氟酸废液中游离氟离子小于 10mg/L 时排放，石灰实际加入量为氢氟酸的 2～2.2 倍。

（6）废液化学耗氧量（COD）的处理。

1）柠檬酸为有机酸，其废液化学耗氧量很高，应进行处理，一般采用把柠檬酸清洗废液排至煤场，使其与煤混合后，送入炉膛焚烧处理的方法。

2）采用过氧化氢分解法，使废液化学耗氧量降至 100mg/L 以下，加盐酸调整废液 pH 值为 6～9 时排放。

（7）EDTA 回收处理。将 EDTA 清洗液排入专用的溶液箱，采用直接加硫酸回收 EDTA 的方法进行回收处理，边加硫酸边搅拌，使溶液 pH 值小于 0.5，EDTA 析出沉淀，废液用碱中和处理后排放，析出的 EDTA 沉淀晶体经洗涤 5 次过滤后保存。

第五节　化学清洗中的质量监督

为了掌握化学清洗的过程，及时判断清洗过程各阶段的清洗效果，在化学清洗中必须进行质量监督。监督内容包括清洗前的质量监督、清洗过程中的质量监督、监视管段和腐蚀指示片及化验清洗液。

一、清洗前的质量监督

（1）对锅炉及热力设备状况（腐蚀产物、腐蚀量、垢物成分、水压试验用水水质及停放时间）全面了解，进行必需的采样和测试工作。

（2）必须正确合理地设计化学清洗临时系统，应收集与清洗系统相关的设备技术资料（如设计图纸、材质、规格）。

（3）对锅炉及热力设备进行化学清洗之前，必须进行设备样管的化学清洗小型试验，由小型试验结果确定化学清洗介质和化学清洗工艺。在化学清洗小型试验没有获得满意清洗效果或没有达到清洗质量要求时，不能对锅炉及热力设备实施化学清洗。

（4）化学清洗方案编制后，经研究、审查、相关负责人批注签字后，才能正式执行。

（5）化学清洗用药品购置后，全部的品种都要进行取样，进行质量检查，经检测或试验不符合质量要求的药品不准使用。药品的检测或试验应有完整记录。

（6）化学清洗临时系统安装应按化学清洗方案设计的系统图进行，检查清洗泵、注酸泵、管道规格、阀门规格、循环回路构成等是否与设计相符；阀门按编号挂牌无误；操作和指挥联络均应方便。

二、清洗过程中的质量监督

（1）化学清洗工艺正确实施监督。在对锅炉或热力设备实施化学清洗过程中，清洗介质、介质浓度、清洗温度、清洗流速、清洗时间、清洗工艺步骤等要按化学清洗方案制定的技术条件和技术参数进行，正确实施化学清洗方案。

（2）化学清洗过程中进行化学分析。在水冲洗、碱洗、酸洗、漂洗钝化的清洗过程中，按 DL/T 794—2001 规定的化学分析方法和清洗特别要求所选用的其他标准方法，在规定的间隔时间内对清洗介质浓度、铁、铜、被清洗物组分、浊度、pH 值等进行化学分析，及时反映清洗状况。

（3）监视管段的检查。监视管段应选用污脏程度比较严重的并带有焊口的水冷壁管，其长度为 50～400mm，两端焊有法兰盘。监视管段安装在循环泵出口，控制管内流速与被清洗的锅炉水冷壁管内流速相近。监视管段应在系统进酸后投入。基建炉的监视管段一般在清洗结束后取出。运行炉的监视管段应在预计酸洗结束时间前取下，并检查管内是否已清洗干净。若管段已清洗干净，酸液仍需要再循环 1h，方可结束酸洗。

（4）腐蚀指示片的制作。腐蚀指示片的材料应与锅炉被清洗部分的材质相同，管材样片的加工是先将钢管用铣床铣成条，再用刨床刨平，切成 35mm×12mm×3mm 的长方形试片，磨平抛光至光洁度为 V9，用千分尺精确测量指示片表面尺寸，然后用丙酮或无水乙醇洗去表面油污，放入 30～40℃ 的烘箱内烘干，置于干燥器内干燥 1h，最后称重。在制作加工过程中，严禁敲打、撞击腐蚀指示片。

（5）化学分析与留样分析项目。

1）化学清洗过程中的测试项目。

a. 煮炉和碱洗过程。汽包锅炉取盐段和净段的水样，每小时测定碱度一次，换水时每小时测定碱度一次，直至水样碱度和正常炉水碱度相近为止。

b. 循环配酸过程。每 10～20min 测定酸洗回路出、入口酸浓度一次，直至酸浓度均匀并达到指标要求。

c. 酸洗过程。循环酸洗过程中，应注意酸液温度、循环流速、汽包及酸槽的液位，每小时记录一次，每半小时测定一次溶液箱出口、进酸管、排酸管的酸液的浓度和含铁量。

开式酸洗系统在开始进酸时，每 3min 测定一次锅炉出入口酸液的浓度；酸洗过程中，每 5min 测定一次锅炉出入口酸液的浓度及含铁量。

为提高静止酸洗时效果，酸液在锅炉内浸泡一定时间（约 1.5h）后，可放出部分酸液至溶液箱内，加热至 50～60℃，再送回锅炉。酸液的加热一般不超过 3 次，每半小时测定一次酸液的浓度和含铁量。

为了计算洗出的铁渣量，在酸洗过程中还应定期取排出液混合样品，测定其悬浮物和总铁量的平均值。

d. 碱洗后水冲洗。每 15min 测定一次出口水的 pH 值，每隔 30min 收集一次平均样。

e. 酸洗后水冲洗。每 15min 测定一次出口水的 pH 值、酸浓度和电导率，冲洗接近终点时，每 15min 测定一次含铁量。

f. 稀柠檬酸漂洗过程。每半小时测定一次出口漂洗液的酸浓度。

g. 钝化过程。每小时测定一次钝化液浓度和 pH 值。

h. 过热器的水冲洗过程。分别从饱和蒸汽和过热蒸汽中取样，每隔半小时测定碱度一次。

2）留样分析项目。

a. 碱洗留样。主要测定碱度、二氧化硅和沉积物含量。

b. 稀柠檬酸漂洗留样。主要测定沉积物含量。

（6）化学清洗终点由以下几点判断确定：

1）委托方指定的清洗质量要求。

2）监视管段被清洗的洁净程度。

3）腐蚀指示片的腐蚀速率。

4）化学清洗过程清洗介质浓度及铁、铜离子、被清洗物组分的浓度变化。

5）委托方和清洗承担单位共同认可的化学清洗终点。

（7）化学清洗的废液排放应符合 DL/T 794—2001 的要求，处理合格才能排放，严禁排放未做处理的清洗废液，不得采用渗坑、渗井和漫流的方式排放清洗废液。

（8）化学清洗质量检查与评定。化学清洗质量检查内容包括监视管段、汽包、水冷壁下联箱、腐蚀指示片等，必要时作割管取样检查和业主提出的特别检查。

化学清洗质量评定按 DL/T 794—2001 或双方认可的质量评定标准进行，锅炉及热力系统化学清洗质量应达到以下要求：

1）清洗后的金属表面应清洁，基本上无残留氧化物和焊渣，无明显金属粗晶析出的过洗现象，不应有镀铜现象。

2）用腐蚀指示片测量的金属平均腐蚀速度应小于 $8g/(m^2 \cdot h)$，腐蚀总量应小于 $80g/m^2$，除垢率大于或等于 90% 为合格，除垢率大于或等于 95% 为优良。

3）清洗后的设备表面应形成良好的钝化保护膜，不出现二次锈蚀和点蚀。

4）固定设备上的阀门、仪表等不应受到损失。

热力设备的腐蚀与防止

材料与环境反应而引起材料的破坏或变质称为腐蚀。材料包括金属材料和非金属材料。金属腐蚀是指由于金属与环境反应而引起金属的破坏或变质，或除了单纯机械破坏以外金属的一切破坏，或金属与环境之间的有害反应。

金属腐蚀过程就是材料和环境的反应过程。环境一般指材料所处的介质、温度和压力等。

电厂的热力设备在制造、运输、安装、运行和停运期间，会发生各种形态的腐蚀。研究热力设备腐蚀的任务，就是要认真分析热力设备腐蚀的特点，了解腐蚀产生的条件，找出腐蚀产生的原因，掌握腐蚀的防止方法。

第一节 热力设备运行时的氧腐蚀及防止

一、耗氧腐蚀产生部位及特征

（一）腐蚀发生部位

锅炉运行时，耗氧腐蚀通常发生在给水管道、省煤器、补给水管道、疏水系统的管道和设备及炉外水处理设备等处。凝结水系统受耗氧腐蚀程度较轻，是因为凝结水中正常含氧量低于 $30\mu g/L$，且水温较低。

决定耗氧腐蚀部位的因素是氧的浓度。凡是有溶解氧的部位，就有可能发生耗氧腐蚀。锅炉正常运行时，给水中的氧一般在省煤器就消耗完了，所以锅炉本体不会遭受耗氧腐蚀。但当除氧器运行不正常时或在锅炉启动初期，溶解氧可能进入锅炉本体，造成汽包和下降管腐蚀，是因为此时水冷壁内一般不可能有溶解氧腐蚀。在锅炉运行时，省煤器入口段的腐蚀一般比较严重。

（二）腐蚀特征

钢铁发生耗氧腐蚀时，钢铁表面形成许多小型鼓包（或称瘤状小丘），形同"溃疡"，这些小型鼓包的大小及表面颜色相差很大，小至几毫米，大到几十毫米。低温时，铁的腐蚀产物颜色较浅，以黄褐色为主；温度较高时，铁的腐蚀产物颜色较深，为砖红色或黑褐色。

二、耗氧腐蚀机理分析

（一）耗氧腐蚀机理

碳钢表面由于电化学性质不均匀，如因金相组织的差别、冶炼夹杂物的存在、氧化膜的不完整、氧浓度差别等因素造成各部位电位不同，因此形成微电池作用，发生腐蚀，反应式为

阳极反应 $\qquad\qquad$ $Fe \longrightarrow Fe^{2+} + 2e$

阴极反应 $\qquad\qquad$ $O_2 + 2H_2O + 4e \longrightarrow 4OH^-$

上述反应所生成的 Fe^{2+} 进一步反应，即 Fe^{2+} 水解产生 H^+，反应式为

$$Fe^{2+} + H_2O \longrightarrow FeOH^+ + H^+$$

H^+ 易将钢中夹杂物如 MnS 溶解，反应式为

$$MnS + 2H^+ \longrightarrow H_2S + Mn^{2+}$$

生成的 H_2S 加速铁的溶解，因腐蚀而形成的微小蚀坑将进一步发展。由于小蚀坑的形成、Fe^{2+} 的水解，坑内的溶液和坑外溶液相比，pH 值下降，溶解氧的浓度下降，形成电位的差异，坑内的钢进一步腐蚀，蚀坑得到扩展和加深。反应所生成的腐蚀产物覆盖坑口，氧很难扩散进入坑内。坑内由于存在 Fe^{2+} 的水解溶液，pH 值进一步下降，这样蚀坑可进一步扩散，形成闭塞电池。闭塞区内继续腐蚀，钢变成 Fe^{2+}，并且水解产生 H^+，为了保护电中性，Cl^- 可以通过腐蚀产物电迁移进入闭塞区，O_2 在腐蚀产物外面蚀坑的周围还原成为阴极保护区。

下面通过碳钢浸在中性充气 NaCl 溶液中的试验，阐述热力设备运行时的耗氧腐蚀机理，如图 11-1 所示。

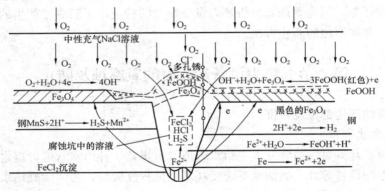

图 11-1　铁在中性充气 NaCl 溶液中耗氧腐蚀机理

热力设备运行时，耗氧腐蚀的机理和碳钢在中性充气 NaCl 溶液中的耗氧腐蚀机理相似。虽然在中性充气 NaCl 溶液中，氧、Cl^- 浓度高，但是热力设备运行时同样具备闭塞电池腐蚀的条件，具体如下：

（1）能够组成腐蚀电池。炉管表面的电化学不均匀性，可以组成腐蚀电池，阳极反应为铁的离子化，生成的 Fe^{2+} 会水解，使溶液酸化；阴极反应为氧的还原。

（2）可以形成闭塞电池。腐蚀反应的结果产生铁的氧化物不能形成保护膜，却阻碍了氧的扩散，腐蚀产物下面氧的浓度在反应耗尽后，得不到氧的补充，形成闭塞区。

（3）闭塞区内继续腐蚀。钢变成 Fe^{2+}，水解产生 H^+，为了保护电中性，Cl^- 可以通过腐蚀产物电迁移进入闭塞区，O_2 在腐蚀产物外面蚀坑的周围还原成为阴极保护区。

（二）耗氧腐蚀的影响因素

运行设备耗氧腐蚀的关键在于形成闭塞电池，金属表面保护膜的完整性直接影响闭塞电池的形成。所以，影响金属表面保护膜完整性的因素，也是影响耗氧腐蚀总速度和腐蚀分布状况的因素。各种耗氧腐蚀所起的作用，要进行具体分析。

1. 水中氧浓度的影响

在发生耗氧腐蚀的条件下，氧浓度增加，能加速电池反应。例如，给水的含氧量比凝结水的含氧量高，所以给水系统的耗氧腐蚀比凝结水系统的严重。疏水系统中由于疏水箱一般不密闭，因此耗氧腐蚀比较严重。

2. 水 pH 值的影响

当水的 pH 值小于 4 时，主要是酸性腐蚀，耗氧腐蚀作用相对来说影响比较小。

当水的 pH 值为 4～9 时，钢腐蚀速度主要取决于氧浓度，随氧浓度增大而增大，与水的 pH 值关系很小。

当水的 pH 值为 9～13 时，钢的表面能生成较完整的保护膜，抑制了耗氧腐蚀。

当水的 pH 值大于 13 时，钢的腐蚀产物为可溶性的铁的含氧酸盐，因而腐蚀速度急剧上升，而溶解氧含量的影响不显著。

3. 水温度的影响

在密闭系统中，当氧的浓度一定时，随着水温度的升高，铁的溶解反应速度和氧的还原反应速度增加，腐蚀加速。在敞口系统中，随着温度的升高，氧向钢铁表面的扩散速度增快，而氧的溶解度下降。实践表明，水的温度约为 80℃ 时，耗氧腐蚀速度最快。

在凝结水系统中，由于凝汽器的除气作用，水中溶氧较低，水的温度也较低，因此耗氧腐蚀速度较小；但因凝结水系统中常有 CO_2 存在，pH 值较低，同时存在酸性腐蚀而使腐蚀程度加深。

4. 水中不同离子的影响

水中不同离子对腐蚀速度的影响很大，有的离子能减缓腐蚀，有的会加剧腐蚀。一般水中 H^+、SO_4^{2-}、Cl^- 对钢的腐蚀起加速作用，是因为它们能破坏金属表面保护膜。水中离子浓度不是很大时，能促进金属表面保护膜的形成，因而能减轻腐蚀；水中离子浓度过大时，则能破坏金属表面保护膜，使腐蚀加剧。

5. 水流速的影响

一般情况下，水的流速增大，氧到达金属表面的扩散速度增加，金属表面的滞流液层会变薄，耗氧腐蚀速度加快；当水的流速增大到一定程度，且溶解氧量足够时，金属表面形成氧化保护膜；当水的流速再增大时，水流可因冲刷而破坏保护膜，促使耗氧腐蚀。

三、耗氧腐蚀的防止方法

防止耗氧腐蚀的主要方法是减少水中的溶解氧，或在一定条件下增加溶解氧。对于热力发电厂，因为天然水中溶有氧，所以补给水中含有氧气。汽轮机凝结水中也有氧，是因为空气可以从汽轮机低压缸、凝汽器、凝结水泵或其他处于真空状态下运行的设备不严密处漏入凝结水。敞口的水箱、疏水系统和生水返回水泵中，也会溶入空气。可见，给水中必然含有溶解氧。通常，用给水除氧的方法来防止锅炉运行期间的耗氧腐蚀。

给水除氧常采用热力除氧法和化学药剂除氧法。热力除氧法是利用热力除氧器将水中的溶解氧去除，是给水除氧的主要措施；化学药剂除氧法是在给水中加入还原剂去除热力除氧后给水中残留的氧，是给水除氧的辅助措施。

（一）热力除氧法

1. 热力除氧法除氧原理

根据亨利定律，一种气体在液相中的溶解度与它在气液分界面上气相中的平衡分压成正比。在敞口设备中把水温提高时，水面上水蒸气的分压增大，其他气体的分压下降，则这些气体在水中的溶解度也下降，因而不断从水中析出。当水温达到沸点时，水面上水蒸气的压力和外界压力相等，其他气体的分压则降为零。此时，溶解在水中的气体全部逸出。根据这个原理，热力除氧法不仅可以去除水中溶解的氧，还能同时去除大部分溶解的二氧化碳气体。另外，还可以促使水中的重碳酸盐分解。重碳酸盐和二氧化碳间有以下平衡关系

$$2HCO_3 \longrightarrow H_2O + CO_3^{2-} + CO_2 \uparrow$$

所以二氧化碳浓度降低，就会促进反应向右方移动，即重碳酸盐发生分解。

2. 卧式除氧器的工作原理

凝结水通过进水管进入除氧器的凝结水进水室，在进水室的长度方向均匀布置了 74 只 16t/h 的恒速喷嘴，由于凝结水的压力高于除氧器的汽侧压力，因此汽水两侧的压力差 Δp 作用在喷嘴板上，将喷嘴上的弹簧压缩打开，使凝结水在喷嘴中喷出，呈现一个圆锥形水膜进入喷雾除氧段空间。在这个空间中，过热蒸汽与圆锥形水膜充分接触，迅速把凝结水加热到除氧器压力下的饱和点，因此绝大部分的非凝结气体在此段中被去除。该段被称为喷雾除氧段。

穿过喷雾除氧段的凝结水喷洒在淋水盘箱上的布水槽钢中。布水槽钢均匀地将水分配给淋水盘箱。淋水盘箱由多层排列的小槽钢上下交错布置而成。凝结水从上层的小槽钢两侧分别流入下层的小槽钢中，一层层交错流下去，共经过 16 层小槽钢，使凝结水在淋水盘箱中有足够的停留时间且与过热蒸汽充分接触，使汽水交换面积达到最大值。流经淋水盘箱的凝结水不断再沸腾，凝结水中剩余的非冷凝气体在淋水盘箱中被进一步去除，使凝结水中含氧量达到锅炉给水标准要求（$\leqslant 7\mu g/L$）。该段被称为深度除氧段。

凡是在喷雾除氧段或深度除氧段中被去除的非冷凝气体都上升到除氧器上部特定排气管中排向大气，而达到要求的除氧水则从除氧器出口流入除氧水箱。

（二）化学除氧法

高参数、大容量锅炉给水化学除氧时所使用的药品为联氨。

1. 联氨的性质

（1）联氨的物理性质。

1）联氨（N_2H_4）又称肼，在常温下是一种无色液体，易溶于水，和水能结合成水合联氨（$N_2H_4 \cdot H_2O$），水合联氨在常温下也是一种无色液体。

2）在 25℃ 时，联氨的密度为 $1.004g/cm^3$，100% 的水合联氨的密度为 $1.032g/cm^3$，24% 的水合联氨的密度为 $1.01g/cm^3$；在 0.1Pa 时，联氨和水合联氨的沸点分别为 113.5℃ 和 119.5℃，凝结点分别为 51.7℃ 和 2℃。

3）联氨容易挥发，当液体中 $N_2H_4 \cdot H_2O$ 的浓度不超过 40% 时，常温下联氨的蒸发量不大。

4）联氨蒸汽对呼吸系统和皮肤有侵害作用，被怀疑是致癌物，所以，空气中联氨蒸汽的含量不允许超过 1mg/L。

（2）联氨的化学性质。

1）联氨能在空气中燃烧，其蒸汽量达 4.7%（按体积计）时，遇明火便发生爆炸；无水联氨的闪点为 52℃，85% 的 $N_2H_4 \cdot H_2O$ 的闪点可达 90℃；水合联氨的浓度低于 24% 时，不会燃烧。

2）联氨水溶液呈弱碱性，因为它在水中会离解出 OH^-（$N_2H_4 + H_2O \longrightarrow N_2H_5^+ + OH^-$），电离常数为 8.5×10^{-7}（25℃），所以它的碱性比氨的水溶液略弱。

3）联氨与酸可生成稳定的盐，它们在常温下都是结晶盐，熔点高，毒性比水合联氨小，运输、储存、使用较为方便，也可用于锅炉中作为化学除氧剂。

4）联氨会受热分解，其分解反应为 $5N_2H_4 \longrightarrow 3N_2 + 4H_2 + 4NH_3$。在没有催化剂的情况下，联氨的分解速度取决于温度和 pH 值，温度越高，分解速度越高；pH 值增大，分解速度降低。温度在 100℃ 以下时，联氨分解速度很小，而在 375℃ 以上时，分解速度显著加快。根据实践经验，高压锅炉给水加联氨处理时，其凝结水中基本无残留联氨。

5）联氨是还原剂，它不但和水中溶解氧直接反应，把氧还原（$N_2H_4 + O_2 \longrightarrow N_2 + 2H_2O$），而且将金属高价氧化物还原为低价氧化物，如将 Fe_2O_3 还原为 Fe_3O_4，将 CuO 还原为 Cu_2O。

联氨的这些性质有助于在钢和铜的合金表面上生成保护膜，从而能减轻腐蚀和减少在锅炉内结铁垢和铜垢。

2. 影响联氨和氧反应的因素

联氨和氧的直接反应是个复杂的反应，为了使联氨和水中溶解氧的反应能进行得较快和较完全，应了解以下因素对反应速度的影响。

（1）水的 pH 值。联氨在碱性水中才呈强还原性，水的 pH 值在 9～11 之间时，反应速度最大，因而，若给水的 pH 值在 9 以上，则有利于联氨和氧的反应。

（2）温度。温度越高，联氨和氧的反应速度越快。水温低于 100℃ 时，反应速度很慢；水温高于 150℃ 时，反应速度很快。但是当溶解氧量在 $10\mu g/L$ 以下时，实际上联氨和氧之间不再发生反应，即使提高温度也无明显效果。

（3）催化剂。催化剂如对苯二酚、对氨基苯酚等化合物能催化联氨和氧的反应，因而若在联氨溶液中加入少量这类物质，则能加大联氨的除氧作用。

3. 给水加联氨除氧工艺

对于高参数、大容量机组，为了取得良好的除氧效果，给水加联氨处理的合适条件应是水的温度高于 150℃，水的 pH 值高于 9，有适当的联氨过剩量。而实际电厂高参数、大容量机组，从高压除氧器流出的给水温度一般已经高于 150℃，给水 pH 值按运行规程中规定的参考值为 8.8～9.3，所以能满足给水加联氨处理所需的较佳条件。虽然在相同的温度和 pH 值条件下，联氨过剩量越多，除氧速度越快，但在实际运行中，联氨过剩量不宜过多，是因为联氨过剩量太大不仅多消耗药品，使运行费用增加，而且可能使残留的联氨被带入蒸汽。另外，联氨在高温高压下热分解产生过多的氨会增加凝汽器铜管的腐蚀。一般正常运行中，控制省煤器入口处给水中联氨的过剩量为 $20～50\mu g/L$。联氨不仅与氧反应，还能与铁、铜氧化物反应，所以在锅炉启动阶段，由于水中的铁、铜氧化物较多，而且联氨还要消耗一部分在给水系统金属表面的氧化物上，因此应加大联氨的加药量，一般应控制在 $100\mu g/L$，待到省煤器入口处给水有剩余联氨出现时，逐渐减少加药量，直到正常运行控制值。

给水加联氨处理所用药剂一般为含 40% 联氨的水合联氨溶液，也可以更稀一些。

4. 联氨加入部位

联氨一般加在高压除氧器水箱出口的给水泵管中，通过给水泵的搅动，使药液和给水均匀混合。除氧器正常运行时，其出水的溶解氧量已经很低（一般小于 $10\mu g/L$），且温度低于 270℃，此时联氨与溶解氧之间的反应速度很慢，所以实际上省煤器入口处给水中的溶解氧量不会有明显降低。为了使联氨与氧作用时间长些，并且利用联氨的还原性减轻低压加热管的腐蚀，可以把联氨的加入点设置在凝结水泵的出口。

5. 使用联氨的注意事项及储存

联氨浓溶液应当密封保存，保存的地方应严禁明火。搬运联氨的操作人员或分析联氨的人员应戴橡皮手套和护目眼镜，严禁用嘴吸移液管。若药品溅入眼中，应立即用大量清水冲洗；若溅到皮肤上，可先用乙醇洗患处，然后用水冲洗，也可以用肥皂洗。在操作联氨的地方应当通风良好，水源充足，以便联氨溅到地上时用水冲洗。

第二节　热力设备的停用腐蚀与停用保护

一、概述

我国的火力发电已走过 100 多年的发展历程。自改革开放以来，特别是近十几年，火力发电事业取得了辉煌的成就，电力装机总量比改革开放前增长一倍有余，其中火力发电所占比例一直稳定在 80％以上；根据国外对我国发电能源预测，到 21 世纪中叶，火力发电占总装机容量的比例仍将超过 70％。今后的发展方向是开发超临界火电机组，单机容量将达到 600MW 甚至更高。锅炉用水指标将随着锅炉参数的提高而相应提高，热力设备运行中的结垢积盐和腐蚀问题也将逐渐减少。但热力设备停（备）用腐蚀问题将变得越来越突出，直接影响到机组的安全经济运行和设备的寿命。这是因为运行中的锅炉介质温度虽高，但炉水中含氧量低（火电厂中，大型锅炉在运行中要求给水含氧量小于或等于 7ppb，汽轮机凝结水含氧量小于或等于 30ppb），氧腐蚀程度受水中含氧量制约。停用设备与大气直接接触，大气中氧含量为 21％，源源不断地向腐蚀体系供应氧，因此其腐蚀程度大大超过运行中的氧腐蚀。锅炉二次水垢超标，就是停用腐蚀造成的。热力设备停用腐蚀与运行中氧腐蚀的区别见表 11-1。

表 11-1　　　　　　　　　　　热力设备停用腐蚀与运行中氧腐蚀的区别

项　　目		停　用　腐　蚀	运行中氧腐蚀
腐蚀产物形态	温度	低	高
	产物	疏松，附着力小	紧密，附着力大
	颜色	黄色，黄褐色	黑色突起物
腐蚀产物部位	省煤器	出口、入口、中部均有	入口
	汽包	均受腐蚀，水侧比汽侧严重	除氧器工况很恶劣时才会发生氧腐蚀
	下降管	受腐蚀	
	上升管	受腐蚀	
	水冷壁管	受腐蚀	不腐蚀
	过热器	立式过热器下弯头腐蚀	
	再热器	停用时在积水部位有严重腐蚀	
	汽轮机	喷嘴和叶片上出现，有时也出现在转子叶轮和转子本体上	
腐蚀程度		严重且部位多	较轻

锅炉作为现代动力工程的核心，不论其容量大小，停炉是不可避免的，例如设备的例行检查（随着锅炉工作时数的增长，检修时间也相应增长）、采暖锅炉的季节性停用、工业锅

炉因生产需要而周期性地变化用汽量、发电锅炉每天用电量的变化，甚至发生事故等情况。在此期间，如果不采取任何保护措施，后果是难以想象的。

锅炉的停用腐蚀极大地损害了锅炉本体金属材料，在材料上留下蚀坑和蚀点。当锅炉再次启动时，这些蚀坑和蚀点就成为诱发局部腐蚀的源点，严重时将导致爆管。同时如果腐蚀产物未洗干净，则将在锅炉再次启动时造成不利影响：一方面会增加启动时间和排污量，成为热工集控的障碍；另一方面会加速炉内运行腐蚀，增加单位面积上的结垢量，大大缩短化学清洗周期，严重影响传热效率。

二、停用腐蚀

（一）停用腐蚀定义

锅炉、汽轮机、凝汽器、加热器等热力设备停用期间，如果不采用保护措施，就会在汽水侧的金属表面发生强烈的腐蚀，称为停用腐蚀。

停用腐蚀是由于同时存在水（湿分）和氧引起的，其本质是氧腐蚀，由氧的浓度极化控制。氧参与阴极反应

$$O_2+2H_2O+4e \longrightarrow 4OH^-$$

与此同时，阳极反应为

$$2Fe \longrightarrow 2Fe^{2+}+4e$$

（二）停用腐蚀的影响因素

影响停用腐蚀的因素与大气腐蚀相似，主要有：

（1）湿度。对放水停用的设备，金属表面湿度对腐蚀速度影响较大。关于腐蚀和相对湿度的关系，英国 Vernon 曾在亚硫酸气体工况下做了试验，试验结果表明：相对湿度为 60% 以上时，腐蚀速度直线上升；相对湿度低于 50% 时，腐蚀速度几乎为 0，即相对湿度在 50% 以下，清洁的设备可以认为未被腐蚀。根据经验，停用设备内部相对湿度小于 20% 时就能避免腐蚀，反之，则产生腐蚀。

（2）含盐量。水中或金属表面液膜盐（含 Cl^- 及 SO_4^{2-}、CO_3^{2-}、PO_4^{3-}、SiO_3^{2-} 的阴离子）浓度增加时，腐蚀速度就上升。特别是氯化物和硫化物浓度增加时，腐蚀速度上升得更快。

（3）金属材质的成分。碳钢和低合金钢易产生停用腐蚀，而不锈钢、高合金钢不易发生停用腐蚀。

（4）金属表面的清洁程度。当金属表面有沉积物或水渣时，停用腐蚀速度上升，是因为这时在金属表面产生氧浓度差异局部腐蚀。

（5）pH 值。pH 值升高，停用腐蚀程度会变小，pH 值达到 10 以上时，停用腐蚀受到较好的抑制。

（三）停用腐蚀的危害性

设备停用腐蚀与运行中氧腐蚀的特点不同，由于设备停用期间与大气接触，氧浓度大，腐蚀范围广，因此停用腐蚀往往比运行中氧腐蚀严重，对金属材质的性能造成严重影响。实践证明，当腐蚀使设备的金属材料厚度减少 1% 时，金属的强度就会下降 $5\%\sim10\%$。除了设备自身的腐蚀损耗外，机组重新启动时，腐蚀产物（主要是铁锈）便进入锅炉和汽轮机中。铁锈是高价的氧化铁，在运行中可作为氧化剂对基体金属产生腐蚀。据估计，当铁锈还原为四氧化三铁时，每吨铁锈可放出氧 33.4kg，其数量超过了 1000t/h 蒸发量的锅炉半年

所带入的氧量。腐蚀产物沉积在热负荷高的部位，如水冷壁，使局部温度过高，轻微时发生局部蠕变，严重时产生爆管。在高热负荷下，在水冷壁管上疏松的覆盖层中炉水会局部浓缩 $10^2 \sim 10^5$ 倍。在锈层下炉水既可以引起碱腐蚀，也可以引起酸腐蚀，而酸腐蚀正是当前大容量锅炉失效的主要原因。机组运行时的二次结垢，往往也是由于停用腐蚀造成的。由此看来，停用腐蚀严重影响了机组的安全经济运行，带来直接和间接经济损失，其危害极大。

三、停用保护

停用腐蚀对机组的安全经济运行影响很大，因此停用保护在各国已引起高度重视。DL/T 246—2006《化学监督导则》规定，热力设备在停（备）用期间必须进行防腐保护。

停用保护实施后，能够提高机组运行的安全系数，延长设备的寿命，还能增加经济效益。最新统计表明，进行停用保护的锅炉维修费降低了 50%，这一数字如果再加上由于系统受到保护而减少的费用必将更加可观，除了直接经济效益外，间接的社会效益也是难以估量的。

（一）停用保护方法

（1）防止金属腐蚀的方法主要有三类：

1）金属材质的选择。根据环境特性及使用条件，选择适宜的金属材质。

2）环境处理。去湿、除氧、中和及加缓蚀剂。

3）屏蔽腐蚀环境。涂层、衬里、电镀等。

制造热力设备的金属材料主要是碳钢，有的部件采用低合金钢或铜合金。如果为了防止停用腐蚀而采用高合金钢，就会使经济成本大大增加。热力设备结构复杂，不宜选用涂层等屏蔽腐蚀环境的方法。

（2）停用腐蚀是由于氧和水同时存在引起的。因此，防止停用腐蚀，要求可靠地排除这两个因素或至少排除其中之一。由此，可采用隔离空气中的氧使水中不含氧或使用还原剂保护、在常温下提高水的 pH 值、采用碱法保护等。按照腐蚀作用原理，可将国内外停用保护方法总结如下：

1）阻止空气进入热力设备汽水系统内部，包括充氮保护、保持蒸汽压力、锅炉满水保护等。

a. 充氮保护要求系统密闭性好，设备内部表面尽量排干水，且氮气纯度要高。充氮保护适用于各种参数的锅炉，既可保护长期停用的锅炉，也可保护短期停用的锅炉。

b. 保持蒸汽压力法只适用于热备用的锅炉，要求锅炉保持一定残余压力，停用期不超过一个星期。

c. 锅炉满水保护采用除过氧的无盐水（除盐水或凝结水）充满锅炉或充至锅炉的正常水位，设备还要维持适当的过剩压力，或将系统中的保护水通过除氧器连续循环。

2）降低热力设备汽水系统内部的湿度，有烘干法、真空法、干燥剂法等。

a. 烘干法一般用于短期停用保护的锅炉，有热炉放水余热烘干、邻炉热风烘干、热风干燥法等。

b. 真空法利用水在不同真空条件下沸点降低的特点，采用对锅炉抽真空来排除炉内余汽，抽汽过程中为保持一定炉膛温度，可适当利用邻炉热风进行烘炉。

c. 干燥剂法保护常用生石灰、无水氯化钙或变色硅胶等药品作为干燥剂。设备在用干燥剂进行保护之前，除要求排干设备内的湿分外，还要求清除设备内的脏物，小心加热或通入热风使之干燥，所有汽水侧都要求严密不漏气。只有当设备内部的相对湿度尽可能低于空气的相对湿度时，使用干燥剂才能达到良好的保护效果。干燥剂失效后要及时更换。

3）加缓蚀剂使金属表面生成保护膜或者去除水中的溶解氧，所加缓蚀剂有联氨、氨液和气相缓蚀剂等。

a. 联氨和氨液保护法。在设备停运后，将除过氧且加有一定量联氨、氨液的除盐水密封带压投入保护处理。氨液呈碱性，当氨液达到一定浓度时，在金属表面会形成一层完整的钝化膜，阻止氧气与金属接触，从而防止停用腐蚀。氨液的浓度一般控制在 800～1000mg/L。

b. 氨—联氨钝化烘干法。在设备停运过程中加入氨液和联氨，利用锅炉的余热钝化金属表面。具体操作是，当机组开始滑停时，立即调大给水加药泵的出力，以增大加药量，并随时监控锅炉饱和蒸汽氨的含量，使之不大于 1mg/L，同时将联氨加药泵的出力调至最大；当主汽阀关闭时，停止向锅炉加磷酸盐，以最大出力向锅炉加配制好的氨—联氨混合液，维持锅炉汽包压力为 0.5～0.8MPa，直至锅炉水的 pH 值达到 10～10.5、联氨含量达到 150～300mg/L。

该法最突出的优点是既体现了氨—联氨法除氧防腐的特点，同时应用了氨—联氨混合液在此条件下的钝化特性，使热力系统表面均得到钝化保护。

c. 气相缓蚀剂应具有的特点是，化学稳定性好，有一定的蒸汽压力（10^{-8}Pa），以保证充满被保护设备的各个部位，同时又能保留较长时间；在水中具有一定溶解度，以保证液侧也能受到保护；有较高的防腐蚀能力。气相缓蚀剂的种类很多，多数由非芳香族的仲胺组成，作为一些弱有机酸盐或弱无机酸盐使用，这些阴离子也有附加抑制作用。较常用的气相缓蚀剂是碳酸环己胺和亚硝酸双环己胺等。设备采用气相缓蚀剂保护时，缓蚀剂必须具有足够的蒸汽压力，以保证被保护系统内气相处于饱和状态。气相缓蚀剂的防腐能力还取决于对金属表面的吸附能力和作用基的钝化性质。气相缓蚀剂可保护多种金属，如碳钢、铜、铝、锌等，在金属表面上产生化学吸附，形成一两个分子层，能够防止高湿度、高温度及化学物质（SO_2、H_2S、Cl_2 等）的腐蚀。

（二）停用保护研究新进展

国外的停用保护研究起步较早，我国借鉴国外经验，在 20 世纪七八十年代初开始停用保护的研究，如 1982 年吴泾热电厂采用真空停炉保养。此外，也陆续对国外资料进行翻译研究，如《国外一些火电厂对热力设备的保护处理》、《美国停炉保护》、1993 年《华中电力》上发表的《俄罗斯火电厂热力设备防腐技术考察简况》等。近年来，停用保护研究取得了一些新进展，集中在研究停用保护缓蚀剂和钝化剂方面。

（1）与其他通用的防腐蚀方法相比，缓蚀剂具有以下优点：

1）在几乎不改变腐蚀环境条件的情况下，就能得到良好的防腐蚀效果。

2）不需要再增加防腐蚀设备的投资。

3）保护对象的形状对防腐蚀效果的影响比较小。

4）当环境（介质）条件发生变化时，可以通过改变缓蚀剂的品种或改变添加量与之适应。

5）通过组分配调，可同时对多种金属起保护作用。

但缓蚀剂在使用上受到一些因素的影响，如介质的浓度、pH 值、温度、金属表面状态、腐蚀介质流动状态、反应性、经济性、环境污染等。

（2）目前研究得较多的停用保护法。

1）造膜法。指在热力设备（主要指锅炉）运转时注入某种缓蚀剂，停运排水后，管壁表面产生一种保护膜，使金属免遭腐蚀。

缓蚀剂多用成膜胺，其中以 $C_{10} \sim C_{20}$ 的长直链碳胺效果最好，主要以十八胺为主。有机胺缓蚀剂由于其胺基的化学吸附性能以及溶于水发生的物理吸附性能而有较理想的效果。十八胺保护金属的机理是十八胺吸附在金属表面上，形成一层致密的憎水膜，从而隔离水和氧气。十八胺最初应用于凝汽器保护中，防止二氧化碳和氧的腐蚀，后来应用于运行中锅炉的保护，以防止锅炉系统的腐蚀。

2）采用新的除氧剂及钝化剂的湿法保护。除氧剂及钝化剂包括肟类化合物（丙酮肟、乙醛肟）及异抗坏血酸钠与丙酮肟（DMKO）复配等，以及碳酰肼、氢醌类化合物、氨基乙醇类化合物等。

肟类化合物、碳酰肼、氢醌类化合物、氨基乙醇类化合物、异抗坏血酸钠等是近二十年来研制开发的新型除氧剂，它们的特点是除氧效果好、速度快、毒性小（或无毒），对热力设备有钝化防腐作用，已应用于火电厂锅炉给水除氧中，以代替具有毒性、被怀疑会致癌的联氨，近年来又应用于湿法保护，取得了较好效果。湿法保护条件是肟类化合物浓度为 400mg/L，异抗坏血酸钠浓度为 $77 \sim 230$mg/L，pH>10.5。

（三）各种停用保护方法的局限性

（1）热力设备停（备）用腐蚀的问题长期存在，而传统的停炉保护方法具有操作麻烦、保护范围有限、效果不佳等缺点。

1）湿法保护的锅炉，费用损耗大，监督工作量大，有的要隔离铜部件，有的需要排放液处理系统，对环境有一定污染；启动前，要将锅炉水中药液浓度降低到正常运行水平，投运的锅炉要去除无排污点的过热器和再热器的任何水分。

2）干法保护的锅炉中，需保证无积水，当设备汽水结构复杂且设备下部积水无法排出，又蒸发不出时，不能采用此法。采用干燥剂保护的锅炉重新启动前，要将设备中的所有干燥剂清理，导致工作量增加，设备汽水结构复杂时由于干燥不彻底反而造成腐蚀。此外，要定期检查保护情况，在干燥过程中每 7 天测定湿度 2 次，及时更换失效的干燥剂。

3）无论是干法保护还是湿法保护，最大的问题是它们均不适应于热力机组频繁检修期间的防腐需要。

传统的停用保护法已经越来越不适于电力建设的发展，研制和开发新的保护方法和缓蚀剂是迫切需要解决的课题。

（2）近年来研究较多的成膜型缓蚀剂如胺类化合物（主要是十八胺）、肟类化合物（二甲基酮肟、乙醛肟）、异抗坏血酸钠等通过在现场应用发现大多存在以下明显的缺点：

1）采用十八胺保护法可以保护整个汽水系统，但该保护方法也会出现一些问题：pH值的波动会削弱薄膜的附着力，油类物质使十八胺的防腐性能降低，加入浓度不足会使没有形成薄膜的金属表面产生局部腐蚀；加入量过多会造成疏水器、管道和设备的堵塞；过量加药和再循环是生成锅炉沉积物的一个原因，特别是在下降管内，有可能引起炉水发沫。单独使用十八胺有许多限制，因为十八胺的水溶性极差，需要加热至 $70 \sim 80$℃配成乳浊液，或进行复配：加入表面活性剂、钝化剂、助溶剂以增大溶解度提高缓蚀效果。这些药品进入锅炉后，能否像十八胺一样随蒸汽进入整个热力系统并在金属表面形成憎水膜，是否在高温下分解并产生酸性物质使炉水 pH 值降低，都不是一般试验能确定的，因此十八胺中的添加剂的选择要谨慎。如果不加助溶剂，即使在较高温度下十八胺分散于水中，但温度稍有降低就会析出，极易堵塞管道。这是十八胺的最大缺点。

2）至于肼类化合物以及异抗坏血酸钠等缓蚀剂，其最佳浓度极高（如 DMKO≥200mg/L），将大量有机物加入锅炉中，是极其危险的，尽管有资料介绍其分解温度高，但不能排除其诱发 pH 值降低的可能性，而且 DMKO 对 HSn70-1A 黄铜具有一定的腐蚀作用，要避免其与铜制件接触。因此，该类缓蚀剂存在明显的局限性。

3）钝化剂亚硝酸钠是致癌物，废液污染严重，必须进行解毒处理才能排放，而且价格比联氨还高。磷酸盐虽然没有上述缺点，但是成膜质量差，耐腐蚀性能不好。EDTA 价格昂贵，回收方法麻烦。

第三节　热力设备的酸腐蚀和碱腐蚀及防止

一、热力设备水汽系统中酸性物质的来源

热力设备运行时进入热力设备系统的汽水工质不可能是绝对纯的，多少会有一些杂质进入系统。有些杂质进入锅炉后，在高温高压条件下会发生热分解、降解或水解作用而产生如二氧化碳、有机酸，甚至强酸等酸性物质。

（一）来源于碳酸化合物

热力设备汽水系统中的二氧化碳，主要来源于锅炉补给水中所含的碳酸化合物。在补给水中所含的碳酸化合物的种类，随水净化方法不同而有所不同：经石灰和钠型离子交换树脂软化处理的软化水中，存在一定量的碳酸氢盐和碳酸盐；经氢型—钠型离子交换树脂处理的水中，存在少量的二氧化碳和碳酸氢盐；在蒸发器提供的蒸馏水中，有少量的碳酸氢盐和二氧化碳；而在化学除盐水中，则各种碳酸化合物的量均比软化水或蒸馏水中少得多。此外，凝汽器有泄漏时，漏入汽轮机凝结水中的冷却水也带入了碳酸化合物，其中主要是碳酸氢盐。

这些碳酸化合物进入给水系统后，在低压除氧器和高压除氧器中，碳酸氢盐一部分会受热分解；碳酸盐也有一部分在高压除氧器中水解，放出二氧化碳，即

$$2HCO_3 \longrightarrow CO_3^{2-} + H_2O + CO_2 \uparrow$$

$$CO_3^{2-} + H_2O \longrightarrow 2OH^- + CO_2 \uparrow$$

运行经验表明，一方面，热力除氧器虽不能把水中溶存的二氧化碳全部除去，但能除去大部分；另一方面，碳酸氢盐和碳酸盐的分解需要较长的时间。因而，经过除氧器后的给水中，碳酸化合物主要是碳酸氢盐和碳酸盐。当它们进入锅炉后，随着温度和压力的增加，分解速度会加快，在中压锅炉的工作压力和温度条件下几乎全部分解或水解生成二氧化碳。生成的二氧化碳随蒸汽进入汽轮机和凝汽器，虽然在凝汽器中，将有一部分二氧化碳被抽汽器抽走，但仍有相当一部分二氧化碳溶入汽轮机凝结水中，使凝结水受到二氧化碳的污染。

（二）来源于空气泄漏

汽水系统中二氧化碳的来源，除了主要是碳酸化合物在锅炉内的热分解之外，还有来自汽水系统处于真空状态时设备不严密处漏入的空气。例如，从汽轮机低压缸的接合面、

汽轮机端部汽封装置以及凝汽器汽侧漏入的空气。尤其是在凝汽器的汽侧负荷较低，冷却水的水温又低，抽汽器的出力不够时，就造成凝结水中氧和二氧化碳的量增加。其他如凝结水泵、疏水泵泵体以及吸入侧管道的不严密等处也可能漏入空气，使凝结水中二氧化碳含量增加。

（三）来源于有机物

汽水系统中的酸性物质也有可能是来源于有机物。汽水系统中有机物的来源见表11-2，这些有机物都会在高温高压下产生酸性物质。

表 11-2　　　　　　　　　　　　　　汽水系统中有机物的来源

来　源	有机物名称	来　源	有机物名称
补给水	腐殖质、污染物、细菌	润滑油系统	从油冷却器及漏的管道进入
活性炭过滤器	脱氯进入的氯气与之反应形成的有机物、细菌	燃料油系统	从油加热器及燃烧器进入
离子交换器	树脂碎末	机器液	常为含有氯化物及硫的有机物
凝汽器泄漏	胶体物、污染物	防腐剂	油、气相缓蚀剂
水处理药剂	络合剂、聚合物、环乙胺、吗啉膜胺等	法兰、盘根等	密封剂
化学清洗	有机酸、缓蚀剂、络合剂		

一般火电厂使用的生水如果是地下水，则几乎不含有机物；但若使用地表水，如江、河及湖水，则含有较多的有机物。天然水中的有机物来源于工矿企业的工业废水、城乡生活废水和含农药的农田排水等的污染物，以及植物等的腐败分解产物，但主要是后者，由于污染原因所带入的有机物量一般只占天然水中有机物总量的1/10。天然水中的有机物，主要成分是分子质量相当大的弱有机酸——多羧酸，其中主要有腐殖酸和富维酸两类。腐殖酸是可溶于碱性水溶液而不溶于酸和乙醇的有机物；富维酸则是可溶于酸的有机物。它们的酸性强度相当于甲酸。在正常运行情况下，生水中这些有机物在火电厂的补给水处理系统中可除去大约80%，因而仍有部分有机物进入给水系统，在锅炉的高温下它们发生分解，产生低分子有机酸和其他化合物。同时，由于凝汽器的泄漏，冷却水中的有机物也会直接进入汽水系统。对于热电厂，生产返回水也常受到有机物的污染而使进入汽水系统的有机物量增加。

汽水系统中的低分子有机酸，除了因为生水中的有机物漏入补给水在高温下分解所产生的以外，离子交换器运行时产生的破碎树脂进入锅炉，在高温高压下分解产生的低分子有机酸也是重要来源。一般阴离子交换树脂在温度高于60℃时即开始降解，150℃时降解速度已十分迅速；阳离子交换树脂在150℃时开始降解，而在200℃时降解十分剧烈。它们在高温高压下均能释放出低分子有机酸，其主要成分是乙酸，但也有甲酸、丙酸等。强酸阳离子交换树脂分解所产生的低分子有机酸量比强碱阴离子交换树脂所释放的量多得多。离子交换树脂在高温下降解过程中还将释放出大量的无机阴离子，如氯离子等。值得注意的是，强酸阳离子交换树脂上的磺酸基在高温高压下会从链上脱落而在水溶液中形成强无机酸——硫酸。由此可知，分子质量大的有机物及离子交换树脂进入热力设备汽水系统后，在高温高压运行条件下将分解产生无机强酸和低分子有机酸。这些物质在锅炉水中浓缩，它们的浓度可能达到相当高的程度，以致引起锅炉水的pH值下降。它们还会被携带进入蒸汽中，随之转移到其他设备，在整个汽水系统中循环。

（四）有机物的影响和危害

汽水系统中酸性物质的来源有机物占了很大一部分，有些有机物能在炉管管壁上生成碳质沉积物，这种沉积物传热性能差且很难清除，常导致金属过热和爆管事故。

有机物在高温作用下产生挥发性酸，当这种挥发性酸进入汽轮机时，会引起汽轮机内部腐蚀，造成巨大经济损失。

有机物在锅炉内分解，产生酸性物质，使炉水 pH 值偏低，引起锅炉水冷壁结垢和腐蚀，主要是磷酸亚铁钠垢和脆性腐蚀。

如果锅炉炉水采用磷酸钠盐处理，那么当炉水 pH 值因酸性物质存在而很低时，炉水只是磷酸氢二钠（Na_2HPO_4）和磷酸二氢钠（NaH_2PO_4）的水溶液，在高热负荷的水冷壁管上会发生如下反应

$$Fe + NaH_2PO_4 \longrightarrow NaFePO_4 + 2H(H_2)$$

$$2Fe + 2Na_2HPO_4 + 2H_2O \longrightarrow 2NaFePO_4 + 2NaOH + 4H(2H_2)$$

反应产物 $NaFePO_4$ 称为磷酸亚铁钠，它能在水冷壁管上沉积成为一种特殊的铁垢，这种铁垢导热性差，致使水冷壁发生汽水腐蚀。汽水腐蚀产生的氢与 NaH_2PO_4、Na_2HPO_4 在水冷壁管上产生的氢共同加剧水冷壁管渗氢。金属渗氢的结果最终使水冷壁发生脆性损坏。

锅炉发生严重的结垢腐蚀和脆性损坏的原因可能是多方面的，而磷酸亚铁钠垢的产生主要在于锅炉水中磷酸盐存在的形态如何，炉水中磷酸盐的形态与炉水 pH 值有关，所以炉水的 pH 值不可偏低。

以除盐水作补给水的锅炉，在任何情况下都应保持炉水 pH 值（25℃）大于 9，这样就可以避免发生水冷壁管的脆性腐蚀。为了保证炉水 pH 值（25℃）大于 9，应尽可能使给水中的有机物减少。在炉水处理方面应该投加纯净的工业磷酸盐碱性溶液，必要时可同时添加适量的纯净 NaOH 溶液，最好使炉水 pH 值（25℃）为 9.3～9.5。

（五）来源于凝汽器泄漏

在用海水作为冷却水的凝汽器发生泄漏时，海水漏入凝结水系统，继而进入锅炉内，则海水中的镁盐在高温高压下发生水解会产生无机强酸，即

$$MgSO_4 + 2H_2O \longrightarrow Mg(OH)_2 + H_2SO_4$$

$$MgCl_2 + 2H_2O \longrightarrow Mg(OH)_2 + 2HCl$$

这对于使用挥发性化学试剂，如氨和联氨处理的锅炉，由于炉水的缓冲性很小，则更容易使炉水的 pH 值下降。

因此，热力设备运行时，汽水系统中有可能产生的酸性物质主要是溶于水中的二氧化碳以及无机强酸和一些低分子有机酸。

二、汽水系统的二氧化碳腐蚀及防止

（一）易受二氧化碳腐蚀的部位

汽水系统中，发生溶解在水中的游离二氧化碳腐蚀比较严重的部位是凝结水系统，因为给水中的碳酸化合物在锅炉炉水中分解产生的二氧化碳随蒸汽进入汽轮机，随后虽有一部分在凝汽器抽汽器中被抽走，但仍有部分溶入凝结水中。由于凝结水水质较纯，缓冲性较小，因此溶入少量的二氧化碳就会使凝结水的 pH 值显著下降。此外，疏水系统、除氧器后的设备也会受到二氧化碳的腐蚀。

（二）二氧化碳腐蚀机理

含二氧化碳的水溶液对钢材的侵蚀性比同样 pH 值的完全电离的强酸溶液（如盐酸溶液）更强。钢铁在无氧的二氧化碳水溶液中的腐蚀速度取决于钢表面上的氢气的析出速度，析出速度大，则腐蚀速度快。研究发现，氢气从含二氧化碳的水溶液中析出是通过两条途径同时进行的：一条途径是，水中的二氧化碳分子与水分子结合成碳酸分子，它电离产生的氢离子扩散到金属表面上，得电子还原为氢气放出；另一条途径是，水中二氧化碳分子被吸附在金属表面上，在金属表面上与水分子结合形成吸附碳酸分子，直接还原析出氢气。

由以上所述的析氢过程可知，碳酸是弱酸，其水溶液中存在弱酸电离平衡，即

$$H_2CO_3 \longrightarrow 2H^+ + CO_3^{2-}$$

这样，在腐蚀过程中被消耗的氢离子，可由碳酸分子的继续电离而不断得到补充，在水中游离二氧化碳没有消耗完之前，水溶液的 pH 值维持不变，这与完全电离的强酸溶液中的情况不相同，在二氧化碳溶液中，腐蚀过程持续不断。另外，水中的游离二氧化碳又能通过吸附，在金属表面上直接得电子还原，从而加速了腐蚀过程里的阴极过程（即得电子过程），这样促使铁的阳极溶解（腐蚀）过程速度也增大。

二氧化碳水溶液对金属的腐蚀是氢损伤，包括氢鼓泡、氢脆、脱碳和氢蚀等。

（三）影响二氧化碳腐蚀速度的因素

（1）水中游离二氧化碳的含量。金属的腐蚀速度随溶解二氧化碳量的增多而增大。

（2）温度。在温度较低时，随着温度的升高，腐蚀加剧；在 $100℃$ 附近，腐蚀速度最快；温度再高，腐蚀速度反而下降。

（3）介质的流速。随着流速的增大，腐蚀速度增大，但当流速增大到流动状况已成紊流时，腐蚀速度不再随流速变化而变化。

（4）溶解氧。溶解氧的存在会使腐蚀加速。

（5）金属材质。一般增加合金元素铬的含量，可耐二氧化碳腐蚀。

（四）二氧化碳腐蚀防止

为了防止或减轻汽水系统中游离二氧化碳对热力设备及管道金属材料的腐蚀，除了选用不锈钢来制造某些部件外，还可以从减少进入系统的二氧化碳和碳酸盐量以及减轻系统中二氧化碳的腐蚀程度两个方面采取必要的措施。

减少进入系统的二氧化碳和碳酸盐量可以从下面几个方面考虑：

（1）降低补给水的碱度。因为热力设备汽水系统中的二氧化碳主要来自于补给水中的碳酸盐的热分解，所以降低了补给水的碱度，可以使系统中的二氧化碳量减少。降低水中碱度可以采用不同的水净化方法，如石灰处理、氢钠离子交换处理等方法均可使汽水系统中的游离二氧化碳量降到 $20mg/L$ 以下。采用化学除盐系统可以使汽水系统中的二氧化碳含量低于 $1mg/L$，因为它可以较彻底地去除补给水中的碳酸盐。

（2）尽量减少汽、水损失，降低系统的补给水率。尤其是供热电厂应尽量设法增加回水量，回收热力用户的表面式加热设备的凝结水。

（3）防止凝汽器泄漏，提高凝结水质量，对直流锅炉、超高压以上参数的大容量锅炉机组的凝结水应进行净化处理，以去除因凝汽器泄漏而进入凝结水的碳酸盐等杂质以及凝结水中的腐蚀产物。

（4）注意防止空气漏入汽水系统，提高除氧器的效率。除氧器应尽量维持较高的运行压

力和相应温度以及加装再沸腾装置，以提高排除水中游离二氧化碳的效率。

尽管采取降低补给水碱度等措施可以使汽水系统中的游离二氧化碳含量大幅度地降低，但由于给水中总是含有碳酸盐，这就免不了还会产生二氧化碳腐蚀。为了减轻系统中二氧化碳腐蚀的程度，一般除了防止空气漏入系统、提高除氧器效率以及减少水中溶解氧含量外，还需向汽水系统中加入碱化剂来中和游离二氧化碳，或者添加能在金属表面形成保护膜的物质，使金属与腐蚀性介质隔离而减轻或防止腐蚀。

三、汽轮机酸性腐蚀及防止

自从在中、高压机组的火电厂中采用离子交换化学除盐方式处理补给水以来，一些电厂的汽轮机的某些部位相继出现了酸性腐蚀现象。在采用软化水作为锅炉补给水时，由于锅炉炉水含盐量和pH值较高，对酸碱的缓冲性大，长期的运行中并未发现汽轮机有酸性腐蚀的现象，而使锅炉的结垢、腐蚀以及汽轮机的结盐问题比较严重。在采用化学除盐水作为锅炉的补给水后，对减轻热力设备的结垢和腐蚀危害程度起了很大的作用。但由于汽、水品质变得很纯，因此它们对酸碱的缓冲性减弱了。在这种情况下，如向汽水系统中加入或漏入其他物质，就会使汽、水品质发生明显的变化，并且当用氨来调节锅炉给水的pH值时，水中某些酸性物质的阴离子的蒸汽携带量也大大增加。这样，如果漏入锅炉炉水中的杂质在锅炉中产生了酸性物质，且被蒸汽带入汽轮机，则有可能使汽轮机遭受酸性腐蚀。汽轮机的酸性腐蚀主要发生在低压缸的入口分流装置、隔板、隔板套、叶轮以及排汽室缸壁等静止部件的某些部位。受腐蚀部件的表面保护膜被均匀地或局部地破坏，金属晶粒裸露完整，表面呈现银灰色，类似钢铁受酸浸洗后的表面状态。隔板在叶根部常形成蚀坑，严重时蚀坑深达几毫米，以致影响叶片与隔板的接合，危及汽轮机的安全运行。

一般来说，在锅炉过热蒸汽中挥发性酸的含量是很低的，仅有 $\mu g/L$ 数量级的浓度，而蒸汽中同时还存在着较大量的氨，通常为 $200\sim2000\mu g/L$。这种蒸汽大量凝结所生成的汽轮机凝结水的pH值一般在 $9\sim9.6$ 之间。如果低压缸流通通道中的材料接触的是此pH值范围的水，那么，它们是不至于被严重侵蚀的。但是，蒸汽凝结或水的蒸发过程不是瞬间就能完成的。在低于临界温度下的蒸汽和水之间，只有在极慢的加热或冷却条件下，处于平衡过程时，才会在相应的饱和温度和压力下完成这种气相—液相的相变过程。如果把水迅速地加热或冷却，则在相变时就会发生水过热或蒸汽过冷现象。在汽轮机的低压段，蒸汽以声速流动，迅速膨胀。由于蒸汽凝结成水的过程中，水凝结成核，继而形成水滴的速度很慢，因此，实际上蒸汽凝结成水并不是在饱和温度和压力下进行的，而是在相当于湿蒸汽区的理论（平衡）湿度 $40^{\circ}C$ 附近区域发生的，这个区域称为威尔逊线区。也就是说，在汽轮机运行时，蒸汽膨胀做功过程中，是在威尔逊线区附近才真正开始凝结形成最初的凝结水。在再热式汽轮机中，产生最初凝结水的这个区域是在低压段的最后几级；在不是再热式的汽轮机中，这个区域的位置靠前，在中压段的最后以及低压段的开始部分。但实际上由于汽轮机运行条件的变化，这个区域的位置也会发生一些变动。

由上述内容可知，汽轮机酸性腐蚀发生的部位恰好是在产生初凝水的部位，因而它与蒸汽初凝水的化学特性是密切相关的。因为在威尔逊线区附近形成初凝水，所以汽轮机中该区域的工质由单纯的蒸汽单相流转变为汽、液两相流。此时，过热蒸汽所携带的化学物质在蒸汽相和初凝水中的浓度取决于它们分配系数的大小。若物质的分配系数大于1，则该物质在蒸汽相中的浓度将超过它在初凝水中的浓度；反之，若物质的分配系数小于1，则蒸汽形成初凝水时，该物质溶入初凝水的倾向大，因此导致初凝水中的该物质浓缩。过热蒸汽中所携带的酸性物质的分配系数通常都很小，如为 100，盐酸、硫酸的分配系数均在 3×10^{-4} 左右；甲酸、乙酸、丙酸的分配系数分别为 0.20、0.44 和 0.92。因此，当蒸汽中形成最初的凝结水时，它们将被初凝水"洗出"，造成酸性物质在初凝水中富集与浓缩。试验结果表明，在从汽轮机的湿蒸汽中分离出来的水中乙酸的浓缩倍率在 10 以上；氯离子的浓缩倍率在 20 以上。但对增大初凝水的缓冲性、平衡酸性物质阴离子有利的钠离子的浓缩倍率并不大。初凝水中的钠离子浓度只比过热蒸汽中的钠离子浓度略高一些。这样，初凝水中浓缩的酸性物质如果没有被碱性物质所中和，则将使初凝水呈酸性，甚至成为较高浓度的酸液，它们只有在初凝水带到流程中温度更低的区域时才会被稀释。高参数机组在采用化学除盐水作补给水后，常使用挥发性碱性剂来提高汽水系统中介质的 pH 值，以减轻金属材料的腐蚀。但由于火电厂中一般都采用氨作碱化剂来调节汽水系统的介质 pH 值，而氨在汽、液相中的分配系数值大，因而在汽包和汽轮机尾部湿蒸汽区这样的汽、液两相同时存在的部位，氨大部分在汽相中。因此，即使在给水中所加的氨量是足够的，在这些部位的液相中氨的含量也仍可能显得不够。实际上，氨将富集在蒸汽的最后凝结水中，即在凝汽器空冷区的凝结水中。氨本身又是弱碱，因此它只能部分地中和初凝水中的酸性物质。由水溶液中的离子间平衡关系可知，这将导致初凝水的 pH 值低于蒸汽相的 pH 值。在发电机组上进行的实际测定也证明，初凝水的 pH 值可能降到中性，甚至酸性范围。这种性质的初凝水对形成部位的铸铁、铸钢和碳钢部件具有侵蚀性。根据试验得出的结果，溶液的 OH^- 并不明显影响碳钢表面上析氢反应的交换电流密度和阴、阳极极化曲线的塔菲尔斜率。但随着溶液 pH 值的降低，碳钢的腐蚀电位升高，因而其腐蚀速度就增大。无机酸阴离子，如氯离子、硫酸根离子对碳钢的腐蚀有影响，尤其当水溶液的 pH 值降到 6 以下时，它们含量的增加会迅速加剧腐蚀。有机酸阴离子，如乙酸阴离子，在比较高的 pH 值时就对碳钢的腐蚀有明显的影响。当溶液 pH 值小于 8 时，增大乙酸阴离子的浓度就会使碳钢的腐蚀速度增加。但与无机酸阴离子的影响程度相比较，有机酸阴离子含量的增加对碳钢腐蚀的影响要小得多。

碳钢等金属材料在有氧的酸性溶液中的腐蚀速度要比无氧时大许多倍。因此，当有空气漏入热力设备汽水系统使蒸汽中氧含量增大时，也使蒸汽初凝水中的溶解氧含量增大，从而加大了初凝水对低压缸金属材料的侵蚀速度。例如，某个有明显汽轮机酸性腐蚀现象的电厂，通过测定其蒸汽和凝结水中溶解氧含量发现，在酸性腐蚀现象比较严重的机组上，空气漏入汽水系统的程度比较严重，汽轮机尾部蒸汽和凝结水中的溶解氧含量较高。

因此，引起汽轮机酸性腐蚀的主要原因是蒸汽初凝水的 pH 值过低以及溶解氧含量过高，酸性物质阴离子起了促进腐蚀的作用。采用化学除盐水作补给水的火电厂在正常运行条件下，蒸汽中无机酸阴离子的含量比较低，并且与钠离子含量有适当的比例，这样的蒸汽不会引起汽轮机的酸性腐蚀。但是除盐设备运行中出现出水品质不良，泄漏了较大量的阴离子、有机物，以及有时有离子交换树脂漏出进入锅炉，就会大大增加蒸汽中阴离子的含量，使汽、水中钠离子与酸性阴离子含量的比例失调。再者，由于氨的分配系数较大的影响，将造成蒸汽初凝水的 pH 值下降、酸性增加，导致对汽轮机低压段碳钢等材料的腐蚀。若有空气漏入汽轮机，则更加剧了腐蚀。

在汽轮机发生酸性腐蚀的部位，还同时呈现有冲刷腐蚀的特征。例如，常常在隔板、隔板套以及叶轮等有湿蒸汽冲刷的金属表面上出现明显的沟槽状、蜂窝状及毛刺状腐蚀痕迹。

在汽轮机的低压段里，湿蒸汽的流速超过了声速，水滴的冲刷使金属表面有保护性的氧化物膜遭到破坏。这种冲刷腐蚀不仅出现在铸铁、铸钢、碳钢等部件上，在合金钢的部件上也可能发生，而且它与汽、水的流速有关。由于冲刷腐蚀存在，因此使汽轮机尾部的腐蚀情况更严重。

为解决汽轮机蒸汽初凝区的酸性腐蚀问题，应采取的措施是，合理地改进补给水处理系统，提高除盐设备的运行水平，提供合格的补给水。实践证明，应严格保证补给除盐水的电导率小于 $0.15\mu S/cm$。只要做到这一点，就不会发生明显的汽轮机酸性腐蚀问题。此外，应防止生水中的有机物和离子交换树脂漏入热力系统汽、水中，以免它们在锅炉内高温高压条件下分解，影响汽、水中离子间的平衡，形成有利于腐蚀的环境；同时还应提高汽轮机设备的严密性，防止空气漏入汽轮机。

如前所述，生水中的有机物和离子交换树脂进入给水，在高温高压下会发生分解、降解、水解等过程，一般生成以乙酸为主的多种低分子有机酸以及无机强酸。因此，生水被有机物污染严重的电厂，应采取有效的去除生水中有机物的措施。尤其应当重视在预处理阶段去除生水中的有机物。澄清步骤包括采用无机盐和聚合电解质混凝，也包括石灰软化和石灰苏打处理等，这样可以去除生水中大部分的有机物。在澄清池中添加粉末活性炭或黏土可进一步提高去除有机物的效果。此外，还有采用氯型大孔强碱性阴离子交换树脂来清除水中有机物的。此方法需要另增添一个氯化钠再生系统，使设备增加。应用反渗透和超过滤设备也能有效地去除水中的有机物。一般在系统设计上，反渗透设备置于离子交换设备之前，而超过滤设备置于离子交换设备之后。生水中的有机物，有些是中性有机物，它们不像腐殖酸或富维酸那样，可以由水的电导率大小反映出它们在水中的含量。但这些中性有机物同样会在高温高压下热分解生成酸，溶于水后使水的电导率升高。因此，可以用经过高温高压热分解后和不经过高温高压热分解的水的电导率的差值作为有机物含量的量度。

有人曾用"电导率差"这个指标研究了多种水处理系统去除中性有机物的效果，认为下面这种水处理系统效果较佳：

凝聚→双层过滤→强酸阳离子交换→弱碱阴离子交换→除气→强碱阴离子交换→活性炭过滤器→混合离子交换。

但目前在我国采用活性炭过滤器的系统中，一般将活性炭过滤器置于强酸阳离子交换器之前。近些年来，认为丙烯酸型阴离子交换树脂可以去除腐殖酸而不会被它污染。因为这类树脂是脂肪族骨架，比芳香族骨架的树脂对腐殖酸的吸收可逆性大，所以再生时比较容易将吸收的腐殖酸洗脱下来。

在热力设备的汽水系统中加入分配系数数值较小的挥发性的碱性剂也是防止汽轮机酸性腐蚀的一种措施。例如，吗啉虽然碱性比氨小，但是它的分配系数远比氨的小，且小于 1，因而能比较有效地中和蒸汽初凝水中的酸性物质。环己胺的碱性比氨强，而且分配系数虽然比 1 大，但比氨要小得多，所以也是一种可供选择的药剂。另外，六氢吡啶、二乙氨基乙醇以及二甲基氨基丙醇等碱性胺也可用作碱化剂。在低压蒸汽条件下，联氨具有非常有利的分配系数，80℃时为 0.027。此时若蒸汽中含联氨为 $20\mu g/L$，则在金属表面的蒸汽初凝水膜中，联氨浓度可达到 $700\mu g/L$ 以上。这样的碱性水膜对金属具有很好的保护作用，联氨不但使水膜的 pH 值提高、碱性增加，还可使金属表面保护性膜稳定。在汽轮机低压缸出现空气漏入的情况时，联氨又能起除氧剂的作用，以还原蒸汽初凝水中的溶解氧。因此，可以考虑采用将联氨或催化联氨喷入汽轮机低压缸的导气管中的措施，来减轻汽轮机初凝区的酸性腐蚀。目前，使用碱性胺来防止汽轮机酸性腐蚀，经济上的耗费是比较大的。这不仅是因为这些化学试剂价格昂贵和为了使蒸汽湿分 pH 值能提高到所需的值而应加的量比较大，而且当热力系统中有凝结水净化设备时，它们将被离子交换树脂吸收。所以，在热力系统中加碱性胺来防止汽轮机酸性腐蚀也只能是个权宜补救措施。

如从改变遭受酸性腐蚀区域的汽轮机部件的材料性能方面考虑，可以采用等离子喷镀或电涂镀措施，在金属材料表面镀覆一层耐蚀材料层。例如，在铸钢制的隔板上喷镀一层镍铝底层后，再喷上一层钛酸钙和三氧化二铝的面层。试验证明，经等离子喷镀处理后的隔板金属表面是可以耐酸性腐蚀的，但目前此方法的费用高而且工艺过程复杂，对大的铸钢部件进行喷镀，工艺上尚有困难。电涂镀处理方法相对等离子喷镀法成本较低，施工操作简单易行，但大部分为手工操作，劳动强度较大。此外，它对涂镀耐蚀金属层原材料表面的预处理要求严格。同时，对如叶根部位的表面处理及涂镀施工较困难，尚须改进。

四、碱腐蚀的防止

为了防止或减轻给水的腐蚀性，如果机组采用碱性水运行，除了尽量减少给水中的溶解氧含量外，还需要调节给水的 pH 值。所谓给水的 pH 值调节，就是往给水中加入一定量的碱性物质，控制给水的 pH 值在适当的范围，使钢和铜合金的腐蚀速度比较低，以保证给水含量和含铜量符合规定的指标。试验证明，给水的 pH 值在 9.5 以上，可减缓碳钢的腐蚀，而给水的 pH 值在 $8.5 \sim 9.5$ 之间时，使铜合金的腐蚀速度降低。因此，对钢和铜合金混用的热力系统，为兼顾钢和铜合金的防腐蚀要求，一般将给水的 pH 值调节在 $8.8 \sim 9.3$ 之间。应该指出的是，这将使处理凝结水的混床设备及其他阳离子交换设备的运行周期缩短，并且从保护钢铁材料不受腐蚀方面来说，这个范围并非最佳，应该更高一些。

目前，给水加氨处理是火电厂较为普遍的调节给水 pH 值的方法。给水加氨处理的实质是用氨来中和给水中的游离二氧化碳，并碱化介质，把给水的 pH 值提高到规定的数值。

氨在常温常压下是一种有刺激性气味的无色气体，极易溶于水，其水溶液称为氨水，一般市售氨水的密度为 $0.071 \mathrm{g/cm^3}$，含氨量约为 28%。氨在常温下加压很容易液化，液态氨称为液氨，沸点为 $-33.4℃$。氨在高温高压下不会分解，易挥发，无毒，所以可以在各种机组、各类型电厂中使用。

给水中加氨后，水中存在着下面的平衡关系

$$NH_3 \cdot H_2O \longrightarrow NH_4^+ + OH^-$$

因而使水呈碱性，可以中和水中游离的二氧化碳，反应如下

$$NH_3 \cdot H_2O + CO_2 \longrightarrow NH_4HCO_3$$

$$NH_3 \cdot H_2O + NH_4HCO_3 \longrightarrow (NH_4)_2CO_3 + H_2O$$

实际上，在汽水系统中 NH_3、CO_2、H_2O 之间存在着复杂的平衡关系。

热力设备在运行过程中，汽水系统中有液相的蒸发和汽相的凝结，以及抽汽等过程。氨是一种易挥发的物质，因而氨进入锅炉后会挥发进入蒸汽，随蒸汽通过汽轮机后排入凝汽器。在凝汽器中，富集在空冷区的氨，一部分会被抽气器抽走，另有一部分溶入了凝结水中。当凝结水进入除氧器后，氨会随除氧器排汽而遗失一些，剩余的氨则进入给水中继续在

汽水系统中循环。试验证明，氨在凝汽器和除氧器中的损失率为 $20\%\sim30\%$。如果机组设置了凝结水处理系统，则氨将在其中全部被去除。因此，在对给水进行加氨处理时，要考虑氨在汽水系统和水处理系统中的实际损失情况，一般通过加氨量调整试验来确定，以使给水 pH 值调节到 $8.8\sim9.3$ 的控制范围为宜。

因为氨是挥发性很强的物质，不论在汽水系统中的哪个部位加入，整个系统都会有氨，但在加入部位附近管道中的水的 pH 值会明显高一些。因此，若低压加热器是铜管，水的 pH 值不宜太高；而为了抑制高压加热器碳钢管的腐蚀，则要求给水 pH 值调节得高一些。所以，在发电机组上，可以考虑给水加氨处理分两级，对有凝结水净化设备的系统，在凝结水净化装置的出水母管以及除氧器出水管道上分别设置两个加氨点。

尽管给水采用加氨处理调节 pH 值，防腐效果十分明显，但因氨本身的性质和热力系统的特点，也存在着不足之处。

因为氨的分配系数较大，所以氨在汽水系统中各部位的分布位置不均匀。所谓分配系数，是指水和蒸汽两相共存时，一种物质在蒸汽中的浓度与此蒸汽接触的水中的浓度的比值，它的大小与物质本身性质和温度有关。例如，在 $90\sim110℃$ 时，氨的分配系数在 10 以上，这样为了在蒸汽凝结时，凝结水中也能有足够高的 pH 值，就要在给水中多加些氨。但这会使凝汽器的空冷区蒸汽中的氨含量过高，使空冷区的铜管易受氨腐蚀。

氨水的电离平衡受温度影响较大，如果温度从 $25℃$ 升高至 $270℃$，氨的电离常数则从 1.8×10^{-5} 降到 1.12×10^{-5}，因此使水中 OH^- 的浓度降低。这样，给水温度较低时，为中和游离二氧化碳和维持必要的 pH 值所加的氨量，在给水温度升高后就显得不够，不足以维持必要的给水 pH 值，造成高压加热器碳钢管腐蚀加剧，给水中 Fe^{2+} 含量增加。

因此，不能以氨处理作为解决给水因含游离二氧化碳而 pH 值过低问题的唯一措施，应该尽可能地降低给水中碳酸化合物的含量，进行加氨处理，以提高给水的 pH 值，这样氨处理才会有良好的效果。

五、碱性物质的来源及危害

锅炉水中磷酸盐会发生下列水解平衡反应

$$PO_4^{3-}+H_2O\longrightarrow HPO_4^{2-}+OH^-$$

锅炉水中游离 NaOH 或游离碱是指锅炉内水溶液中的 NaOH 总含量超过 Na_3PO_4 水解平衡反应所产生的那部分 NaOH 量的余量。也就是说，在锅炉水中去除磷酸盐水解平衡反应所产生的 NaOH 之外，其余的 NaOH 称为游离 NaOH。

（一）游离 NaOH 的来源

（1）凝汽器泄漏使锅炉内产生游离 NaOH。凝汽器发生渗漏或泄漏，使冷却水中的碳酸盐混入凝结水，如果凝结水未能全部经过精处理高速混床，那么碳酸盐也会随之进入热力系统，在高温下会发生以下化学反应

$$2HCO_3^-\longrightarrow H_2O+CO_3^{2-}+CO_2\uparrow$$

$$CO_3^{2-}+H_2O\longrightarrow 2OH^-+CO_2\uparrow$$

即
$$HCO_3^-\longrightarrow OH^-+CO_2\uparrow$$

上述化学反应所产生的 NaOH 是锅炉内游离 NaOH 的主要来源。

（2）加入汽包的磷酸盐溶液中含有少量碱性物质，使锅炉内产生游离 NaOH。锅炉内处理采用的是工业 Na_3PO_4，一般纯度为 92%~98%。工业 Na_3PO_4 常含有少量的 NaOH 或 Na_2CO_3 等碱性物质，它们进入锅炉内即成为游离 NaOH。

（二）游离 NaOH 导致碱性腐蚀

高参数汽包锅炉水冷壁管局部热负荷较多，管内近壁层炉水急剧汽化，管壁上若有沉积物，游离 NaOH 会随沉积物下面的炉水高度浓缩，浓缩态的 NaOH 在高温条件下破坏壁上的磁性氧化铁保护膜，于是，金属基体就被浓缩的 NaOH 侵蚀，反应式如下

$$4NaOH + Fe_3O_4 \longrightarrow Na_2FeO_2 + 2NaFeO_2 + 2H_2O$$

$$2NaOH + Fe^{2+} \longrightarrow NaFeO_2 + 2H^+$$

当侵蚀达到一定程度时，就会导致管子的爆管损坏。

第四节　热力设备的应力腐蚀及防止

应力腐蚀是金属材料在应力和腐蚀介质共同作用下产生的腐蚀，如应力腐蚀破裂、氢脆，腐蚀疲劳、空泡腐蚀、冲击腐蚀、微动腐蚀等。应力腐蚀是一种危险的腐蚀形式，常常引起设备的突然断裂、爆炸，造成人身和财产巨大损失。因此，对应力腐蚀引起足够的重视。

一、应力腐蚀破裂的特点和机理

金属材料的应力腐蚀破裂，是指金属在应力和腐蚀介质共同作用下引起的断裂现象。应力腐蚀破裂已成为电力、化工、石油、国防、宇航及核能等工业部门设备的一种重要腐蚀形式。据美国、日本等国调查，在不锈钢的腐蚀破坏中，应力腐蚀破裂占 35.3%；在石油化工部门中，各种材料的应力腐蚀破裂占腐蚀破坏的 42.2%；在核电站中，发生应力腐蚀破裂的反应堆台数占反应堆总数的 18.7%。

（一）应力腐蚀破裂的特点

金属材料的应力腐蚀破裂，是指金属在拉应力和特定的腐蚀介质共同作用下所产生的破裂。

1. 应力腐蚀破裂发生的条件

（1）力学条件。应力腐蚀破裂只有在拉应力作用下才会发生，而在压应力作用下是不会产生的，压应力的存在反而可以减轻，甚至抑制应力腐蚀破裂的出现。拉应力的来源：①金属部件在制造和安装过程中产生的残余应力；②设备运行时产生的工作应力；③温度变化时产生的热应力；④生成的腐蚀产物体积大于所消耗的金属体积而产生的组织应力。

（2）材料条件。只有当金属材料在所处的介质中对应力腐蚀破裂敏感时，才会产生应力腐蚀破裂。金属材料敏感性的大小取决于它的成分，组织成分的微小变化往往引起金属材料敏感性的显著改变。合金组织的变化、晶粒大小的改变、金相组织中缺陷的存在等，都将直接影响金属材料对应力腐蚀破裂的敏感性。

（3）环境条件。一定的金属材料只有在特定的介质环境中才会发生应力腐蚀破裂，其中起重要作用的是某些特定的阴离子、络离子。

2. 应力腐蚀破裂的形态特征

金属应力腐蚀破裂为脆性断裂。断裂的宏观特征是裂纹源及裂纹扩展区因介质的腐蚀作

用而呈黑色或灰黑色，突然脆断的断口常有放射花样或人字纹。断口的微观特征比较复杂，它与合金成分、金相结构、应力状态和介质条件等有关。裂纹的形态有沿晶、穿晶和混合几种。裂纹的方向垂直于拉应力的方向。

3. 应力腐蚀破裂的影响因素

影响应力腐蚀破裂的主要因素有合金成分及有关的冶金因素、力学因素和环境因素。

（二）应力腐蚀破裂的机理

关于应力腐蚀破裂的机理，近几十年来，虽然各国科学家在这方面做了大量工作，取得了重要的成绩，但是影响应力腐蚀破裂的因素有很多，至今没有得出一个完整的机理。下面着重介绍膜破裂机理，又称滑移—溶解机理。膜破裂机理的要点如下：

（1）合金表面覆盖有一层表面保护膜。该保护膜可以是一层单原子，也可以是可见的厚膜。例如，不锈钢、钛合金、锆合金、铝合金、铜合金等合金，能够发生应力腐蚀破裂，其表面均有保护膜。

（2）表面保护膜局部破裂，形成蚀孔或裂纹源。引起膜破裂的因素：①环境因素。环境中存在能破坏钝化膜的活性离子，如 Cl^-、Br^- 等。②冶金因素。由于金属表面的缺陷产生膜的破口，如非金属夹杂物、晶界和相界等处容易产生膜破裂。③力学因素。在应力的作用下，金属内部位错沿滑移面移动形成滑移台阶，表面膜因台阶的形成而破裂，产生裂缝。

（3）在膜产生裂缝的部位，金属裸露。金属裸露部分的电位比有保护膜部分的电位低，其电位差最大可达 0.76V，金属裸露部分为阳极，有膜部分为阴极，阳极发生溶解。下面以钢在 NaCl 溶液中产生应力腐蚀破裂为例，说明电化学反应的情况。在膜破裂的开始阶段，裂纹内的反应式为

阳极反应 $$Fe \longrightarrow Fe^{2+} + 2e$$
阴极反应 $$O_2 + 2H_2O + 4e \longrightarrow 4OH^-$$

膜破裂处的氧很快消耗完了，阴极反应就转移到裂纹外部，裂纹内部只进行阳极反应。这样，裂纹内部的铁离子浓度越来越大，并且水解产生 H^+，溶液 pH 值下降，其反应式为

$$Fe^{2+} + H_2O \longrightarrow Fe(OH)^- + H^+$$

据测定，pH 值可以降至 4 以下。为了保持电中性，Cl^- 可以进入裂纹内部。这样，裂纹内部形成了一个狭小的闭塞区，其化学状态和电化学状态与裂纹外部不一样。裂纹外部整体溶液的 pH 值为 7，而裂纹内闭塞区的 pH 值可以下降至 $3.5 \sim 3.9$，形成了闭塞电池腐蚀。

（4）裂纹向纵深发展。如果没有拉应力存在，闭塞电池作用的结果只能形成点蚀或缝隙腐蚀。如果有拉应力存在，金属裸露部分产生的保护膜不断破裂，裂纹继续发展。但是，如果表面膜破裂后暴露的裸金属一直保持活化状态，不能再钝化，腐蚀势必同时往横向发展，于是裂纹尖端的曲率半径增大。在这种情况下，即使有拉应力存在，应力的集中程度也会减小，结果裂纹向纵深发展的速度变慢甚至停止发展。如果膜破裂以后，裸金属表面立即再钝化，也不会形成应力腐蚀破裂的裂纹。但是膜破裂后，裸金属表面向纵深腐蚀一定量后再钝化，即裸金属的再钝化能力处于一个合适的范围，再钝化速度既不太慢，也不太快；此时，裂纹的两侧会再钝化形成保护膜，横向腐蚀受到抑制，而裂纹尖端虽然可以再钝化，但由于应力的作用，使膜不断破裂，这样裂纹向纵深发展。

上述裂纹形成和发展过程，如图 11-2 所示。由裂纹的形成和发展过程可知，发生应力

腐蚀破裂的敏感电位既不会在稳定的钝化区，也不会在稳定的活化区，而必然在活化—钝化或钝化—过钝化过渡区的电位范围之内，如图11-3所示。

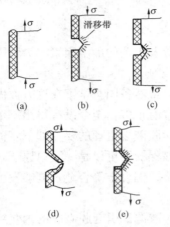

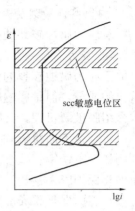

图11-2　合金裂纹形成和发展过程

（a）暴露于介质中的表面形成保护膜；（b）膜破裂并产生阳极溶解；（c）重新形成保护膜；（d）膜重新破裂使裂纹扩展；（e）重新形成保护膜

图11-3　应力腐蚀破裂敏感电位范围示意

二、锅炉碱脆

碳钢在氢氧化钠水溶液中产生的应力腐蚀破裂称为碱脆，它是在浓碱和拉应力联合作用下产生的。受腐蚀的碳钢会产生裂纹，本身不变形，但发生脆性断裂。

1. 锅炉碱脆的危害性

锅炉碱脆是一种十分危险的腐蚀形式，对锅炉的安全运行和操作人员的人身安全会造成严重威胁，具体原因如下：

（1）裂纹是由锅炉内部的接触面向外发展的，初始的裂纹肉眼不易发现，当肉眼发现时，锅炉已处于临近爆炸或发生爆炸的危险状态。

（2）裂纹的发展速度与时间不是成一般线性关系，而是加速发展的，因此，锅炉常常不到检修的时候就已出现严重故障。

（3）管子出现裂纹后，修复工作困难。裂纹不能补焊，而必须割掉或换上新的钢管或钢板。

2. 锅炉碱脆的特点

锅炉碱脆是应力腐蚀破裂的一种，它具有应力腐蚀破裂的一般特点；同时，它是碳钢在锅炉运行的特殊条件下发生的，所以又具有某些自身特点。

（1）裂纹的特点。碱脆经常出现在铆接炉的铆接处和胀管锅炉的胀接处。铆钉头由于发生脆化往往经不起锤击而脱落，铆口和胀口处裂纹呈放射状伸展，甚至邻近两个铆孔的裂纹连接起来，裂纹出现在拉应力最大的部位，裂纹的方向与拉应力方向垂直。

（2）破裂是脆性断裂。在破裂的部位，钢板不发生塑性变形，因此碱脆与过热出现的塑性变形有区别。裂纹附近的金属保持原有的机械性能，如强度、塑性、屈服点等都不发生变化，金相组织完好。

（3）裂纹断口有腐蚀产物、裂纹断口处常有黑色的Fe_3O_4，这和机械断裂不同，机械断裂的断口有金属光泽。

3. 锅炉碱脆产生的条件

（1）锅炉炉水中含有游离 NaOH。

（2）锅炉炉水产生局部浓缩。

（3）受拉应力的作用。

上述三个条件，缺少任何一个都不会产生碱脆。

三、锅炉碱脆的防止方法

为了防止锅炉碱脆，必须清除腐蚀产生的条件，即降低锅炉各部分所承受的拉应力，消除锅炉炉水的侵蚀性和局部浓缩。

（一）降低锅炉部件所受的拉应力

（1）改变锅炉部件的连接方式。为了防止碱脆，近年来，锅炉管子与汽包的连接方式，均用焊接代替铆接和胀接。对个别零件不得不采用铆接的，铆接时应特别注意消除缝隙，以降低拉应力。

（2）改善锅炉的结构和安装方法。为了降低锅炉局部拉应力，应当改善锅炉的结构和安装方法。在给水短管或加药短管上应安装保护套，装上保护套以后，就可以防止因给水或磷酸盐溶液与锅炉炉水之间的温差所引起的巨大应力，保护汽包；同时，汽包内的给水装置安装要合理，使给水沿汽包长度均匀分布，防止温度降低的给水直接流至汽包壁上，以免汽包承受热应力。

（3）保持锅炉良好的运行状况。锅炉运行状况不良是产生局部应力的重要原因，因此，应努力改善锅炉的运行状况。

（二）消除锅炉炉水的侵蚀性

要消除锅炉炉水的侵蚀性，保持锅炉炉水相对碱度小于 0.2，可以采用以下两种措施：①增加锅炉炉水总含盐量；②降低锅炉炉水 NaOH 含量。由于锅炉外水处理技术的发展，电厂锅炉的补给水为化学除盐水，锅炉炉水含碱量低，因此，已没有必要采用维持锅炉炉水相对碱度的方法来防止碱脆。

为了消除锅炉炉水的侵蚀性，要选用合理的锅炉内水处理方法，对于高压锅炉，可以进行协调磷酸盐处理。

四、热力设备不锈钢部件的应力腐蚀破裂

（一）腐蚀的部件

高参数锅炉的过热器采用不锈钢材料，易遭受应力腐蚀破裂；汽轮机低压缸的叶片常常发生应力腐蚀破裂，特别是蒸汽开始凝结的部件最容易发生应力腐蚀破裂。

（二）腐蚀的特点

不锈钢应力腐蚀破裂的特征主要是，破裂系脆性断裂，裂纹与所受拉应力方向垂直，在普通金相显微镜下观察，裂纹有沿晶、穿晶或者两者均有的混合形式。

应当指出，即使不锈钢应力腐蚀破裂的裂纹为沿晶时，它与一般晶间腐蚀也不同，虽然从裂纹形式上讲，两者均为沿晶界扩展，但是一般晶间腐蚀没有应力作用，其腐蚀的部位基本上分布在与腐蚀介质接触的整个界面上，而应力腐蚀破裂则具有局部性质。一般晶间腐蚀的裂纹没有分支，不像应力腐蚀破裂那样，既有主干又有分支。同时，一般晶间腐蚀既可以在弱腐蚀性介质中产生，又可以在强腐蚀性介质中产生。

（三）腐蚀的防止方法

为了防止不锈钢应力腐蚀破裂，应当做到：

（1）合理选材。

（2）合理设计设备的结构，避免缝隙存在，防止死角出现，以免腐蚀产物和腐蚀介质滞留。

（3）消除不锈钢部件的拉应力。

（4）降低介质中腐蚀性离子的浓度。

超超临界火电机组的化学监督

化学监督工作是保证电力设备安全、经济、稳定发供电的一项重要措施，是科学管理电力生产设备的一项重要基础工作。化学监督工作原则上必须坚持"安全第一，预防为主"的方针，坚持实事求是的科学态度，不断研究推广新技术，提高监督水平。化学监督的目的是及时发现问题，消除隐患，防止电力设备在基建、启动、运行和停、备用期间由于水、汽、油、气、燃料品质不良而引起的事故，延长设备的使用寿命，保证机组安全可靠运行。

化学监督必须在设计、选型、制造、安装、调试、试生产到运行、停用、检修及技术改造各阶段进行全过程技术监督管理工作；要及时研究、督促、采取各种有效措施，加强对水、汽、油（汽轮机油、变压器油、抗燃油）、气（氢气、六氟化硫）、燃料和灰等的质量监督；协助有关专业降低燃料消耗，提高机组效率；保证供应质量合格和数量足够的化学补充水。

本章主要结合超超临界机组的特点，对锅炉给水处理、热力设备腐蚀、蒸汽系统的积盐等化学监督技术进行阐述。

第一节　超超临界直流锅炉给水处理

为了减轻或防止锅炉给水对金属材料的腐蚀，减少随给水带入锅炉的腐蚀产物和其他杂质，防止因采用给水减温引起混合式过热器、再热器和汽轮机积盐，就必须对锅炉给水进行处理。

对于不同的锅炉给水处理方式，DL/T 805.4—2004《火电厂汽水化学导则　第4部分：锅炉给水处理》中规定了给水氢电导率、pH值、溶解氧及铁、铜等控制指标，其目的是在尽可能降低给水中杂质浓度的前提下，通过控制给水中的这些化学指标，以抑制汽水系统中的一般性腐蚀和流动加速腐蚀（Flow-Accelerated Corrosion，FAC）。

锅炉给水分低压给水和高压给水。从凝结水泵到除氧器的给水称低压给水，从给水泵进入锅炉的给水称高压给水。在火电厂的给水系统中，金属材料主要有碳钢、不锈钢或铜合金。无论锅炉给水水质如何，水对金属材料或多或少都有一定的腐蚀作用。腐蚀是指材料与环境发生反应而引起的材料的破坏或变质，如铁生锈、不锈钢晶粒敏化、铜生成铜绿等。如果不对锅炉给水进行处理，大多数腐蚀产物都会随给水带入锅炉，并容易沉积在热负荷较高的部位，影响热的传导，轻则缩短锅炉酸洗周期，重则导致锅炉爆管。

对锅炉给水进行处理是指向给水加入水处理药剂，改变水的成分及其化学特性，如改变pH值、氧化还原电位等，以降低给水系统中各种金属的综合腐蚀速率。相比较而言，金属在纯净的中性水中的腐蚀速率往往比在弱碱性的水中高。所以，几乎所有的锅炉给水都采用弱碱性处理方法。

一、有关的概念及指标

（一）压力等级的划分

在火电厂中，一般标准所涉及的锅炉的压力等级通常是按锅炉出口过热蒸汽的压力划分的，其划分标准以及对应的炉型、机组容量见表 12-1。在特殊情况下，也有按汽包压力等级划分的，如 DL/T 805.2—2004《火电厂汽水化学导则 第 2 部分：锅炉炉水磷酸盐处理》。

表 12-1 锅炉压力等级的划分标准

锅炉压力等级	压力范围（MPa）	锅炉类型	通常与机组配备的容量
低压	<2.45	汽包锅炉	不属于电力行业
中压	3.8～5.8	汽包锅炉	25MW 及以下
高压	5.9～12.6	汽包锅炉、少数直流锅炉	50～135MW
超高压	12.7～15.6	汽包锅炉、少数直流锅炉	200～250MW
亚临界压力	15.7～18.3	汽包锅炉、直流锅炉	300～660MW
超临界压力	22.1～30	直流锅炉	500MW 及以上
超超临界压力	24.2～31	直流锅炉	600MW 及以上

（二）直流锅炉对水质要求

所谓直流锅炉，就是指锅炉没有汽包，给水经过省煤器加热后进入给水分配联箱，然后进入水冷壁管，吸收热量后全部变成蒸汽。

直流锅炉对水质要求有以下特点：

（1）与汽包锅炉相比，对锅炉给水水质要求相对较高。

（2）在产生蒸汽过程中不允许锅炉炉水浓缩。

（3）必须配备凝结水精处理设备。

（三）超临界、超超临界压力锅炉

水的临界参数为 22.115MPa、374.15℃。在临界参数下，水的完全汽化会在一瞬间完成，即在饱和水与饱和蒸汽之间不再有汽、水共存的两相区。当机组参数高于临界参数时，通常称为超临界火电机组。蒸汽动力装置循环的理论分析表明，提高循环蒸汽做功的初始参数和降低循环蒸汽的最终参数均可以提高循环热效率。由于用于发电的蒸汽的最终参数已经接近于理论值，因此，要提高机组的循环热效率，只有提高蒸汽做功的初始参数（压力、温度）。实际上，蒸汽动力装置的发展和进步一直是沿着提高参数的方向前进的。

超临界发电技术经过十几年的发展，在不少国家推广应用并取得了显著的节能和改善环境的效果。目前，超临界火电机组实际应用的主蒸汽压力已经达到 31MPa，主蒸汽温度已经达到 610℃，容量等级在 300～1300MW 均有业绩。与同容量的亚临界火电机组的发电效率相比，在理论上采用超临界参数可以提高效率 2%～2.5%，采用超超临界参数可提高 4%～5%。目前，世界上先进的超临界火电机组的发电效率已经超过 50%。同时，先进的大容量超临界火电机组具有良好的运行灵活性和适应性，大大地降低了 CO_2、粉尘和有害气体（主要为 SO_x、NO_x）等污染物的排放，具有显著的环保、洁净的特点。实际的运行业绩表明，超临界火电机组的运行可靠性指标已经不低于亚临界火电机组。

另外，对于洁净煤发电技术，超临界发电技术还具有良好的技术继承性。正因为如此，超超临界发电技术的研究与开发越来越得到各国电力工业的重视，又进入新一轮发展时期。进一步发展的方向是，在保持机组的可利用率、可靠性、灵活性和延长机组的使用寿命等的同时，进一步提高蒸汽的参数，从而获得更高的效率和环保性能。

二、锅炉给水处理

随着机组参数和锅炉给水水质的提高，给水处理工艺也在不断发展和完善，目前有三种处理方式，即还原性全挥发处理、氧化性全挥发处理和加氧处理。

1. 还原性全挥发处理

还原性全挥发处理〔All-Volatile Treatment（Reduction），AVT（R）〕是指锅炉给水加氨和还原剂（又称除氧剂，如联氨）的处理。

AVT（R）是给水加氨和联氨的处理方式，通常 ORP$<-200mV$。采用 AVT（R）方式时直流锅炉给水质量标准按表 12-2 控制。

表 12-2　　　　　　　　　　采用 AVT（R）方式时直流锅炉给水质量标准

锅炉过热蒸汽压力（MPa）		5.9～18.3		>18.3	
		标准值	期望值	标准值	期望值
氢电导率（25℃）（μS/cm）		≤0.20	≤0.15	≤0.15	≤0.10
pH（25℃）	有铜系统	8.8～9.3	—	8.8～9.3	—
	无铜系统	9.0～9.6	—	9.0～9.6	—
溶解氧（μg/L）		≤7	—	≤7	—
铁（μg/L）		≤10	≤5	≤10	≤5
铜（μg/L）		≤5	≤3	≤3	≤2
钠（μg/L）		≤10	≤5	≤5	—
二氧化硅（μg/L）		≤20	—	≤15	≤10
联氨（μg/L）	有铜系统	10～50	—	10～50	—
	无铜系统	<30	—	<30	—
硬度（μmol/L）		≈0	—	≈0	—
油（mg/L）		≈0	—	≈0	—

注　1. 无铜系统是指除凝汽器外的汽水循环设备均没有铜合金的系统。当凝汽器管为黄铜材质时，pH 值宜控制在 9.0～9.3。

2. 联氨加药点设在低压加热器入口母管上的有铜系统，联氨含量的控制应改为除氧器入口联氨的含量。

2. 氧化性全挥发处理

氧化性全挥发处理〔All-Volatile Treatment（Oxidation），AVT（O）〕是指锅炉给水只加氨的处理。

（1）AVT（O）给水质量标准。AVT（O）是指给水只加氨而不加除氧剂的处理方式，通常

ORP 为 $0\sim80mV$。采用 AVT(O)方式时锅炉给水质量标准应按表12-3中的有关规定执行。

表 12-3 采用 **AVT(O)** 方式时锅炉给水质量标准

项 目	标准值	期望值	项 目	标准值	期望值
氢电导率（25℃）（$\mu S/cm$）	≤0.20	≤0.15	钠（$\mu g/L$）	≤5	—
pH 值[①]（25℃）	9.0～9.6	—	二氧化硅（$\mu g/L$）	≤15	≤10
溶解氧（$\mu g/L$）	≤10	—	硬度（$\mu mol/L$）	≈0	
铁（$\mu g/L$）	≤10	≤5	油（mg/L）	<0.1	
铜（$\mu g/L$）	≤3	≤2			

①当凝汽器管为黄铜材料时，pH 值宜控制在 9.0～9.3。

（2）AVT（O）给水质量各指标。

1）氢电导率。采用氢电导率的理由：①因为给水采用加氨处理，氨对电导率的贡献远大于杂质的贡献；②由于氨在水中存在以下的电离平衡：$NH_3 \cdot H_2O \Longrightarrow NH_4^+ + OH^-$，经过 H 型离子交换后可去除 NH_4^+，并生成等量的 H^+，H^+ 与 OH 结合生成 H_2O。由于水样中所有的阳离子都转化为 H^+，而阴离子不变，即水样中除 OH^- 以外，各种阴离子是以对应的酸的形式存在的，因此氢电导率是衡量除 OH^- 以外的所有阴离子的综合指标。氢电导率越小，说明阴离子含量越低。由于不同的阴离子对电导率的贡献不同，所以它是一个综合指标。例如，在 25℃时，$35.5\mu g/L$ Cl^-、$48\mu g/L$ SO_4^{2-} 和 $59\mu g/L$ CH_3COO^- 对氢电导率的贡献分别是 0.426、0.430$\mu S/cm$ 和 0.391$\mu S/cm$，而纯水本身的电导率为 0.05478$\mu S/cm$。例如，给水的氢电导率规定为不大于 0.2$\mu S/cm$，如果水中的阴离子除 OH^- 以外只有 Cl^-，那么 Cl^- 的浓度不应超过 12.1$\mu g/L$。

2）溶解氧。规定值比采用 AVT（R）方式时高，目的是提高水的 ORP，使水处于弱氧化性。此指标世界各国的规定值不同，对于大容量机组，最高为 25$\mu g/L$，最低为 7$\mu g/L$，但大多数国家规定为 10$\mu g/L$。

3）铁。采用 AVT（O）方式时，铁表面生成 Fe_3O_4 和 Fe_2O_3 混合氧化膜，靠近铁基体以 Fe_3O_4 为主，靠近水侧以 Fe_2O_3 为主，由于 Fe_2O_3 膜较致密并且本身的溶解度也较小，因此水中的含铁量也相对较低，一般不大于 10$\mu g/L$。

4）铜。铜合金的表面主要生成 Cu_2O 氧化膜，其膜较致密，溶解性相对较小，一般不超过 3$\mu g/L$。但是低压加热器管材为铜合金时，最好不采用 AVT（O）方式，而采用 AVT（R）方式。

5）钠。给水中的含钠量只对直流锅炉做了规定，因为给水经过直流锅炉后水中的钠几乎全部进入蒸汽，含钠量如果过高，过热器和汽轮机可能会发生钠盐的沉积。给水进入汽包锅炉后其钠盐进入锅炉炉水中，而锅炉炉水中往往加入 mg/L 级的磷酸三钠或氢氧化钠，相比之下给水的含钠量要小得多。即使锅炉炉水采用全挥发处理方式，给水中的钠会在锅炉炉水和蒸汽之间进行二次分配，因此进入蒸汽的钠也非常少。

6）硬度。规定硬度指标的主要目的是监控凝汽器是否泄漏，在正常情况下给水中的硬度应为零。

7）油。规定含油指标的主要目的是监控生产返回水是否受到污染，在正常情况下给水中的含油量应为零。

3. 加氧处理

加氧处理（Oxygenated Treatment，OT）是指锅炉给水加氧的处理。

（1）OT 给水质量标准。给水采用 OT 方式时，通常 ORP＞100mV。采用 OT 方式时锅炉给水质量标准应按表 12-4 中的有关规定执行。

表 12-4　　　　　　　　　采用 OT 方式时锅炉给水质量标准

项　目	标准值	期望值	项　目	标准值	期望值
氢电导率（25℃）（μS/cm）	≤0.15	≤0.10	铜（μg/L）	≤3	—
pH（25℃）	8.0～9.0	—	二氧化硅（μg/L）	≤20	—
溶解氧（μg/L）	10～80	—	硬度（μmol/L）	≈0	—
铁（μg/L）	≤5	≤3	油（mg/L）	≈0	—

（2）OT 给水质量各指标。

1）氢电导率。在较纯的水中，氧使钢铁表面生成致密的 $\alpha\text{-}Fe_2O_3$ 保护膜，起腐蚀抑制作用；在不纯的水中，氧会与其他杂质一起促进钢铁的腐蚀，起加速腐蚀作用。对于加氨的给水，水的纯度往往用氢电导率来衡量，氧所起的作用由水的氢电导率临界值决定。由于温度、钢铁的表面状态等因素的影响，氢电导率临界值在 $0.2\sim0.3\mu$S/cm 之间。为了安全起见，给水加氧处理时氢电导率规定在 0.15μS/cm 以下。

2）溶解氧。在氧化膜的形成过程中，只要饱和蒸汽中没有氧，给水中的溶解氧浓度会允许高些，这时往往给水的氢电导率也会升高，其原因是给水系统的管壁以及管壁上的 Fe_3O_4 氧化膜中所含的有机物被氧化，形成低分子有机酸。当 Fe_3O_4 全部转换为 $\alpha\text{-}Fe_2O_3$ 后，给水的氢电导率就会恢复到加氧前的水平。在氧化膜的转换过程中，允许给水的氢电导率达到 0.2μS/cm。如果超过此值，就应减少加氧量。

对于汽包锅炉，实施给水加氧处理稳定运行后，虽然溶解氧量规定为 $10\sim80\mu$g/L，但最好控制在 $50\sim70\mu$g/L，只有在负荷波动时，才可短时间偏上限或偏下限运行。

对于直流锅炉，实施给水加氧处理稳定运行后，虽然溶解氧量规定为 $30\sim300\mu$g/L，但最好控制在 $50\sim100\mu$g/L，只有在负荷波动时，才可短时间偏上限或偏下限运行。

3）铁。加氧处理可在钢铁表面已经形成的 Fe_3O_4 膜以及膜的孔隙中生成致密的 $\alpha\text{-}Fe_2O_3$。这种加氧后形成的膜在两个方面起到防腐作用：①表面膜致密，使水和其他杂质难以通过 $\alpha\text{-}Fe_2O_3$ 保护膜与铁的基体发生反应；②在 Fe_3O_4 的孔隙中形成的微小 Fe_2O_3 颗粒堵塞了 Fe_3O_4 的孔隙通道，使 Fe^{2+} 扩散不出来，腐蚀性的离子难以通过空隙通道与铁的基体发生反应。因此采用 OT 方式时，给水的含铁量通常在 3μg/L 以下。

4）铜。一般地，除凝汽器以外的汽水系统不含铜合金时才采用 OT 方式。凝汽器管为铜管时，由于真空除氧的作用，使蒸汽中的氧被除去，因此不会引起铜管的腐蚀。另外，凝结水通过精处理混床后除去大部分铜离子，因此，给水的含铜量就比较低，通常在 3μg/L 以下。

5）钠、硬度、油。处理方式同 AVT(O)。

6）下降管锅炉给水的氢电导率和溶解氧。规定汽包下降管锅炉给水的氢电导率应小于 1.5μS/cm 和溶解氧含量应小于 10μg/L 的理由如下：汽包锅炉给水采用 OT 处理方式和直流锅炉的主要区别就是锅炉炉水浓缩问题，汽包锅炉炉水的蒸发和再循环可使杂质浓缩。浓缩后的锅炉给水，其氢电导率也随之增加，使得氧的作用由阳极钝化剂变为阴极去极化剂。因为汽包锅炉炉水取样受给水的影响较大，特别是对溶解氧的测量影响最大，而控制汽包下降管的锅炉给水水质，就是控制水冷壁入口的锅炉给水水质。当锅炉炉水中溶解氧量过高时，就会使水冷壁管发生氧腐蚀，同时由于少量氯化物就可降低钢的氧化还原电位，因此要控制进入水冷壁管的氧含量及下降管锅炉炉水中阴离子（主要是 Cl^-）的含量。溶解氧量达到 $200\sim400\mu g/L$、Cl^- 浓度大于 $100\mu g/L$ 时就可使钢的氧化还原电位降到佛莱德电位以下，即可局部破坏钝化膜而产生点蚀，造成水冷壁管腐蚀。由于测试条件的限制，一般锅炉炉水中的微量 Cl^- 不易在线监测，所以通过监测下降管锅炉炉水的氢电导率来间接反映有害阴离子（主要是 Cl^-）的含量。因此，导则对采用 OT 方式的汽包下降管锅炉炉水的氧含量和氢电导率给出了控制指标。在 25℃ 时，$100\mu g/LCl^-$ 对氢电导率的贡献为 $1.200\mu S/cm$。考虑到锅炉炉水本身的电离以及锅炉炉水中还可能有少量 SO_4^{2-} 和 CH_3COO^- 等，认为下降管锅炉炉水的氢电导率控制小于 $1.5\mu S/cm$ 为宜。根据对汽包锅炉给水 OT 的研究与实践经验及研究资料，认为锅炉给水中的溶解氧浓度越小越好，可以接受的值为 $10\mu g/L$。

目前，AVT(R)、AVT(O) 和 OT 这三种给水处理方式以及水质标准已经列入 DL/T 805.4—2004 中，可根据机组的材料特性、炉型及给水的纯度选择不同的给水处理方式。

三、汽水品质劣化处理

（1）当汽、水质量劣化时，应迅速检查取样是否有代表性，化验结果是否正确，并综合分析系统中汽、水质量的变化，确认判断无误后，按下列三级处理值原则执行：

1）一级处理值。有因杂质造成腐蚀、结垢、积盐的可能性，应在 72h 内恢复至相应的标准值。

2）二级处理值。肯定有因杂质造成腐蚀、结垢、积盐的可能性，应在 24h 内恢复至相应的标准值。

3）三级处理值。正在发生快速腐蚀、结垢、积盐，如在 4h 内水质不好转，应停炉。

在异常处理的每一级中，如在规定的时间内不能恢复正常，则应采用更高一级的处理方法。

（2）凝结水（凝结水泵出口）水质异常时的处理值见表 12-5 的规定。

表 12-5　　　　　　　　　　　　**凝结水水质异常时的处理值**

项　目		标准值	处　理　等　级		
			一级	二级	三级
氢电导率（25℃）（$\mu S/cm$）	有精处理除盐	≤0.30[①]	>0.30[①]	—	—
	无精处理除盐	≤0.30	>0.30	>0.40	>0.65
钠（$\mu g/L$[②]）	有精处理除盐	≤10	>10	—	—
	无精处理除盐	≤5	>5	>10	>20

① 主蒸汽压力大于 18.3MPa 的直流锅炉，凝结水氢电导率标准值应不大于 $0.2\mu S/cm$，一级处理值应大于 $0.2\mu S/cm$。

② 用海水冷却的电厂，当凝结水中的钠含量大于 $400\mu g/L$ 时，应紧急停机。

（3）锅炉给水水质异常时的处理值见表 12-6 的规定。

表 12-6 锅炉给水水质异常时的处理值

项 目		标 准 值	处 理 等 级		
			一级	二级	三级
氢电导率（25℃）（μS/cm）	有精处理除盐	≤0.15	>0.15	>0.20	>0.30
	无精处理除盐	≤0.30	>0.30	>0.40	>0.65
pH 值（25℃）	有铜给水系统	8.8～9.3	<8.8 或>9.3	—	—
	无铜给水系统	9.2～9.6	<9.2	—	—

注 1. 直流锅炉给水 pH 值低于 7.0，按三级处理等级处理。
　　2. 对于凝汽器管为铜管，其他换热器均为钢管的机组，给水 pH 值为 9.1～9.4，则一级处理值为小于 9.0 或大于 9.4。

第二节　超超临界火电机组热力设备腐蚀

一、热力设备接触介质的特点

在超超临界火电机组汽水系统中，热力设备接触的各种水和蒸汽包括未经处理的水（生水）、补给水、汽轮机凝结水、疏水、给水、锅炉炉水、饱和蒸汽、过热蒸汽、再热蒸汽等，其腐蚀性与溶解氧含量、pH 值、所含离子的种类和数量以及温度和压力等因素有关。下面从腐蚀角度介绍热力设备接触介质的特点。

1. 锅炉炉外补给水系统

该系统接触的介质有生水、除盐水等，介质温度一般低于 50℃，但溶解氧含量高，离子交换设备在离子交换树脂再生过程中还会接触腐蚀性很强的酸、碱、盐的溶液。因此，为了防止腐蚀和保证补给水水质，该系统内部，特别是离子交换设备的内表面，常采取衬胶等措施进行保护。

2. 凝结水、给水系统

该系统包括从凝结水泵直到省煤器的设备及连接管道，其内壁接触的介质是凝结水或给水，高、低压加热器管外壁接触的介质是从汽轮机中引出的加热蒸汽。在该系统中，水温随流程逐渐升高，省煤器进口给水温度可达 280℃左右。凝结水和给水的含盐量都很低，但水中可能含有溶解氧和二氧化碳而引起氧腐蚀和二氧化碳腐蚀。

3. 水冷壁系统

水冷壁是锅炉中直接产生蒸汽的部位，给水进入蒸发区后，将逐渐蒸发，使水和饱和蒸汽并存，甚至完全汽化。由于水冷壁管承受很高的热负荷，给水带入的杂质在蒸发区有被局部浓缩的可能，从而引起水冷壁管的结垢和腐蚀。另外，水冷壁外壁与高温烟气接触可能产生高温腐蚀。

4. 过热器和再热器

超超临界直流锅炉的过热蒸汽和再热蒸汽的含盐量都很低，但温度很高，温度可达 600℃左右，过热蒸汽压力最高可过 25MPa 左右，再热蒸汽压力为 4MPa 左右。过热器和再热器管内壁与高温蒸汽接触，外壁则与高温烟气接触，管壁温度很高，所以其内壁可能发生汽水腐蚀，外壁可能发生高温腐蚀，并且管壁温度越高，腐蚀和氧化作用越强。

5. 汽轮机

过热蒸汽进入汽轮机后，随着做功，温度和压力逐渐降低，过热蒸汽中含有的杂质将逐步沉积到叶片等蒸汽流通部位的表面上，造成汽轮机积盐。在汽轮机的高压、中压和低压缸中，蒸汽中的杂质种类和含量均不同。在汽轮机的尾部几级，蒸汽中出现湿分，变成饱和蒸汽，这时蒸汽中的酸性物质及盐类会溶入湿分而导致汽轮机的酸性腐蚀和应力腐蚀。

6. 凝汽器

凝汽器汽侧是蒸汽和凝结水，其含盐量很低，但氨含量可能较高。如果凝汽器热交换管采用铜管，可能发生铜管的氨腐蚀和应力腐蚀。凝汽器水侧是各种冷却水，其溶解氧浓度和含盐量都较高（如海水），容易引起点蚀等局部腐蚀。

7. 疏水系统

疏水的含盐量与凝结水的含盐量相近，但其溶解氧和二氧化碳含量比凝结水的高，所以疏水系统的金属材料的腐蚀比凝结水系统的严重。

二、热力设备腐蚀的类型和特点

超超临界火电机组在运行和停用期间，汽水系统的各种热力设备都可能发生腐蚀。热力设备腐蚀的分类可采用下面两种方法进行。

（一）按设备分类

这种方法是根据汽水系统中介质的状态和特性将整个汽水系统划分为不同的设备或子系统，并据此对热力设备的腐蚀进行分类。

（二）按腐蚀机理分类

虽然这种分类方法对于某一种设备可能发生的腐蚀形态没有一个完整的概念，但它便于分析和讨论各种腐蚀形态的机理，掌握其变化规律和特点。

下面按腐蚀机理的分类简要介绍超超临界火电机组热力设备可能发生的各种腐蚀。

1. 氧腐蚀

氧腐蚀是腐蚀介质中的溶解氧引起的一种电化学腐蚀，它是热力设备常见的一种腐蚀形式，热力设备在运行和停用期间，都可能发生氧腐蚀。热力设备运行时的氧腐蚀主要发生在水温较高的给水系统，以及溶解氧含量较高的疏水系统和发电机的内冷水系统。热力设备停用时的氧腐蚀通常是在较低温度下发生的，如果不进行适当的停用保护，整个机组汽水系统的各个部位都可能发生严重的氧腐蚀，这种腐蚀又称停用腐蚀。

2. 酸性腐蚀

酸性腐蚀是酸性介质中的氢离子引起的一种析氢腐蚀。热力设备可能发生的酸性腐蚀主要有锅炉炉外水处理系统的酸性腐蚀、凝结水系统和疏水系统的游离二氧化碳腐蚀、汽轮机低压缸内的酸性腐蚀等。

3. 汽水腐蚀

当过热蒸汽温度超过 450℃时，蒸汽可与碳钢中的铁直接发生化学反应生成 Fe_3O_4 而使管壁减薄，这种化学腐蚀称为汽水腐蚀。汽水腐蚀一般发生在过热器或再热器管中，它既可能是均匀的，也可能是局部的。均匀腐蚀通常发生在金属温度超过允许温度的部位，并在金属过热部位形成密实的氧化皮。局部腐蚀可能以溃疡、沟痕和裂纹等形态出现。溃疡状汽水腐蚀常发生在金属交替接触蒸汽和水的部位，这些部位金属温度的变化经常大于 70℃，这样就加速了局部的腐蚀速度，所形成的溃疡常为 Fe_3O_4 所覆盖。防止汽水腐蚀的主要措施是选用合适的耐热钢和防止金属过热。

4. 应力腐蚀

金属构件在腐蚀介质和机械应力的共同作用下产生腐蚀裂纹，甚至发生断裂，这是一类极其危险的局部腐蚀，称为应力腐蚀。根据金属在应力腐蚀过程中所受的应力不同，应力腐蚀又可分为应力腐蚀破裂和腐蚀疲劳。应力腐蚀破裂是金属在特定腐蚀介质和拉应力的共同作用下导致的一种应力腐蚀。腐蚀疲劳不需要特定的腐蚀介质，只要存在交变应力的共同作用，大多数金属都可能发生腐蚀疲劳。应力腐蚀在热力设备汽水系统中广泛存在，如水冷壁管、过热器、再热器、高压除氧器、主蒸汽管道、给水管道、汽轮机叶片和叶轮，以及凝汽器管，在不同情况下都可能发生应力腐蚀破裂或腐蚀疲劳。

5. 氢脆

金属在使用过程中，可能有原子氢扩散进入钢和其他金属，使金属材料的塑性和断裂强度显著降低，并可能在应力的作用下发生脆性破裂或断裂。这种腐蚀破坏称为氢脆或氢损伤。在金属发生酸性腐蚀或进行酸洗时都可能有原子氢产生，在高温下，钢中的原子氢可与钢中的 Fe_3C 发生反应生成甲烷气体（$Fe_3C + 4H \longrightarrow 3Fe + CH_4 \uparrow$），并使钢发生脱碳。对于热力设备，在锅炉酸洗或锅炉发生酸性腐蚀时，碳钢锅炉炉管就可能发生氢脆。

6. 磨损腐蚀

磨损腐蚀是在腐蚀性介质与金属表面间发生相对运动时，由介质的电化学作用和机械磨损作用共同引起的一种局部腐蚀。例如，凝汽器管水侧，特别是入口端，因受液体湍流或水中悬浮物的冲刷作用而发生的冲刷腐蚀就是一种典型的磨损腐蚀，其腐蚀部位常具有明显的流体冲刷痕迹。在 AVT 工况下，给水系统，特别是省煤器管道中的紊流区，常因湍流的冲击而发生加速腐蚀，这种腐蚀称为流动加速腐蚀。另外，在高速旋转的给水泵叶轮表面的液体中不断有气泡形成和破灭。气泡破灭产生的冲击波会破坏金属表面的保护膜，从而加快金属的腐蚀。这种磨损腐蚀称为空泡腐蚀或空蚀。

7. 点蚀

点蚀又称为孔蚀，它是一种典型的局部腐蚀，其特点是腐蚀主要集中在金属表面某些活点上，并向金属内部纵深发展，通常蚀孔深度显著地大于其孔径，严重时可使设备穿孔。不锈钢在含有一定浓度氯离子的溶液中常呈现这种破坏形式。热力设备中的点蚀主要发生在不锈钢部件上。例如，凝汽器不锈钢管水侧管壁与含氯离子的冷却水接触，在一定条件下可能导致不锈钢管发生点蚀；汽轮机停运时保护不当，不锈钢叶片有可能发生点蚀，这些腐蚀点又可能在运行时诱发叶片发生腐蚀疲劳。

8. 缝隙腐蚀

金属表面上由于存在异物或结构上的原因形成缝隙而引起缝隙内金属的局部腐蚀，称为缝隙腐蚀。在热力设备中，凝汽器管和管板间形成的缝隙，以及腐蚀产物、泥沙、脏污物、生物等沉淀或附着在金属（如凝汽器不锈钢管或铜合金管）表面上所形成的缝隙等，在含氯离子的腐蚀介质中都有可能导致严重的缝隙腐蚀。

9. 晶间腐蚀

这种腐蚀首先在晶粒边界上发生，并沿着晶界向纵深处发展。这时，虽然从金属外观看不出有明显的变化，但其机械性能确已大为降低。通常，晶间腐蚀主要可能发生在 304 系列等奥氏体不锈钢部件上。

10. 电偶腐蚀

由于两种不同金属在腐蚀介质中互相接触，导致电极较负的金属在接触部位附近发生局部加速腐蚀，称为电偶腐蚀。例如，在凝汽器的碳钢管板与不锈钢管连接部位，由于在腐蚀介质中碳钢的电极较负，因此发生电偶腐蚀。

11. 锅炉烟侧的高温腐蚀

这主要是指锅炉水冷壁管、过热器管、再热器管的外表面，以及在锅炉炉膛中的悬吊件表面发生的一类腐蚀，包括由烟气引起的高温氧化和由锅炉燃料燃烧产物引起的熔盐腐蚀，其中后者比较严重。水冷壁管的熔盐主要是硫化物或硫酸盐；过热器及再热器管的熔盐主要是 $Na_3Fe(SO_4)_3$ 和 $K_3Fe(SO_4)_3$ 等复盐。防止锅炉烟侧的高温腐蚀应在合理选材的基础上，采取控制管壁温度等措施。

12. 锅炉尾部受热面的低温腐蚀

由于烟气中的 SO_3 和烟气中的水分发生反应生成 H_2SO_4，因而使锅炉尾部烟道的空气预热器烟侧表面发生腐蚀。防止锅炉尾部受热面的低温腐蚀应在合理选材的基础上，采取提高受热面壁温、低氧燃烧等措施。

三、直流锅炉内的腐蚀

金属表面和周围介质（如水、空气等）发生化学或电化学作用而遭受损耗或破坏的现象称为金属的腐蚀。根据腐蚀原理的不同，金属腐蚀可分为化学腐蚀和电化学腐蚀两类。根据金属腐蚀破坏的外部征象，金属腐蚀又分为均匀腐蚀和局部腐蚀。在锅炉内部，局部腐蚀的危害性往往比均匀腐蚀大得多。

（一）化学腐蚀（汽水腐蚀）

金属材料与周围介质直接起化学作用而遭受破坏的过程称为化学腐蚀。在锅炉汽水系统内发生的化学腐蚀主要是汽水腐蚀，它是由于金属铁被水蒸气氧化而发生的纯化学腐蚀。腐蚀过程可用式（12-1）表示，即

$$3Fe+4H_2O \longrightarrow Fe_3O_4+4H_2 \tag{12-1}$$

过热器受热面的腐蚀主要表现为汽水腐蚀，且过热器内的汽水腐蚀属于均匀腐蚀形态，腐蚀情况不是很强烈。另外，若蒸发受热面内发生汽水分层或循环停滞现象，也会出现汽水腐蚀现象。

（二）电化学腐蚀

1. 电化学腐蚀原理

金属具有独特的结构形式，它的晶格可看成由许多整齐排列的金属正离子和在各正离子中游动的电子组成。如果一种金属与水相接触，则金属表面的正离子受到极性水分子作用而发生水化。若正离子水化时产生的水化作用能足以克服金属晶格中正离子与电子间的引力，则一些金属正离子将脱落下来，进入金属表面相接触的液层中形成水化离子 $Me^+ \cdot nH_2O$，此过程可用式（12-2）表示，即

$$\underset{\text{（在金属表面）}}{Me^+ \cdot e} + \underset{\text{（在溶液中）}}{nH_2O} \Longleftrightarrow \underset{\text{（在金属上）}}{Me^+ \cdot nH_2O+e} \tag{12-2}$$

由于金属正离子水化而进入溶液，金属表面便积累了过剩的电子，金属带负电，而水化的金属正离子进入溶液会使紧靠金属表面的液层带正电，因此在金属与溶液的界面上形成了双电层。金属—溶液界面上双电层的建立使金属与溶液间产生电位差。这种电位差称为该金属在此溶液中的电极电位。

金属—溶液界面上形成双电层后，如果其正、负电荷间的静电作用能阻止金属正离子继续进入电解质溶液中，此时金属的腐蚀被抑制。如果电解质溶液中有某种其他正离子存在，并与金属表面的过剩电子结合成中性原子，则界面处的双电层被破坏，金属正离子继续进入溶液中，金属不断被腐蚀。

锅炉采用的金属不是纯铁，它含有其他化学成分或夹带各种杂质，并且金属表面氧化膜层不均匀、不完整或腐蚀产物在表面上的沉积情况不同及金属接触的溶液所含的成分不同等因素，使金属表面存在无数个电极电位有差异的微电池。

微电池阴、阳两极间的电位差越小，金属的腐蚀作用就越小。能够将两电极间的电位差减小的过程称为电极的极化，能促使阳极电位增加的物质称为阳极极化剂，它能阻止阳极的正离子进入溶液中；能促使阴极电位降低的物质称为阴极极化剂，它能阻止阴极过剩的电子放电。当锅炉炉水中含有极化剂时，可减缓金属的腐蚀速度。

能够将两电极间的电位差增加的过程称为电极的去极化，能促使阳极去极化的物质为阳极去极化剂，它能促进阳极的正离子进入溶液中；能促使阴极去极化的物质为阴极去极化剂，它能促进阴极过剩的电子放电。当锅炉炉水中含有去极化剂时，会加速金属的腐蚀速度。

2. 电化学腐蚀的种类

直流锅炉内的电化学腐蚀主要有气体腐蚀和沉积物下腐蚀两种。

(1) 气体腐蚀。O_2 是较强的阴极去极化剂，当锅炉给水中含有 O_2 时，O_2 能吸收阴极电子而形成 OH^-，从而使腐蚀过程加剧，其化学反应式为

$$4O_2 + 4e + 2H_2O \longrightarrow 4OH^- \tag{12-3}$$

O_2 又是阳极的去极化剂，当锅炉给水中含有 O_2 时，铁被溶解，生成 $Fe(OH)_2$，反应式为

$$Fe + 2H_2O \longrightarrow Fe(OH)_2 + H_2 \tag{12-4}$$

而当水中含有 O_2 时，会使 $Fe(OH)_2$ 氧化成不溶于水的 $Fe(OH)_3$，反应方程式为

$$Fe(OH)_2 + O_2 + 2H_2O \longrightarrow 4Fe(OH)_3 \tag{12-5}$$

由于沉淀使阳极周围的铁离子浓度大大降低，即 O_2 促进了阳极上铁离子转入水溶液中，加速了腐蚀过程。

当 O_2 的去极化反应速度增加到一定程度时，O_2 又能促进金属氧化膜的生成并起到钝化作用，阻止铁的腐蚀。但若 O_2 与受热面表面接触不均匀，使受热面表面的氧化程度不同，在 O_2 多的部位生成氧化铁保护膜，而在无 O_2 的部位为铁，由于氧化铁与铁的电极电位不同，形成微电池，因此使铁的部位遭到腐蚀。

锅炉内的氧气腐蚀通常为斑形腐蚀，主要发生在给水管道和省煤器中。

当给水中含有 CO_2 时，水溶液中的 H^+ 浓度增加(H^+ 是阴极的去极化剂)，使金属腐蚀加剧，反应式为

$$CO_2 + H_2O \longrightarrow H^+ + CO_3^{2-} \tag{12-6}$$

当给水同时含有 O_2 与 CO_2 气体时，两者都是阴极的去极化剂，会更加加剧金属的腐蚀。另外，当 O_2 与 CO_2 气体同时存在时，CO_2 可起到触媒作用，能使锅炉炉水中的 $Fe(OH)_2$ 转变成 $Fe(OH)_3$，反应式为

$$Fe(OH)_2 + 2CO_2 \longrightarrow Fe(HCO_3)_2 \tag{12-7}$$

$$4Fe(HCO_3)_2 + 2H_2O + O_2 \longrightarrow 4Fe(OH)_3 + 8CO_2 \tag{12-8}$$

式（12-8）中游离出来的 CO_2 重新作用，使上述反应循环进行，直到给水中的氧气耗尽。因此，当给水中含有氧时，只要水中存在少量的 CO_2，就可大大增加铁的腐蚀。CO_2 气体的腐蚀通常为均匀腐蚀形态，形成的铁锈很粗松，易被水冲走，不能形成保护膜，从而使腐蚀过程不断进行下去。

（2）沉积物下腐蚀。锅炉在正常运行条件下，锅炉内的金属表面上常覆盖一层 Fe_3O_4 膜，它是金属表面在高温炉水中形成的，反应式为

$$3Fe + 4H_2O \longrightarrow Fe_3O_4 + 4H_2 \tag{12-9}$$

Fe_3O_4 膜很致密，具有好的保护性能，锅炉可不遭受腐蚀。若此膜被破坏，金属表面将暴露在高温的炉水中，容易受到腐蚀。

锅炉炉水的 pH 值是促使膜破坏的一个最重要因素。试验结果表明，pH 值在 10～12 之间时，腐蚀速度最小，pH 值过低或过高都会加快腐蚀速度。由于锅炉在正常的运行情况下，炉水 pH 值保持在 9～11 之间，因此锅炉金属表面的保护膜是稳定的，不会发生腐蚀。但如果金属表面上有沉积物时，就可能发生沉积物下腐蚀。

当金属表面上有沉积物时，由于沉积物的传热性较差，因此沉积物下金属管壁温度升高，渗透沉积物下的炉水急剧蒸浓，浓缩的炉水因沉积物的阻碍，不易与管子中部的水混合均匀，沉积物下炉水中各杂质的浓度就会升高，又由于沉积物下的浓溶液具有很强的腐蚀性，因此对锅炉金属造成腐蚀。

沉积物下腐蚀可分为酸性腐蚀和碱性腐蚀两类。根据腐蚀造成的损伤情况，酸性腐蚀和碱性腐蚀又可分别称为脆性腐蚀和延性腐蚀。

脆性腐蚀是由于沉积物下的酸性增强而造成的，由于腐蚀反应中产生的氢渗入到内部，故又称为氢脆。它通常发生在比较致密的沉积物下面，且腐蚀处的金相组织发生变化，有明显的脱碳现象，生成细小裂纹，使金属变脆。当脆性腐蚀严重时，金属管壁未变薄就会爆管。

延性腐蚀是由于沉积物下的碱性增强而造成的，它通常发生在多孔的沉积物下面，腐蚀凹凸不平，坑上覆盖腐蚀产物，坑下金属的金相和机械性能未发生变化，金属仍具有延性，当腐蚀达到一定深度后，管壁变薄，会因过热而散包或爆管。

（三）电化学和机械作用共同产生的腐蚀

在锅炉汽水系统中，经常会遇到电化学和机械作用共同产生的腐蚀，主要有交变应力腐蚀和磨损腐蚀。

1. 交变应力腐蚀（腐蚀疲劳）

腐蚀疲劳是金属在交变应下作用下发生的一种应力腐蚀。它是由于金属材料在受到方向不同、大小不一的应力作用时，与水接触的金属表面上的保护膜被交变应力破坏，因此发生电化学腐蚀作用不均匀，造成金属局部腐蚀。

直流锅炉的蒸发受热面内发生脉动或水平沸腾管中发生汽水分离时，受热面管子受到交变应力，且同时受到电化学腐蚀作用时，会产生腐蚀疲劳。当发生腐蚀疲劳时，会使金属的疲劳极限大大降低，产生穿晶或晶间的裂纹。

2. 磨损腐蚀（磨蚀）

当电化学腐蚀和机械磨损同时存在时，这两种作用会相互加剧，通常会导致空穴腐蚀和

冲击腐蚀。

（1）空穴腐蚀。空穴腐蚀是由于高速流动的液体因流动的不规则而产生了所谓的空穴。空穴内只有一点水或低压空气，由于压力和流动条件经常变化，因此空穴会周期性地产生和消失。当空穴消失时，因高压形成很大的压力差，在靠近空穴的金属表面产生水锤（水冲击）作用，通常破坏金属表面的保护膜，使腐蚀作用继续深入下去。

直流锅炉启动系统中的分调阀，由于此阀前后压差较大造成空穴，因此使阀体受到较大磨损。

（2）冲击腐蚀。冲击腐蚀是由于液体的湍流或冲击造成的。在锅炉受热面管道上的调节阀、节流阀等经常遇到这种冲击腐蚀。另外，在管子弯头和管径突然减小的部位，如果受到流体冲击作用，则产生冲击腐蚀，破坏部位通常呈现深注。

四、防止热力设备腐蚀的方法

（一）介质处理与水化学工况

1. 介质处理的方法

介质处理的目的是降低介质的浓度，促使金属表面钝化。为此，通常可采用下列方法：

（1）控制介质中溶解氧等氧化剂的浓度。为了控制超临界火电机组锅炉和炉前系统热力设备的氧腐蚀，不仅可采取给水除氧的方法，而且可采取给水加氧（钝化）的方法；锅炉酸洗过程中，为了抑制 Fe^{3+} 的腐蚀作用，可向酸洗液中添加适量的还原剂以控制 Fe^{3+} 的浓度。

（2）提高介质的 pH 值。提高介质的 pH 值（如给水的 pH 值调节），一方面可中和介质中的酸性物质，防止金属的酸性腐蚀，如游离二氧化碳腐蚀；另一方面可促进金属的钝化。

（3）降低气体介质的湿分。如在热力设备停用保护时采用的烘干法、干燥剂法。

（4）向介质中添加缓蚀剂。在腐蚀介质中加入少量某种物质就能大大降低金属的腐蚀速度，这种物质称为缓蚀剂，如锅炉酸洗缓蚀剂和循环冷却水缓蚀剂等。

2. 超超临界火电机组的水化学工况

超超临界火电机组直流锅炉水冷壁和炉前系统的热力设备选用的金属材料主要是碳钢和低合金钢，它们在高温、高压的给水中，特别是炉水中耐蚀性较差，必须采取适当的防护措施。但是，热力设备体积庞大、结构复杂，很多热力设备又是在高温、高压、高热负荷、高应力的条件下工作，并且电厂的安全、经济运行对汽水品质要求极高，几乎不允许有任何污染，因此，一般常温的防腐蚀方法的使用受到限制。目前，最为经济、有效的防护措施就是采用适当的水化学工况，使金属表面形成氧化物保护膜来防止高温介质的侵蚀。超超临界火电机组的水化学工况就是指锅炉给水的处理方式及所控制的水质标准。超超临界火电机组常用的水化学工况主要有：还原性全挥发处理、弱氧化性全挥发处理和加氧处理三种处理方式。

（二）电化学保护

电化学保护可分为阴极保护和阳极保护两种。

1. 阴极保护

阴极保护是将金属作为阴极，利用阴极电流使金属电极电位负移、阳极溶解速度减小而得到保护。它又可分为牺牲阳极保护和外加电流阴极保护。牺牲阳极保护是将被保护金属与一个电位较负的金属（牺牲阳极）短接而成为该电偶腐蚀电池的阴极，通过牺牲阳极的溶解来提供阴极电流。外加电流阴极保护是将被保护的金属与直流电源（或恒电位仪）的负极相连而成为阴极，而该电源的正极与同一介质中辅助阳极相连。这样，通过该电源提供的阴极电流（保护电流），使被保护金属的电极电位负移，并将其控制在保护电位范围内。在火电厂中，凝汽器水侧管板和管端部、地下取水管道外壁等的防护均可采用阴极保护。

2. 阳极保护

阳极保护是将金属作为阳极，利用阳极电流使金属电极电位正移，达到并保持在钝化区内而得到保护。阳极保护通常是将被保护的金属与直流电源（或恒电位仪）的正极相连而成为阳极，而该电源的负极与同一介质中的辅助阴极相连。这样，通过该电源提供的阳极电流，使被保护金属的电极电位正移，并将其控制在钝化区的电位范围内。阳极保护只适用于可能发生钝化的金属，如碳钢或不锈钢浓硫酸储槽的阳极保护。

总之，为了防止热力设备的腐蚀，首先应尽可能地选用在使用介质中耐蚀的金属材料，并按防腐蚀的要求合理地进行热力设备的设计、制造和安装。热力设备投运之前，必须进行化学清洗；投运之后，在运行过程中，不仅要注意保持热力设备的正确的运行方式，而且应合理地组织水化学工况，并严格控制汽水品质。热力设备在停用期间，确保进行适当的停用保护；另外，还应安排适当的定期检修，并在必要时进行化学清洗。

五、停用腐蚀与停用保护

（一）停用腐蚀

锅炉、汽轮机、凝汽器、加热器等热力设备在停运期间，如果不采取有效的保护措施，设备金属表面会发生严重的氧腐蚀，这种腐蚀常被称为热力设备的停用腐蚀。在我国，多年来，火电厂因停运后的防腐蚀措施不当或方法不当，造成热力设备的锈蚀和损坏，尤其是汽水侧的腐蚀，对电厂的安全、经济运行产生严重影响。

1. 停用腐蚀产生的原因

（1）汽水系统内部有氧气。因为热力设备停运时，汽水系统内部的蒸汽凝结，温度和压力逐渐下降，甚至形成负压。这样，停运后空气就从设备不严密处或检修处大量进入汽水系统内部，带入的氧溶解在水中。

（2）金属表面有水膜或金属浸于水中。由于热力设备停运放水时，不可能彻底放空，有些部位仍有积水，因此使金属浸于水中。积水的蒸发或潮湿空气的影响，使汽水系统内部湿度很大，在潮湿的金属表面氧腐蚀电池得以形成，使金属迅速腐蚀生锈。

2. 停用腐蚀的特征

各种热力设备的停用腐蚀主要是氧腐蚀，但各有不同特点。

停炉时氧可以扩散到锅炉的各个部位，因而几乎锅炉的所有部位均会发生氧腐蚀。锅炉停用时的氧腐蚀与运行时的氧腐蚀相比，在腐蚀部位、腐蚀程度、腐蚀产物的颜色及组成等方面都有明显不同。在正常的运行过程中，在 CWT 水工况下，锅炉本体各部位都不会发生明显的氧腐蚀；在 AVT 水工况下，锅炉本体的氧腐蚀主要发生在省煤器中，并且入口段的腐蚀比出口段的腐蚀严重，但其腐蚀程度比停用腐蚀要低得多。在锅炉停用期间，过热器和再热器中有积水的部位，如立式过热器和再热器的下弯头部位常发生严重的氧腐蚀；同时，水冷壁和省煤器系统都可能遭受大面积的氧腐蚀，并且省煤器出口段腐蚀更严重。

汽轮机的停用腐蚀通常在喷嘴和叶片上出现，有时也在转子叶轮和转子本体上发生。停机腐蚀在有氯化物污染的机组上更严重，并表现为点蚀。

热力设备停用时氧腐蚀的主要形态是点蚀。停用时的氧浓度比运行时大，腐蚀范围广、面积大；停用时温度低，所以形成的腐蚀产物表层呈黄褐色，其附着力低、疏松、易被水带走。因此，热力设备的停用腐蚀往往比运行时的氧腐蚀更严重。

3. 停用腐蚀的影响因素

（1）湿度。对放水停用的设备，金属表面的潮气对腐蚀速度影响较大，是因为在潮湿的大气中，金属表面上会形成水膜，大气湿度越大，越容易在金属表面结露，形成的水膜越厚，水膜中离子导电能力越小，腐蚀速度可能越快。各种金属都有一个腐蚀速度开始急剧增加的湿度范围，人们把金属大气腐蚀速度开始剧增时的大气相对湿度值称为临界湿度。在表面无强烈的吸湿性沾污的情况下，钢和其他金属的临界湿度在 $50\% \sim 70\%$ 之间，小于临界湿度时，金属的腐蚀速度较慢，可认为几乎不被腐蚀。

（2）含盐量。水中或金属表面水膜中盐分浓度增加，腐蚀速度增加，特别是氯化物和硫酸盐含量的增加使腐蚀速度上升很明显。汽轮机停用时，叶片等部件上有氯化物沉积时，可能引起点蚀。

（3）金属表面清洁程度。当金属表面有沉积物时，一方面使金属表面的吸湿性增强，发生大气腐蚀的临界湿度降低。另一方面，会妨碍氧扩散，使沉积物下面的金属电位较负，成为阳极；而在沉积物周围氧容易扩散到的金属表面，金属电位较正，成为阴极。由于这种氧浓差电池的存在，使腐蚀加剧。

4. 停用腐蚀的危害

（1）在短期内造成停用设备的大面积破坏，甚至腐蚀穿孔。

（2）加剧热力设备运行时的腐蚀。

停用腐蚀产物在锅炉再启动时，进入锅炉后形成水垢，造成炉管内摩擦阻力增大、锅炉化学清洗周期缩短等。停机时，汽轮机中的停用腐蚀部位可能诱发汽轮机的应力腐蚀破裂或腐蚀疲劳。

（二）停用保护

为保证热力设备的安全经济运行，热力设备在停、备用期间必须采取有效的防锈蚀措施，以避免或减轻停用腐蚀。

按照保护方法或措施的作用原理，停用保护方法可分为以下三类：

（1）阻止空气进入热力设备汽水系统内部。实质是减小金属表面上的水膜或积水中氧的浓度，如充氮法、保持蒸汽压力法等。

（2）降低热力设备汽水系统内部的湿度。实质是防止金属表面上凝结水膜形成腐蚀电池，如烘干法、干燥剂法等。

（3）使用缓蚀剂或加碱化剂。缓蚀剂可增大金属阳极溶解过程和氧化剂阴极还原过程的阻力，而提高 pH 值可使金属容易钝化。此类方法所用药剂有氨、联氨、气相缓蚀剂、新型除氧—钝化剂等。

1. 锅炉停用保护方法

锅炉停用保护方法有干式保护法、湿式保护法以及联合保护法。干式保护法包括热炉放水余热烘干法、负压余热烘干法、邻炉热风烘干法、干燥剂法、充氮法、气相缓蚀剂法等；湿式保护法包括氨水法、联氨法、蒸汽压力法、干燥剂法、给水压力法等；联合保护法实际上就是联合使用干式和湿式保护法，如充氮的湿式保护法等。

（1）烘干法。热炉放水是指锅炉停运后，固态排渣直流锅炉分离器温度降至 $105℃$，锅炉内空气湿度仍高于 70%，则进行锅炉点火继续烘干，这就是热炉放水余热烘干法。这种加速锅炉内排出湿气的过程并提高烘干效果，就是负压余热烘干法；若将正在进行的邻炉的热风引入炉膛，同样可加速锅炉内的干燥过程，这就是邻炉热风烘干法。在锅炉停用保护过程中，采用抽真空中引入邻炉热风的方法使锅炉内空气湿度低于 70%，可将烘干法的保护期延长到 1 个月。

（2）充氮法。当锅炉压力降到 0.05MPa 时开始向锅炉充入氮气，并保持氮气压力为 0.03～0.05MPa（不放水时）或 0.01～0.03MPa（放水时），阻止空气漏入锅炉内。

（3）蒸汽压力法。有时锅炉因临时小故障或外部电负荷需求情况而处于热备用状态，需采取保护措施，但锅炉必须准备随时再投入运行，所以锅炉不能放水，也不能改变炉水成分。在这种情况下，可采用蒸汽压力法，具体方法是，锅炉停运后采用间歇点火方法，保持蒸汽压力为 0.4～0.6MPa，以防止外部空气漏入。

（4）给水压力法。锅炉停运后，用除氧合格（溶解氧含量小于 7μg/L）的给水充满锅炉内，并保持给水压力为 0.5～1.0MPa 及一定溢流量，以防空气漏入。

（5）氨水法。锅炉停运后，放尽锅炉内存水，用氨溶液作防锈蚀介质充满锅炉，防止空气进入，使用的氨液浓度为 500～700mg/L。因为浓度较大的氨液会腐蚀铜合金，因此使用此法保护前应隔离可能与氨液接触的铜合金部件。

（6）联氨法。锅炉停运后，把锅炉内存水放尽，配制联氨含量为 200～300mg/L、pH 值为 10.0～10.5 的氨、联氨保护液充满锅炉。联氨法在汽包锅炉和直流锅炉上都可采用，锅炉本体、过热器均可采用此法保护。但中间再热机组的再热系统不能用此法保护，是因为再热器与汽轮机系统连接，若用此法保护，汽轮机有进水的危险，再热器系统可用干燥热风保护。应用联氨法保护的机组再启动时，应先将保护液排放干净，并彻底冲洗。锅炉点火后，应先后向空排汽，直至蒸汽中氨含量小于 2mg/kg 时才可送气，以免氨浓度过大而腐蚀凝汽器铜管。对排放的联氨保护液要进行处理后才可排入河道，以防污染。

对锅炉进行整体水压试验时，应采用加有适量联氨和氨的除盐水（对于有奥氏体钢材的过热器和再热器的锅炉，要求氯离子含量小于 1.0mg/L），以便试验后将其直接作为保护液，不再排放。水的 pH 值用氨水调节到 10.0～10.5，联氨的加入量则依保护时间而定。保护时间在半个月以内，联氨加入量为 200mg/L；保护时间在半个月以上，联氨加入量为 200～300mg/L。

（7）联合保护法。联合保护法是最主要的保护法，因为单靠一种保护法难以长期有效地防止锅炉的停用腐蚀。联合保护法中最常用的方法是，在锅炉停运后，先完成锅炉放水，然后充入氮气，并在水中加入联氨和氨，使联氨量达 200～300mg/L 以上，水的 pH 值达 10 以上，氮的压力在 0.03MPa 以上。若保护时间较长，联氨量还需要再增加。

2. 汽轮机和凝汽器停用保护方法

汽轮机和凝汽器在停用期间采用干法保护，汽轮机和凝汽器停运后内部必须保持干燥。为此，凝汽器在停用以后，先排水使其自然干燥，如底部有积水可以采用吹干的办法去除。为了保持汽轮机和凝汽器在停用期间内部干燥，可以在凝汽器内部放入干燥剂，如无水氯化钙、生石灰、硅胶等。

3. 加热器的停用保护方法

因低压加热器和高压加热器所用的管材不同，所以保护方法也不同。

（1）低压加热器。如果低压加热器的管材是铜管，则所采用的停用保护方法为干法保护或充氮气保护；如果低压加热器的管材是不锈钢，则采用干法保护。

（2）高压加热器。高压加热器所有的管材为低合金钢管，停用保护方法为充氮保护或加联氨保护。加联氨保护时，联氨溶液的浓度视保护时间长短不同，可以是 $50\sim200mg/L$，pH 值用氨调至大于 10。

4. 除氧器的停用保护方法

因除氧器停用时间长短不同，所采用的保护也不同。若停用时间在一周以内，通热蒸汽加热循环，维持水温大于 105℃；若停用时间在一周以上至一季度以内，采用把水放空、充氮气保护的方法，或者加联氨溶液、上部充氮气的保护方法；若停用时间在一季度以上，采用干法保护，水全部放掉，水箱充氮气保护。

5. 气相缓蚀剂保护

气相缓蚀剂（VPI）是从 20 世纪 40 年代出现的一种防锈材料，由于它具有高效、长效、使用简便、不受设备几何结构限制等特点，被广泛应用于机电和国防工业中，作为机电产品和军械器材防锈包装及长期储备的主要措施之一。VPI 具有适当的蒸汽压力（一般是在 $0.000\ 13\sim0.013Pa$ 之间），这使其可充满保护空间，并吸附在金属表面上，通过缓蚀作用和碱化作用来抑制金属的腐蚀。

对于热力设备，VPI 主要用于锅炉、高压加热器、汽轮机等设备的冷备用或长期封存，应用较多的 VPI 主要是碳酸环己胺、亚硝酸双环己胺等环己胺类化合物。实际应用时，可通过热风气化充气系统将 VPI 气化并充入已基本干燥的被保护设备的汽水系统，使系统中 VPI 的含量大于或等于 $30g/m^3$。

在停用保护中，VPI 同样具有上述优点，但也必然存在某些局限性。使用时，最好选用那些对机组的安全运行无害的 VPI；否则，机组启动前必须设法将 VPI 从金属表面除去。由于 VPI 对铜合金具有腐蚀性，因此同样不宜用于含铜合金部件的设备的保护。另外，VPI 还具有一定的毒性，因此也不宜用于检修设备的保护。

6. 超临界直流机组采用 OT 方式运行后的停炉保护措施

（1）机组停运 $1\sim2$ 天。机组停运前 2h，给水处理方式由 CWT 方式切换至 AVT 方式，机组停运后再提高加氨量至 pH＞10，机组采用加氨湿法保护。

（2）机组停运 2 天至一周。如热力系统无检修工作，不要求放水，可采用加氨至 pH＞10 的湿法保护；如要求水系统放水，可采用热炉放水、余热烘干法保护；高、低压加热器汽侧采用充氮保护。

（3）机组停运一周以上。高、低压加热器水侧、省煤器、水冷壁采用热炉放水、余热烘干法保护，并从水冷壁管及省煤器入口联箱疏水门导入加有气相缓蚀剂的压缩空气，采用气相缓剂保护；高、低压加热器汽侧采用充氮保护。

第三节　超超临界火电机组蒸汽系统积盐

超超临界压力锅炉都为直流锅炉。直流锅炉由于没有带汽水分离功能的汽包，并且无锅炉的排污，使给水中的杂质随同蒸汽直接进入汽轮机或沉定在锅炉的受热面上，因此，直流锅炉对给水品质要求较高。汽、水品质是影响锅炉、汽轮机等热力设备安全及经济运行的重要因素之一。锅炉产生的蒸汽不仅要符合设计规定的压力和温度，而且还要达到规定的品质指标。

蒸汽的品质是指蒸汽中杂质含量的多少，也就是指蒸汽的清洁程度。蒸汽中的杂质包括气体杂质和非气体杂质。蒸汽中常见的气体杂质有 O_2、N_2、CO_2、NH_3 等，若处理不当，可能引起金属腐蚀，且 CO_2 还可参与沉积过程。蒸汽中的非气体杂质主要有钠盐、硅酸等，非气体杂质又称蒸汽含盐。含有杂质的蒸汽通过过热器时，一部分杂质将沉积在过热器管内，影响蒸汽的流动和传热，从而使管壁温度升高，加速钢材蠕变甚至超温爆管。过热蒸汽中的含盐还可能沉积在管道、阀门、汽轮机叶片上，如果沉积在蒸汽管道的阀门处，会使阀门动作失灵；如果沉积在汽轮机的叶片上，将使叶片表面粗糙、叶型改变和通流截面减小，导致汽轮机效率和出力降低，轴向推力增大，严重时还会影响转子的平衡而造成更大事故。为了预防热力设备金属的结垢、积盐和腐蚀，必须确保给水品质。

一、直流锅炉内盐分的溶解与杂质的沉积

在直流锅炉中，由给水带入的盐分或随过热蒸汽进入汽轮机或沉积在锅炉受热面上。盐分平衡方程式可用式（12-10）表示，即

$$S_0 = S_1 + S_2 \tag{12-10}$$

式中　S_0——给水含盐量，mg/kg；

　　　S_1——蒸汽中含盐量，mg/kg；

　　　S_2——沉积在受热面上的含盐量，mg/kg。

（一）直流锅炉内盐分的溶解

1. 盐类在过热蒸汽中的溶解度

在一定的温度和压力下，某种物质在溶剂里达到饱和时所溶解的克数，称为物质的溶解度。

由给水带入锅内的杂质包括钠化合物、硅酸化合物、钙镁化合物及金属腐蚀产物等。这些杂质在过热蒸汽中的溶解度与过热蒸汽的参数有关，蒸汽压力越高，各盐类在蒸汽中的溶解度就越大。其中，硅酸化合物在过热蒸汽中的溶解度很大，并且溶解度会随蒸汽压力的增大而增大。

2. 盐类在过热蒸汽中的溶解特性

根据有关试验数据，直流锅炉的过热蒸汽对盐类的溶解具有下列特性：

（1）蒸汽对不同盐类的溶解能力是不同的，即蒸汽的溶盐具有选择性。

（2）蒸汽的溶盐能力随压力的升高而增大，超高压蒸汽中各盐类的溶解度顺序与临界蒸汽中各盐类的溶解度顺序相同，但溶解度值不一样。

（3）对于难溶盐类，由于其溶解度很小，在临界压力以上时，因此很少被蒸汽带走。

（4）在超临界压力范围内，各盐类在相变点前的工质（水）中的溶解度大于在相变点后蒸汽的溶解度，并在相变区内发生溶解度的突变，这是由超临界压力下相变区工质密度下降所引起的。

（二）直流锅炉内的杂质沉积

1. 钠化合物的沉积特性

$NaCl$ 在蒸汽中的溶解度很大，易被蒸汽溶解并带往汽轮机中，很少在直流锅炉内沉积。Na_2SO_4 在蒸汽中的溶解度很小，很少被蒸汽带走，主要沉积在锅炉内。$NaOH$ 在蒸汽中的

溶解度较大，但由于它能与管壁上的金属氧化物作用生成亚铁硫酸钠，所以也可能部分沉积在锅炉内。

（1）直流锅炉内 NaCl 的沉积。对于高压等级以下的锅炉，NaCl 在蒸汽中的溶解度随温度的升高而增大。因此，NaCl 以溶解携带的方式进入饱和蒸汽后，一般不会在过热器内沉积。对于超高压等级及以上的锅炉，虽然 NaCl 在蒸汽中的溶解度随温度的升高而有所减小，但是在过热蒸汽中的溶解度远远超过饱和蒸汽的携带量，因此过热器内一般不会发生 NaCl 的沉积。

另外，对于海滨电厂，如果发生凝汽器泄漏而又没有凝结水精处理设备时，短时间内就会使过热器发生严重的积盐现象。

（2）直流锅炉内 NaOH 的沉积。对于中、低压锅炉，如果汽水分离效果特别差（如分离器倾斜、倒塌）或用于喷水减温的水质很差，NaOH 在过热器内被浓缩成液滴，并部分黏附在过热器管上，还可能与蒸汽中的 CO_2 发生反应，生成 Na_2CO_3 并沉积在过热器中。当过热器内 Fe_2O_3 较多时，会与 NaOH 发生反应，生成的 $NaFeO_2$ 沉积在过热器中。

对于高压及以上等级的锅炉，由于 NaOH 在过热蒸汽中的溶解度远远超过饱和蒸汽的携带量，所以不会沉积在过热器内。

另外，当锅炉炉水采用 NaOH 处理时，由于炉水中的 NaOH 浓度有小于 $1mg/L$ 的限制，因此，即使有一定量的机械携带，在过热器中一般也不会发生 NaOH 的沉积。

（3）直流锅炉内 Na_2SO_4 的沉积。Na_2SO_4 是一种极不容易挥发的中性盐，它的溶解携带系数非常小，所以蒸汽中含 Na_2SO_4 主要是水滴携带造成的。在过热器中，由于水滴的蒸发，硫酸盐类容易变成饱和的溶液。因为硫酸盐饱和溶液的沸点比过热蒸汽的温度低得多，所以它会因水滴被蒸干枯而结晶析出。对于压力超过 $18.5MPa$ 的锅炉，除了以上情况外，硫酸盐开始被蒸汽溶解携带，压力越高，溶解携带越严重。当蒸汽流经过热器发生降压后，由于硫酸盐的溶解度都非常小，因此有可能因超过其溶解度而析出，但这种现象极为罕见。

一般地，锅炉炉水中的硫酸根离子浓度都很低，它在蒸汽中的浓度会更低，而它在蒸汽中的溶解度还相对比较高，并且随着温度的增高溶解度变大。因此，在过热器中一般不会发生 Na_2SO_4 的沉积。

（4）Na_3PO_4 的沉积。锅炉汽包的运行压力在 $18.5MPa$ 以下时，Na_3PO_4 的溶解携带系数非常小，所以蒸汽中含 Na_3PO_4 主要是水滴携带造成的。在过热器中，由于水滴的蒸发，磷酸盐类容易变成饱和的溶液，其饱和溶液的沸点比过热蒸汽低得多，因此它会因水滴被蒸干枯而结晶析出。对于压力超过 $18.5MPa$ 的锅炉，除了以上情况外，Na_3PO_4 开始被蒸汽溶解携带，压力越高，溶解携带越严重。当蒸汽流经过热器发生降压后，因为 Na_3PO_4 的溶解度非常小，有可能因超过其溶解度而析出。

2. 钙化合物与镁化合物

$CaSO_4$ 在蒸汽中的溶解度很小，在直流锅炉中，给水带入锅炉内的 $CaSO_4$ 几乎全部沉积在锅炉内。$CaCl_2$ 在高温蒸汽中会水解，生成 $Ca(OH)_2$、CaO、HCl。$CaCO_3$ 在高温蒸汽中生成 $Ca(OH)_2$，进一步生成 CaO。$Ca(OH)_2$ 与 CaO 在蒸汽中的溶解度很小，被蒸发的量很小，大部分沉积在锅炉内。各种镁盐几乎全部沉积在锅炉内，由于镁盐在高温蒸汽中会发生水解，因此沉积物的形式为 $Mg(OH)_2$ 和 $MgCO_3$。

3. 硅酸化合物

高压及以上等级的锅炉，蒸汽溶解携带硅化物的能力非常强，它往往比机械携带高得多。例如，锅炉炉水采用磷酸盐处理时，汽包压力为 14.6MPa 的锅炉，机械携带通常在 0.1% 以下，而蒸汽溶解携带二氧化硅可达到 1.3%；汽包压力为 19.2MPa 的锅炉，溶解携带可达到 15%。但是，其他含硅的钠盐却因分配系数比二氧化硅低得多（低 2 个数量级以上），几乎可以忽略不计。因此，高压及以上等级的锅炉，蒸汽中的硅化物主要是溶解携带，并且是以硅酸为主。硅酸在过热蒸汽中脱去水分成为二氧化硅。二氧化硅在过热器中被加热升温后，其溶解度会继续增大。即使二氧化硅在饱和蒸汽中是处于饱和状态的，但到了过热器后也会成为非饱和状态。因此，过热器内一般不会发生二氧化硅的沉积。

如果饱和蒸汽带水滴过多，当它被加热成为过热蒸汽时，水滴中的二氧化硅会因超过其溶解度而发生沉积，但这种现象很少发生。在过热器中如果发生了二氧化硅的沉积，当蒸汽的品质变好时，沉积的二氧化硅会重新溶出，出现过热蒸汽的含硅量大于饱和蒸汽的现象。

给水中硅酸化合物在蒸汽中的溶解度很大，通常不在直流锅炉内沉积，给水中所含有的混合物几乎全部被蒸汽带进汽轮机。

4. 金属腐蚀产物

给水中的金属产物主要为铜、铁的氧化物。在压力低于 16.6MPa 的直流锅炉中，铜在过热蒸汽中的溶解度很小，因此在亚临界和低于亚临界压力的直流锅炉中，给水中化物主要沉积在锅炉内。而在超临界压力以上的锅炉中，铜的氧化物在蒸汽中的溶解度较大，因此锅炉给水中的铜化合物主要被蒸汽带入汽轮机中，并沉积在其中。铁的氧化物在过热蒸汽中的溶解度很小，随着蒸汽压力的增大，铁的氧化物在蒸汽中的浓度有所增加，并且当蒸汽压力一定时，随着过热蒸汽温度的升高，铁的氧化物在蒸汽中的浓度降低。由于被过热蒸汽带走的铁的氧化物量很少，因此当给水含铁量增加时，沉积的铁量也增加。

二、影响蒸汽系统积盐的因素

影响杂质沉积过程的因素包括给水处理方式、给水中杂质的含量、各杂质在蒸汽中的溶解、各杂质在锅炉内发生的物理化学变化、各杂质在高温水中的溶解度、锅炉运行工况、蒸发管道、负荷及管内传质过程。

（一）给水处理方式对蒸汽品质的影响

对于直流锅炉，锅炉的给水水质几乎与蒸汽品质相同。对于有铜系统，如果给水采用 AVT（R）方式，由于对给水的电导率要求相对宽松，通常蒸汽品质要差些，铜含量稍高；如果给水采用 AVT（O）方式，蒸汽的含铜量会更高。对于无铜系统，给水采用 AVT（R）或 AVT（O）方式时，蒸汽的含铁量大致相当。如果给水采用 OT 方式，由于对给水水质要求严格，氢电导率要求达到 $0.15\mu S/cm$ 以下，因此，含盐量非常低，加之形成的三氧化二铁膜有着很好的保护性，所以蒸汽品质明显提高。

（二）影响过热器内积盐的因素

1. 给水水质

现代的大型锅炉都是通过喷锅炉给水来控制过热蒸汽的温度的。在正常的设计中，喷水的最大量为给水流量的 3%～5%。如果给水水质较差，给水在过热蒸汽中被完全蒸干的过程中，盐类就可能析出。这类盐主要是钠盐，而钠盐在蒸汽中的溶解度与蒸汽的压力有关，随着蒸汽压力的下降，钠盐的溶解度会逐渐降低，其极限溶解度为 $10\mu g/L$。所以，在电力行业中，亚临界压力以下的锅炉，蒸汽的含钠量规定为 $10\mu g/L$。

通常规定，锅炉的给水水质与蒸汽品质相当，主要是防止因给水减温影响蒸汽品质。所以，当凝汽器泄漏而又没有进行凝结水处理时，造成给水水质劣化，进而影响蒸汽品质。例如，某海滨电厂，由于凝汽器钛管被高温疏水冲刷而泄漏，该机组又没有配置凝结水精处理设备，导致蒸汽含钠量严重超标，使过热器、汽轮机严重积盐。若凝汽器泄漏 3.25h，过热器、汽轮机的积盐厚度就达 2mm 以上。

2. 蒸发管的热负荷及管内传质过程

在热负荷高的蒸发管内，管壁的液流边界层因受热强烈温度较高，在这里由于水急剧蒸发而使杂质很快达到饱和浓度，此时管道截面中心处仍有大量水分，但在管壁上已有沉积物析出。此后液流中心含杂质的水分不断向边界层运动并被蒸干，其中有些杂质就陆续析出。因此，热负荷越高的蒸发管，析出沉积物的过程越早；而热负荷越低的蒸发管，析出沉积物的过程越晚。由于炉膛内各部分的热负荷分布不均匀，因此不同蒸发管内的沉积过程不同。

另外，上述过程还可能使一些在给水中含量小于它在蒸汽中溶解度的杂质，在锅炉中析出。

3. 锅炉运行工况

直流锅炉运行工况的变化会影响杂质的沉积过程。由于直流锅炉预热段、蒸发段、过热段间无明显界限，因此其运行工况的变化会使蒸发区的末端前后移动。例如，当燃烧工况变化使蒸发管的热负荷降低时，预热区和蒸发区延长，蒸发区的末端向前移动，可能溶解先前沉积在管壁上的钠盐，并带入在工况变化前是过热区的管内。在此处水分被蒸干，一部分钠盐又沉积在管壁上，另一部分被蒸汽溶解带走。当燃烧工况恢复正常后，这部分沉积在过热区的钠盐会陆续被过热蒸汽溶解带走。因此，锅炉工况的变化可使本已沉积在炉管内的 Na_2SO_4 等钠盐被蒸汽带走，最后沉积在汽轮机中。

由于直流锅炉运行工况会发生变化，因此有时会发生蒸汽含钠量高于给水含盐量的情况。

4. 杂质在直流锅炉中的沉积区域

给水中的钙盐、镁盐、硫酸钠及金属氧化物等杂质可能沉积在直流锅炉的炉管内。这些杂质随给水带入锅炉后，因水分的不断蒸发，就不断地浓缩到未汽化的水中，当达到饱和浓度后，开始在管壁上析出，主要沉积在残余水分最后被蒸干及蒸汽微过热的一段管内。沉积结束点为蒸汽微过热 20～25℃处，沉积的开始点与沉积区域及锅炉的工作参数有关，沉积开始点随压力的增大而前移，沉积区域也随压力的增大而扩大。

在中压直流锅炉中，杂质在蒸汽湿度小于 20% 和蒸汽过热度小于 30℃ 的管段间沉积。在高压直流锅炉中，杂质在蒸汽湿度小于 30%～40% 和蒸汽微过热的管段间沉积，沉积量最大的部位为蒸汽湿度小于 5%～6% 的管段。在超高压直流锅炉和亚临界压力直流锅炉中，杂质在蒸汽湿度为 50%～60% 的管段开始析出，在残余水分被蒸干和蒸汽微过热的管段间沉积最多。在超临界压力锅炉中，杂质沉积的区域进一步扩大。

对于中间再热式直流锅炉，铁的氧化物可能在再热器内沉积。由于大多数杂质在蒸汽中的溶解度随蒸汽温度升高而增大，因此当蒸汽在再热器内加热时，大多数杂质通常不会沉积下来。但铁的氧化物在蒸汽中的溶解度却随蒸汽温度升高而降低，因此在再热器内有铁的氧化物析出，氧化物在再热器出口蒸汽中的溶解度比进口蒸汽的低。

三、防止过热蒸汽系统积盐的措施

1. 保证给水质量

对于采用喷水减温的锅炉，应保证给水质量与蒸汽标准所规定的各项化学指标相当。

2. 根据锅炉运行特性和给水水质选用合理的锅炉炉水处理方式

锅炉在相同的运行工况下，不同的锅炉炉水处理方式对蒸汽品质影响很大。

对于高参数的机组，如果锅炉给水的含硅量较大，二氧化硅可能是污染蒸汽的主要杂质。如果锅炉炉水采用全挥发方式处理，由于氨在高温锅炉炉水中碱性明显不足，因此使炉水中的硅酸钠转化为二氧化硅，即 $SiO_3^{2-} + H_2O = SiO_2 + 2OH^-$。由于分子状 SiO_2 的汽、水分配系数要比离子状态的 Na_2SiO_3 大得多，因此，为了保证蒸汽中含硅量合格，不得不加大排污能力，使锅炉炉水的含硅量降低。

参 考 文 献

[1] 孙本达，杨宝红. 火力发电厂水处理实用技术问答. 北京：中国电力出版社，2006.

[2] 周本省. 工业水处理技术. 北京：化学工业出版社，2003.

[3] 李培元. 火力发电厂水处理及水质控制. 北京：中国电力出版社，2008.

[4] 庄秀梅. 2007 新编电厂水处理技术实用手册. 北京：电力科技出版社，2007.

[5] 金熙等. 工业水处理技术问答. 4 版. 北京：化学工业出版社，2010.

[6] 周柏青，陈志和. 热力发电厂水处理(下册). 4 版. 北京：中国电力出版社，2009.

[7] 李培元. 火力发电厂水处理剂及水质控制. 北京：中国电力出版社，2000.

[8] 周柏青. 电厂化学. 北京：中国电力出版社，2003.

[9] 肖作善. 热力设备水汽理化过程. 北京：中国水利出版社，1987.

[10] 陈志和. 电厂化学设备及系统. 北京：中国电力出版社，2006.

[11] 肖作善. 热力发电厂水处理. 北京：中国电力出版社，1996.

[12] 王蒙聚. 锅炉水处理. 武汉：湖北科技大学出版社，1995.

[13] 张子平，赵景光. 化学运行与检修 1000 问. 北京：中国电力出版社，2004.

[14] 发电厂热力设备化学清洗单位资质评定委员会. 火电厂热力设备化学清洗培训教材. 北京：中国电力出版社，2007.

[15] 窦照英. 实用化学清洗技术. 北京：化学工业出版社，2001.

[16] 宋业林. 锅炉清洗实用技术. 北京：中国石化出版社，2003.

[17] 王开春. 工业清洗技术实用手册. 北京：中科电子出版社，2005.

[18] 李培元. 发电机冷却介质及其监督. 北京：中国电力出版社，2008.

[19] 黄成平. 氢冷发电机的运行与检修. 北京：中国水利电力出版社，1989.

[20] 丁舜年. 大型发电机的发热与冷却. 北京：科学出版社，1992.

[21] 张警生. 发电机冷却介质. 北京：中国电力出版社，1995.

[22] 王利平等. 我国火电机组的现状及发展趋势. 河北电力技术，1998，17(4)：1-5.

[23] 窦照英. 电力工业的腐蚀与防护. 北京：化学工业出版社，1995.

[24] 龚询洁. 热力设备腐蚀与防护. 北京：中国电力出版社，1999.

[25] 吴仕宏. 国外一些火电厂对停用热力设备的保护处理. 华北电力技术，1982，(1)：37-44.

[26] 郭稚弧. 缓蚀剂及其应用. 武汉：华中工学院出版社，1987.

[27] （日）间宫富士雄. 缓蚀剂及其应用技术. 北京：国防工业出版社，1984.

[28] 薛君琅. 美国的停炉保护. 华东电力，1985，(2)：50-51.

[29] 钱达中，彭柯如. 高压汽包锅炉腐蚀的防止. 北京：水利电力出版社，1995.

[30] 徐新等. 氨—联氨钝化烘干停炉保养法. 山东电力技术，1996，(3)：10-11.

[31] 魏宝明. 金属腐蚀理论及应用. 北京：化学工业出版社，2004.

[32] 中国腐蚀与防护学会. 金属腐蚀手册. 上海：上海科学技术出版社，1987.

[33] 江哲生，董伟国，毛国光. 国产 1000MW 超超临界机组技术综述. 电力建设，2007，8.

[34] 李志刚，汪德良，张明杰. 超超临界机组腐蚀和沉积控制的研究. 清洁高效燃煤发电技术协作网络 2008 年会.

[35] 钱海平. 1000MW 超超临界机组锅炉启动系统的特点及分析. 浙江电力，2007，4.

[36] 莫耀伟. 1000MW 超超临界燃煤机组锅炉爆管原因分析. 华东电力，2008，2.

[37]　周正立. 反渗透水处理应用技术及膜水处理剂. 北京：化学工业出版社，2005.

[38]　郑领英，王学松. 膜技术. 北京：化学工业出版社，2000.

[39]　周柏青. 全膜水处理技术. 北京：中国电力出版社，2005.

[40]　严莲荷. 水处理药剂及配方手册. 北京：中国石化出版社，2003.

[41]　刘荣娥. 膜分离技术应用手册. 北京：化学工业出版社，2001.

[42]　窦照英，张烽，徐平. 反渗透水处理技术应用问答. 北京：化学工业出版社，2004.

[43]　Marcel Mulder. 膜技术基本原理. 李琳译. 北京：清华大学出版社，1999.

[44]　冯逸仙. 反渗透水处理系统工程. 北京：中国电力出版社，2005.

[45]　施燮钧. 火力发电厂水质净化. 北京：水利电力出版社，1990.

[46]　陈洁，杨东方. 锅炉水处理技术问答. 北京：化学工业出版社，2003.

[47]　钱达中. 发电厂水处理工程. 北京：中国电力出版社，1998.

[48]　樊国年. 大型火电机组化学运行技术问答. 北京：中国电力出版社，2008.

[49]　于瑞生，杜祖坤. 电厂化学. 北京：中国电力出版社，2006.

[50]　田文华. 电力系统化学与环保试验. 北京：中国电力出版社，2008.

[51]　汪德良，李志刚，柯于进等. 超超临界参数机组的水汽品质控制. 中国电力，2005，8.

[52]　杨道武，朱志平，李宇春，周琼花. 电化学与电力设备的腐蚀与防护. 北京：中国电力出版社，2004.

[53]　冯敏. 现代水处理技术. 北京：化学工业出版社，2006.